新编安全工程专业系列教材

安全监测技术

主　编　徐凯宏　朱顺兵

副主编　张迎新　谷志新

参　编　吴征艳　郝永梅

　　　　杜立群

主　审　叶经方　蒋曙光

中国矿业大学出版社

内容简介

本书是为高等学校安全工程专业“安全监测技术”课程编写的。编写中，力求做到易教易学、深浅适度、理论联系实际，注重应用实例的介绍，同时尽力反映监测技术领域的新技术、新动向、新应用。全书主要内容包括：绪论、传感器技术、监测技术、数据采集技术、煤矿安全监测技术、职业安全监测技术、几种生产场合安全监控系统、安全监测系统设计总论、新技术在安全监测系统中的应用。

本书可供高等学校安全工程、采矿工程、自动控制和工业自动化等专业本科生、研究生使用，也可供从事安全监测系统设计、工程安装等科研人员、工程技术人员参考。

图书在版编目(CIP)数据

安全监测技术/徐凯宏，朱顺兵主编．—徐州：中国矿业大学出版社，2012.4

新编安全工程专业系列教材

ISBN 978-7-5646-0995-5

Ⅰ.①安… Ⅱ.①徐… ②朱… Ⅲ.①煤矿—矿山安全—监测系统—高等学校—教材②煤矿—矿山安全—监控系统—高等学校—教材 Ⅳ.①TD76

中国版本图书馆 CIP 数据核字(2011)第 068473 号

书　　名　安全监测技术

主　　编　徐凯宏　朱顺兵

责任编辑　陈红梅

出版发行　中国矿业大学出版社有限责任公司

（江苏省徐州市解放南路　邮编 221008）

营销热线　(0516)83885307　83884995

出版服务　(0516)83885767　83884920

网　　址　http://www.cumtp.com　**E-mail**:cumtpvip@cumtp.com

印　　刷　徐州中矿大印发科技有限公司

开　　本　787×1092　1/16　**印张** 15.75　**字数** 387 千字

版次印次　2012 年 4 月第 1 版　2012 年 4 月第 1 次印刷

定　　价　30.00 元

《新编安全工程专业系列教材》
编审委员会

前言

安全生产是我国的基本国策，安全工程是以人类生产、生活活动中发生的各种事故为主要研究对象，综合运用自然科学、技术科学、管理科学等方面的有关知识，辨识和预测生产、生活活动中存在的不安全因素，并采取有效的控制措施防止事故发生或减轻事故损失的工程领域。

“安全第一、预防为主、综合治理”是我国安全生产的指导方针。安全监测技术能对事故发生前的影响因子做出预判断，对这些因素进行分析，找出规律，采取措施，防止事故发生。我国的经济处于转型期，安全生产形势严峻，随着科学技术的飞速发展，安全监测技术在各个领域的应用越来越重要。深入研究安全监测技术，对减少事故的概率，保证正常的生产和生活秩序，促进我国经济的发展和人民生活的稳定具有重大的意义。

为适应我国高等教育安全工程专业教学需求，中国矿业大学出版社在全国安全工程专业教学指导委员会的指导和支持下，组织编写一套《新编安全工程专业系列教材》。本书是该系列教材之一，在内容上力求做到：易教易学、深浅适度、理论联系实际，加强“三基三新”（基本理论、基本概念、基本方法，新技术、新理论、新工艺）内容，同时适当兼顾注册安全工程师、安全评价师考试要求。本书力求理论与实践相结合，将社会需求、案例、新技术、新工艺纳入其中。

本书共分 9 章：第 1 章介绍了安全监测技术的发展历程及重要意义；第 2 章至第 4 章介绍了各种监测技术的基本原理和方法；第 5 章至第 7 章介绍了安全监测技术的具体应用；第 8 章，安全监测系统设计总论，重点介绍了安全监测系统设计的依据、原则和系统可靠性；第 9 章介绍了几种新技术在安全监测系统中的应用。

本书由东北林业大学徐凯宏和南京工业大学朱顺兵任主编，黑龙江科技学院张迎新和东北林业大学谷志新任副主编。全书由徐凯宏统稿，具体编写分工如下：第 1,7,8 章及 9.4 节由朱顺兵编写；第 4 章及 9.1 节、9.2 节由谷志新编写；第 5,6 章由张迎新编写；第 2 章由中国矿业大学吴征艳编写；第 3 章由常州大学郝永梅编写；第 9.3 节由齐齐哈尔大学杜立群编写。东北林业大学硕士研究生田艳青、姜坤和南京工业大学硕士研究生杜春泉、魏秋萍为本书收集并整理资料，完成了大量文字的计算机录入和制图工作。

本书由南京理工大学叶经方、中国矿业大学蒋曙光任主审，他们为本书提出了许多宝贵意见，在此表示深深的谢意。

在本书的编写过程中，参阅了多种同类教材和著作，在此向其编者致谢。由于编者水平和能力有限，书中问题在所难免，欢迎广大读者提出宝贵意见。

编　者

2012 年 4 月

目　　录

1　绪论 …… 1

1.1　安全监测的目的、意义和任务 …… 1

1.2　安全监测技术的应用现状及发展 …… 5

复习思考题 …… 7

2　传感器技术 …… 8

2.1　概述 …… 8

2.2　温度传感器 …… 9

2.3　压力传感器 …… 15

2.4　流量传感器 …… 19

2.5　物位传感器 …… 23

2.6　气体传感器 …… 26

2.7　本章小结 …… 32

复习思考题 …… 32

3　监测技术 …… 33

3.1　温度监测技术 …… 33

3.2　红外气体浓度监测技术 …… 44

3.3　声发射理论为基础的安全检测技术 …… 52

复习思考题 …… 57

4　数据采集技术 …… 58

4.1　数据采集原理 …… 58

4.2　数据采集电路 …… 63

4.3　信号变换电路 …… 74

4.4　数据采集方法简介 …… 86

4.5　数据采集的抗干扰性 …… 93

4.6　监控组态软件 …… 98

4.7　数据通信技术 …… 104

复习思考题 …… 106

5　煤矿安全监测技术 …… 107

5.1　风速测定 …… 107

5.2　矿井通风阻力的测定 …… 109

5.3 瓦斯监测 …… 116
5.4 一氧化碳和硫化氢的监测 …… 120
5.5 氧气监测 …… 122
5.6 煤矿安全监测系统 …… 124
复习思考题 …… 127

6 职业安全监测技术 …… 128
6.1 工业噪声的监测 …… 128
6.2 放射性危害因素的监测 …… 131
6.3 泄漏监测 …… 138
6.4 工作场所空气中粉尘的监测 …… 144
6.5 工作场所空气中金属类毒物的监测 …… 149
6.6 工作场所空气中有机毒物的监测 …… 152
6.7 工作场所空气中无机毒物的监测 …… 155
复习思考题 …… 161

7 几种生产场合安全监控系统 …… 162
7.1 储油罐区安全监控系统 …… 162
7.2 危险品运输车辆监控预警系统 …… 169
7.3 烟花爆竹企业安全监控预警系统 …… 175
7.4 桥梁结构健康与安全监测系统 …… 178
7.5 重大危险源监控与监管系统 …… 183
7.6 隧道火灾监测系统 …… 191
复习思考题 …… 195

8 安全监测系统设计总论 …… 196
8.1 安全监测系统设计与开发的一般性问题 …… 196
8.2 监测系统可靠性 …… 201
8.3 功能安全 …… 204
复习思考题 …… 207

9 新技术在安全监测系统中的应用 …… 208
9.1 数据融合技术 …… 208
9.2 人工神经网络 …… 217
9.3 现场总线技术及其应用 …… 225
9.4 物联网技术与应用 …… 232
复习思考题 …… 241

参考文献 …… 242

1　绪　论

1.1　安全监测的目的、意义和任务

1.1.1　安全监测的目的

1）事故不断增加的原因

事实上，如果加强运行设备的安全监测，有许多事故是可以防患于未然的。以下是一些事故增加的原因：

（1）现代生产设备向大型化、连续化、快速化和自动化方向发展。一方面，在提高劳动生产率、降低生产成本、节约资源和人力等方面带来很大好处；另一方面，由于设备故障率增加，而导致由事故所造成的损失却在成百倍增长。

（2）高新技术的采用对现代设备（特别是航天、航空、航海和核工业等部门）的安全性和可靠性提出了越来越高的要求，而多年来航天、航空、核电站的多次灾难性事故也说明了进行安全监测的迫切性。

（3）现有大量的生产设备老化，要求加强对其进行安全监测。许多老设备、老装置服役已接近其寿命期，进入"损耗故障期"，故障率增大，有的甚至超期服役，全部更新经济负担又很重。因此，若对其加强安全监测，将能延长设备的使用寿命。

2）安全监测技术所要解决的问题

（1）能及时、正确地对设备的运行参数和运行状况做出全面检测，预防和消除事故隐患。

（2）对设备的运行进行必要的指导，提高设备运行的安全性、可靠性和有效性，以期把运行设备发生事故的概率降至最低水平，将事故造成的损失降至最低程度。

（3）通过对运行设备进行检测、隐患分析和性能评估等，为设备的结构修改、设计优化和安全运行提供数据及信息。

安全监测的目的是为职业健康安全状态进行评价、为安全技术及设施进行监督、为安全技术措施的效果进行评价等提供可靠而准确的信息，达到改善劳动作业条件、改进生产工艺过程、控制系统或设备的事故（故障）发生。

安全监测是安全学科的先导和"耳目"。因此，没有安全监测技术，安全工程不能成为一门独立学科；离开了安全监测，安全管理也只是"空中楼阁"。

1.1.2　安全监测的意义

工业事故属于工业危险源，工业危险源通常是指人（劳动者）—机（生产过程和设备）—

环境(工作场所)有限空间的全部或一部分,属于“人造系统”,绝大多数具有观测性和可控性。表征工业危险源状态的可观测的参数称为危险源的“状态信息”。状态信息是一个广义的概念,包括对安全生产和人员身心健康有直接或间接危害的各种因素,如反映生产过程或设备的运行状况正常与否的参数,作业环境中化学和物理危害因素的浓度或强度等。安全状态信息出现异常,说明危险源正在从相对安全的状态向即将发生事故的临界状态转化,提示人们必须及时采取措施,以避免事故发生或将事故的伤害和损失降至最低程度。

安全监测方法依检测项目不同而异,种类繁多。根据检测的原理机制不同,大致可分为化学检测和物理检测两大类。化学检测是利用检测对象的化学性质指标,通过一定的仪器与方法,对检测对象进行定性或定量分析的一种检测方法。它主要用于有毒有害物质的检测,如有毒有害气体、水质和各种固体、液体毒物的测定。物理检测利用检测对象的物理量(包括热、声、光、磁等)进行分析,如噪声、电磁波、放射性、水质物理参数(包括水温、浊度、电导率等)的测定等,均属物理方法。

随着现代工业生产的发展和科学技术的进步,现代生产装置的结构越来越复杂,功能越来越完善,自动化程度也越来越高,相应的安全问题也日益严重,导致灾难性事故不断发生。

1979—2005 年,世界部分国家发生的一些特大事故,不但造成巨大的经济损失,而且造成严重的人员伤亡和环境污染,严重地影响了全球经济的可持续发展和社会稳定。例如,前苏联切尔诺贝利核反应堆的泄漏曾引起对核电站安全性的争议,对核能的发展产生了影响;美国挑战者号航天飞机失事使美国航天事业的发展一度陷于停顿,对整个行业产生了巨大影响;在我国,煤矿透水、天然气井喷、瓦斯爆炸等恶性伤亡事故已引起国际社会的关注。

因此,开展安全监测技术研究,全面提高我国安全监测的科学技术水平,对有效减少事故隐患,预防和控制重、特大事故的发生,遏制群死群伤、重大经济损失和保障国家经济与社会的可持续发展具有重大现实意义。

1.1.3 监测技术

监测是人类认识世界的重要技术手段。人们可以通过各种监测方式和监测技术来获得信息,以助于了解周围环境,进而实现对环境参数的控制。随着科学技术的发展,现代监测技术已经成为一门独立的学科。在石油、化工、冶金、煤炭等生产部门,为了确保安全生产,改善劳动条件,提高劳动生产率,使生产管理水平日趋向科学化、现代化发展,要求对生产过程,特别是处于分散生产状态中的石化生产环境参数进行实时、准确的检测,并对这些环境参数实施有效的控制,因而逐步发展和形成了以检测技术为核心的安全监测监控技术。

1) 检测与测量

检测主要包括检验和测量两个方面的含义。检验是分辨出被测参数量值所归属的某一范围带,以此来判别被测参数是否合格或现象是否存在。测量是把被测未知量与同性质的标准量进行比较,确定被测量对标准量的倍数,并用数字表示这个倍数的过程。

检测的任务不仅是对成品或半成品的检验和测量,而且为了检查、监督和控制某个生产过程或运动对象使之处于人们选定的最佳状况,需要随时检验和测量各种参量的大小和变化等情况。这种对生产过程和运动对象实时定性检验和定量测量的技术又称为工程检测技术。

测量有两种方式,即直接测量和间接测量。直接测量是在对被测量进行测量时,对仪表读数不经任何运算,直接得出被测量的数值。例如,用温度计测量温度,用万用表测量电压。间接测量是测量几个与被测量有关的物理量,通过函数关系式计算出被测量的数值。例如,

功率 P 与电压 U 和电流 I 有关，即 $P=UI$，通过测量的电压和电流，计算出功率。

直接测量简单、方便，在实际中使用较多。但是，在无法采用直接测量方式、直接测量不方便或直接测量误差大等情况下，可采用间接测量方式。

2）传感器与敏感器

传感器是将非电量转换为与之有确定对应关系的电量输出的器件或装置，它本质上是非电量系统与电量系统之间的接口。传感器是必不可少的信息转换器件。从能量的角度出发，可将传感器划分为两种类型：一类是能量控制型传感器（也称为有源传感器），另一类是能量转换型传感器（也称为无源传感器）。能量控制型传感器是指传感器将被测量的变化转换成电参数（如电阻、电容）的变化，传感器需外加激励电源才可将电参数的变化转换成电压、电流的变化，如铂电阻温度传感器。铂电阻阻值随被测温度的变化而变化，需要外加电桥电路才可将阻值的变化转换成电压的变化。而能量转换型传感器可直接将被测量的变化转换成电压、电流的变化，不需要外加激励电源，如热电偶、光电池、压电传感器等。

在很多情况下，所要测量的非电量并不是所持有的传感器所能转换的那种非电量，这就需要在传感器前面增加一个能把被测非电量转换为该传感器能够接收和转换的非电量（即可用非电量）的装置或器件。这种把被测非电量转换为可用非电量的器件或装置称为敏感器。例如，用电阻应变片测量电压时，就要将应变片粘贴到受压力的弹性元件上，弹性元件将压力转换为应变，应变片再将应变转换为电阻的变化。这里，应变片便是传感器，而弹性元件便是敏感器。敏感器和传感器虽然都是对被测非电量进行转换的，但敏感器是把被测量转换为可用非电量，而传感器是把被测非电量转换为电量。

3）安全监测系统

由传感器或检测器及信号处理、显示单元组成了安全检测仪器。如果将传感器或检测器及信号处理、显示单元集于一体，固定安装于现场，对安全状态信息进行实时检测，则称这种装置为安全监测仪器。如果只是将传感器或检测器固定安装于现场，而信号处理、显示、报警等单元安装在远离现场的控制室内，则称为安全监测系统。如果将监测系统与控制系统结合起来，把监测数据转变成控制信号，则称为监控系统。

由于被测对象复杂多样，检测系统的结构也不尽相同。一般地，检测系统是由传感器、信号调理器和输出环节 3 部分组成的。

传感器处于被测对象与检测系统的接口处，是一个信号变换器。它直接从被测对象中提取被测量的信息，感受其变化，并转化成便于测量的电参数。由传感器检测到的信号一般为电信号，它不能直接满足输出的要求，需要进一步的变换、处理和分析，即通过信号调理电路将其转换为标准电信号，并传递给输出环节。

根据检测系统输出的目的和形式不同，输出环节主要有显示与记录装置、数据通信接口和控制装置。

传感器的信号调理电路是由传感器的类型和对输出信号的要求决定的，不同的传感器具有不同的输出信号。能量控制型传感器输出的是电参数的变化，需采用电桥电路将其转换成电压的变化；而电桥电路输出的电压信号幅值较小，共模电压又很大，需采用仪表放大器进行放大；在能量转换型传感器输出的电压、电流信号中，一般都含有较大的噪声信号，需要加滤波电路将有用信号提取，而滤除无用的噪声信号。一般能量型传感器输出的电压信号幅度都很低，也需要采用仪表放大器进行放大。

随着检测要求的提高和传感技术的发展，使得信号的变换和处理技术不断进步，内容也越来越丰富。目前，常用的硬件信号调理方法有测量电桥、信号放大、信号隔离、硬件滤波、V/F转换、F/V转换和V/I转换等，称为模拟信号调理技术。

1.1.4 安全监测的任务

在工业生产过程中，各种有关因素，如烟、尘、水、气、热辐射、噪声、放射线、电流、电磁波及化学因素，还有其他主、客观因素等，造成对生产环境的污染，对生产产生不安全作用，也对人体健康造成危害。查清、预测、排除和治理各种有害因素是安全工程的重要内容之一。安全监测的任务是为安全管理决策和安全技术有效实施提供丰富、可靠的安全因素信息。狭义的安全监测侧重于测量，是对生产过程中某些与不安全、不卫生因素有关的量连续或断续监视测量，有时还要取得反馈信息，用以对生产过程进行检查、监督、保护、调整、预测，或者积累数据，寻求规律。广义上把安全监测与安全监控系统称为安全监测，认为安全监测是借助于仪器、传感器、探测设备迅速而准确地了解生产系统与作业环境中危险因素与有毒因素的类型、危害程度、范围及动态变化的一种手段。

为了获取工业危险源的状态信息，需要将这些信息通过物理的或化学的方法转化为可观测的物理量(模拟的或数字的信号)，这就是通常所说的安全监测。它是作业环境安全与卫生条件、特种设备安全状态、生产过程危险参数、操作人员不规范动作等各种不安全因素监测的总称。不安全因素具体包括以下几种：

① 粉尘危害因素：浓度、粒径分布；全尘或呼吸性粉尘；煤尘、石棉尘、纤维尘、岩尘、沥青烟尘等。

② 化学危害因素：可燃气体、有毒有害气体在空气中的浓度和氧含量。

③ 物理危害因素：噪声与振动、辐射(紫外线、红外线、射频、微波、同位素)、静电、电磁场、照度等。

④ 机械伤害因素：人体部位误入机械动作区域或运动机械偏离规定的轨迹。

⑤ 电气伤害因素：触电、电灼伤。

⑥ 气候条件因素：气温、气压、湿度、风速等。

前三种危险因素的检测是安全监测的主要任务。

安全监测的任务是检测设备的运行状态，判断其是否正常，进行安全预测和诊断，指导设备的管理和维修。

1) 运行状态检测

设备运行状态检测的任务是了解和掌握设备的运行状态，包括采用各种检测、测量、监视、分析和判断方法。结合系统的历史和现状，考虑环境因素，对设备运行状态进行评估，判断其处于正常或非正常状态，并对状态进行显示和记录；对异常状态做出报警，以便运行人员及时加以处理，并为设备的隐患分析、性能评估、合理使用和安全评估提供信息和基础数据。

通常设备的状态可分为正常状态、异常状态和故障状态3种情况。

(1) 正常状态指设备的整体或局部没有缺陷，或虽有缺陷但性能仍在允许的限度以内。

(2) 异常状态指设备的缺陷已有一定程度的扩展，使设备状态信号发生一定程度的变化。设备性能已劣化，但仍能维持工作，此时应注意设备性能的发展趋势，即设备应在监控下运行。

(3) 故障状态是指设备性能指标已有大的下降，设备已不能维持正常工作的状态。设备的故障状态尚有严重程度之分，具体包括：已有故障萌生并有进一步发展趋势的早期故障；程度尚不严重，设备尚可勉强“带病”运行的一般功能性故障；已发展到设备不能运行必须停机的严重故障；已导致灾难性事故的破坏性故障；由于某种原因瞬间发生的突发紧急故障等。

2）安全预测和诊断

安全预测和诊断的任务是根据设备运行状态监测所获得的信息，结合已知的结构特性、参数、环境条件以及该设备的运行历史（包括运行记录、曾发生过的故障及维修记录等），对设备可能要发生的或已经发生的故障进行预报、分析和判断，确定故障的性质、类别、程度、原因和部位，指出故障发生和发展的趋势及其后果，提出控制故障继续发展和消除故障的调整、维修和治理的对策措施，并加以实施，最终使设备复原到正常状态。

3）设备的管理和维修

设备的管理和维修方式的发展经历了 3 个阶段，即从早期的事后维修发展到定期预防维修方式，现在正向视情维修发展。定期预防维修制度可以预防事故的发生，但可能出现过剩维修和不足维修的弊病。视情维修是一种更科学、更合理的维修方式，但必须依赖于完善的状态监测和安全诊断技术的发展和实施。随着我国安全诊断技术的进一步发展和实施，设备管理、维修工作将上升到一个新的水平，我国工业生产的设备完好率将会进一步提高，恶性事故将会逐渐得到控制，使我国的经济建设向着更加健康的方向发展。

1.2　安全监测技术的应用现状及发展

1.2.1　安全监测与仪表发展

由于基础科学的发展和科学技术的进步，在石油、化工、制药、冶金、煤炭等工业生产中，陆续出现了利用光学原理、热导原理、热催化原理、热电效应、弹性形变、半导体器件、气敏元件等多种工作原理和不同性能的各类检测仪器，对影响生产安全的各种因素实现了不同程度的监测，并逐渐形成了不同种类的监测仪器仪表。20 世纪 50 年代之后，由于电子通信和自动化技术的发展，出现了能够把工业生产过程中不同部位的测量信息远距离传输并集中监视、集中控制和报警的生产控制装置，初步实现了由“间断”、“就地”检测到“连续”、“远地”检测的飞跃，由单体检测仪表发展到监测系统。早期的监测系统，其监测功能少、精度低、可靠性差、信息传递速度慢。自20 世纪 80 年代以来，电子技术和微电子技术的发展，特别是计算机技术的应用，实现了化工生产过程控制最优化和管理调度自动化相结合的分级计算机控制，检测仪器仪表和监测系统，无论其功能、可靠性和实用性都产生了重大的飞跃，使安全监测技术与现代化的生产过程控制紧密地联系在一起。目前，大型化工企业中的安全监测系统，已可使监测的模拟量和开关量达上千个，巡检周期短，能同时完成信号的自动处理、记录、报警、联锁动作、打印、计算等；监测参数除可燃气体（如 H_2，CO 等）成分和浓度、可燃粉尘浓度、可燃液体泄漏量之外，还有温度、压力、压差、风速、火灾特征（烟、温度、光）等环境参数和生产过程参数。由于可以从连续监测数据、屏幕显示图形和经过数据处理得到各种图表，及时掌握整个化工生产过程的过程参数、环境参数和生产机械的状态，就保证了生产的连续与均衡、减少停顿和阻塞，防止重大事故发生。同时，由于及时掌握生产设备和机械的工作状态，可以分析设备的配置情况和利用率，发现生产薄弱环节，改善管理，提高生产效率。

改革开放以来，我国的工业生产发展很快，国家十分重视安全，在安全检测仪表的研究和生产制造方面投入了很大的力量，使安全仪表生产具备了相当的规模，形成了以北京、抚顺、重庆、西安、常州、上海等为中心的生产基地，可以生产多种型号环境参数、工业过程参数及安全参数的监测、遥测仪器。此外，具有发达国家20世纪90年代水平的安全监测系统已开始装备我国的石油、化工、煤矿等工业生产部门；安全监测、报警及连锁控制装置等，也在我国自行设计的石化生产设备中获得了应用，这标志着我国安全监测仪器的研制和装备进入了新的水平。但必须指出的是，目前我国安全监测传感器种类较少，质量尚不稳定；监测数据处理、计算机应用与一些发达国家相比有一定差距，这些都需要在今后重点解决。

目前，在我国的大型石化企业中，如扬子乙烯工程、齐鲁乙烯工程等，大量装备使用各种安全监测仪表，装备和使用先进的安全监测系统，使生产事故率极大地下降，促进了生产发展，获得了很大的经济效益。因此，安全监测技术与石化生产过程控制的密切配合，这是我国石化生产的发展方向，也是防火防爆、预防重大火灾及爆炸事故发生的重要环节。

1.2.2　安全监控技术发展

安全监测与控制常简称为安全监控，它具有监测和控制的综合能力。在安全检测与控制技术学科中所称的控制可分为两种，具体如下：

1）过程控制

在一体化生产中，一些重要的工艺参数大都由传感器、工业仪表乃至计算机来测量和调节，以保证生产过程及产品质量的稳定，这就是过程控制。在比较完善的过程控制设计中，有时也会考虑工艺参数的超限报警、外界危险因素（如可燃气体、有毒气体在环境中的浓度、烟雾、火焰信息等）的检测，甚至停车等联锁系统。然而，这种设计思想仍然着眼于表层信息捕获的习惯模式。

2）应急控制

在对危险源的可控制性进行分析之后，选出一个或几个能将危险源从事故临界状态拉回到相对安全状态，以避免事故发生或将事故的伤害、损失降至最低程度的控制信号。这种具有安全防范性质的控制技术称为应急控制。监测与控制功能合二为一，称为监控；将安全监测与应急控制结合为一体的仪器仪表或系统，称为安全监控仪器或安全监控系统。

从安全科学的整体观点出发，现代生产工艺的过程控制和安全监控功能应融为一体，综合成一个包括过程控制、安全状态信息监测、实时仿真、应急控制、自诊断以及专家决策等各项功能在内的综合系统。这种系统既能够对生产工艺进行比较理想的控制，从而使企业受益，又能够出现异常情况时及时给出预警信息，紧急情况下恰到好处地自动采取措施，把安全技术措施渗透到生产工艺中去，避免事故的发生或将事故危害和损失降到最低程度。

（1）监控技术的发展现状

① 监控网络集成化。它是将被监控对象按功能划分为若干系统，每个系统由相应的监控系统实行监控，所有监控系统都与中心控制计算机连接，形成监控网络，从而实现生产系统的全方位安全监控（或监视）。

② 预测型监控。这种监控即控制计算机根据检测结果按照一定的预测模型进行预测计算，并根据计算结果发出控制指令。这种监控技术对安全具有重要的意义。

锅炉、压力容器、压力管道等特种设备安全检测技术的发展趋势是：开发检测新技术和电子监控等先进的安全控制技术和产品，实现检测监控设备的数字化、智能化、小型化，积极推进检测监控仪器的国产化，重点发展新材料的研究、推广、使用，加强设计、制造、安装等环节的监察，提高特种设备本身的安全性能和安全防范能力。

(2) 我国煤矿安全检测技术的发展现状

① 煤矿安全检测技术理论更加成熟，开发出更先进更实用的检测设备。

② 煤矿安全检测设备的生产逐渐进入正规化，设备操作更简便，数据处理更直观。

③ 在计算机技术的发展基础上，采用视频监控技术、无线传感技术、RFID电子标签技术开发了矿井安全预警系统。

1.2.3 安全监测技术发展

20世纪70年代，过程系统的在线故障监测与安全诊断技术随着生产和科学技术的发展迅速得到发展。这是动态系统的故障监测与诊断问题，也是应用现代控制理论、数理统计等方法来分析处理非正常工况下系统特性的结果。所谓故障监测、诊断和预报系统，通常有两种含义：一是某些专用的仪器，如对于汽轮发电机组等旋转机械设备，就有转速测量仪、旋转机械振动检测仪和频谱分析仪等，可以检测出这类机械设备的运转是否正常；二是计算机数据采集分析系统，它可以采集生产过程的有关数据，完成工况分析，对设备运行是否正常，引起故障的原因是什么，故障的程度有多大，工况的趋势是否安全等问题进行分析、判断，并得出结论。近年来，在线故障监测与安全诊断技术的研究十分活跃，现代安全诊断技术和方法取得了长足发展，如红外诊断技术(包括红外测温、红外气体分析和红外气体泄漏监测)、声发射监测技术、智能安全监测系统等，其工程应用也日益广泛。

发达国家在安全监测技术领域起步较早，研究投入较多，安全监测技术这一领域的理论、方法、技术和装备等已遍及诸多行业。在我国，安全监测技术的发展，在国家经济建设中发挥了越来越大的作用，也取得了十分明显的社会经济效益。

复习思考题

1.1 安全监测的意义是什么？

1.2 安全监测的主要任务是什么？

1.3 简述安全监测技术的发展与趋势。

2 传感器技术

2.1 概 述

传感器是检测系统中与被测对象直接发生联系的部分，是信息输入的窗口，它为检测系统提供必需的原始信息。检测系统获取信息的质量往往是由传感器的性能一次性确定的。为了能使其输出在精度要求范围之内反映测量，传感器必须具备一定的基本特性，只有这样传感器的输出才能作为其输入（被测物理量）的量度。因此，了解和掌握传感器的基本特性是正确选择和使用传感器的基本条件。

2.1.1 传感器的组成

传感器是一种以测量为目的，以一定精度把被测量转换为与之有确定关系的，便于处理的另一种物理量的测量装置、器件或元件。因此，传感器直接与被测对象发生联系，采集并获取被测对象的信息。由于一般的被测对象是非电信号，如位移、速度、温度、压力、流量等，所以传感器还必须将上述信号转换成便于传输和处理的电信号。

传感器一般由敏感元件和转换元件 2 部分组成，有时也将转换电路及辅助电源作为传感器的组成部分，如图 2.1 所示。

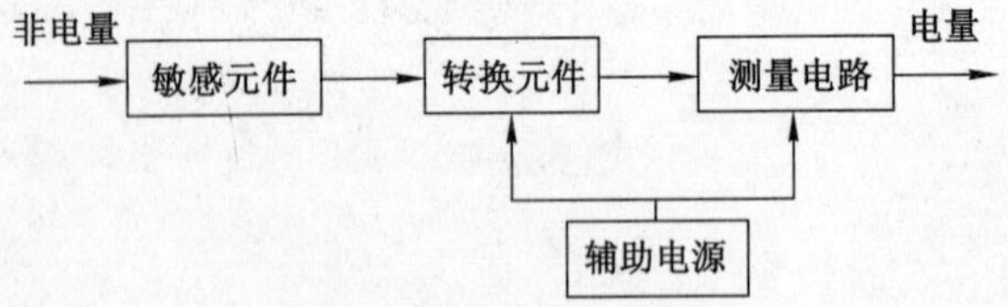

图 2.1 传感器组成框图

1）敏感元件

直接感受被测量（一般为非电量），并输出与被测量成确定关系的其他量（也包括电量）的元件。图 2.2 中的弹簧管就是敏感元件，它的作用是感受被测压力 p 的变化，并将其转换成与 p 有确定关系的位移量。

2）转换元件

转换元件也称为传感元件，通常它不直接感受被测量，而是将敏感元件的输出量转换为电参数再输出。如图 2.2 所示，它的作用是将弹簧管的位移量转换为电位器的电阻变化量。

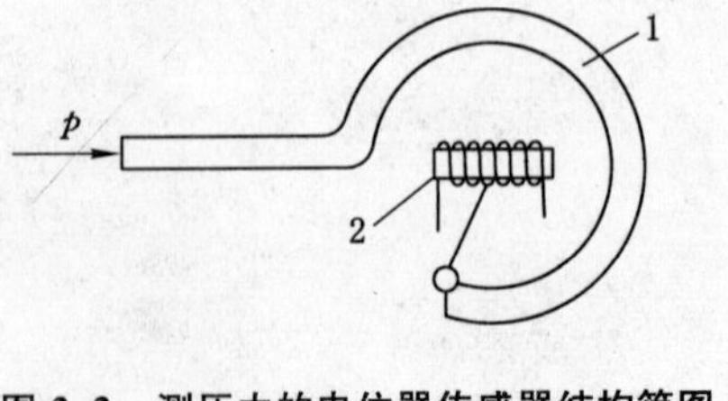

图 2.2 测压力的电位器传感器结构简图

1—弹簧管（敏感元件）；2—电位器（传感元件）

应该指出，不是所有的传感器都有敏感元件与转换元件之分。如热电偶是直接感知温度变化的敏感元件，但它又直接将温度转换为电压输出，敏感和转换两者合二为一。另外,还有许多光电传感器也都是这种敏感和转换合为一体的传感器。

3）转换电路

将转换元件输出的电参数转换成电压、电流或频率量。若转换元件输出的已经是上述电量,则就不再需要基本转换电路。

2.1.2 传感器的分类

关于传感器的分类,目前尚无统一的方法。比较常用的分类方法有以下 3 种：

1）按被测物理量分类

可分为温度、力、流量、位移、速度、气体成分等传感器。

2）按传感器工作原理分类

可分为电阻、电容、电感、电压、霍尔、光电、光栅、热电偶等传感器。

3）按传感器输出信号的性质分类

可分为:输出为开关量“1”和“0”或“开”或“关”的开关型传感器;输出为模拟量的模拟型传感器;输出为脉冲或代码的数字型传感器。

实际工程中,有的传感器可以用来测量多种参数,如电阻应变式传感器,既可用于测量力、压力,又可用于测量应力、重力等。而对于同一种被测量,也可采用多种不同原理的传感器,如测量转速,既可用电容式,又可用电感式,还可用光电式等。称呼时,可将两者结合起来,如应变式压力传感器、电容式液面传感器、光电转速传感器、压电加速度传感器等。

2.2 温度传感器

温度传感器是能感受温度变化并转换成便于利用的输出信号的传感器。由于温度的计测范围很宽,每种温度传感器又具有各自的特点、适用范围和使用条件,因此在温度计量时应根据实际情况,按照不同要求适当地选择温度传感器。

1）温度传感器的分类

根据与被测量的接触关系,大致分为接触型和非接触型。目前,被广泛使用的是接触型温度传感器。

根据其工作原理的不同,主要分为热电偶、热电阻、PN 结温度传感器等。

随着科学技术的发展,新型温度传感器在温度测量、温度控制中的应用越来越普遍,比较常见的有红外温度传感器、石英温度传感器、光纤温度传感器等。

2）温度传感器的原理

温度传感器种类的不同,其工作原理也各不相同。本节主要介绍几种比较常见的温度传感器的工作原理。

(1) 热电偶传感器

热电偶式温度传感器是利用焊接后两种不同材料的导体,其受热产生热电势的原理制成的测量温度仪表。它主要由热电偶、补偿导线和电气测量仪表(检流计)3 部分组成。用两根不同的导体或半导体(热电极)的一端互相焊接,形成热电偶的工作端(热端),用它插入被测介质中以测量温度。其结构如图 2.3 所示。

热电偶是一种使用最多的温度传感器,其工作原理是基于 1821 年发现的塞贝克效应。即两种不同的导体或半导体 A 与 B 组成一个回路,其两端相连接,只要两节点处的温度不

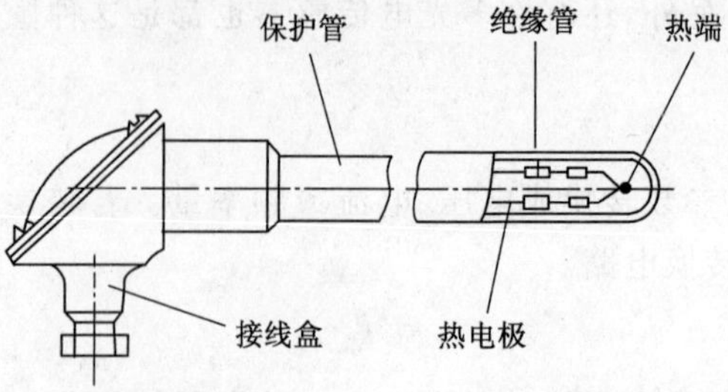

图 2.3　普通热电偶结构图

同(一端温度为 T,另一端温度为 T_0),回路中就有电流产生[图 2.4(a)],也即回路中存在电动势,则该电动势被称为热电势。

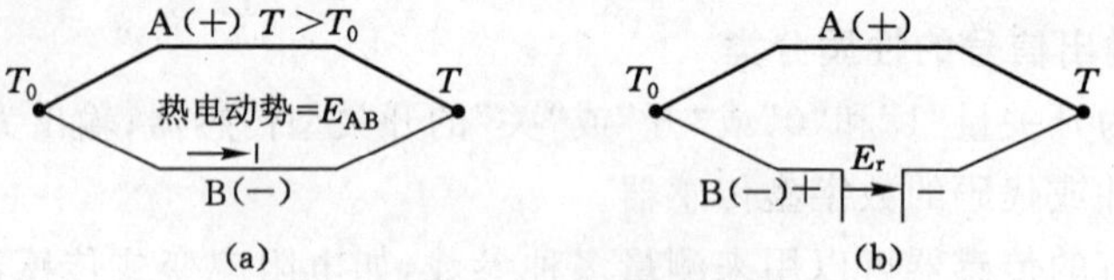

图 2.4　热电偶工作原理图

两种不同导体或半导体的组合被称为热电偶。当回路断开时,在断开处 A 和 B 之间便有一电势差 E_r,其极性和量值与回路中的热电势一致[图 2.4(b)],并规定在冷端。当电流由 A 流向 B 时,称为 A 为正极,B 为负极。实验表明,当 E_r 较小时,热电势与温度差成正比,即

$$E_r = S_{AB}(T - T_0) \tag{2.1}$$

式中　S_{AB}——塞贝克系数,又称为热电势率,其符号和大小取决于热电极材料的相对特性。

热电偶的基本定律:

① 均质导体定律:由一种均质导体组成的闭合回路,不论导体的截面和长度如何,也不论各处的温度分布如何,都不能产生热电势。

② 中间导体定律:用两种金属导体 A 和 B 组成热电偶测温时,在测温回路中必须通过导线接入仪表测量温差电势 $E_{AB}(T,T_0)$,导线等中间导体的材料与热电偶导体 A 和 B 的材料往往并不相同。热电偶中间导体定律指出:在热电偶回路中,只要中间导体 C 两端温度相同,那么接入中间导体 C 对热电偶回路总热电势 $E_{AB}(T,T_0)$没有影响。

③ 中间温度定律:热电偶的两个节点 A,B 的温度分别为 T_1,T_2时,热电势为 $E_{AB}(T_1,T_2)$;两节点温度为 T_2,T_3时,热电势为 $E_{AB}(T_2,T_3)$,那么当两节点温度为 T_1,T_3时的热电势则为

$$E_{AB}(T_1,T_2) + E_{AB}(T_2,T_3) = E_{AB}(T_1,T_3) \tag{2.2}$$

式(2.2)为中间温度定律的表达式。例如:$T_1 = 100$ ℃,$T_2 = 40$ ℃,$T_3 = 0$ ℃,则

$$E_{AB}(100,40) + E_{AB}(40,0) = E_{AB}(100,0) \tag{2.3}$$

根据热电势与温度函数关系,可制成热电偶分度表。分度表是在自由端温度 $T_0 = 0$ ℃的条件下得到的。不同的热电偶具有不同的分度表,常用热电偶可分为标准热电偶和非标准热电偶两大类。标准热电偶是指国家标准规定了其热电势与温度的关系、允许误差、并有统一的标准分度表的热电偶,它有与其配套的显示仪表可供选用。非标准化热电偶在使用

范围或数量级上均不及标准化热电偶，一般也没有统一的分度表，主要用于某些特殊场合的测量。

标准化热电偶，按IEC国际标准生产。热电偶的分度号主要有S,R,B,N,K,E,J,T等几种。其中，S,R,B属于贵金属热电偶；N,K,E,J,T属于廉金属热电偶。

S分度号的特点是抗氧化性能强，宜在氧化性、惰性气体中连续使用，长期使用温度1 400 ℃，短期1 600 ℃。在所有热电偶中，S分度号的精确度等级最高，通常用作标准热电偶。

R分度号与S分度号相比除热电动势大15%左右，其他性能几乎完全相同。

B分度号在室温下热电动势极小，故在测量时一般不用补偿导线。它的长期使用温度为1 600 ℃，短期1 800 ℃。可在氧化性或中性气氛中使用，也可在真空条件下短期使用。

N分度号的特点是1 300 ℃下高温抗氧化能力强，热电动势的长期稳定性及短期热循环的复现性好，耐核辐射及耐低温性能也较好，可以部分代替S分度号热电偶。

K分度号的特点是抗氧化性能强，宜在氧化性、惰性气体中连续使用，长期使用温度1 000 ℃，短期1 200 ℃，在所有热电偶中使用最广泛。

E分度号的特点是在常用热电偶中，其热电动势最大，即灵敏度最高。宜在氧化性、惰性气体中连续使用，使用温度0～800 ℃。

J分度号的特点是既可用于氧化性气氛（使用温度上限750 ℃），也可用于还原性气氛（使用温度上限950 ℃），并且耐H_2及CO气体腐蚀。

T分度号的特点是在所有廉金属热电偶中精确度等级最高，通常用来测量300 ℃以下的温度。

(2) 热电阻传感器

热电阻式温度传感器是利用导体或半导体的电阻随温度变化而改变的性质制成的，通过测量金属电阻值大小，得出所测温度的数值。热电阻常用材料为铂和铜。

热电阻外面一般要加保护套管，保护套管材料要耐温、耐腐蚀、承受温度剧变、密封性好及有足够的机械强度。其结构如图2.5所示。

用热电阻传感器测量500 ℃以下的温度，具有比热电偶传感器更高的测量精度。铂热电阻式可以测量−200～650 ℃，铜热电阻式可以测量−50～150 ℃范围的温度。热电阻传感器也能远距离测量和显示，安装方式与热电偶式类似。热电阻传感器与温度显示仪表通过导线连接而成为测温显示装置，用以测量气体、液体和蒸汽的温度。

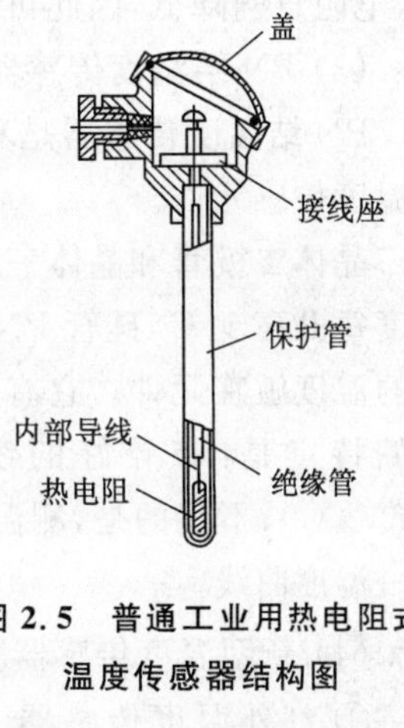

图2.5 普通工业用热电阻式温度传感器结构图

① 金属热电阻传感器工作原理。金属热电阻传感器的感温元件由纯金属制成。当温度变化时，感温元件的电阻值随温度而变化，这样就可将变化的电阻值作为电信号输入测量仪表，通过测量电路的转换即可得到被测温度。实验表明，许多纯金属的电阻率在很宽的温度范围内可以用布洛赫-格林爱森公式描述，即

$$\rho(T)=\frac{AT^5}{M\Theta_D^6}\int_0^{\Theta_D}\frac{x^5\,dx}{(e^x-1)(1-e^x)} \tag{2.4}$$

式中 A——金属的特性常数；

M——金属的原子量；

Θ_D——金属的德拜温度；

T——热力学温度,K。

当 $T>0.5\Theta_D$ 时,式(2.4)可简化为

$$\rho(T)\approx\frac{A}{4}\frac{T}{M\Theta_D^2} \tag{2.5}$$

可见,在德拜温度附近的"高温"下,金属的电阻率与温度成正比。

制作热电阻的理想材料为铂、铜、镍等,它们的温度特性如图2.6所示。

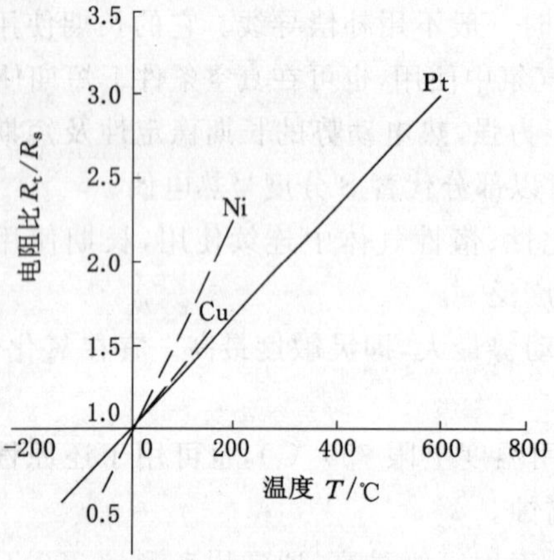

图2.6 测温电阻体材料的温度特性

② 热敏电阻传感器工作原理。热敏电阻传感器工作原理同金属热电阻传感器一样,也是利用电阻随温度变化的特性测量温度。所不同的是,它用半导体热敏电阻材料作为感温元件。热敏电阻传感器的优点是:灵敏度高、体积小、响应快、功耗低、价格低廉。其缺点是:电阻值随温度呈非线性变化、元件的稳定性及互换性差。

热敏电阻是由某些金属氧化物按不同的配方比例烧结制成的。不同的热敏电阻材料,具有不同的电阻—温度特性,按温度系数的正负,将其分为正温度系数热敏电阻(NTC)、负温度系数热敏电阻(PTC)和临界温度系数热敏电阻(CTR)。负温度系数热敏电阻随温度升高而降低,具有负的温度系数;正温度系数的热敏电阻随温度升高而增加;临界温度系数热敏电阻的特点是在某一温度下,电阻急剧降低,因此可作为开关元件。

(3) PN结温度传感器

PN结温度传感器是利用晶体管基极——发射极的正向压降随温度变化的特性而制成的温度敏感元件。

晶体二极管和晶体三极管PN结的结电压是随温度而变化的。例如,在恒流的情况下,温度每升高1 ℃,硅管PN结的结电压下降2 mV。PN结温度传感器就是利用这种特性制成的温度敏感元件。它有两种类型,即二极管温度传感器和三极管温度传感器。这种传感器的特点是:有较好的线性度、尺寸小、热响应时间短(0.2～2 s)、灵敏度高(约为2 mV/℃);不足的是,测温范围小(－50～＋150 ℃)、互换性较差。图2.7为二极管正向电压—温度曲线。

(4) 新型温度传感器

① 红外温度传感器。红外温度传感器是利用被测量物体所辐射出来的辐射能量来测量物体的温度。当物体的温度低于1 000 ℃时,它向外辐射的不再是可见光而是红外光了,可用红外探测器检测温度。如采用分离出所需波段的

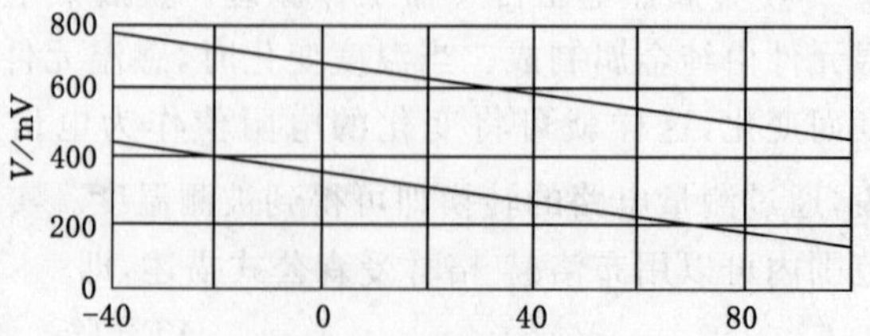

图2.7 二极管正向电压—温度曲线

滤光片，可使红外测温仪工作在任意红外波段。它的理论依据是斯蒂芬-玻尔兹曼定律

$$M = \varepsilon\sigma T^4 \tag{2.6}$$

式中 M——物体的全辐射度，即物体温度为 T 时单位时间内单位面积所发射的红外辐射总能量，W/m^2；

ε——物体表面的法向比发射率；

σ——斯蒂芬-玻尔兹曼常数，$W/(m^2 \cdot K^4)$；

T——物体的热力学温度，K。

式(2.6)表明，物体的温度越高，所辐射的辐射功率越大。显然，在 ε 已知的情况下，只要能测量出物体所辐射的辐射功率，就可确定物体的温度。

红外温度传感器是将目标的红外辐射转换成电信号的敏感器件，其工作原理是被测目标上的辐射用光学系统聚焦后经过调光器输入到红外检测器，红外检测器的任务是将辐射转换成模拟的电信号。

图 2.8 是目前常见的红外测温仪方框图。它是一个包括光、机电一体化的红外测温系统。图中的光学系统是一个固定焦距的透射系统，滤光片一般采用只允许 8～14 μm 的红外辐射能通过的材料。步进电机带动调制盘转动，将被测的红外辐射调制成交变的红外辐射线。红外探测器一般为(钽酸锂)热释电探测器，透镜的焦点落在其光敏面上。被测目标的红外辐射通过透镜聚焦在红外探测器上，红外探测器将红外辐射变换为电信号输出。

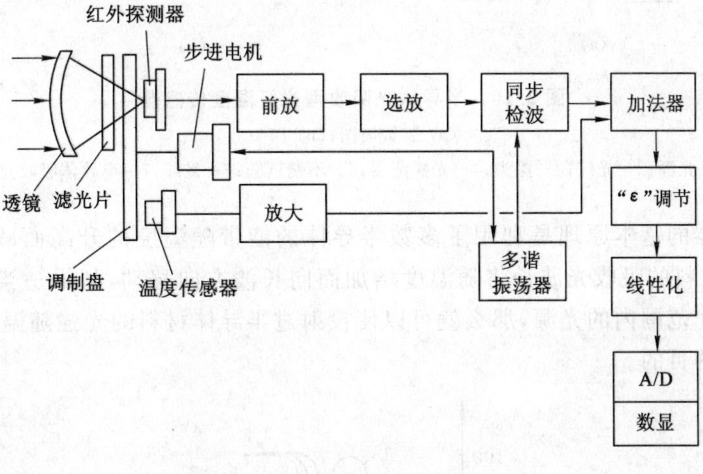

图 2.8 红外测温仪方框图

② 石英温度传感器。石英晶体的固有振荡频率是随温度变化而变化的，即

$$f_t = f_0[1 + \alpha(t - t_0) + \beta(t - t_0)^2 + \gamma(t - t_0)^3] \tag{2.7}$$

式中 f_0——在温度为 t_0 时的频率；

f_t——在温度为 t 时的频率；

t_0——基准参考温度；

α, β, γ——分别为一次、二次、三次幂的温度系数。

温度系数 α, β, γ 是随石英晶体的切割角度的改变而改变的。当切割角度不同时，温度系数也有明显不同，如图 2.9 所示。沿 AC 方向切割时，温度系数很小，f 值几乎不随温度而变，所以该类切割的石英晶体适合于通信、电子、仪器仪表等领域做晶体振荡器；沿 Y，LC 方向切割时，温度系数很大，f 值对温度很敏感。所以，该类切割的石英晶体适合于温度测

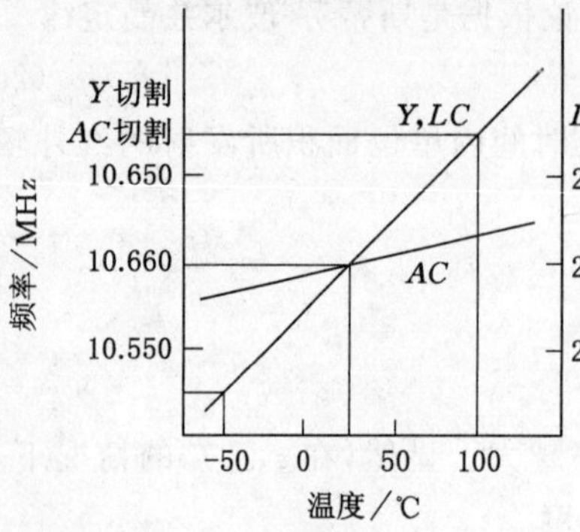

图 2.9 石英晶体温度频率特性

量控制领域做温度传感器。

③ 光纤温度传感器。光纤温度传感器就是以光导纤维作为温度敏感元件或用纤维传输信号的温度传感器。光纤温度传感器按照光纤的作用可分为全光纤型、传光型和拾光型，按使用方法可分为接触式和非接触式。本节仅介绍一种光强调制型的半导体光吸收型光纤温度传感器。图 2.10 所示为这种传感器的结构原理图。它的敏感元件是一个半导体光吸收器，光纤用来传输信号。传感器是由半导体光吸收器、光纤、发射光源和包括光控制器在内的信号处理系统等组成，具有体积小、灵敏度高、工作可靠等特点，广泛应用于高压电力装置中的温度测量等特殊场合。

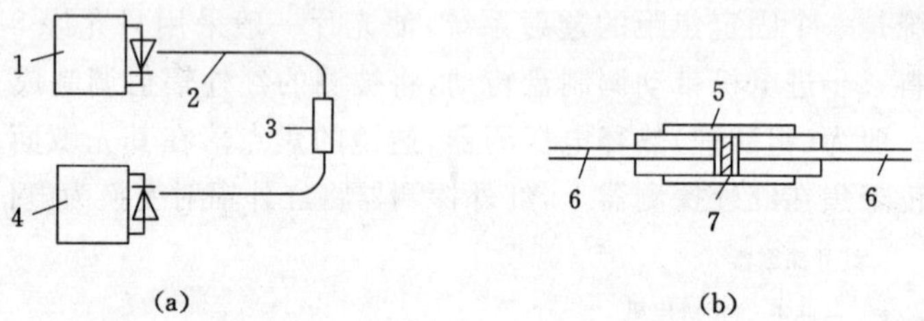

图 2.10 半导体光吸收型光纤温度传感器

(a) 装置简图；(b) 探头

1—光源；2—光纤；3—探头；4—光探测器；5—不锈钢套；6—光纤；7—半导体吸收元件

这种传感器的基本原理是利用了多数半导体的能带随温度的升高而减小的特性。如图 2.11所示，材料的吸收光波长将随温度增加而向长波方向移动，如果适当地选定一种波长在该材料工作范围内的光源，那么就可以使投射过半导体材料的光强随温度而变化，从而达到测量温度的目的。

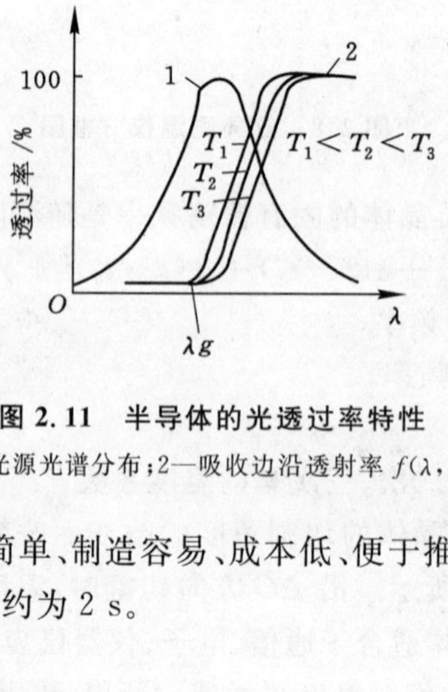

图 2.11 半导体的光透过率特性

1—光源光谱分布；2—吸收边沿透射率 $f(\lambda,T)$

这种光纤温度传感器结构简单、制造容易、成本低、便于推广应用，可在 −10～300 ℃的温度范围内进行测量，响应时间约为 2 s。

2.3 压力传感器

压力传感器是在压力测量系统中,用来感应压力并将压力转换成与压力值成一定关系的电信号输出的敏感元件。压力传感器在现代工业和科学技术中应用极为广泛,为了输出标准直流电信号,便于计算机采集及二次仪表规范配置,压力敏感元件可与集成运算放大电路组成压力变送器。

1) 压力传感器的分类

压力传感器的分类方法很多,目前一般采用以下几种分类方法:

(1) 根据工作原理不同,压力传感器有压阻式、压电式、应变式等类型;

(2) 测量压力高低的不同,压力传感器有高压、中压、低压、微压和负压传感器等;

(3) 用途的不同,又有压差传感器、深度传感器、液面传感器、医用传感器以及应用在特殊场合的特种压力传感器;

(4) 根据应用环境的不同,又有一般型和防腐型压力传感器等。

2) 压力传感器的工作原理

(1) 应变式压力传感器

电阻应变式传感器是利用电阻应变片将应变转换为电阻变化的传感器,传感器由在弹性元件上粘贴电阻应变敏感元件构成。当被测物理量作用在弹性元件上,弹性元件的变形引起应变敏感元件的阻值变化,通过转换电路转变成电量输出,电量变化的大小反映了被测物理量的大小。应变式电阻传感器是目前测量力、力矩、压力、加速度、重力等参数应用最广泛的传感器。

电阻应变片的工作原理是基于应变效应,即在导体产生机械变形时,它的电阻值相应发生变化。如图 2.12 所示,一根金属电阻丝,在其未受力时,原始电阻值为

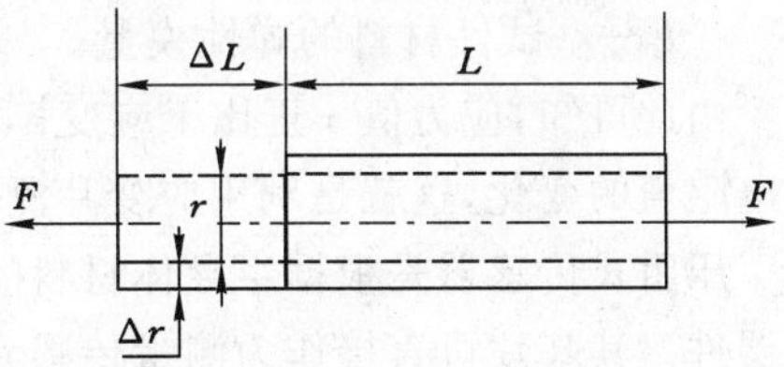

图 2.12 金属电阻丝应变效应

$$R=\frac{\rho L}{S} \tag{2.8}$$

式中 ρ——电阻丝的电阻率;

L——电阻丝的长度;

S——电阻丝的截面积。

当电阻丝受到拉力 F 作用时,将伸长 ΔL,横截面积相应减小 ΔS,电阻率将因晶格发生变形等因素而改变 $\Delta\rho$,故引起电阻值相对变化量为

$$\frac{\Delta R}{R}=\frac{\Delta L}{L}-\frac{\Delta S}{S}+\frac{\Delta\rho}{\rho} \tag{2.9}$$

式(2.9)中,$\Delta L/L$ 是长度相对变化量,即

$$\varepsilon=\frac{\Delta L}{L} \tag{2.10}$$

$\Delta S/S$ 是圆形电阻丝的截面积相对变化量。

由材料力学可知,在弹性范围内,金属丝受拉力时,沿轴向伸长,沿径向缩短,那么轴向应变和径向应变的关系可表示为

$$\frac{\Delta r}{r}=-\mu\frac{\Delta L}{L}=-\mu\varepsilon \tag{2.11}$$

式中，μ 表示电阻丝材料的泊松比；“－”表示应变方向相反。

将式(2.8)、式(2.9)代入式(2.10)，可得

$$\frac{\Delta R}{R}=(1+2\mu)\varepsilon+\frac{\Delta\rho}{\rho} \tag{2.12}$$

通常把单位应变能引起的电阻值变化称为电阻丝的灵敏度系数。其物理意义是单位应变所引起的电阻相对变化量；其表达式为

$$K=1+2\mu+\frac{\Delta\rho/\rho}{\varepsilon} \tag{2.13}$$

灵敏度系数受两个因素影响：一个是受力后材料几何尺寸的变化，即$(1+2\mu)$；另一个是受力后材料的电阻率发生的变化，即$(\Delta\rho/\rho)/\varepsilon$。对金属材料电阻丝来说，灵敏度系数表达式中$(1+2\mu)$的值要比$(\Delta\rho/\rho)/\varepsilon$大得多，而半导体材料的$(\Delta\rho/\rho)/\varepsilon$项的值比$(1+2\mu)$大得多。大量实验证明，在电阻丝拉伸极限内，电阻的相对变化与应变成正比，即 K 为常数。

用应变片测量应变或应力时，根据上述特点，在外力作用下，被测对象产生微小机械变形，应变片随着发生相同的变化，同时应变片电阻值也发生相应变化。当测得应变片电阻值变化量 ΔR 时，便可得到被测对象的应变值。根据应力与应变的关系，得到应力值 σ 为

$$\sigma=E\varepsilon \tag{2.14}$$

式中　σ——试件的应力；

ε——试件的应变；

E——试件材料的弹性模量。

由此可知，应力值 σ 正比于应变 ε，而试件应变 ε 正比于电阻值的变化，所以应力 σ 正比于电阻值的变化，这就是利用应变片测量应变的基本原理。

压阻式传感器是根据半导体材料的压阻效应在半导体材料的基片上经扩散电阻而制成的器件。其基片可直接作为测量传感元件，扩散电阻在基片内接成电桥形式。当基片受到外力作用而产生形变时，各电阻值将发生变化，电桥就会产生相应的不平衡输出。

用做压阻式传感器的基片(或称膜片)材料主要为硅片和锗片。以硅片为敏感材料制成的硅压阻、传感器越来越受到重视，尤其是以测量压力和速度的固态压阻式传感器应用最为普遍。现以硅压阻式压力传感器为例，简单介绍一下这类传感器的结构、工作原理及应用情况等。

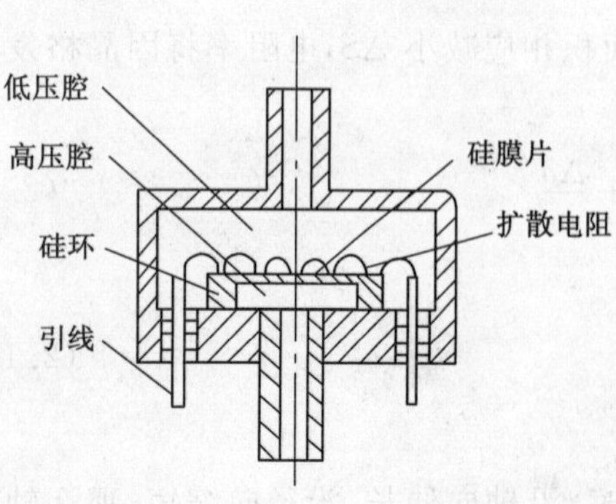

图 2.13　硅压阻式压力传感器的结构图

① 硅压阻式压力传感器的结构与组成。硅压阻式压力传感器主要由外壳、硅膜片及引线等组成，其结构如图 2.13 所示。核心部分是一块圆形膜片，在膜片上利用集成电路的成形工艺方法设置了 4 个阻值相同的电阻，构成平衡电桥的 4 个桥臂。膜片的四周用一圆环(硅环)固定。膜片的两边有两个压力腔：一个是和被测系统相连接的高压腔；另一个是低压腔，通常与大气相通。

② 工作原理。压阻式压力传感器是根据半导体材料的压阻效应而设计的。所谓“压阻效应”，就是当固体半导体材料受到应力作用时，其

电阻率会发生变化的这一现象。工作时(即测量时),当膜片两边出现压力差时,膜片上各点即有应力存在,4 个电阻在应力作用下,阻值将发生变化,使电桥失去平衡,从而输出相应的电压。该电压和膜片的压力差成正比,这样就可测得不平衡电桥的输出电压,从而求得膜片所受压力差的大小。

③ 压阻式压力传感器的测量电路。压阻式传感器的输出信号通常是模拟电压信号,也可以是频率信号。当膜片两边存在压力差时,膜片上各点就存在应力。此时,4 个电阻在应力作用下阻值将发生变化,使电桥失去平衡而输出相应的电压。该电压的大小与膜片两边的压力差成正比,于是通过对不平衡电桥输出电压的检测,就可求得所受压力的大小了。

此压力传感器输出频率信号基本原理:利用半导体材料中 PN 结本身存在的结电容与 P 型电阻形成一个 RC 分布阻容网络,如图 2.14(a)所示。还可看做由许多节级相连的 RC 网络,如图 2.14(b)所示。由于 RC 网络具有移相作用,当把移相 180°的若干节及 RC 网络与一个反相放大器连接起来后,构成一个单独的移相振荡器,如图 2.14(c)所示。

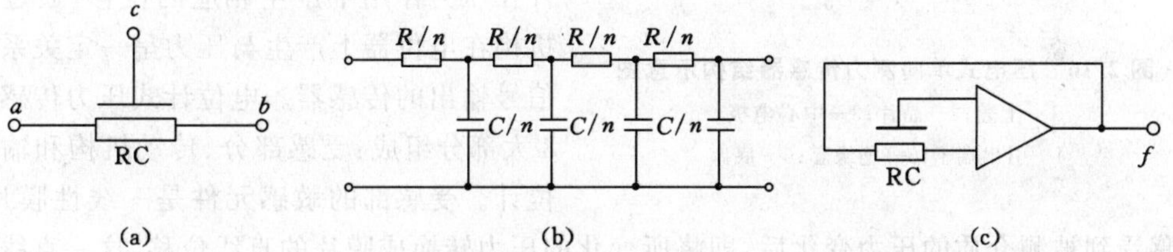

图 2.14　压阻式压力传感器原理图

(a) 分布阻容网络;(b) n 级阻容网络;(c) 移相振荡器

移相振荡器的振荡频率为

$$f=\frac{\sqrt{6}}{2\pi RC} \tag{2.15}$$

该振荡器由于采用了滞后相移网络处理电路,因此适用于几千赫以下的低频振荡。从式(2.15)中可看出,该振荡器的频率取决于 RC 值,而与负载的大小、电源的电压无关。当压力为零时,移相振荡器的输出频率为 f_0,在某一压力 p 的作用下,RC 网络中的电阻将发生变化,移相振荡器的输出频率为 f_1,频率差(f_1-f_0)就反映了压力的变化,即

$$\Delta f=f_1-f_0=f(p) \tag{2.16}$$

由此,只要测得移相振荡器上的输出频率,就可知道被测压力的大小了。

(3) 压电式压力传感器

压电式压力传感器是利用压电材料(一般为石英晶体)的压电效应,将压力转换为与其成一定关系的电信号输出的传感器。所谓压电效应,是指材料受到外部压力作用时,材料表面产生与压力成正比的电荷。传感器的石英晶体压电材料通常由膜片保护,当传感器受压时,压力经过膜片作用在石英晶体片上,产生一个正比于被测电压的电荷信号。一般石英晶体输出阻抗高,电荷信号比较微弱,必须经前置放大器放大后输出的电压信号方可由数字

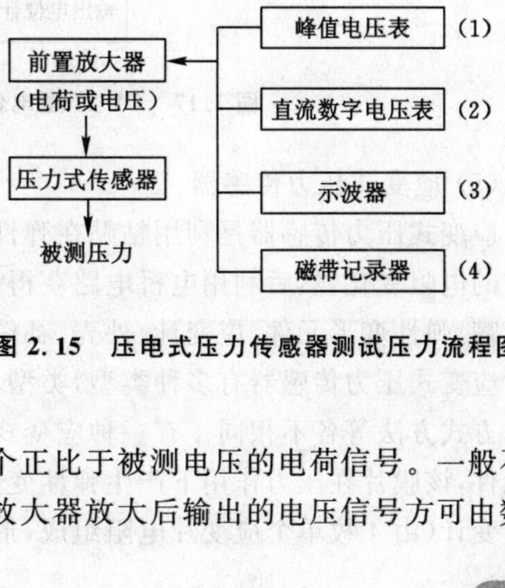

图 2.15　压电式压力传感器测试压力流程图

电压表和显示记录仪显示或记录，如图 2.15 所示。

其中，作静态测量时，选(1)、(2)组合方法，此时的前置放大器应具有静态功能。作动态测试时，选(3)、(4)组合方法，此时的前置放大器应具有动态功能。

压电式力传感器的种类很多，在工程实际应用中，根据其测力的情况，分为单分量力传感器与多分量力传感器。压电式力传感器多为荷重垫圈式结构，它由底座、传力上盖、压电晶片、电极、绝缘套、电极引出端子构成。

图 2.16 所示为压电式单向测力传感器的结构示意图。两块压电晶片反向叠在一起，电极为负极，底座与传力上盖形成正极，绝缘套使正、负极隔离。压电元件采用并联接法，提高了传感器的电荷灵敏度。

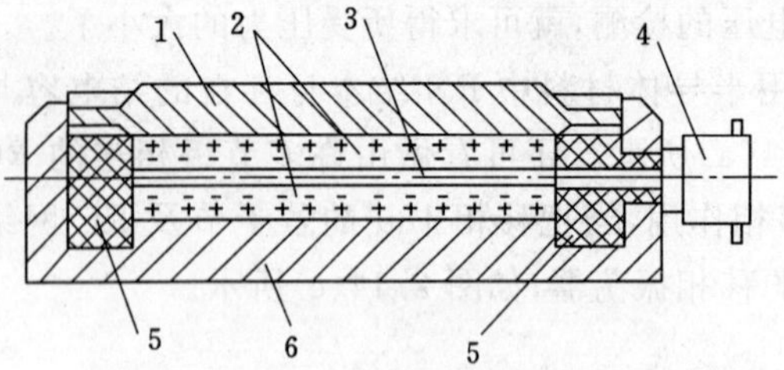

图 2.16 压电式单向测力传感器结构示意图

1—上盖；2—晶片；3—中心电极；
4—引出端子；5—绝缘套；6—底座

(4) 电位计式压力传感器

电位计式压力传感器是利用弹性敏感元件在压力作用下产生相应的位移，通过传动机构在电位器上产生与压力呈一定关系的电信号输出的传感器。电位计式压力传感器由 3 大部分组成：受感部分、传动机构和输出电位计。受感部的敏感元件是一线性膜片，当其感受到被测介质的压力变化后，即将所变化的压力转换成膜片的直线位移，这一直线位移经过传动机构的传递、放大后又转换成轴的相应角位移，电位计上的电刷通过转轴带动，于是得到电位计输出与被测介质相应的相对电阻百分数，即 $R_X/R_{总}\times 100\%$，从而完成了压力的感受、传递和测量工作。图 2.17 所示为 CY-17 型电位计式压力传感器的接线原理图。

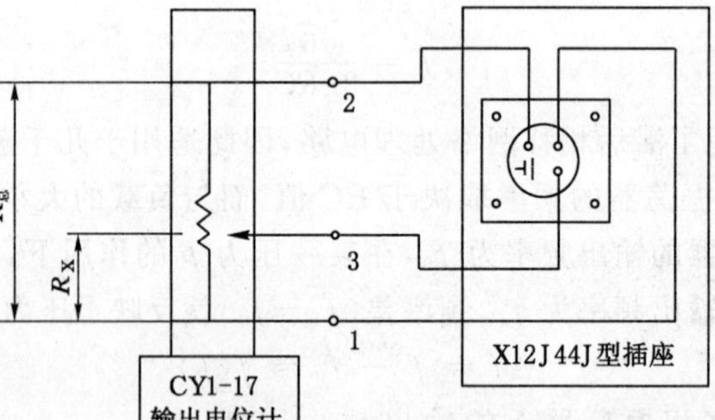

图 2.17 CY-17 型电位计式压力传感器的接线原理图

(5) 应变式压力传感器

应变式压力传感器是利用粘贴在弹性敏感元件上的电阻应变计，将被测压力转换成为相应的电阻变化，然后利用电桥电路获得与压力呈一定关系的电信号输出的传感器，主要由接管嘴、弹性变形元件、应变计、外壳、补偿元件和插头等组成。

应变式压力传感器有多种类型，类型不同，所用的弹性体敏感元件、应变电阻及电阻粘贴的方式方法等各不相同。有一种应变式压力传感器采用带凸缘的平板圆膜片作为弹性变形元件，该膜片在压力作用下产生弹性变形。应变片电阻用特种胶粘贴在膜片一面，组成组合应变计(由 4 枚单个应变片电阻组成，形成电桥的 4 个工作桥臂)感受变形后电阻的变化，应变计电阻变化的大小与感受的压力呈一定的比例关系。在稳定的电桥电压下,应变计桥臂电阻的变化被转换成电压输出,经专门设计的电子线路将应变计的毫伏级电压输出值放大为伏特级电压输出值。

有的应变式电压传感器的应变片电阻用离子束溅射薄膜工艺,将应变电阻刻蚀制作在压力敏感元件的正、负应力区内,使应变电阻接成惠斯通电桥。

有的弹性敏感体不采用带凸缘的敏感圆膜片,而使用周边固定的圆平膜片。有的应变式传感器的弹性体为双悬臂梁结构,应变电阻粘贴于梁的上、下根部构成全桥电路,压力经波纹管转换成集中力并通过中心杆作用在悬臂梁上,使桥路电阻发生变化,电桥产生不平衡输出电压。有的则用圆形变形管作为弹性变形元件,应变电阻粘贴在变形管上。

应变计的应变电阻也各不相同,有的不用单个应变电阻,而用箔式组合电阻应变计或应变结构,但都组成全桥式电路后,将弹性变形体的变形量转变成电阻应变计的电阻变化,然后再通过电桥转换成电压输出。

2.4 流量传感器

流量是工业生产中的一个重要参数。工业生产过程中,很多原料、半成品、成品都是以流体状态出现的,流体的流量是决定产品成分和质量的关键,也是生产成本核算和合理利用能源的重要依据。因此,流量的测量和控制是生产过程自动化的重要环节。

单位时间内流过管道某一截面的流体数量,称为瞬时流量。而在某一段时间间隔内流过管道某一截面的流量的总和,即瞬时流量在某一段时间内的累积值,称为总量或累计流量。工程上讲的流量通常指瞬时流量,生产过程中各种流体的性质各不相同,流体的工作状态(如介质的温度、压力等)及流体的黏度、腐蚀性、导电性也不同,因此所使用的流量计也各不相同。

1) 流量传感器的分类

(1) 根据流量计测量方法的不同分类

可将流量计分为 3 大类:速度式、容积式和质量式。其中,速度式流量传感器大多是通过测量流体在管路内已知截面流过的流速大小来实现流量测量的,它利用管道中的流量敏感元件把流体的流速转换成压差、位移、转速、冲力、频率等对应的信号间接测量流量,压差式、转子、涡轮、电磁、旋涡和超声波等流量传感器都属于此类。容积式流量传感器是根据已知的容器在单位时间内排出流体的次数来测量流体的瞬时流量和总量,常用的有椭圆齿轮、旋转活塞式和刮板等流量传感器。质量式流量传感器有两种:一种是根据质量与体积流量的关系,测出体积流量再乘以被测流体的密度的间接质量流量传感器(如工程上常用的采取温度、压力自动补偿的补偿式质量流量传感器);另一种是直接测量流体质量的直接式质量流量传感器(如热力式、惯性力式、动量式质量流量传感器等)。直接法测量具有不受流体的压力、温度、黏度等变化影响的优点,是一种正在发展中的质量流量传感器。

(2) 根据被测对象的不同分类

可将流量计分为涡轮式、涡旋式、旋进旋涡式、电磁式、节流式、均速管式、靶式、椭圆齿轮式等。

2) 流量传感器的原理

本节主要对有代表性的、工业上应用较为广泛的流量传感器的工作原理进行介绍。

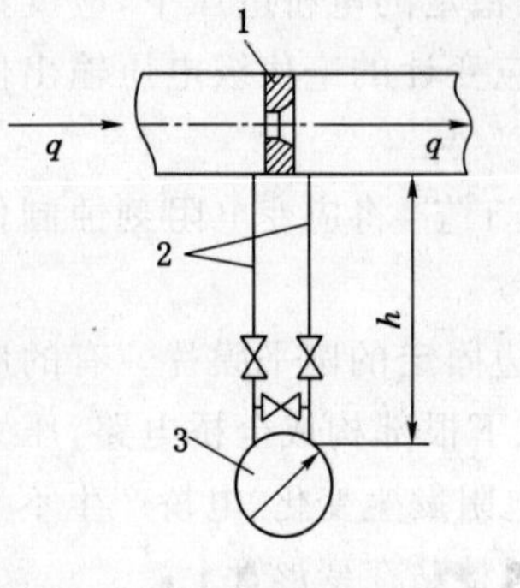

图 2.18　差压式流量传感器

1—孔板；2—引压管；3—差压计

(1) 差压式流量传感器

差压式流量传感器又称为节流式流量传感器，它是利用管路内的节流装置，将管道中流体的瞬时流量转换成节流装置前后的压力差。差压式流量传感器主要由节流装置和差压计（或差压变送器）组成，如图 2.18 所示。节流装置的作用是把被测流体的流量转换成压差信号，差压计则对压力差进行测量并显示测量值，差压变送器能把差压信号转换为与流量对应的标准电信号或气信号，以供显示、记录或控制。

差压式流量传感器发展较早，技术成熟而完善，而且结构简单，对流体的种类、温度、压力限制较少，因而应用广泛。

① 节流装置。节流装置是差压式流量传感器的流量敏感检测元件，是安装在流体流动的管道中的阻力元件。常用的节流元件有孔板、喷嘴、文丘里管。它们的结构形式、相对尺寸、技术要求、管道条件和安装要求等均已标准化，故又称标准节流元件，如图 2.19 所示。其中，孔板最简单，又最为典型，加工制造方便，在工业生产过程中常采用孔板。

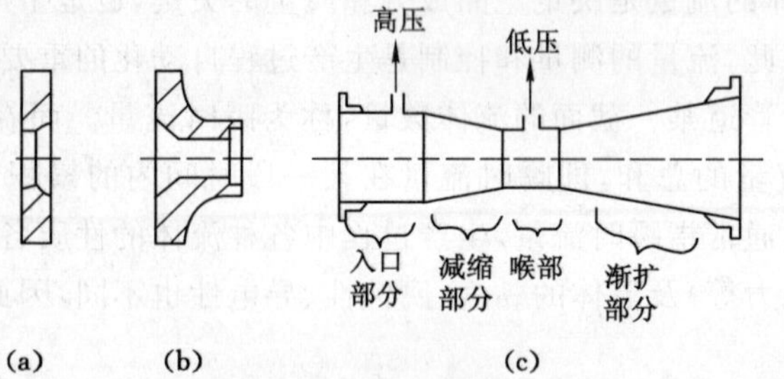

图 2.19　标准节流元件

(a) 孔板；(b) 喷嘴；(c) 文丘里管

标准节流装置按照规定的技术要求和试验数据设计、加工、安装，无需检测和标定可以直接投产使用，并可保证流量测量的精度。

② 测量原理与流量方程式。具体如下：

a. 测量原理。在管道中流动的流体，具有动压能和静压能，在一定条件下这两种形式的能量可以相互转换，但参加转换的能量总和不变。用节流元件测量流量时，流体流过节流装置前后产生压力差 $\Delta p(\Delta p = p_1 - p_2)$，且流过的流量越大，节流装置前后的压差也越大，流量与压力差之间存在一定关系，这就是差压式流量传感器的测量原理。

b. 流量方程式。假设节流件上游入口前的流速为 v_1，密度为 ρ_1，静压为 p_1，流过节流件时的流速、密度和静压分别为 v_2、ρ_2 和 p_2，对于不可压缩理想流体，能量方程为

$$\frac{p_1}{\rho} + \frac{v_1}{2} = \frac{p_2}{\rho} + \frac{v_2}{2} \tag{2.17}$$

流体的连续方程为

$$A v_1 \rho = A_0 v_2 \rho \tag{2.18}$$

联立求解得到流量与压差之间的流量方程式为

体积流量
$$q_V = aA_0\sqrt{\frac{2\Delta p}{\rho}} \tag{2.19}$$

质量流量
$$q_m = aA_0\sqrt{2\rho\Delta p} \tag{2.20}$$

式中，a 为流量系数，它与节流装置的结构形式、取压方式、节流装置开孔直径和管道的直径比以及流体流动状态（雷诺数）等有关。对于标准节流装置，a 值可直接从有关手册中查出。

对于可压缩流体，如各种气体及蒸汽通过节流元件时，由于压力变化必然会引起密度 ρ 的改变，这时在公式中应引入流速膨胀系数 ε，上述公式应变为

$$q_V = a\varepsilon A_0\sqrt{\frac{2\Delta p}{\rho_1}} \tag{2.21}$$

$$q_m = a\varepsilon A_0\sqrt{2\rho_1\Delta p} \tag{2.22}$$

(2) 电磁流量传感器

电磁流量传感器根据法拉第电磁感应定律测量导电性液体的流量。如图 2.20 所示，在磁场中安置一段不导磁、不导电的管道，管道外面安装一对磁极，当有一定电导率的流体在管道中流动时就切割磁力线。与金属导体在磁场中的运动一样，在导体（流动介质）的两端也会产生感应电动势，由设置在管道上的电极导出。该感应电势大小与磁感应强度、管径大小、流体流速大小有关，即

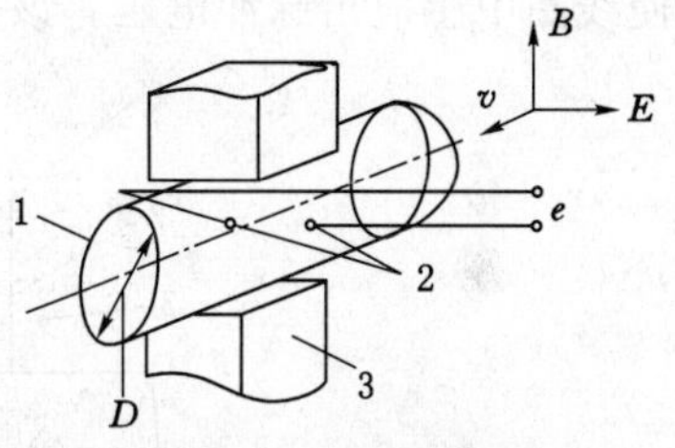

图 2.20　电磁感应原理

1—管道；2—电极；3—磁极

$$E = -\frac{\mathrm{d}\Phi}{\mathrm{d}t} = -BDv \tag{2.23}$$

式中　B——磁感应强度，T（特，$1\mathrm{T}=10^4$ Gs）；

D——管道内径，相当于垂直切割磁力线的导体长度，m；

v——导体的运动速度，即流体的流速，m/s；

E——感应电动势，V。

体积流量 q_V 与流体流速 v 的关系为

$$q_V = \frac{1}{4}\pi D^2 v \tag{2.24}$$

将式(2.24)代入式(2.23)可得

$$E = \frac{4}{\pi}\frac{B}{D}q_V \tag{2.25}$$

式中，K 表示仪表常数，$K=\frac{4B}{\pi D}$。

磁感应强度 B 及管道内径 D 固定不变，则 K 为常数，两电极间的感应电动势 E 与流量 q_V 呈线性关系，便可通过测量感应电动势 E 来间接测量被测流体的流量 q_V 值。

电磁流量传感器产生的感应电动势信号是很微小的，需通过电磁流量转换器来显示流量。常用的电磁流量转换器能把传感器的输出感应电动势信号放大并转换成标准电流（0～10 mA 或 4～20 mA）信号或一定频率的脉冲信号，配合单元组合仪表或计算机对流量进行显示、记录、运算、报警和控制等。

电磁流量传感器只能测量导电介质的流体流量。适用于测量各种腐蚀性酸、碱、盐溶液，固体颗粒悬浮物，黏性介质（如泥浆、纸浆、化学纤维、矿浆等）溶液；也可用于各种有卫生

要求的医药、食品等部门的流量测量(如血浆、牛奶、果汁、卤水、酒类等);还可用于大型管道自来水和污水处理厂流量测量以及脉动流量测量等。

(3) 涡轮流量传感器

涡轮式流量传感器是利用放在流体中的叶轮的旋速进行流量测试的一种传感器,用转速与流量成正比的原理进行测量。当叶轮置于流体中时,由于桨叶的迎流面和背流面流速不同,因此在流向方向形成压差,所产生的推力使旋桨转动。如果选择摩擦力小的轴承来支承叶轮,且叶轮采用轻型材料制作,那么可使流速和转速的关系接近线性,只要测得叶轮的转速,便可得知流体的流速。

叶轮转速的测量一般采用如图 2.21 所示的方法,叶轮的叶片可以用导磁材料制作,然后由永久磁铁、铁芯及线圈与叶片形成磁路。当叶片旋转时,磁阻将发生周期性的变化,从而使线圈中感应出脉冲电压。该信号经放大、整形后,便可输出可供检测转速的脉冲。

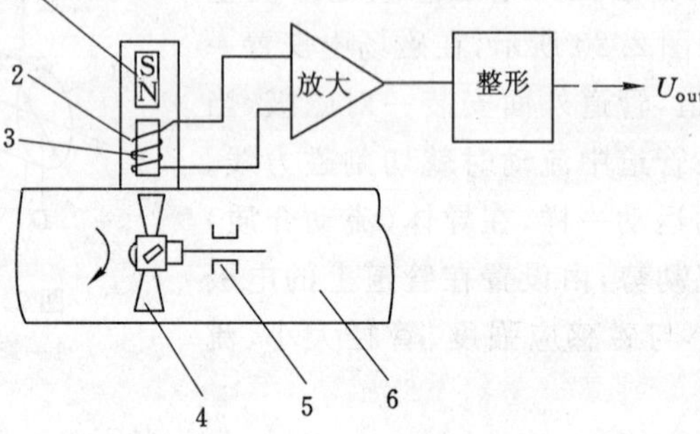

图 2.21 涡轮流量传感器结构原理图

1—永久磁铁;2—线圈;3—铁芯;4—叶轮;5—轴承;6—管道

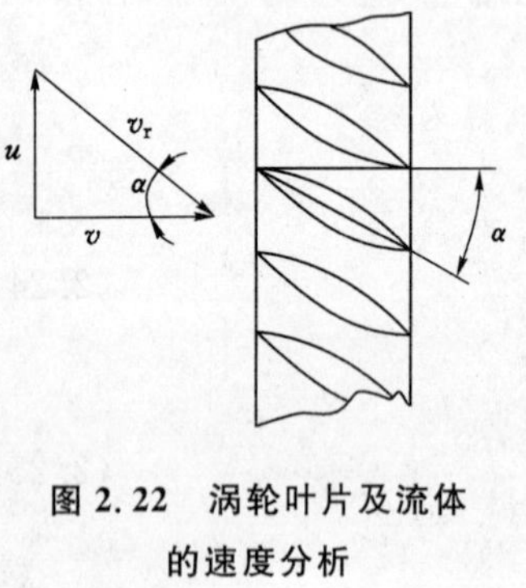

图 2.22 涡轮叶片及流体的速度分析

涡轮由高导磁的不锈钢制成,线圈和永久磁钢组成磁电感应转换器。测量中,当流体通过涡轮叶片与管道间的间隙时,流体对叶片前后产生压差推动叶片,使涡轮旋转,在涡轮旋转的同时,高导磁性的涡轮叶片周期性地改变磁电系统的磁阻值,使通过线圈的磁通量发生周期性的变化,因而在线圈两端产生感应电势,该电势经过放大和整形,便可得到足以测出频率的方波脉冲,如将脉冲送入计数器就可求得累积总量。

在涡轮叶片的平均半径 r_c 处取断面,并将圆周展开成直线,便可画出图 2.22 所示的叶片及流体的速度分析图。

设流体速度 v 平行于轴向,叶片的切线速度 u 垂直与 v,若叶片的倾斜角为 α,便可写出

$$u = \omega r_c = v\tan\alpha \tag{2.26}$$

$$v = \frac{\omega r_c}{\tan\alpha} = \frac{2\pi n r_c}{\tan\alpha} \tag{2.27}$$

式中 n——涡轮的转速;

ω——涡轮的角速度。

设叶片缝隙间的有效流通面积为 A,则瞬时体积流量为

$$q_V = vA = \frac{2\pi n r_c}{\tan\alpha}A \tag{2.28}$$

若涡轮叶片总数为 z，则线圈输出脉冲频率 f 就是 $60nz$，代入式(2.28)可得

$$q_V = \frac{\pi r_c A}{30z\tan\alpha}f = \frac{1}{\xi}f \tag{2.29}$$

式中，ξ 表示仪表常数，$\xi = \dfrac{30z\tan\alpha}{\pi r_c A}$。

涡轮流量传感器具有安装方便、精度高(可达 0.1 级)、反应快、刻度线性及量程宽等特点，信号易远传，且便于数字显示，可直接与计算机配合进行流量计算和控制。它广泛应用于石油、化工、电力等工业中，气象仪器和水文仪器中也常用涡轮测风速和水速。

2.5 物位传感器

物位传感器是能感受物位(液位、界位、料位)并转换成可用输出信号的传感器。物位传感器可分两类：一类是连续测量物位变化的连续式物位传感器；另一类是以点测为目的的开关式物位传感器，即物位开关。目前，开关式物位传感器比连续式物位传感器应用广泛，它主要用于过程自动控制的门限、溢流和空转防止等。连续式物位传感器主要用于连续控制和仓库管理等方面，有时也可用于多点报警系统中。

物位传感器种类较多，按其工作原理可分为 5 种类型：浮力式物位传感器；压力式物位传感器；电容式物位传感器；超声波物位传感器；激光式物位传感器。本节主要介绍前 3 种物位传感器。

1) 浮力式物位传感器

这种传感器通过检测平衡浮子高度随液位高低而改变或液体对浸沉在液体中的浮筒(或称为沉筒)的浮力随液位变化而变化的原理来测量液位。它可以配备微机，使之具有自检、自诊断和远传的功能，利用它可以高精度地测量大跨度的液位。它具有结构简单、使用方便的特点，是目前应用较广泛的一种液位传感器。根据测量原理，它分为恒浮力式和变浮力式两大类。

(1) 恒浮力式液位传感器

最原始的浮力式液位传感器是将一个浮子置于液体中，它受到浮力的作用漂浮在液面上，当液面变化时，浮子随之同步移动，其位置就反映了液面的高低。水塔里的水位常用这种方法指示，如图 2.23 所示。液面上的浮子由绳索经滑轮与塔外的重锤相连，重锤上的指针位置便可反映水位，但与直观印象相反，标尺下端代表高水位，若使指针动作方向与水位变化方向一致，应增加滑轮数目，但会引起摩擦阻力增加，误差也会增大。

如把浮子换成浮球，测量从容器内移到容器外，用杠杆直接连接浮球，可直接显示罐内液位的变化，如图 2.24 所示。这种液位传感器适合测量温度较高、黏度较大的液体介质，但量程范围较窄。如在该液位传感器基础上增加机电信号变换装置，当液位变化时，浮球的上下移动通过磁钢变换成电触点 4 的上、下位移。当液位高于(或低于)极限位置时，触点 4 与报警电路的上、下限静触点接通，报警电路发出液位报警信号。若将浮球控制器输出与储罐进料或出料的电磁阀门执行机构配合，可实现阀门的自动启停，进行液位的自动控制，如图 2.25所示。

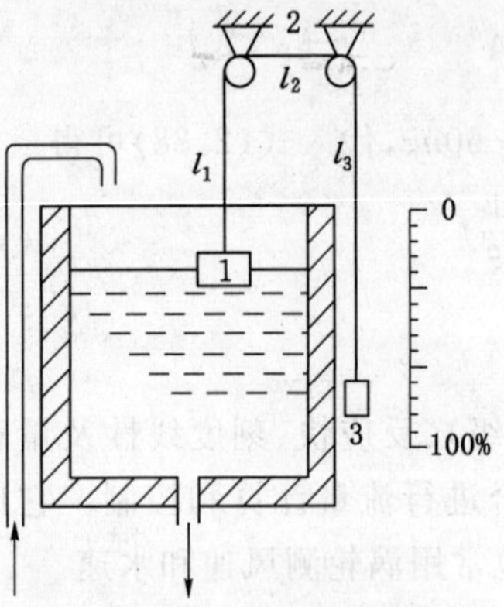

图 2.23　水塔水位测量示意图

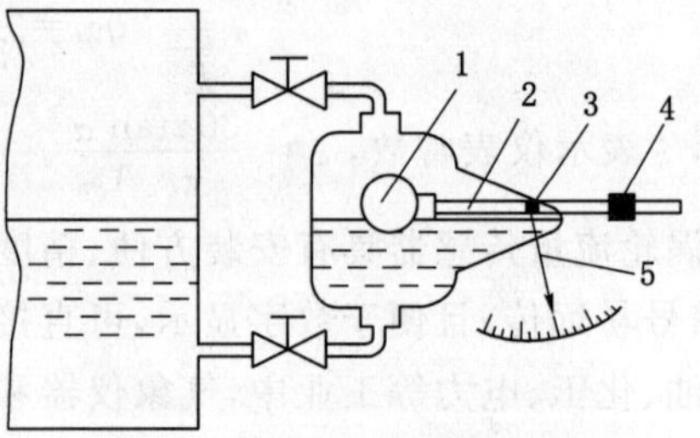

图 2.24　外浮球式液位传感器

1—浮球；2—杠杆；3—转轴；4—平衡锤；5—指针

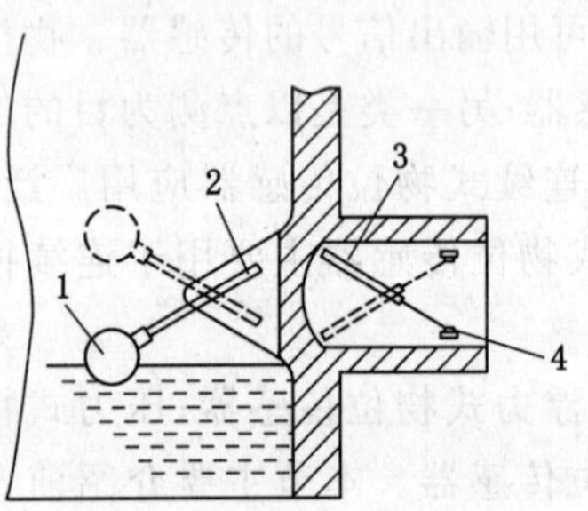

图 2.25　浮球式液位控制器

1—浮球；2,3—磁钢；4—电触点

(2) 变浮力式液位传感器

沉筒式液位传感器是利用变浮力的原理来测量液位的。它利用浮筒在被测液体中浸没高度不同以致所受的浮力不同来检测液位的变化。

图 2.26 是液位检测原理图。将一横截面积为 A，质量为 m 的空心金属圆筒（浮筒）悬挂在弹簧上，弹簧的下端被固定，当浮筒的重力与弹簧力达到平衡时，则有

$$mg = Cx_0$$

式中　C——弹簧的刚度；

x_0——弹簧由于浮筒重力产生的位移。

当液位高度为 H 时，浮筒受到液体对它的浮力作用而向上移动，设浮筒实际浸没在液体中的长度为 h，浮筒移动的距离即弹簧的位移变化量为 Δx，即 $H = h + \Delta x$。当浮筒受到的浮力与弹簧力和浮筒的重力平衡时，有

$$mg - Ah\rho g = C(x_0 - \Delta x)$$

式中，ρ 表示浸没浮筒的液体密度。

整理后得

$$Ah\rho g = C\Delta x$$

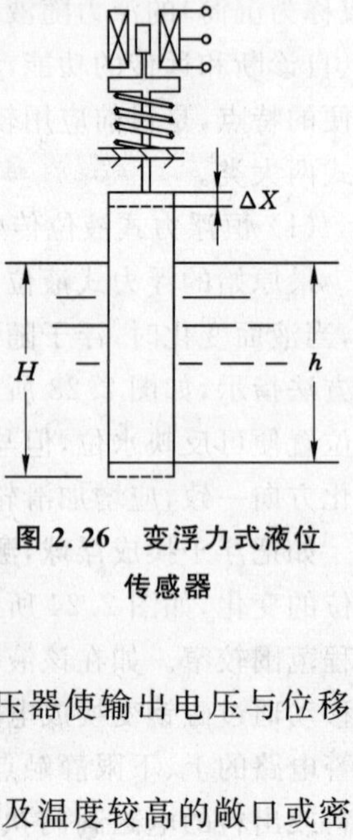

图 2.26　变浮力式液位传感器

由上式可知，当液位变化时，浮筒产生的位移变化量 Δx 与液位高度 H 成正比关系。从以上分析表明，变浮力式液位传感器实际上是将液位转化成敏感元件（浮筒）的位移。如在浮筒的连杆上安装一铁芯，可随浮筒一起上下移动，通过差动变压器使输出电压与位移成正比。

沉筒式液位传感器适应性能好，对黏度较高的介质、高压介质及温度较高的敞口或密闭容器的液位等都能测量。对液位信号可远传显示，与单元组合仪表配套，可实现液位的报警和自动控制。

2）压力式物位传感器

压力式物位传感器是利用压力或差压变送器测量物位，且输出标准电流信号的仪器。以下主要介绍该变送器的测量原理。

对于上端与大气相通的敞口容器，利用压力传感器（或压力表）直接测量底部某点压力，如图 2.27 所示。通过引压导管连接容器底部静压与测压仪表，当压力表与容器底部处在同一水平线时，由压力表的压力指示值可直接显示出液位的高度。压力与液位的关系为

$$H=\frac{p}{\rho g} \tag{2.30}$$

式中 H——液位高度，m；

ρ——液体的密度，kg/m³；

g——重力加速度，m/s²；

p——容器底部的压强，Pa。

如果压力传感器或压力变送器与容器底部不在相同高度处，导压管内的液位压力必须用零点迁移方法解决。对于上端与大气隔绝的闭口容器，容器上部空间与大气压力大多不相等，所以在工业生产中普遍采用差压仪表或差压变送器测量液位，如图 2.28 所示。

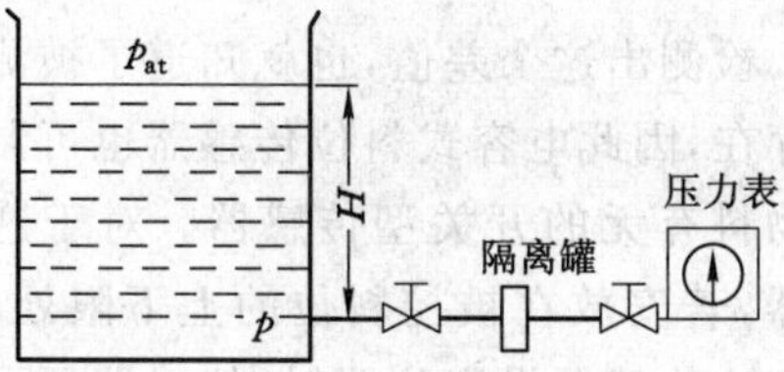

图 2.27 压力式物位传感器

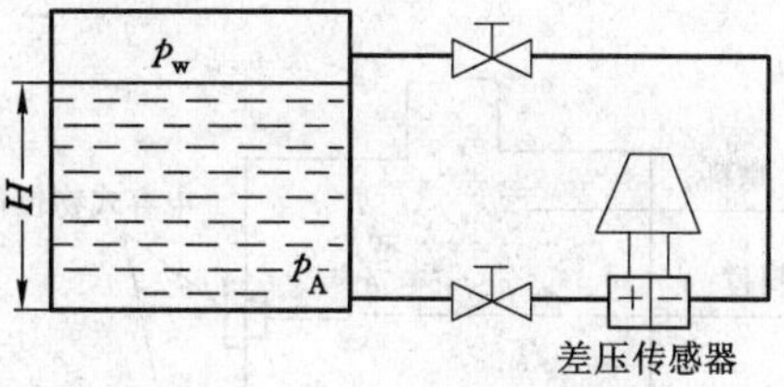

图 2.28 差压变送器

设容器上部空间的压力为 p_w，则

$$p_+ = p_w + H\rho g \tag{2.31}$$

$$p_- = p_w \tag{2.32}$$

因此，可得正、负室压力差为

$$\Delta p = p_+ - p_- = H\rho g \tag{2.33}$$

由式(2.33)可知，被测液位 H 与压力差 Δp 成正比。但是，这种情况只限于上部空间为干燥气体时成立，假如上部为蒸汽或其他可冷凝成液态的气体，则 p_- 的导压管里必然会形成液柱，这部分的液柱压力也必须进行零点迁移。

3）电容式物位传感器

电容式物位传感器是利用被测物料的介电常数与空气的介电常数不同的特点进行检测的。因此，被测物料不仅是液体，还可以是粉状物料或块状物料。

图 2.29 是电容式物位传感器的结构示意图。测定电极安装在罐的顶部，这样在罐壁和测定电极之间就形成了一个电容器。当罐内放入被测物料

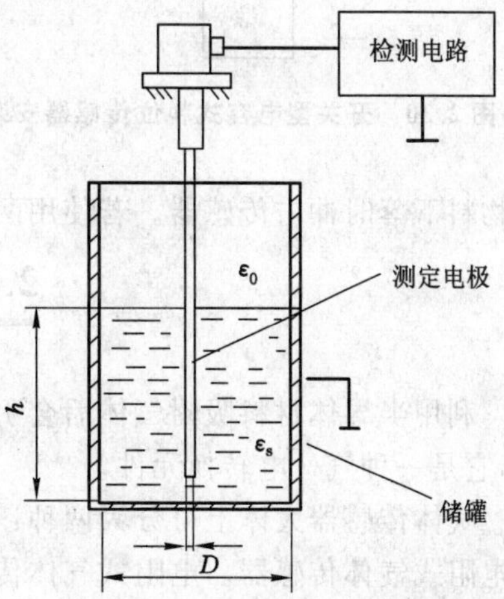

图 2.29 电容式物位传感器

时，由于被测物料介电常数的影响，传感器的电容量将发生变化，电容量变化的大小与被测物料放入罐内的高度有关，且成比例变化。检测出这种容量的变化就可测定物料在罐内的高度。

传感器的静电电容可由下式表示，即

$$C = K\frac{(\varepsilon_s - \varepsilon_0)h}{\lg\dfrac{D}{d}} \tag{2.34}$$

式中 K——比例常数；

ε_s—— 被测物料的相对介电常数；

ε_0——空气的相对介电常数；

d——测定电极的直径；

D——储罐的内径；

h——被测物料的高度。

假定罐内没有物料时的传感器静电电容为 C_0，放入物料后传感器的静电电容为 C_1，则两者的电容差为

$$\Delta C = C_1 - C_0 \tag{2.35}$$

检测出这个差值，也就知道了被测物料的存在，因此电容式料位传感器也可制成检测物料有无的开关型传感器。对于这类传感器，若安放在被控料位的上下限处，当物料到达传感器设定位置时，传感器便可输出物料的有无信号，以便对进料装置进行控制。图 2.30给出这种传感器安装示意图。

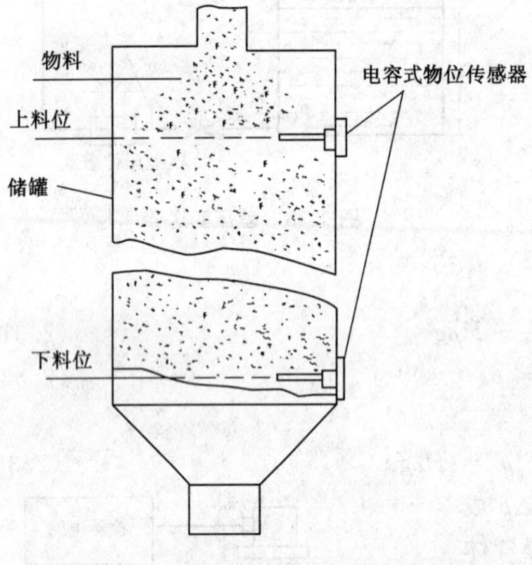

图 2.30　开关型电容式料位传感器安装示意图

对料位进行连续测量的传感器，可采用交流电桥法进行电容量变化的测量，以便从电容值上得到料位的高低。对于开关型传感器，可采用谐振电路法，以便从频率偏移上获得开关信号。

电容式物料传感器可以用于水、油、粮食、煤、矿砂、水泥、塑料颗粒等物料的料位测量和控制。传感器在使用中要注意，不要使物料下落时冲击传感器。若使用两个以上的传感器，应防止互相干扰。

2.6 气体传感器

利用半导体材料吸附气体后会引起其性质发生变化的特性而制成的器件称为气体传感器，它是一种气—电转换元件。

气体传感器大体上可分为两种：一种是电阻式，另一种是非电阻式。目前，使用的大多为电阻式气体传感器。电阻式气体传感器是用氧化锡、氧化锌等金属氧化物材料制作，利用其阻值随被测气体浓度改变而变化的特性来检测气体浓度。非电阻气体传感器是一种半导体器件，它们与气体接触后，如二极管的伏安特性或场效应管的电容—电压特性等将会发生

变化，根据这些特性的变化来测定气体成分浓度。除此之外，还可以利用原电池对一些气体进行检测。

气体传感器主要用于工业上天然气、煤气、石油化工等部门的易燃、易爆、有毒、有害气体的检测，并进行预报和自动控制，在防治公害方面检测污染的气体，在家庭中进行煤气报警和火灾报警等。

半导体气体传感器的分类方法很多，根据材料可分为两类：一类是金属氧化物半导体气敏传感器，主要是电导控制型气敏传感器；另一类是用半导体材料硅制成的气敏传感器，主要是电压控制型气敏传感器。本节主要介绍以 SnO_2 材料为基体的电导控制型气敏传感器和 MOS 结构的电压控制型半导体气敏传感器。

1）半导体气敏元件

（1）半导体气敏元件的工作原理

半导体气敏元件采用金属氧化物半导材料，它也分为 N 型半导体，如 SnO_2，Fe_2O_3，ZnO 等；P 型半导体，如 CoO，PbO，Cu_2O，NiO 等。常见的已实用化的半导体气敏元件是 SnO_2 金属氧化物半导体气敏元件和 Fe_2O_3 系列半导体气体传感器。

半导体气敏元件的敏感部分是金属氧化物半导体微结晶粒子烧结体，当它的表面吸附有被检测气体时，半导体微结晶粒子接触界面的导电电子比例就会发生变化，从而使气敏元件的电阻值随被测气体的浓度改变而变化。这种反应是可逆的，因而是可重复使用的。电阻值的变化是伴随着金属氧化物半导体表面对气体的吸附和释放而发生的，为了加速这种反应，通常采用加热器对气敏元件加热。

半导体气敏元件检测气体时电阻的变化如图 2.31 所示。当半导体气敏元件在洁净的空气中开始通电加热时，其电阻急剧下降，经几分钟后达到稳定值，这段时间称为初始稳定时间。半导体气敏元件的电阻处于稳定值后，阻值会随被测气体的吸附情况而发生变化，变化规律视半导体的材料而定：P 型半导体气敏元件的阻值上升；N 型半导体气敏元件的阻值下降。

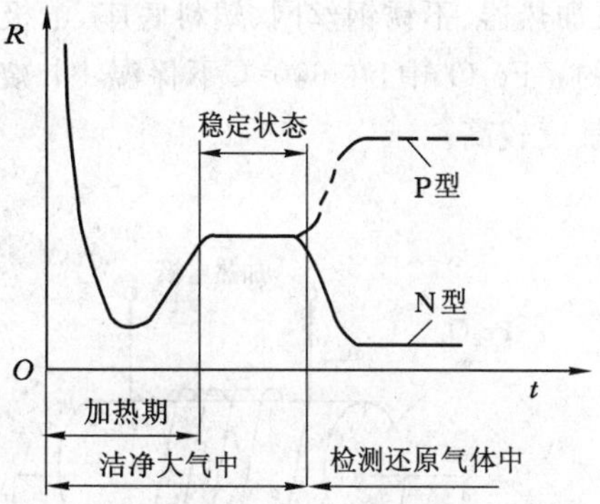

图 2.31　半导体气敏元件检测气体时的阻值变化曲线

（2）SnO_2 气敏元件

在半导体气敏元件中，SnO_2 气敏元件的历史最久，也是目前制作工艺比较成熟及使用广泛的气敏元件。SnO_2 气敏元件是以 SnO_2 为基体材料，添加不同物质经烧结制成的。图 2.32是 SnO_2 气敏元件的结构图，它主要由 SnO_2 烧结体、加热器、电极引线、塑料底座及不锈钢丝网罩等组成。在烧结时，将加热器、测量电极与 SnO_2 烧结在一起，制成气敏元件，最后将加热器热丝和测量电极焊接在塑料底座的引出线上，并罩上 GMWW 层不锈钢丝网。

SnO_2 气敏元件可用来对甲烷、丙烷、一氧化碳、氢气、酒精、硫化氢等可燃性气体进行测量。

SnO_2 气敏元件的灵敏度随气体的种类、工作温度、激活剂等因素而变化。添加铂激活剂的 SnO_2 气敏元件的最佳工作温度也随气体种类的不同而不同，如一氧化碳气体为 200 ℃以下，对丙烷约 300 ℃，对甲烷约 400 ℃以上。

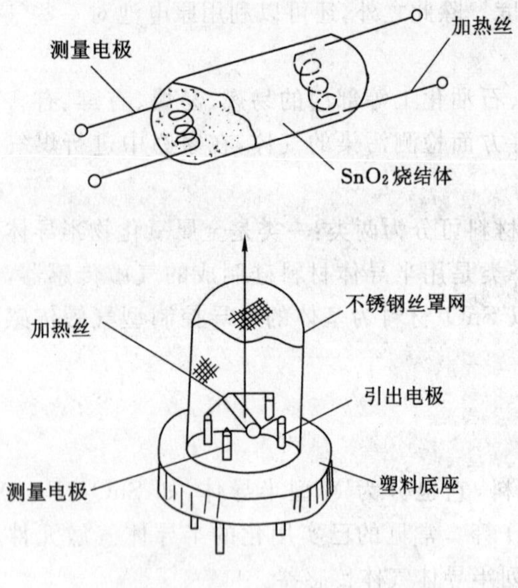

图 2.32　SnO_2气敏元件的结构

(3) Fe_2O_3系列气敏元件

城市居民使用的气体燃料主要是液化石油气、煤气和天然气。液化石油气的主要成分是甲烷,煤气的主要成分是一氧化碳和氢气,天然气的主要成分也是甲烷。由于Fe_2O_3气敏元件对上述气体敏感,因而常使用它作为城市可燃气体的检测。Fe_2O_3系列气敏元件目前有 γ-Fe_2O_3 气敏元件和 α-Fe_2O_3气敏元件。

① γ-Fe_2O_3气敏元件。γ-Fe_2O_3气敏元件的结构如图 2.33 所示。首先将研磨好的Fe_2O_3粉料压制成圆柱形管芯,然后在700～800 ℃下烧结,在烧结体内部装有测定电阻和用金或铂制成的电极,在烧结体的外部设有加热体,它们一起在 350～400 ℃氧化成 γ-Fe_2O_3,并焊接在底座上,在其外部再罩上不锈钢丝网即成为 γ-Fe_2O_3系列气敏元件。

γ-Fe_2O_3气敏元件对丙烷很敏感,但对甲烷不敏感。

② α-Fe_2O_3气敏元件。图 2.34 所示为 α-Fe_2O_3气敏元件的结构图。它主要由气敏感元件、加热器、不锈钢丝网、塑料底座、电极引线等构成。气敏感元件是将一对铂电极埋在圆筒状的 α-Fe_2O_3中,在 600 ℃下保温 1 h 烧成的。α-Fe_2O_3气敏元件具有热稳定性好的特点,其灵敏度较高。

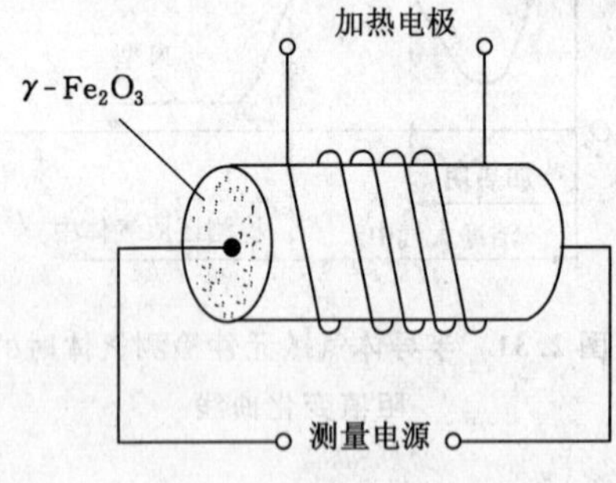

图 2.33　γ-Fe_2O_3系气敏元件结构示意图

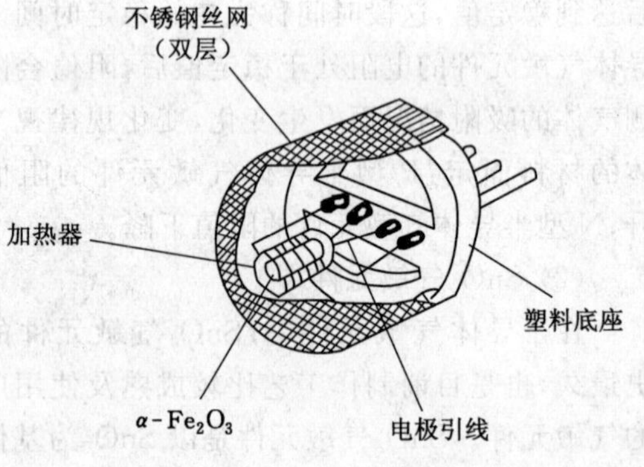

图 2.34　α-Fe_2O_3气敏元件结构图

α-Fe_2O_3气敏元件对甲烷和异丁烷都非常敏感,但对水蒸气和乙醇不灵敏。因此,用它来做家用可燃气体报警器特别合适,而且不会因水蒸气及酒精的影响产生误报。

2) 接触燃烧式气体传感器

这是一种检测由于催化接触燃烧作用而产生的燃烧热的一种气体传感器,它很早就用于可燃气体的测量。

图 2.35 是接触燃烧式气体传感器的结构图。在铂丝制成的线圈上涂上氧化铝等载流子材料制成的球状物,进行烧结,再在其外面涂 Pt,Pd,Rh 等稀有金属的催化剂。对铂丝线

圈通电加热到 300～400 ℃，此时检测元件如与可燃性气体接触，气体就会在稀有金属催化层上燃烧。因此，稀有金属催化层和铂丝线圈的温度就会上升，随着温度的上升，铂丝线圈的电阻值将发生变化。

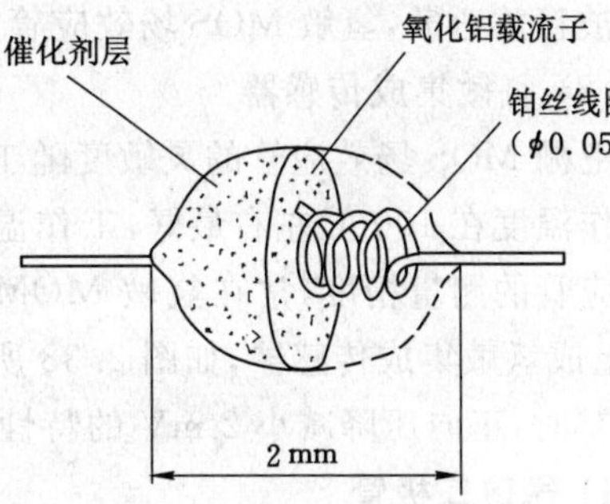

图 2.35 接触燃烧式气体传感器的基本结构图

铂丝线圈电阻值的变化为 ΔR，可由下式确定，即

$$\Delta R = \alpha \Delta T = \frac{\alpha \Delta H}{C} = \frac{\alpha a m Q}{C} \tag{2.36}$$

式中 α——气体传感器的温度系数；

ΔT——由于气体燃烧引起的温度上升值；

ΔH——由于气体燃烧产生的热量；

C——气体传感器的热容；

m——气体浓度；

Q——气体分子的燃烧热；

a——系数。

如果气体传感器的结构、材料已确定。而被测气体的种类又是固定不变的，那么传感器的电阻变化量与被测气体的浓度成正比，即

$$\Delta R = a K m \tag{2.37}$$

由式(2.37)可以看出，只要测出传感器的电阻变化量，便可测得可燃气体的浓度。

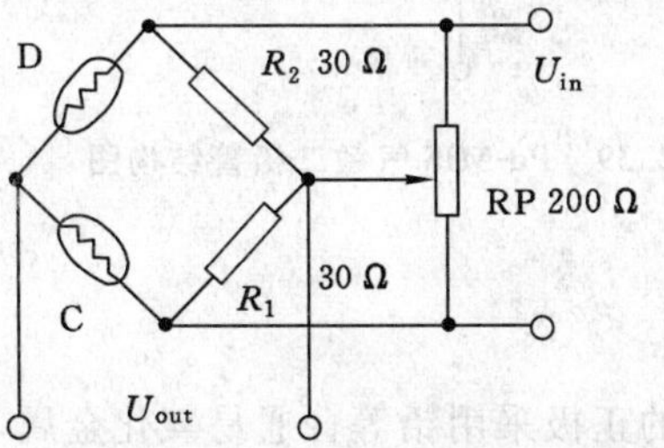

图 2.36 接触燃烧式气体传感器检测电路

接触燃烧式气体传感器在应用时，常与其他元件组成检测电桥，如图 2.36 所示。图中 C 为补偿元件，D 为气体传感器。补偿元件的结构和气体传感器完全一样，只是补偿元件的表面不敷设催化剂活性物质，它的表面呈现白色，又称为白元件，把气体传感器称为黑元件。由黑、白元件组成的电桥可以消除环境温度、电源电压变动带来的影响。

3）氢敏器件

（1）氢敏 MOS 场效应管

普通的 MOS 场效应管都是用铝作栅电极的，而氢敏 MOS 场效应管采用金属钯作栅电极。氢敏 MOS 场效应管的结构如图 2.37 所示。在自然界中，人们发现多种金属可以吸收和溶解氢气，金属钯就是其中的一种。由于金属钯原子间的间隙恰好可以使氢原子通过，因此金属钯对氢气的吸收和溶解力特别强，一个体积单位的钯可以溶解 20 个体积单位的氢气。当把钯栅 MOS 场效应管处于含有氢气的气氛中，氢气能渗透并穿过钯，扩散到钯—二氧化硅等介质边界时会形成电偶层，使 MOS 场效应管的开启电压 V_τ 随氢气浓度而变化，引起漏电流 I_D 的变化。若保持漏电流不变，则栅压 V_c 与氢气浓度成正比。根据这个原理便可检测氢气的浓度。一旦溶进并渗透到钯中的

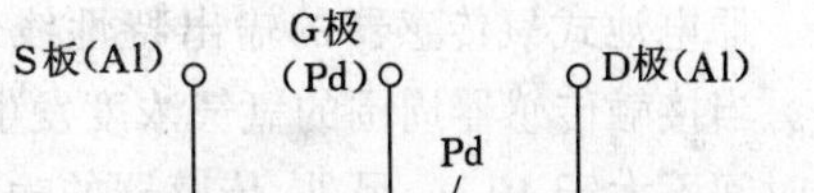

图 2.37 氢敏 MOS 场效应管的结构

氢气被释放逸散，氢敏 MOS 场效应管的开启电压便恢复正常。

(2) 氢敏集成传感器

钯栅 MOS 场效应管的灵敏度随工作温度的升高而提高，一般希望钯栅 MOS 场效应管的工作温度在 100 ℃左右最好，工作温度太高会影响器件的使用寿命。为保证氢敏 MOM 场效应管的测量精度，常在氢敏 MOM 场效应管的芯片上加有加热电阻 R 和测温二极管 VD 组成氢敏集成传感器，如图 2.38 所示。测温二极管 VD 根据 PN 结二极管随温度每升高 1 ℃时，正向压降减小 2 mV 的特性进行测温，以检测氢敏集成传感器的工作温度。

4) 气敏二极管

本节以 Pd-MIS 气敏二极管为例来介绍气敏二极管。图 2.39 是 Pd-MIS 气敏二极管结构图。它是在 P 型或 N 型硅衬底上的 SiO_2 层上形成 300～2000 Å 厚的 Pd 薄膜，组成 Pd-MIS 气敏二极管。

如果把 Pd-MIS 气敏二极管放在一些被测气体中，就会发现其电容与电压特性发生了变化。由于气体浓度的不同，还会使半导体平带电压 V_{PB} 发生平移，根据这种特性，它可以用于氢气、一氧化碳和丁烷气体的测量。

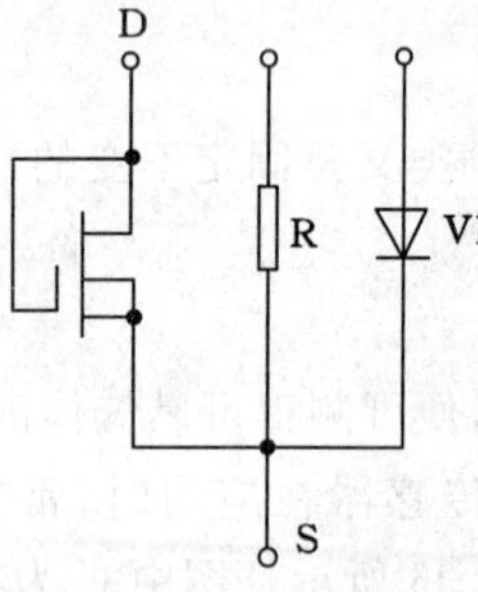

图 2.38　氢敏集成传感器电路

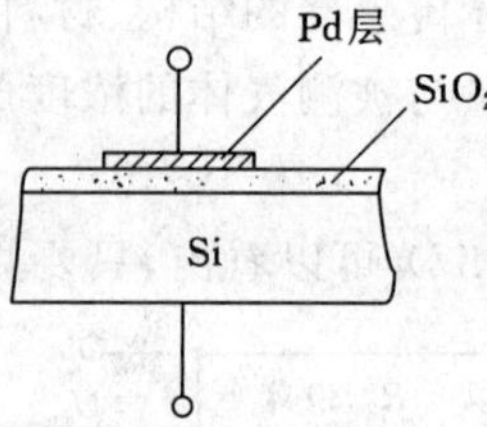

图 2.39　Pd-MIS 气敏二极管结构图

5) 原电池式气体传感器

(1) 原电池式氧传感器

原电池式氧传感器的结构如图 2.40 所示。原电池的正极采用铅等普通易氧化金属，负极采用金、铂等贵重金属，隔膜选用氧气穿透性良好的聚乙烯或聚四氟乙烯薄膜，其厚度为 10～20 μm，电解液为 $HClO_4$、H_2SiF_4 等酸电解液。原电池的正极、负极、隔膜、检知部分及电解液一起封装在外壳内。

当氧气穿过隔膜时就被溶解在隔膜和负极之间的电解液层中，然后到达负极表面。在负极表面氧被还原，同时正极的铅又被氧化，这时流过电池的电流与氧气的浓度成正比。因此，可通过检测这种电流来测出氧气的浓度。

原电池式氧传感器的输出特性线性度很好，在从 0～100％的氧浓度范围内都呈直线关系。当接触传感器周围的氧气浓度发生变化时，从传感器输出开始变化到最终输出 90％所需的时间不大于 10 s。另外，传感器的输出受温度的影响较大，因此传感器在使用时要用热敏电阻进行温度补偿，以消除温度的影响。图 2.41 就是采用热敏电阻进行补偿的检测电路。

原电池式氧传感器具有结构简单、体积小、质量轻、可在常温下使用等特点，且能在 0～100％的氧气浓度范围内精确地测定氧气浓度。所以，它可应用于许多场合，如大量消耗氧气的地方及会造成缺氧窒息的场合，测定麻醉气体中的氧气、测定燃烧废气中的氧气及检测氧气的泄漏等。

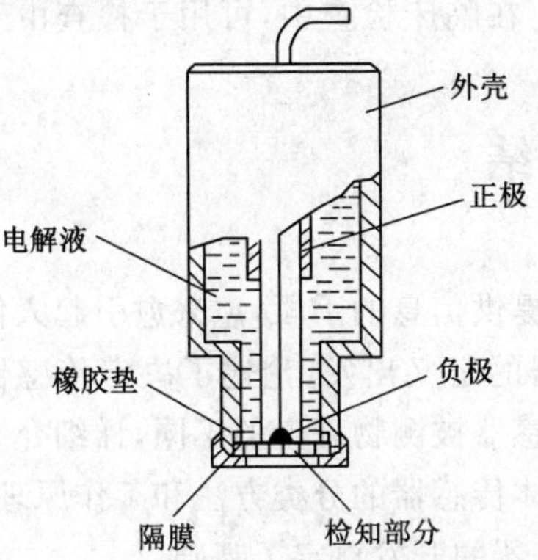

图 2.40　原电池式氧传感器结构示意图

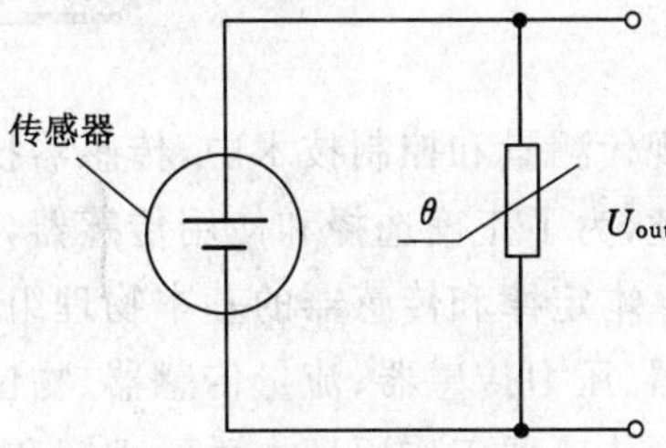

图 2.41　带有温度补偿的电压检测电路

(2) 原电池式氨传感器

原电池式氨传感器的结构如图 2.42 所示。它由工作电极、比较电极、电解液、隔膜、密封垫等组成。当穿过隔膜的氨与电解液中的金属离子发生反应时，作用电极旁边的金属离子少于电极旁边的金属离子，从而使比较电极的电位升高，而作用电极的溶解反应就会不断进行，其电子电流与氨的浓度成正比，即

$$i = nFADC/\delta \tag{2.38}$$

式中　i——电子电流；

n——1 mol 气体的电子数；

F——法拉第常数；

A——工作电极的面积；

D——气体扩散系数；

C——气体浓度；

δ——扩散层厚度。

原电池式氨传感器对气体的选择性特别强，除对氨气有较高的灵敏度外，对氢气、瓦斯、丙酮、甲醇、乙醇、一氧化碳等几乎无反应。传感器在氨气浓度为 $0 \sim 75\times10^{-6}$ 时有良好的线性，如图 2.43 所示。

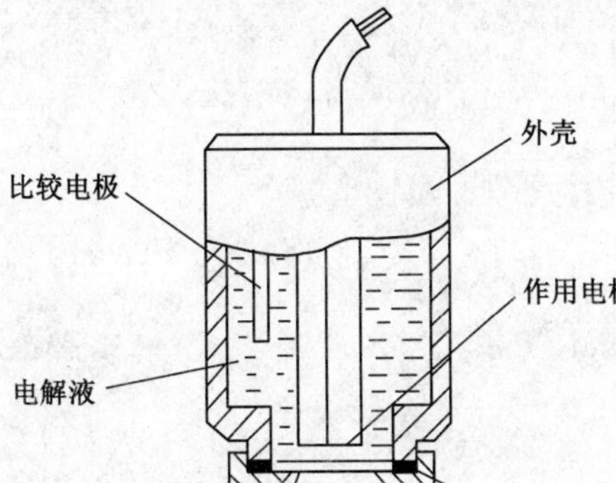

图 2.42　原电池式氨传感器结构示意图

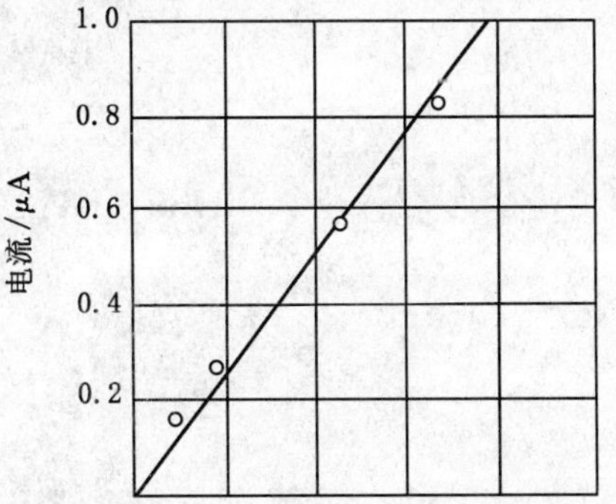

图 2.43　原电池式氨传感器的输出特性

原电池式氨传感器可用于测量水溶液中的氨气。在临床检查中,可用于检查由于酶作用产生氨气的物质,如尿素、肌酸苷等。

2.7 本章小结

在现代测量和控制技术中,传感器技术作为一种提供信息的手段,愈来愈引起人们的重视。因此,为了正确选择和使用传感器,本章从传感器的定义出发,论述了决定传感器工作原理的基本定律和传感器的基本物理组成,并根据传感器被测物理量的不同,详细介绍了温度传感器、压力传感器、流量传感器、物位传感器和气体传感器的分类方法和工作原理,为我们对不同传感器工作原理本质的理解和对新效应传感器的开发奠定了基础。

复习思考题

2.1　简述传感器的组成及其各部分的功能。

2.2　什么叫做“热电偶”?热电偶测温原理是什么?

2.3　热敏电阻测温原理是什么?

2.4　压力传感器根据工作原理的不同可以分成哪几种?

2.5　试述压阻式传感器测压原理。

2.6　根据被测对象的不同,流量传感器可以分为几类?

2.7　电磁流量传感器的工作原理是什么?

2.8　物位传感器根据其工作原理的不同可分为几种类型?

2.9　半导体气体传感器的分类方法很多,根据材料可分为哪几类?

3 监测技术

3.1 温度监测技术

3.1.1 红外测温技术

传统的接触式测温方法具有结构简单、可靠和准确度高等优点，应用十分广泛。但是，随着现代工业生产和安全监测的需要，在某些场合接触式测温方法受到限制，必须采用非接触式测温方法才行。例如，在高温测试中，尤其是在等离子加热技术、火箭技术和受控热核反应等现代化科技领域中，往往要求测量一万摄氏度以上，甚至千万摄氏度的超高温，一切接触式测温方法都无能为力，只有非接触式测温方法才能胜任。于是，科技工作者在传统的温度测量技术基础上，发展了红外非接触测温技术、基于彩色三基色的温度测量技术和分布式光纤温度测量技术等多种现代温度监测技术。

1）红外辐射

红外辐射俗称红外线，它是一种人眼看不见的光线。与其他任何光线一样，红外线也是一种客观存在的物质。任何物体，只要它的温度高于绝对零度（0 K），就有红外线向周围空间辐射。红外线是位于可见光中红光以外的光线，故称为红外线。红外线的波长范围大致在 0.76～1 000 μm，按波长范围分为近红外（0.76～3 μm）、中红外（3～6 μm）、远红外（6～15 μm）、极远红外（15～1 000 μm）4 类，在电磁波连续频谱中的位置处于无线电波和可见光之间的区域。相对应的频率在 $3\times10^{11}\sim4\times10^{14}$ Hz。红外线与可见光、紫外线、X 射线、γ 射线和微波、无线电波一起构成了整个无限连续的电磁波谱。

2）红外测温原理

红外测温有几种方法，这里仅介绍全辐射测温。全辐射测温是指用测量物体所辐射出来的全波段辐射能量来测定物体的温度。它是斯蒂芬-玻耳兹曼定律的应用，见式（2.6）。

红外辐射测温仪结构原理如图 3.1 所示。它由光学系统、调制器、红外传感器、放大器和指示器等部分组成。光学系统可以是透射式的，也可以是反射式的。透射式光学系统的部件是用红外光学材料制成的，可根据红外波长选择光学材料。一般测量高温（>700 ℃）的仪器，有用波段主要在近红外区，可选用一般光学玻璃或石英等材料。测量中温（100～700 ℃）的仪器，有用波段主要在中红外区，通常采用氟化镁、氧化镁等热压光学材料。测量低温（<100 ℃）的仪器，其有用波段主要在的中远红外区，一般采用锗、硅、热压硫化锌等材料。通常还在镜片表面蒸镀红外增透层，一方面滤掉不需要的波段，另一方面增大有用波段的透射率。反射式光学系统多用凹面玻璃反射镜，表面镀金、铝或镍铬等在红外波段反射率

很高的材料。

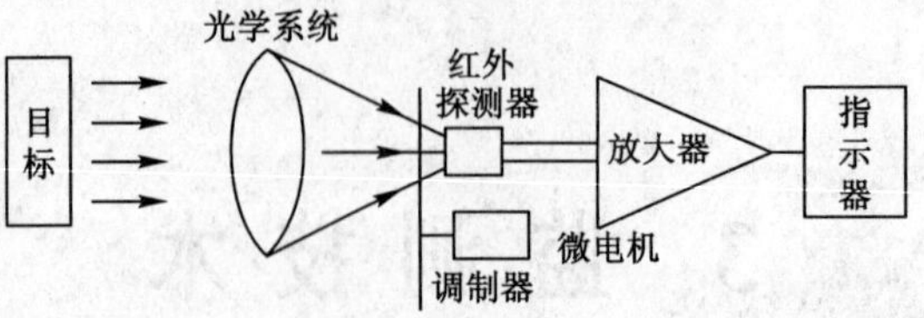

图 3.1　红外辐射测温仪结构原理

调制器就是把红外辐射调制成交变辐射的装置。一般是用微电机带动一个齿轮盘或等距离孔盘，通过齿轮盘或带孔盘旋转，切割入射辐射而使投射到红外传感器上的辐射信号变成交变信号。因为系统对交变信号处理比较容易，所以能取得较高的信噪比。

红外传感器是接收目标辐射并转换为电信号的器件，选用哪种传感器要根据目标辐射的波段与能量等实际情况确定。

红外线辐射是自然界存在的一种最为广泛的电磁波辐射，任何物体在常规环境下都会产生自身的分子和原子无规则的运动，并不停地辐射出热红外能量。分子和原子的运动越剧烈，辐射的能量越大；反之，辐射的能量越小。

3）黑体的红外辐射规律

实际物体的情况非常复杂，在研究它们的辐射规律时，应从一种简单模型——黑体入手。所谓黑体，就是在任何情况下对一切波长的入射辐射吸收率都等于 1 的物体。显然，因为自然界中实际存在的任何物体对不同波长的入射辐射都有一定的反射（吸收率不等于 1），所以黑体只是人们抽象出来的一种理想化物体模型。尽管如此，黑体热辐射的基本规律是红外科学研究中许多理论研究和技术应用的基础，它揭示了黑体发射的红外热辐射随温度及波长变化的定量关系。

(1) 辐射的光谱分布规律——普朗克辐射定律

一个绝对温度为 T 的黑体，单位表面积在波长 λ 附近单位波长间隔内向整个半球空间发射的辐射功率（简称光谱辐射度）$M_{\lambda b}(T)$，与波长 λ、温度 T 满足下列关系：

$$M_{\lambda b}(T)=\frac{2\pi hc^2}{\lambda^5}\frac{1}{\exp\left(\dfrac{hc}{\lambda kT}\right)-1}=C_1\lambda^{-5}\left[\exp\left(\frac{C_2}{\lambda T}\right)-1\right]^{-1} \tag{3.1}$$

式中　c——真空中的光速，$c=3\times10^8$ m/s；

h——普朗克常数，$h=6.6262\times10^{-34}$ J·s；

k——玻耳兹曼常数，$k=1.380\ 62\times10^{-23}$ J/K；

C_1——第一辐射常数，$C_1=2\pi hc^2=3.741\ 774\ 9\times-16$ W·m^2；

C_2——第二辐射常数，$C_2=hc/k=0.014\ 387\ 69$ m·K。

式(3.1)就是黑体辐射的普朗克辐射定律，它给出了黑体在温度 T(K)时的辐射光谱分布特征。如果以不同的温度值代入式(3.1)，则可计算出黑体在不同温度下发射辐射的光谱分布曲线，如图 3.2 所示［图中虚线表示 $M_{\lambda b}(T)$ 极大值的位置］。从图中曲线可看出，黑体辐射具有以下几个特征：

① 任何温度下，黑体的光谱辐射度 $M_{\lambda b}(T)$ 都随波长连续变化，每条曲线只有一个极大值。

② 随着温度的升高，与光谱辐射度 $M_{\lambda b}(T)$ 极大值对应的波长减小。这表明随着温度的升高，黑体辐射中的短波长辐射所占比例增加。

③ 随着温度升高，黑体辐射曲线全面提高，即在任一指定波长 λ 处，与较高温度相应的光谱辐射度 $M_{\lambda b}(T)$ 也较大，反之亦然。由于每种波长的辐射都随着温度而增加，所以代表黑体单位表面积发射所有波长的全部辐射功率曲线下包围的面积，也随着温度升高而迅速增加。

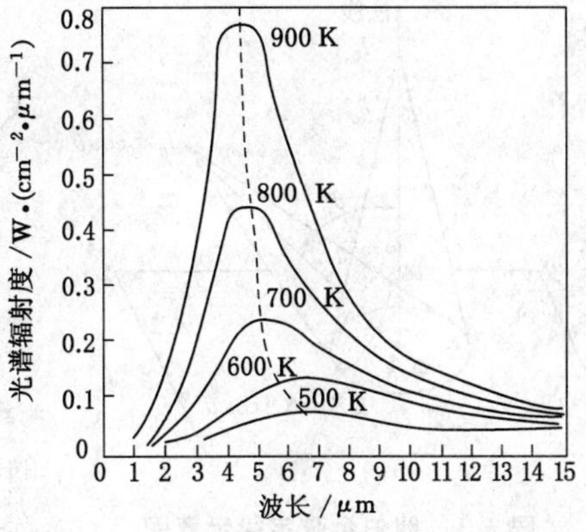

图 3.2 不同温度下的黑体光谱辐射度

(2) 辐射光谱的移动规律——维恩位移定律

为了确定与黑体光谱辐射度较大值相对应的波长 λ_m（俗称峰值辐射波长）随温度的变化关系，式(3.1)对波长 λ 求微商，并令其等于 0，解该方程式可得到

$$\lambda_m T = 2\,897.8\ \mu\text{m} \cdot \text{K} \tag{3.2}$$

该关系式称为维恩位移定律，它表明黑体辐射光谱分布的峰值波长 λ_m 与其绝对温度 T 成反比移动。按此定律不难确定：在环境温度 27 ℃(300 K)下，其表面峰值辐射波长 λ_m 为 9.66 μm，而当表面温度为 200 ℃(473 K)时，其峰值辐射波长将变为 6.126 μm。

(3) 辐射功率随温度的变化规律——斯蒂芬-玻耳兹曼定律

斯蒂芬-玻耳兹曼定律描述的是黑体单位表面积向整个半球空间发射的所有波长的总辐射功率 $M_b(T)$（简称全辐射度）随其温度的变化规律。因此，该定律的数学表述形式可由式(3.1)对波长积分得到

$$M_b(T) = \int_0^{\infty} M_{\lambda b}(T)\mathrm{d}\lambda = \int_0^{\infty} \frac{C_1 \mathrm{d}\lambda}{\lambda^5\left[\exp\left(\dfrac{C_2}{\lambda T}\right)-1\right]} = \frac{\pi^4}{15}\frac{C_1}{C_2}T^4 = \sigma T^4 \tag{3.3}$$

式中，$\sigma = \pi^4 C_1/(15C_2^4) = 5.669\,7 \times 10^8\ \text{W}/(\text{m}^2 \cdot \text{K}^4)$。

式(3.3)给出的斯蒂芬-玻耳兹曼定律表明，凡是温度高于 0 K(−273 ℃)的物体都会自发地向外发射红外热辐射，而且黑体单位表面积发射的总辐射功率与其温度的四次方成正比。因此，正如图 3.2 中曲线下面所包围的面积随温度的变化所示，当温度有较小变化时，将会引起物体发射的辐射功率有很大变化。例如，当把物体表面视为黑体时，在 27 ℃(300 K)环境温度下和在 100 ℃(373 K)时，单位表面积发射的总辐射度分别为

$$M_b(300\ \text{K}) \approx 5.67 \times 10^{-8} \times 300^4 = 459.27\ (\text{W/m}^2)$$

$$M_b(373\ \text{K}) \approx 5.67 \times 10^{-8} \times 373^4 = 1\,097.54\ (\text{W/m}^2)$$

(4) 辐射的空间分布规律——朗伯余弦定律

所谓朗伯余弦定律，就是黑体（或任何漫辐射体）在任意方向上的辐射强度与观测方向相对于辐射表面法线夹角的余弦成正比，如图 3.3 所示。

$$I_\theta = I_0 \cos\theta \tag{3.4}$$

式中 I_θ——在与辐射表面法线夹角为 θ 方向上的辐射强度；

I_0——在辐射表面法线方向 $\theta = 0°$ 的辐射强度。

对于辐射面积很小的黑体而言，在法线方向的辐射强度可表示为

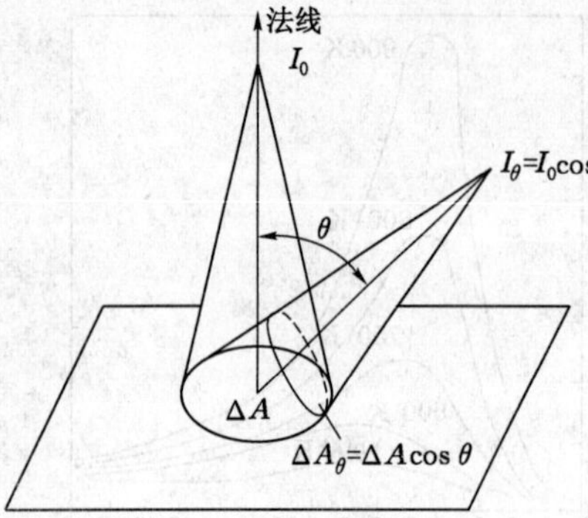

图 3.3　朗伯余弦定律示意图

$$I_0=\frac{1}{\pi}M_b(T)\Delta A \tag{3.5}$$

式中　ΔA——黑体辐射源的辐射面积。

于是，将式(3.2)和式(3.5)代入式(3.4)后得到

$$I_\theta=I_0\cos\theta=\frac{1}{\pi}M_b(T)\Delta A\cos\theta$$
$$=\frac{1}{\pi}\sigma T^4(\Delta A\cos\theta) \tag{3.6}$$

结果表明，黑体或漫辐射体在辐射表面法线方向的辐射最强。因此，实际进行红外测温时应尽可能地选择在被测表面法线方向进行，如果在与法线成 θ 角方向上测量，则接收到的红外辐射信号将减弱成法线方向最大值的 $\cos\theta$ 倍。从式(3.6)和图 3.3 看出，这种信号减弱是得到的辐射表面积 ΔA 的投影面积($\Delta A\cos\theta$)的辐射所引起的。

(5) 辐射规律对选择工作波长范围提出的要求

上述辐射定律不仅指出了被测物体的红外辐射与其表面温度的关系和正确选择测量方向的原则，而且还为红外测温仪器工作波长范围的选择提出了原则性要求。选择红外测温仪器的工作波长应以接收辐射信号最大为原则，任何红外监测总是希望红外测量仪器接收到的被测目标的红外辐射信号越大越好。为此，除根据朗伯余弦定律选择最佳监测方向以外，还要求根据目标辐射的光谱分布选择红外仪器的响应波长范围。

普朗克辐射定律和图 3.2 表明：在任何温度下，黑体辐射光谱的波长范围原则为 0～∞，但按维恩位移定律，在满足 $\lambda_m T=2\ 897.8\ \mu\text{m}\cdot\text{K}$ 的 λ_m 波长附近辐射最强。由于任何红外监测仪器的响应波长既不是单一的 λ_m，也不是从 0～∞的整个波长范围的辐射，而是粗略分为 3～5 μm 和 8～14 μm 两大类。因此，当监测对象以高温目标为主时，目标在短波长范围的辐射所占总辐射比例较大，应选择 3～5 μm 的红外测温仪器；当监测对象以接近环境温度(300 K)的低温目标为主时，根据维恩位移定律，$\lambda_m\approx 9.66\ \mu\text{m}$，因此应选择响应波长范围在 8～14 μm 的红外测温仪器为宜。尽管高温目标使用 8～14 μm 红外测温仪器监测，低温目标用 3～5 μm 红外测温仪器监测，但因仪器接收的信号在目标总辐射中所占比例较小，势必造成较大测量误差。

为了说明上述分析，可根据式(3.1)计算目标在某波长范围 $\Delta\lambda=\lambda_2-\lambda_1$ 的辐射及其在总辐射中所占的比例。

根据式(3.1)，可以计算黑体辐射表面单位面积在波长 $0\sim\lambda_1$ 范围发射的辐射功率为

$$M_{0\sim\lambda_1}(T)=\int_0^{\lambda_1}M_\lambda(T)\mathrm{d}\lambda=\frac{C_1}{C_2}T^4\int_{\frac{C_2}{\lambda_1 T}}^{\infty}\frac{\left(\frac{C_2}{\lambda T}\right)^3\mathrm{d}\left(\frac{C_2}{\lambda T}\right)}{\mathrm{e}^{C_2/(\lambda T)}-1} \tag{3.7}$$

如果定义函数

$$F(\lambda T)=\frac{M_{0\sim\lambda}(T)}{M_{0\sim\infty}(T)}=\frac{15}{\pi^4}\int_{\frac{C_2}{\lambda T}}^{\infty}\frac{\left(\frac{C_2}{\lambda T}\right)^3\mathrm{d}\left(\frac{C_2}{\lambda T}\right)}{\mathrm{e}^{C_2/(\lambda T)}-1} \tag{3.8}$$

考虑到黑体的 $M_{0\sim\infty}(T)=\sigma T^4$，则从式(3.7)和式(3.8)得到

$$M_{0\sim\lambda_1}(T)=F(\lambda_1 T)M_{0\sim\infty}(T)=F(\lambda_1 T)\sigma T^4 \tag{3.9}$$

同样，可以计算黑体辐射表面单位面积在波长 $0\sim\lambda_2$ 发射的辐射功率为

$$M_{0\sim\lambda_2}(T)=F(\lambda_2 T)M_{0\sim\infty}(T)=F(\lambda_2 T)\sigma T^4 \tag{3.10}$$

式中，辐射函数 $F(\lambda_2 T)$ 仍由式(3.8)给出。于是，黑体辐射表面单位面积在波长 $\lambda_1\sim\lambda_2$ 范围(设 $\lambda_2>\lambda_1$)发射的辐射功率为

$$M_{\Delta\lambda}(T)=M_{0\sim\lambda_2}(T)-M_{0\sim\lambda_1}(T)=\sigma T^4[F(\lambda_2 T)-F(\lambda_1 T)] \tag{3.11}$$

由此可进一步得到该波长范围的辐射占目标全部辐射的比例为

$$\eta=\frac{M_{\Delta\lambda}(T)}{M_{0\sim\infty}(T)}=F(\lambda_2 T)-F(\lambda_1 T) \tag{3.12}$$

根据式(3.8)和式(3.12)，可分别计算 27 ℃(300 K)、227 ℃(500 K)及 527 ℃(800 K)黑体目标在 $\lambda_1=3\ \mu\text{m}$ 至 $\lambda_2=5\ \mu\text{m}$ 和 $\lambda_1=8\ \mu\text{m}$ 至 $\lambda_2=14\ \mu\text{m}$ 发射的辐射各占其总辐射中的比例为

$$\eta_{3\sim5\ \mu\text{m}}(300\ \text{K})=F(1\ 500)-F(900)\approx1.276\%$$

$$\eta_{3\sim5\ \mu\text{m}}(500\ \text{K})=F(2\ 500)-F(1\ 500)\approx14.85\%$$

$$\eta_{3\sim5\ \mu\text{m}}(800\ \text{K})=F(4\ 000)-F(2\ 400)\approx34.06\%$$

$$\eta_{8\sim14\ \mu\text{m}}(300\ \text{K})=F(4\ 200)-F(2\ 400)\approx37.58\%$$

$$\eta_{8\sim14\ \mu\text{m}}(500\ \text{K})=F(7\ 000)-F(4\ 000)\approx32.72\%$$

$$\eta_{8\sim14\ \mu\text{m}}(800\ \text{K})=F(11\ 200)-F(6\ 400)\approx16.56\%$$

计算结果表明，对于监测目标温度在 27～227 ℃(300～500 K)的表面而言，选择响应波长为 8～14 μm 的红外测温仪器最合适；但以监测 500 ℃及以上目标为主时，则应选用 3～5 μm 的红外测温仪器为宜，这样可接收较多的目标辐射。

4) 实际物体的红外辐射规律

黑体的辐射光谱的强弱只与温度及波长有关，与构成黑体的材料无关。然而，实际物体则有所不同，理论和实验均可证明：所有实际物体发射或吸收辐射的量值都低于在相同条件下黑体的相应辐射量值；并且实际物体的辐射量除依赖于温度和波长以外，还与构成该物体的材料性质及表面状态等因素有关。所以，只要引入一个随材料性质及表面状态变化的辐射系数，就可把黑体辐射的 4 个基本定律应用于实际物体，并使得对实际物体辐射规律的研究大大简化。这里所说的辐射系数称为发射率，并定义为实际物体与同温度黑体辐射性能之比，称为黑度。根据这个定义及式(3.1)、式(3.3)，可以把实际物体的辐射规律分别表示为

$$M_\lambda(T)=\varepsilon(\lambda,T)M_{\lambda\text{b}}(T)=\varepsilon(\lambda,T)C_1\lambda^{-5}\left[\exp\left(\frac{C_2}{\lambda T}\right)-1\right]^{-1} \tag{3.13}$$

$$M(T)=\varepsilon(T)M_\text{b}(T)=\varepsilon(T)\sigma T^4 \tag{3.14}$$

式中 $M_\lambda(T)$，$M(T)$——分别为实际物体在 T 时的光谱辐射度和全辐射度；

$\varepsilon(\lambda,T)$，$\varepsilon(T)$——分别为该物体在 T 时的光谱发射率和全发射率。

通常，根据光谱发射率随波长的变化形式，可把实际物体分为两类。其中，光谱发射率与全发射率相等，并且是一个小于 1 的常数值的物体，叫做灰体；而光谱发射率随波长变化的物体，叫做选择性辐射体。图 3.4 给出了灰体和选择性辐射体的辐射特性及其与同温度黑体辐射的比较示意图。由图可知，黑体辐射的光谱分布曲线是各种实际物体在同温度下辐射曲线的包络线，即在同样温度下，无论是总量，还是在某光谱区内的辐射量，均以黑体辐射量为最大。虽然灰体与黑体有形式类似的辐射曲线，但因灰体发射率是小于 1 的常数，所

以总在黑体辐射曲线以下。选择性辐射体的光谱辐射曲线在不同波长处可以有几个最大或最小值，但其极大值不会超过黑体辐射定律规定的极限，即不会高于黑体辐射曲线。

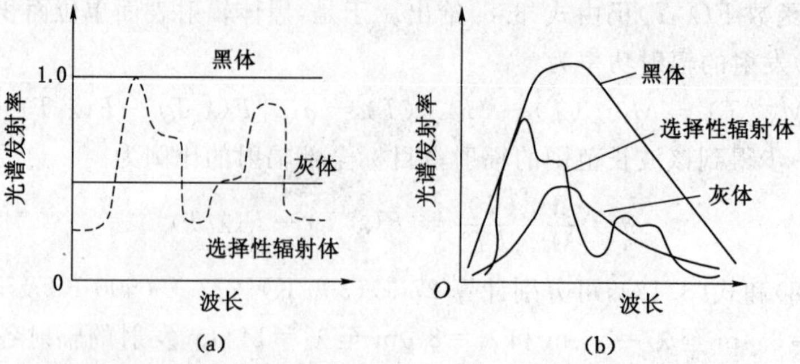

图 3.4　灰体和选择性辐射体辐射特性的比较

(a) 光谱发射率分布；(b) 光谱辐射度分布

应该指出，由式(3.14)和式(3.15)给出的实际物体辐射规律，只能分别表征物体单位表面积向半球空间发射辐射功率的光谱分布和强弱，并非物体实际发射的总辐射功率。如果考虑物体表面向空间发射的总辐射功率，则还应该对辐射表面面积 A 积分。例如，物体在监测仪器响应光谱区间 $\lambda_1 \sim \lambda_2$ 发射的辐射功率 $M_{\lambda_1 \sim \lambda_2}$ 应该是式(3.13)对波长和辐射表面面积的积分，即

$$M_{\lambda_1 \sim \lambda_2}(T) = \int_A \mathrm{d}A \int_{\lambda_1}^{\lambda_2} M_\lambda(T)\mathrm{d}\lambda = \int_A \mathrm{d}A \int_{\lambda_1}^{\lambda_2} \varepsilon(\lambda, T) \frac{C_1}{\lambda^5} \frac{\mathrm{d}\lambda}{\exp\left(\dfrac{C_1}{\lambda T}\right) - 1} \tag{3.15}$$

如果考虑所有波长的总辐射功率，则利用式(3.3)、式(3.13)和式(3.14)，应该有

$$M(T) = \int_A \mathrm{d}A \int_0^\infty M_\lambda(T)\mathrm{d}\lambda = \int_A M(T)\mathrm{d}A = \varepsilon(T)A\sigma T^4 \tag{3.16}$$

5) 红外辐射测温仪

广义地讲，凡是以辐射定律为基础，利用物体发射的红外辐射能量为信息载体测量物体温度的仪器，均称为红外辐射测温仪。由于历史的原因，人们习惯上总是把非成像式的辐射测温仪器称为红外测温仪。尽管不同红外测温仪的结构细节千差万别，但要使它们完成基本的测温功能，都必须有共同的基本结构。根据不同的工作原理，可以制成不同类型、具有不同特点的红外测温仪。

(1) 红外测温仪的基本结构

根据红外辐射测温的基本原理，不难想象，要想利用红外测温仪测量物体的温度，首先必须把物体发射的红外辐射能量收集起来转换成电信号，然后对电信号进行放大处理，并利用物体温度与其辐射功率大小(通常都表现为信号电压高低)的一一对应关系，显示出物体温度的测量结果。因此，任何红外测温仪的基本结构都必须包括光学系统、红外探测器、电信号放大及处理系统、结果显示系统和其他附属部分(包括目标瞄准器、供电电源与整体机械结构)等几个主要功能部分。

① 光学系统。红外测温仪的光学系统(或者称为辐射接收系统)的首要功能是收集被测目标发射的红外辐射能量，并且把它汇聚在红外探测器的光敏面上。为了尽可能多地接收目标辐射量，增加探测器光敏面上的辐照度，要求光学系统有较大的相对光学孔径(D/F)。其中，D 为光学系统的通光孔径，F 为光学系统的焦距。

光学系统的第二种功能是限定测温仪视场，遮挡非被测目标的辐射入射到探测器上。红外测温仪的一个重要参数是距离系数，它被定义为测温仪探头到目标之间距离 L 与被测目标直径 d 之比。当测量小目标的温度时，必须选用距离系数大的测温仪。如图 3.5 所示，由于距离系数与视场角成反比，所以距离系数取决于红外测温仪的光学系统。

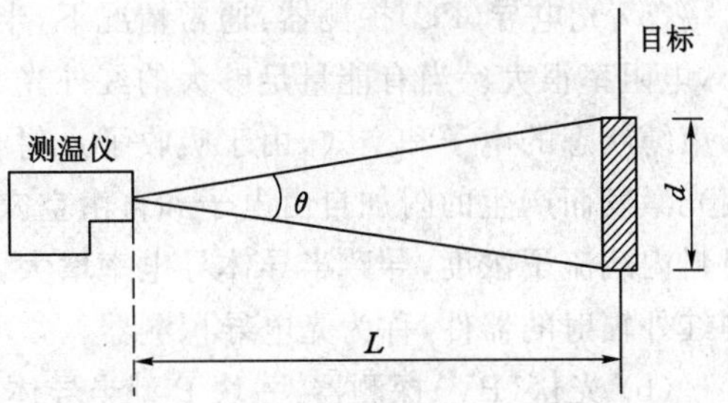

图 3.5　红外测温仪的距离系数与视场

有的红外测温仪还要求光学系统具有第三种功能，即限定接收目标辐射的光谱范围。因此，这种测温仪的光学系统需要配有适当的滤光片，根据需要可以分别选用截止滤光片、带通滤光片、窄带滤光片或双色滤光片等，也有的直接做在光学系统的场镜或探测器窗口。

根据工作方式不同，光学系统分为调焦式和非调焦式（固定焦点式）。为了使结构简单和造价降低，多数红外测温仪采用非调焦式光学系统。因此，当监测目标的距离发生变化时，在测温仪视场范围内，目标上的被测面积将随监测距离发生变化。但是，在目标充满测温仪视场的情况下，并不影响测温结果。

为便于使测温仪对准被测的目标部位，通常红外测温仪应配有可见光瞄准光路或激光瞄准装置，以便构成瞄准器。

② 红外探测器。红外探测器是任何红外测温仪所必备的心脏，它具有把接收到的目标红外辐射能量转换成输出电信号的功能。红外探测器主要包括热探测器和光子探测器两类。

a. 红外热探测器：针对热辐射波长而言，又称为无选择性红外探测器。在工作过程中，首先需要自身温度升高，才能进行热电转换和测量，而自身温度升高的过程比较缓慢，因此响应时间较长。探测器的响应时间决定了探测器频率的响应带宽，它的探测率通常比光子探测器要低，响应时间一般为毫秒级。虽然热探测器的灵敏度没有光子探测器高，但是它的光谱响应宽泛，对入射的各种波长的红外辐射基本上都有相同的响应率；同时，不需制冷，不需偏压，可广泛使用在各种辐射计、光谱计等仪器中。目前，常用的红外热探测器主要有测辐射温差热电偶、热电堆以及热释电红外探测器。

(a) 测辐射温差热电偶和热电堆：测辐射温差热电偶（简称热电偶），是利用两种不同金属丝或半导体细丝连接成的闭合环，当其中一个节点吸收红外辐射功率时产生温差电动势而制成的探测器。若干个测辐射热电偶串联在一起就构成测辐射热电堆。

(b) 热释电红外探测器：热释电红外探测器是由单晶小薄片的热电晶体所制成。热电晶体具有自发极化特性，它在自然条件下晶体某些分子的正负电荷重心不相重合，形成一个固有偶极矩，在垂直于极轴的两个端面上造成大小相等、符号相反的面束缚电荷。当温度变化时，晶体中离子间的距离和链角发生变化，从而使偶极矩极化强度及面束缚电荷发生变化，结果造成过剩电荷，在垂直极轴的两个端面之间出现微小电压，当用导线连接时就会产生热电流。

b. 红外光子探测器：利用入射红外辐射光子流与探测器材料中的电子之间直接相互作用，从而改变电子能量状态，引起各种电学现象（称为光子效应）进行工作的红外探测器。根据产生光子效应的大小，就能测量接收的红外辐射光子数量。依据产生的不同电学现象做成不同的红外光子探测器，常用的红外光子探测器主要有光电导探测器和光伏探测器。

(a) 光电导(PC)探测器:通常情况下,半导体中的载流子(自由电子和自由空穴)浓度很小,电阻率很大。当有能量足够大的红外光子照射(光激发)半导体材料时,在其体内原来处于束缚状态的电子和空穴,由于吸收了入射光子能量而被激发成自由电子和自由空穴,这些因光激发而产生的附加自由电子和自由空穴称为光生载流子。因光生载流子的产生增加了材料内载流子浓度,导致半导体导电率增大,这种现象叫做光电导效应。根据光电导效应探测红外辐射的器件,称为光电导探测器。

(b) 光伏(PV)探测器:一块P型半导体(有较多空穴)和一块N型半导体(有较多电子)密切接触以至形成PN结时,P型区内的空穴必然向N型区扩散,同时使P型区带负电,N型区内的电子必然向P型区扩散,并使N型区带正电。于是,在PN结的结区附近产生一个由N型区指向P型区的结电场 E_i。换言之,在结的附近形成一个势垒,当结电场达到一定强度(或势垒达到一定高度)时,将阻止N区电子向P区空穴继续扩散,PN结处于热平衡状态。

当有红外辐射信号光子入射到PN结时,在P区、N区和结区都产生光生载流子,于是破坏PN结原有的热平衡状态,P区光生空穴和N区光生电子被结区势垒阻挡,不能进入结区。而结区产生的光生电子—空穴对,在结电场 E_i 作用下被分开,电子移向N区,空穴移向P区。假如PN结处于开路状态,那么这些光生电子和光生空穴将在结区附近积累,使P区获得附加的正电荷,有较高电位,N区获得附加负电荷,有较低电位。从而削弱了结区电场,降低了势垒高度,使PN结得到一个附加电位差,犹如在PN结上施加一个正向电压一样。通常把光照下产生的PN结势垒高度降低(或产生的附加正向电压)称为光生电动势,这种现象叫做光伏效应。因为,半导体PN结的光生电动势随着入射光子数量多少而变化,所以利用光伏效应可探测入射红外辐射,并把按这种原理制成的器件叫做光伏(PV)探测器。

③ 电信号处理系统。不同种类、测温范围和测温精度的红外测温仪,使用的探测器和设计原理各异,它们的信号处理方式彼此也不相同。一般而言,测温仪信号处理系统必须完成如下功能:

a. 放大探测器输出的微弱电信号;

b. 抑制非目标辐射的干扰噪声和系统噪声;

c. 线性化输出处理;

d. 目标表面发射率修正;

e. 环境温度补偿;

f. A/D和D/A转换以及供计算机处理的通信接口;

g. 向温度显示系统提供输出信号和配套装置要求的其他特殊信号处理结构等。

有的红外测温仪功能较少,信号处理系统比较简单。有的测温仪功能较多(如给出最大值、最小值、平均值、峰值选择、峰值保持和输出打印等),因此信号处理系统也相应的复杂些。随着微型计算机技术的发展,许多红外测温仪的信号处理、线性化和发射率修正等,都由微型计算机完成。这不仅改善了测温仪的结构和性能,而且还正在逐步实现测温智能化。

④ 显示系统。红外测温仪的显示系统功能在于显示目标温度的测量结果。早期都采用普通表头进行显示,目前几乎都是用发光二极管、数码管或液晶等数字显示。为了便于应用,有的红外测温仪显示系统还配有记录仪或输出打印装置。

(2) 红外测温仪的分类与特点

从不同的角度出发,可把红外测温仪分成不同类型。例如,按温度范围,可分为高温。

测温仪(测量 900 ℃以上的温度)、中温测温仪(测量 300～900 ℃的温度)和低温测温仪(300 ℃以下)。目前,商品化的辐射测温仪最低可测量－100 ℃,最高可测量 6 000 ℃。另外,按测温仪的不同设计原理和所能测量的不同目标温度,又可把红外测温仪分为全辐射测温仪、亮度测温仪和比色测温仪 3 大类。

① 全辐射测温仪。原则上讲,这类测温仪能够接收目标发出的$\lambda=0\sim\infty$范围的全部辐射能量,并用黑体标定出目标的温度。在数学上,它完全遵从斯蒂芬-玻耳兹曼定律的四次方关系,测出的是目标的辐射温度 T_r。但是,实际的全辐射测温仪也需要使用光学系统(如使用窗口和透镜等),因此探测器不可能接收全部波长的辐射。然而,因为对于一定的测温范围而言,只要选用的测温仪工作波段包含了全部辐射能量的 96%,按开四次方的关系所造成的测温误差只有 1%,并且根据辐射能量随波长分布的变化,即使只减少 4%的辐射能量,也可以大大压缩工作波段,从而简化测温仪的结构,使用更加方便。所以,实际的全辐射测温仪,并非要求真正测量全部波长的辐射能量。但是,全辐射测温仪的灵敏度较低,用这种测温仪测量得到的目标辐射温度 T_r 与其真实温度 T 之间有较大的偏差。

全辐射测温仪测温的理论依据是斯蒂芬-玻耳兹曼定律,其结构工作原理如图 3.6 所示。

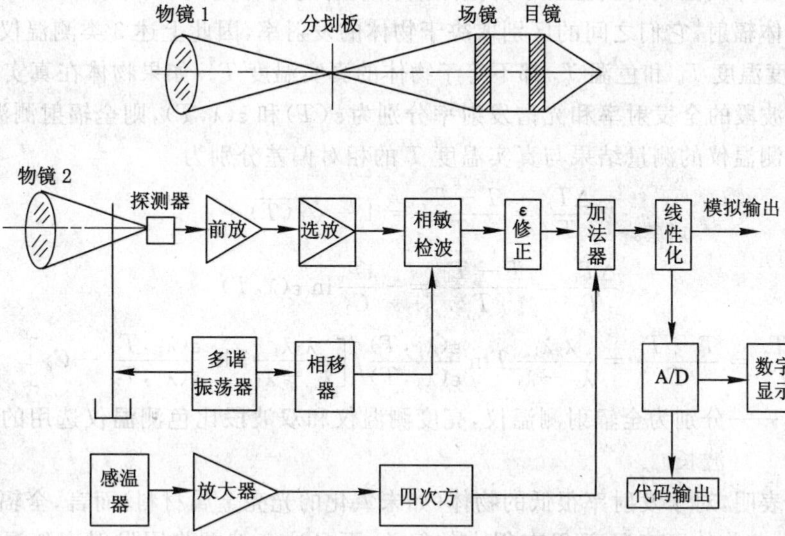

图 3.6　全辐射测温仪测温的原理方框图

② 亮度测温仪。亮度测温仪是通过测量目标在某一波段的辐射亮度来获取目标温度的测温仪。因此,这种测温仪测出的是目标的亮度温度,通常使用限定入射辐射波长的滤光片来选择接收特定波长范围内的目标辐射。但是,为了在测量较低温度时能够获得足够的辐射能量,往往选用较宽的辐射波段。因此,有时把工作波段较宽的亮度测温仪叫做部分辐射测温仪。如果选择的波段宽度和光谱位置适当,则在一定的测温范围内可以使辐射亮度与温度的非线性关系变成简单的次方关系。这无疑会大大压缩信号的动态范围,并且使信号处理变得更容易些。亮度测温仪的特点是结构简单、使用方便、灵敏度高,而且能够抑制某些干扰,在高温或低温范围内都有较好的使用效果。但是,这种测温仪测出的亮度温度 T_b 与真实温度 T 仍然有一定的偏差。

③ 比色测温仪。这类测温仪是利用两组(或多组)带宽很窄的不同单色滤光片,收集两

个(或多个)相近波段内的辐射能量,转换成电信号后在电路上进行比较,并由此比值确定目标温度。比色测温仪测出的是目标的色温 T_c。严格地讲,所能测出的色温往往是某一波长区域的色温,并且比色测温仪的特点是结构较为复杂、价格比较昂贵、灵敏度较高,测出的色温 T_c 与其真实温度 T 偏差较小,在中高温温度范围内使用效果较好。

如一双通道红外比色测温仪结构图,如图 3.7 所示。

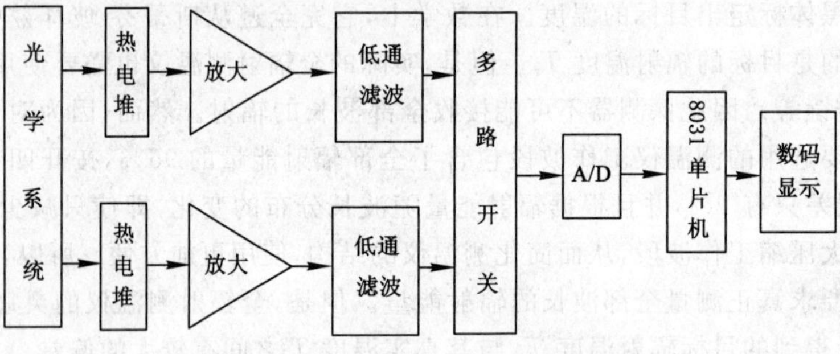

图 3.7 双通道红外比色测温仪结构

上述 3 类红外测温仪的测温显示都是用黑体辐射进行标定的,由于任何实际物体的辐射都不同于黑体辐射,它们之间的区别取决于物体的发射率,因此上述 3 类测温仪测出的辐射温度 T_r、亮度温度 T_b 和色温 T_c 都不等于物体的真实温度 T。如果物体在真实温度 T 和波长 λ 附近某波段的全发射率和光谱发射率分别为 $\varepsilon(T)$ 和 $\varepsilon(\lambda,T)$,则全辐射测温仪、亮度测温仪和比色测温仪的测量结果与真实温度 T 的相对偏差分别为

$$\frac{\Delta T_r}{T}=\frac{T-T_r}{T}=1-\sqrt[4]{\varepsilon(T)} \tag{3.17}$$

$$\frac{\Delta T_b}{T}=\frac{T-T_b}{T}=-\frac{\lambda T_b}{C_2}\ln\varepsilon(\lambda,T) \tag{3.18}$$

$$\frac{\Delta T_c}{T}=\frac{T-T_c}{T}=\frac{\lambda_2\lambda_1}{\lambda_2-\lambda_1}T\ln\frac{\varepsilon(\lambda_1,T)}{\varepsilon(\lambda_2,T)}\Big/\left[\frac{\lambda_2\lambda_1}{\lambda_2-\lambda_1}T\ln\frac{\varepsilon(\lambda_1,T)}{\varepsilon(\lambda_2,T)}-C_2\right] \tag{3.19}$$

式中 $\lambda,\lambda_1,\lambda_2$——分别为全辐射测温仪,亮度测温仪和双波段比色测温仪选用的中心工作波长。

式(3.17)表明,对于发射率很低的物体(如未氧化的光亮金属材料)而言,全辐射测温仪的测量结果 T_r 与物体真实温度 T 有很大的偏差,而且这个偏差将因发射率随温度的变化而变化。式(3.18)表明,亮度测温仪测出的亮度温度 T_b 与物体真实温度 T 的偏差虽然小于全辐射测温仪的测温偏差,但是对于表面光谱发射率很低的目标,尤其当目标与测温仪之间存在较多的吸收介质(如水蒸气等)时,同样会产生很可观的偏差。式(3.19)表明,对于表面光谱发射率为恒定值的灰体而言,如果选择 2 个工作波段,使得在 2 个中心工作波长 λ_1 和 λ_2 的光谱发射率的比值 $\varepsilon(\lambda_1,T)/\varepsilon(\lambda_2,T)=1$,那么在这种情况下,比色测温仪测出的色温 T_c 完全等于目标的真实温度 T。通过选择合适的工作波段,还可以大大降低目标与测温仪之间吸收介质的影响。

3.1.2 基于彩色三基色理论的温度测量技术

在非接触温度测量技术中,基于普朗克辐射定律的辐射温度测量技术有着广泛的应用,但是,使用辐射测温技术得到的温度准确性在很大程度上受到被测物体发射率的影响。而在实际的温度测量中,往往要采用接触式温度测量技术测出被测物体的准确温度,再求出物体表面的发射率，故辐射温度测量技术的应用有很多不便之处。彩色三基色温度测量技术，是从实际物体的普朗克辐射定律出发，结合颜色复现的三基色原理，通过测量物体在可见光波段内的辐射信息——颜色来反演被测物体的真实温度，且不必对被测物体的表面发射率做任何假定，也无需进行温度标定，即可进行准确的非接触温度测量，具有广泛的适应性。

1) 彩色三基色温度测量原理

(1) 物体的光谱辐射

根据普朗克辐射定律，温度为 T 的物体，在波长 λ 处的单色辐射功率 $M(\lambda,T)$ 为

$$M(\lambda,T)=\varepsilon_\lambda \frac{C_1}{\lambda^5}\left[\exp\left(\frac{C_2}{\lambda T}\right)-1\right]^{-1} \tag{3.20}$$

式中 ε_λ——物体表面的单色发射率。

物体的单色发射率一般表现为波长和温度的函数，即

$$\varepsilon_\lambda=f(\lambda,T) \tag{3.21}$$

对于具有连续辐射性质的物体，其发射率虽然在全波长或宽波段内随波长的变化关系复杂。但在仅有 0.4 μm 宽的可见光波段内，则可近似地看做一条直线，即

$$\varepsilon(\lambda,T)=a(T)-c(T)\left|\frac{\lambda-\lambda_1}{\lambda_2-\lambda_1}\right|=a(T)-c(T)\Lambda \tag{3.22}$$

式中，$\lambda_1=0.38$ μm，$\lambda_2=0.78$ μm，Λ 为无量纲波长，$a(T)$ 和 $c(T)$ 分别为发射率参数，是温度的函数。

由于 $0<\varepsilon(\lambda,T)\leqslant 1$，式(3.22)可进一步简写为

$$\varepsilon(\lambda,T)=a(T)[1-m(T)\Lambda] \tag{3.23}$$

式中，$m(T)=c(T)/a(T)$，且 $a(T)>0$，$-\infty<m(T)<1$。

于是，可见光波段内物体的光谱发射功率可以表述为

$$M(\lambda,T)=a(T)[M_b(\lambda,T)-m(T)M_1(\lambda,T)] \tag{3.24}$$

式中，$M_b(\lambda,T)$ 为黑体的光谱辐射功率；$M_1(\lambda,T)=\Lambda M_b(\lambda,T)$，称为色核体的光谱辐射功率（光谱辐射的总能量）。与 $M_b(\lambda,T)$ 一样，$M_1(\lambda,T)$ 仅是波长和温度的函数。

(2) 复现物体色彩的过程

人眼视网膜上有 3 种类型的锥状感光细胞，即红敏细胞、绿敏细胞和蓝敏细胞。现代安全监测技术研究结果表明，对于两组光谱成分不同的光，只要 3 种光敏细胞对它们的刺激感觉相同，则主观色彩感觉（色度和亮度）就相同。根据人眼彩色视觉的特性，在色彩复现过程中，并不要求恢复物体原来的光谱成分，而重要的是获得与原物体相同的色彩感觉。

通常复现物体色彩的实现过程是，任选 3 种相互独立（即在数学上与线性无关）的基色，将它们按不同的比例混合，从而引起不同的色彩感觉，这就是彩色三基色原理。国际照明委员会所选的三基色的波长分别为 $\lambda_R=700.0$ nm，$\lambda_G=546.1$ nm，$\lambda_B=435.8$ nm。

选定上述 3 种基色光并规定它们的单位之后，就可通过不同颜色的配色实验，获得所谓的 RGB 混色曲线，如图 3.8 所示。图中纵坐标为分布色系数。

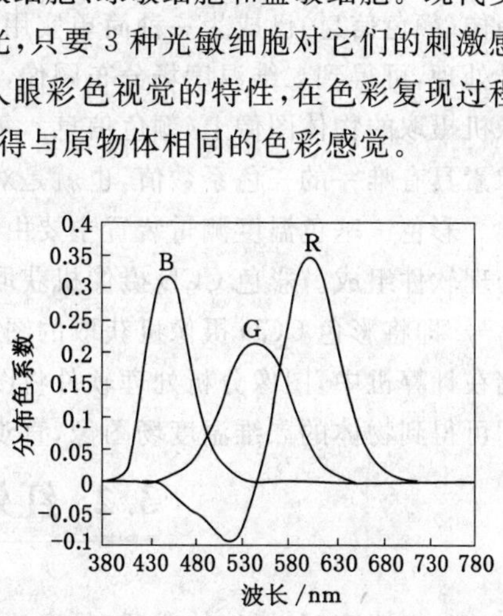

图 3.8 RGB 混色曲线

对于具有任意辐射功率 $M(\lambda)$ 的彩色光下的色系数，可以利用三色系数方程计算，即

$$\begin{cases} k_R = \int_{380}^{780} \bar{r}(\lambda) M(\lambda) \mathrm{d}\lambda \\ k_G = \int_{380}^{780} \bar{g}(\lambda) M(T) \mathrm{d}\lambda \\ k_B = \int_{380}^{780} \bar{b}(\lambda) M(T) \mathrm{d}\lambda \end{cases} \tag{3.25}$$

式中 $\bar{r}(\lambda)$，$\bar{g}(\lambda)$，$\bar{b}(\lambda)$——分别为 RGB 混色曲线的分布色系数。

(3) 彩色三基色温度测量原理

对于遵守普朗克辐射定律的一般物体，物体发射光谱的颜色可以用三色程定量描述，即

$$\begin{cases} k_R = \int_{380}^{780} \bar{r}(\lambda) a(T) [M_b(\lambda, T) - m(T) M_1(\lambda, T)] \mathrm{d}\lambda \\ k_G = \int_{380}^{780} \bar{g}(\lambda) a(T) [M_b(\lambda, T) - m(T) M_1(\lambda, T)] \mathrm{d}\lambda \\ k_B = \int_{380}^{780} \bar{b}(\lambda) a(T) [M^b(\lambda, T) - m(T) M_1(\lambda, T)] \mathrm{d}\lambda \end{cases} \tag{3.26}$$

式中，等号右边有 3 个待定参数 $a(T)$，$m(T)$，T；等号左边有 k_R，k_G，k_B 三色量值，它们构成数学求解封闭条件，通过对物体三色系数的测量，并运用最小求解上述方程组，可以计算出物体的温度和发射率的数值，这就是彩色三基色温度测量原理。

2）彩色三基色温度测量装置

彩色三基色温度测量方法的关键是获取物体的颜色信息，即通过测定物体的颜色，获取反映物体颜色的 k_R，k_G，k_B 三色系数，然后再运用最小二乘法求解三色系数方程组，得到物体的温度和发射率数值。

电荷耦合器件(Charge Coupled Devices，CCD)是在 20 世纪 70 年代发明的一种新型高集成度的半导体器件，它具有工作电压低、功耗小、体积小、抗电磁干扰能力强、噪声低、灵敏度高、工作可靠和寿命长等一系列优点，在摄像、模拟信号处理和数字存储等领域发挥着日益重要的作用。近年来，随着彩色 CCD 电荷耦合器件制造技术的发展，彩色 CCD 摄像机也日趋成熟，成本也不断降低，在工业领域得到了广泛应用，以彩色 CCD 摄像机来获取物体的图像(颜色信息)已成为一种简单实用的方法，尤其是通过获取二维图像信息，再经过图像信号处理，可得到二维温度场分布图像，这是用其他任何方法都无法实现的。在彩色 CCD 摄像机摄取的物体图像上(颜色信息)，每个像素均以特定的 k_R，k_G，k_B 三色系数来反映，每个像素具有唯一的三色系数值，也就是对应一个特定的温度值。

彩色三基色温度测量装置主要由彩色 CCD 摄像机、图像采集卡、计算机以及图像分析处理软件组成。彩色 CCD 摄像机获取的物体的图像(视频信号)，经图像采集卡转换为数字信号，即将彩色 CCD 摄像机获取的图像上每个像素，转换为特定的 k_R，k_G，k_B 三色系数值存储在计算机中，图像分析处理软件将图像中每个像素的 k_R，k_G，k_B 三色系数转换为温度值，即可得到物体的二维温度场图像，直观地反映了物体的温度场和温度分布规律。

3.2 红外气体浓度监测技术

气体浓度(包括气体泄漏)是石油、化工生产和煤矿安全监测中需要重点监测的参数之一。通常进行气体浓度监测时，是在易燃易爆场所安装点型气体传感器，如接触燃烧式气体

传感器、半导体气体传感器和电化学气体传感器，来检测气体的浓度或监测是否有可燃气体泄漏，但这种方式测量精度较低，易受环境因素干扰，常有误报、漏报现象。近年来，随着红外应用技术研究的不断深入，基于非色散红外吸收的气体浓度监测和红外大面积气体泄漏监测技术取得了长足发展，并在石油、化工生产过程的气体浓度监测和大面积气体泄漏监测领域得到了广泛的应用。

3.2.1 红外气体浓度监测的基本原理

红外气体浓度监测的基本原理，是依据每种气体分子都具有特定的红外吸收波长及Lambert-Beer红外吸收定律，由气体对某一特征吸收波长处的红外吸收强度，确定被测气体的浓度。

红外气体浓度监测，其吸收的波段在红外光范围(0.76～1 000 μm)，红外电磁波辐射的速度、频率和波长之间的关系

$$\lambda = \frac{c}{\omega} \tag{3.27}$$

现定义

$$\bar{\omega} = \frac{1}{\lambda} = \frac{\omega}{c} \tag{3.28}$$

式中，$\bar{\omega}$ 为波数，单位为 cm^{-1}，它表示电磁波在单位距离(cm)中振动的次数。

中红外区是各种有机化合物和气体分子红外吸收的最重要范围，目前常用红外光谱测量仪器的测定范围为4 000～650 cm^{-1}或4 000～400 cm^{-1}。由现代商品红外吸收光谱仪所绘制的光谱图，其横坐标均为波数线性刻度，而外吸收的强弱则在纵坐标方向反映。纵坐标一般采用透射率，但也有采用吸光度表示的。图3.9所示为二氧化碳的红外光谱图。

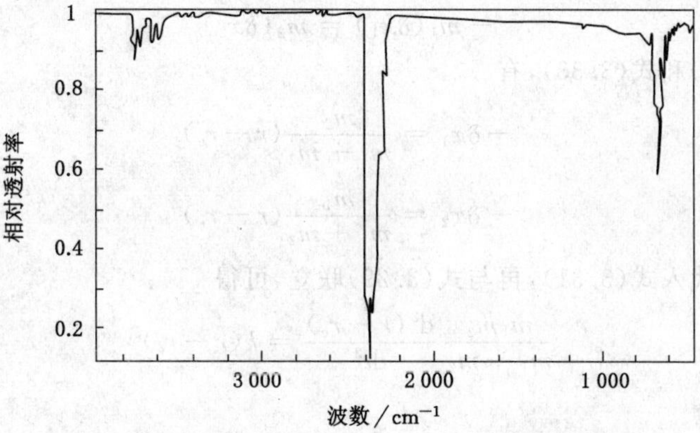

图3.9 二氧化碳的红外光谱图

1) 双原子分子的红外吸收频率

(1) 经典力学处理

分子所产生的红外吸收源于分子的振动，从经典力学的观点，采用谐振子模型来研究双原子分子的振动，即化学键相当于无质量的弹簧，它连接2个刚性小球，它们的质量分别等于2个原子的质量。

双原子分子振动时，2个原子各自的位移如图3.10所示。图3.10中，r_e 为平衡时两原子之间的距离，r 为某瞬间2原子因振动所达到的距离。按照胡克定律，回到平衡位置的力

F 应和 $r-r_e$ 成正比，即

$$F=-k(r-r_e)=-k(\delta x_2-\delta x_1)=-kq \tag{3.29}$$

式中 k——化学键的力常数；

$\delta x_2,\delta x_1$——分别为原子 2 和原子 1 在 x 轴上的位移；

q——振动坐标。

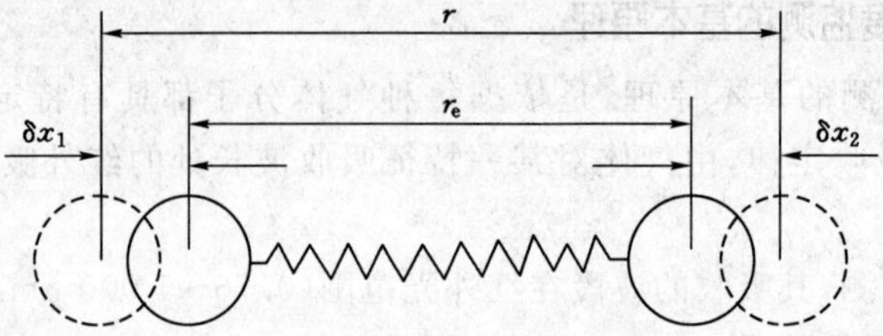

图 3.10　双原子振动时原子的位移

由式(3.29)可得

$$q=r-r_e=\delta x_2-\delta x_1 \tag{3.30}$$

对于原子 1 有

$$F=m_1\frac{d^2}{dt^2}(\delta x_1) \tag{3.31}$$

对于原子 2 有

$$F=m_2\frac{d^2}{dt^2}(\delta x_2) \tag{3.32}$$

若只讨论重心不变的振动，有

$$-m_1(\delta x_1)=m_2(\delta x_2) \tag{3.33}$$

结合式(3.30)和式(3.33)，有

$$-\delta x_1=\frac{m_2}{m_1+m_2}(r-r_e) \tag{3.34}$$

$$-\delta x_2=\frac{m_1}{m_1+m_2}(r-r_e) \tag{3.35}$$

将式(3.34)代入式(3.31)，再与式(3.29)联立，可得

$$\frac{m_1m_2}{m_1+m_2}\frac{d^2(r-r_e)}{dt^2}=k(r-r_e) \tag{3.36}$$

令

$$\mu=\frac{m_1m_2}{m_1+m_2} \tag{3.37}$$

式中，μ 称为折合质量，再将式(3.37)和式(3.30)代入式(3.36)，得

$$\frac{d^2q}{dt^2}=-\frac{k}{\mu}q \tag{3.38}$$

解微分方程，得

$$q=q\cos 2\pi\omega t \tag{3.39}$$

式中 q——常数，代表振幅；

ω——振动频率。

为求 ω，将式(3.39)对 t 微分两次，再代入式(3.38)，可解出

$$\omega = \frac{1}{2\pi}\sqrt{\frac{k}{\mu}} \tag{3.40}$$

再利用式(3.28)，得

$$\bar{\omega} = \frac{1}{2\pi c}\sqrt{\frac{k}{\mu}} \tag{3.41}$$

从经典力学考虑，当分子振动伴随有偶极矩的改变时，偶极子的振动会产生电磁波，它和入射的电磁波发生相互作用，产生光的吸收，所吸收光的频率即为分子的振动频率。

(2) 量子力学处理

现仍讨论双原子分子，有不含时间变量的薛定谔方程

$$H\psi = E\psi \tag{3.42}$$

式中 ψ——相应于能级 E 的波函数；

H——哈密顿算符。

双原子振动的哈密顿算符 H 为

$$H = \frac{-h^2}{2\pi^2\mu}\frac{\mathrm{d}^2}{\mathrm{d}q^2} + V \tag{3.43}$$

式中 V——体系内能；

μ——折合质量；

q——振动坐标；

h——普朗克常数。

用简单的谐振子近似处理

$$V = \frac{1}{2}kq^2 \tag{3.44}$$

将式(3.44)代入式(3.43)

$$H = -\frac{-h^2}{8\pi^2\mu}\frac{\mathrm{d}^2}{\mathrm{d}q^2} + \frac{1}{2}kq^2 \tag{3.45}$$

将式(3.45)代入式(3.42)

$$-\frac{-h^2}{8\pi^2\mu}\frac{\mathrm{d}^2\psi}{\mathrm{d}q^2} + \frac{1}{2}kq^2\psi = E\psi \tag{3.46}$$

式(3.46)的解为

$$E_v = (v + \frac{1}{2})\frac{h}{2\pi}\sqrt{\frac{k}{\mu}} \quad (v = 0,1,2,3,\cdots) \tag{3.47}$$

式中 v——振动量子数；

E_v——与振动量子数相应的体系能量。

利用从经典力学得出的式(3.40)，可将式(3.47)写为

$$E_v = (v + \frac{1}{2})h\omega \quad (v = 0,1,2,3,\cdots) \tag{3.48}$$

从式(3.48)可看出，当 $v=0$ 时，体系能量仍不为零，该能量称为零点能。

从基态 $v=0$ 跃迁到第一激发态 $v=1$，两能级能量差 ΔE 为 $h\omega$。按吸收光谱的概念，吸收频率 $\omega=\frac{\Delta E}{h}$，即双原子分子发生此跃迁时吸收谱频率为 $\frac{1}{2\pi}\sqrt{\frac{k}{\mu}}$，或其波数为 $\frac{1}{2\pi c}\sqrt{\frac{k}{\mu}}$，此结果与经典力学的结果相同，此频率称为基频。

前面假设双原子分子为谐振子模型，其位能曲线为 $V=\frac{1}{2}kq^2$，如图 3.11 中虚线所示，而双原子分子的实际位能曲线如图 3.11 中实线所示。因此，位能函数应进行如下非谐振性的修正

$$E_v=\left(v+\frac{1}{2}\right)h\omega-\left(v+\frac{1}{2}\right)^2 xh\omega+\text{高次项} \tag{3.49}$$

式中　x——非谐振系数。

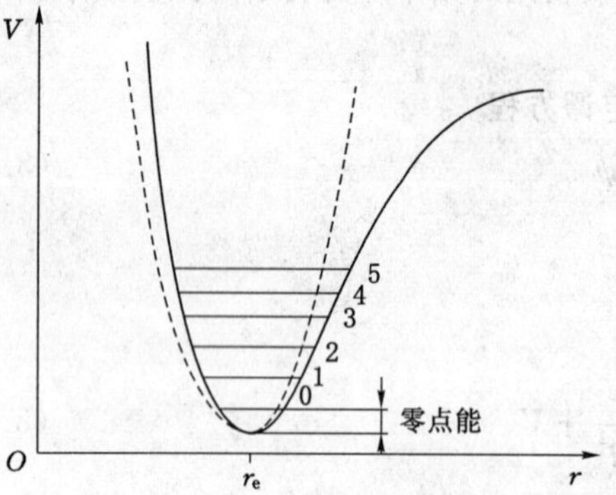

图 3.11　双原子分子位能曲线

由于振动的非谐振性，$\Delta v=\pm 2$ 等的跃迁也可发生，即从 $v=0$ 也可跃迁到 $v=2$ 能级（当然，其几率远小于从 $v=0$ 到 $v=1$ 的跃迁）。在这种情况下，按式(3.48)，吸收频率为 2ω；按式(3.49)，吸收频率比 2ω 略小些，这和实验现象是符合的。ω 称为基频，从 $v=0$ 到 $v=2$ 的跃迁对应的吸收频率（比 2ω 略小）称为倍频。严格讲，这是第一个倍频。

综上所述，从经典力学或从量子力学都有同样的结论：双原子分子吸收的频率决定于折合质量和化学键的力常数。

2）多原子分子的红外吸收频率

双原子分子仅有一种振动方式，多原子分子则有多种振动方式。确定一个原子在空间的位置需要 3 个坐标，对于 n 个原子组成的多原子分子，则需要 $3n$ 个坐标，即分子有 $3n$ 个自由度。但分子是个整体，其质心的运动可用 3 个自由度来描述。非线形分子的转动有 3 个自由度，线形分子则只有 2 个转动自由度。因此，非线形分子的转动有$(3n-6)$个自由度，即有$(3n-6)$个基本振动，线形分子则有$(3n-5)$个基本振动，这些基本振动称为简正振动。从上述可知，简正振动不涉及分子质心的运动及分子的转动。

具体分析多原子分子的振动，它具有多种形式，可分为两大类：伸缩振动及弯曲振动。沿着键轴方向伸缩的振动称为伸缩振动，它的吸收频率相对在高波数区。除伸缩振动外的其他一切振动都属于弯曲振动，它的吸收频率相对在低波数区。

虽然从理论上考虑非线形多原子分子有$(3n-6)$个简正振动，但因一些简正振动无红外活性（即不产生红外吸收）或吸收在中红外以外，有些振动频率简并或很靠近，因而不易分辨等原因，使化合物的红外吸收峰的数目总是大大低于$(3n-6)$。

除简正振动的基频之外，还有其他的振动频率（也就是其他的红外吸收频率），它们的存在和振动的非谐振性有关。基频以外的吸收频率还有下述几种：

(1) 倍频

从 $v=0$ 到 $v=2$ 的跃迁对应的吸收频率（比 2ω 略小）称为倍频。

(2) 组合频

组合频是 2 个或 2 个以上的基频之差或之和，它的吸收是很弱的。图 3.12 所示为跃迁示意图。设分子有 3 个简正振动，其振动量子数分别用 v_1,v_2,v_3 表示。从能级(000)到能级(100)的跃迁为 a，即 v_2,v_3 保持不变，v_1 从 0 改变到 1，此跃迁产生与 v_1 相对应的简正振动的基频吸收。与此类似，从能级(000)到能级(200)的跃迁 b 产生与 v_1 所对应的简正振动

的倍频吸收。从能级(000)到能级(101)的跃迁 c,同时有振动量子数 v_1 和 v_3 的变化,此跃迁产生组合频吸收。

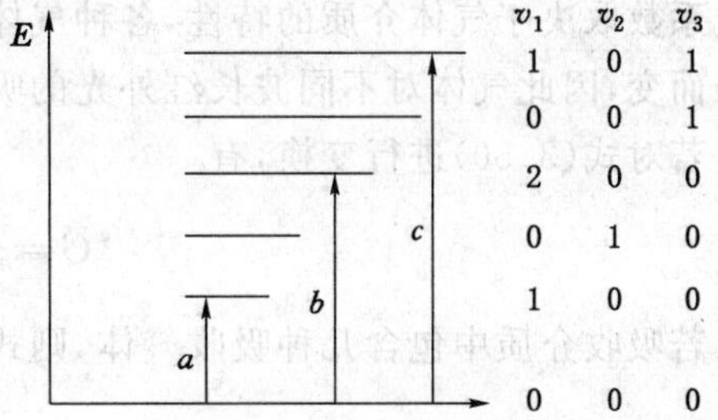

图 3.12 跃迁示意图

(3) 耦合频率

两基团相邻且它们的振动基频相差又不大时,振动的耦合引起吸收频率偏离基频,一个移向高频方向,另一个移向低频方向。

(4) 费米共振

当倍频或组合频与某基频相近时,由于其相互作用而产生的强吸收带或发生的峰的分裂。费米共振是普遍现象,它不仅存在于红外光谱中,也存在于其他光谱中。

含氢基团无论是振动的耦合还是费米共振现象,均可以通过氘代而加以鉴别。当含氢基团氘代以后,其折合质量 μ 的改变会使吸收频率发生变化。此时,氘代前的耦合或费米共振的条件不再满足,有关的吸收峰会发生较大的变化。

3) 特征红外吸收波长

如前所述,红外吸收源于分子的振动,红外吸收频率对应着分子的振动频率。但是,要将繁多的红外吸收都归属于什么样的振动是很困难的,然而化学家通过大量标准样品的测试,从实践中总结出了一定的官能团总对应有一定的特征吸收,归纳出了各种官能团的特征频率表。而对于具有对称结构的、无极性的双原子分子气体(如 O_2,H_2,N_2,Cl_2 等)以及单原子分子气体(如 Ne,He,Ar 等)在红外波段内没有特征吸收频率。

某化合物或气体分子的红外吸收频率所对应的波长,即为某化合物或气体分子的特征红外吸收波长。表 3.1 给出了部分气体的特征红外吸收波长的数值。

表 3.1 部分气体的特征红外吸收波长表

气体	特征红外吸收波长/μm	气体	特征红外吸收波长/μm
CO	4.65	SO_2	7.3
CO_2	2.7,4.24,14.5	NH_3	2.3,2.8,6.1,9
CH_4	2.4,3.3,7.65	H_2S	7.6
NO	5.3	HCl	3.4
NO_2	6.13	HCN	3,6.25,16.6
N_2O	4.53	HBr	4

当一束强度为 I_0 的平行红外光入射到气体介质时,由于气体介质的吸收,根据 Lambert-Beer 定律,当入射光线通过气体介质时,其入射光强度 I_0 与出射光强度 I 之间存在如下关系

$$I = I_0 \exp(-\mu C l) \tag{3.50}$$

式中 μ——气体的吸收系数;

C——待测气体浓度;

l——投射光路的长度。

式(3.50)表明,光强在气体介质中随浓度及透射光路的长度按指数规律衰减。气体的

吸收系数取决于气体介质的特性，各种气体的吸收系数互不相同。对于同一气体，则随入射波长而变，因此气体对不同波长红外光的吸收是不同的。

若对式(3.50)进行变换，有

$$C=-\frac{1}{\mu l}\ln\left(\frac{I}{I_0}\right) \tag{3.51}$$

若吸收介质中包含几种吸收气体，则式(3.50)应变为

$$I=I_0\exp\left(-l\sum_{i=1}^{n}\mu_i C_i\right) \tag{3.52}$$

对于很低浓度或很短的透射光路长度（很薄的吸收层），有 $\mu Cl<1$，则式(3.50)可近似表示为

$$I=I_0(1-\mu Cl) \tag{3.53}$$

此时，红外光的吸收衰减与气体浓度之间具有简单的线性关系，即

$$C=\frac{1}{\mu l}\left(1-\frac{I}{I_0}\right)=-\frac{1}{\mu l I_0}I+\frac{1}{\mu l} \tag{3.54}$$

3.2.2 非色散红外吸收气体浓度监测技术

非色散红外吸收法与色散型红外吸收光谱法、傅里叶变换红外光谱法相比，具有结构简单、体积小、质量轻、价格低廉和可靠性高等特点，非常适合生产过程气体浓度的在线测量和安全监测场所对气体泄漏的监测。

非色散红外吸收气体浓度监测是根据气体对红外光的吸收特性进行的，首先选择气体对红外光吸收最强的吸收峰处的波长为测量波长，然后选择一个对红外光不具有吸收能力的波长为参比波长。这种参比处理能有效地消除光源不稳定、光电器件的零点漂移等对测量精度的影响，使得非色散红外吸收气体浓度测量具有较高的测量精度。

非色散红外吸收气体浓度测量方法，按照测量光速的数目可分为时间双光束结构和空间双光束结构。时间双光束结构具有单光源、单气室和单探测器件等优点，但其最大的弱点是存在活动部件，抗振性能差。空间双光束结构物活动部件，克服了时间双光束结构的缺点，但结构复杂，元器件多，且对加工、装配工艺要求高，造价较贵。

1）时间双光束测量方法

时间双光束测量方法是将红外光源发出的红外光调制成两种不同时间序列的测量波长的测量光束和参比波长的参比光速。其原理如图 3.13 所示。

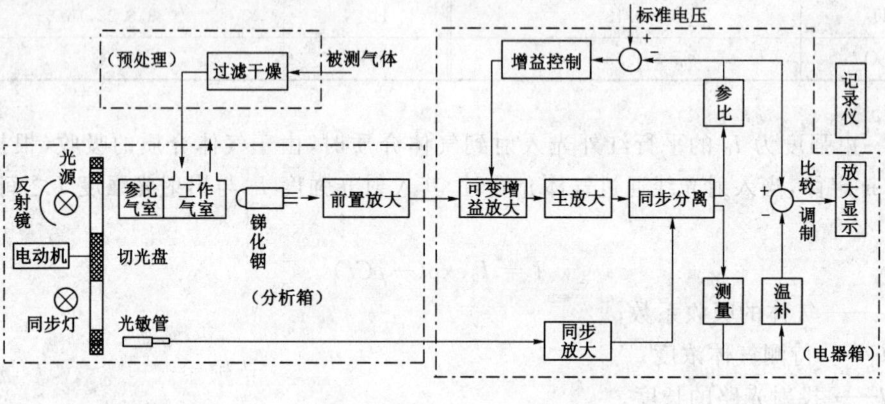

图 3.13　时间双光束红外气体浓度测量原理框图

时间双光束测量系统，只有 1 个光源、1 条光通道、1 组气室，从光源发出的红外辐射光被安装在光路中的切光盘进行调制，盘上装有 4 组干涉滤光片，如图 3.14 所示。其中，2 组测量滤光片的透射波长与被测气体的特征红外吸收波长相同；另外 2 组参比滤光片的透射波长是被测气体中任何气体均不吸收的波长。在切光盘上还有同步窗口(图 3.14)，当参比滤光片对准气室时，同步灯通过同步窗口时光敏管接收到信号，这样就可以区别是测量滤光片还是参比滤光片对准了气室。气室共有 2 个，其中一个为参比气室也即滤波气室，它里面密封着与被测气体有重叠吸收波长的干扰成分，被测气体连续地流过工作气室(也称为测量气室)。在切光盘的作用下，2 种波长的红外光束交替地通过参比气室和工作气室，最后到达半导体锑化铟光电检测器上，并转化成与红外光强度相对应的电信号。

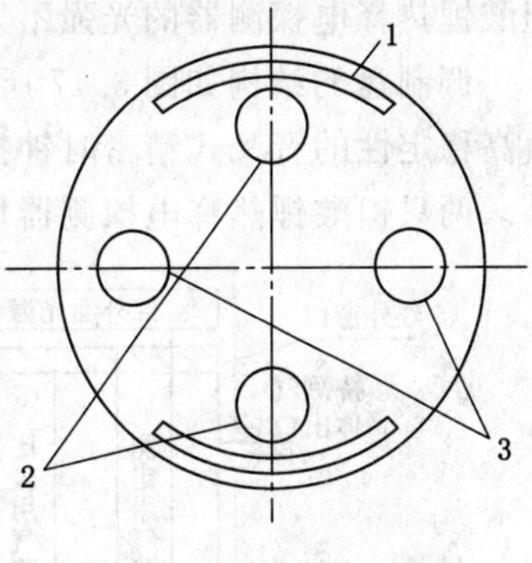

图 3.14 切光盘示意图

1—同步孔；2—参比滤光片；3—测量滤光片

当测量气室中不存在被测气体组分时，锑化铟接收到的是未被吸收的红外光，测量信号和参比信号相等，两者之差为 0。当测量气室中存在被测气体组分时，测量光束的能量被吸收，锑化铟检测到的信号要小于参比光束的信号，它们的差值送到放大器中进行放大处理，得到的输出信号与被测气体组分的浓度成正比。

在光路中，由测量滤光片和参比滤光片先后把入射红外光分成 2 组不同波长的红外光束，这样就使单光束系统按时间不同。形成 2 束光。对于相同的影响因素，都可以通过后面的自动增益控制电路而得到补偿。

2）空间双光束测量方法

空间双光束测量方法是将红外光源发出的红外光调制成 2 束空间不重合的测量光束和参比光束，如图 3.15 所示。测量装置主要由探测器系统、信号放大与处理系统及显示系统 3 部分组成。

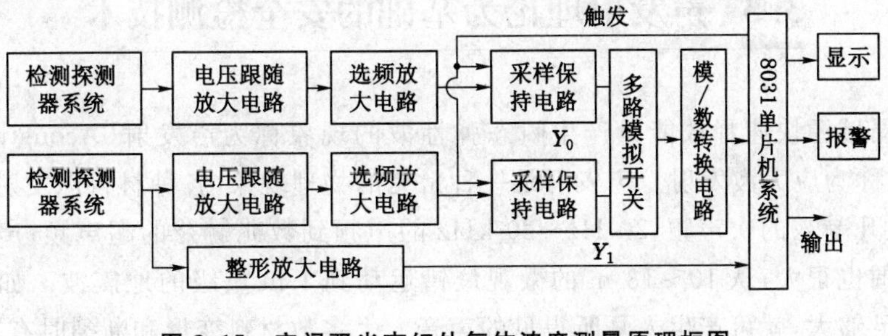

图 3.15 空间双光束红外气体浓度测量原理框图

探测器系统由并列安置且结构完全相同的 2 套光学系统组成，如图 3.16 所示。

探测器工作时，测定用气路中的取样泵首先将被测气体导入测定用光学系统侧的气路中，红外面光源发出的红外辐射入射到红外窗口后，先穿过测定用气路，然后由调制盘将其调制成钽酸锂热释电探测器可响应的脉冲光，最后再穿过窄带干涉滤光片(中心波长位于被测气体的特征红外吸收波长处)而到达钽酸锂热释电探测器，由钽酸锂热释电探测器将被气体吸收后的红外光强转变成电信号。

用气路侧事先封入一定压力的氮气，由于氮气对红外光不吸收，因此通过该侧气路进入钽酸锂热释电探测器的光强不发生变化。

调制盘的结构如图 3.17 所示。其旋转速度由调制频率确定，通常在 1 200 r/min 左右，由高稳定性的音叉式精密时钟振荡器产生调制信号，再由软件进行分频、功率放大后予以激励。两只钽酸锂热释电探测器均被封装在充有氮气的密封室中。

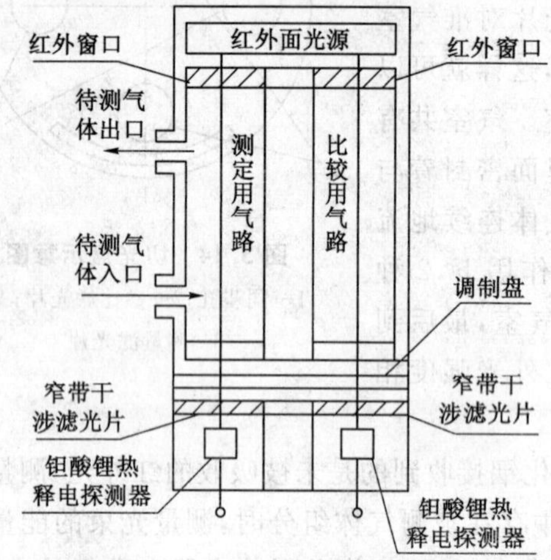

图 3.16 探测器系统结构原理图

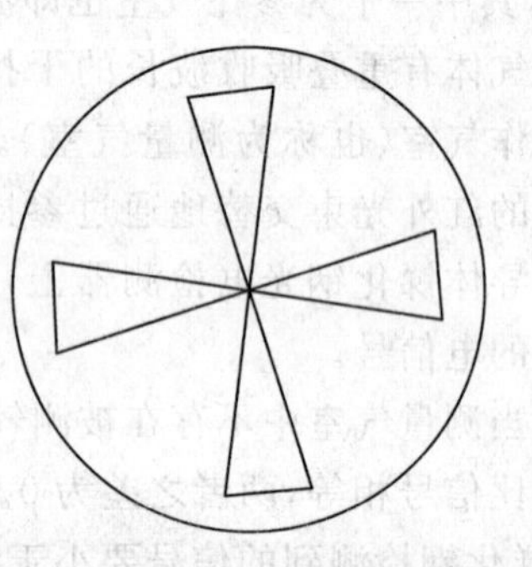

图 3.17 调制盘结构简图

测定用气路侧的钽酸锂热释电探测器将待测气体的浓度信息转变成电信号，此信号经电压跟随放大电路、选频放大电路放大和模—数转换电路模数转换为数字信号后送入单片机中；而比较用气路侧的监测探测器将穿过比较用气路侧的光信号也转变成电信号，此信号被分成 2 路：一路经电压跟随放大电路、选频放大电路放大和模—数转换电路转换后送入单片机；另一路则经整形放大电路整形放大，并经软件适当延时后去同步、触发各个需要同步、触发的器件。单片机按照编定的软件进行浓度计算和显示。

3.3 声发射理论为基础的安全检测技术

材料中局域源快速释放能量产生瞬态弹性波的现象称为声发射（Acoustic Emission，AE），有时也称为应力波发射。声发射是一种常见的物理现象，各种材料声发射信号的频率范围很宽，从几赫兹的次声频、20 Hz～20 kHz 的声频到数兆赫兹的超声频；声发射信号幅度的变化范围也很大，从 10～13 m 的微观位错运动到 1 m 量级的地震波。如果声发射释放的应变能足够大，就可产生人耳听得见的声音。大多数材料变形和断裂时有声发射发生，但许多材料的声发射信号强度很弱，人耳不能直接听见，需要借助灵敏的电子仪器才能检测出来。用仪器探测、记录、分析声发射信号和利用声发射信号推断声发射源的技术称为声发射技术，人们将声发射仪器形象地称为材料的听诊器。声发射监测仪的作用为：第一，接收声发射信号；第二，处理已接收到的声发射信号；第三，显示处理后的声发射数据。

3.3.1 声发射安全检测的基本原理

1）声发射检测的原理

声发射检测的原理分别如图 3.18 和图 3.19 所示。从声发射源发射的弹性波最终传播到达材料的表面，引起可以用声发射传感器探测的表面位移，这些探测器将材料的机械振动转换为电信号，然后再被放大、处理和记录。固体材料中内应力的变化产生声发射信号，在材料加工、处理和使用过程中有很多因素能引起内应力的变化，如位错运动、孪生、裂纹萌生与扩展、断裂、无扩散型相变、热胀冷缩、外加负荷的变化等。人们根据观察到的声发射信号进行分析与推断以了解材料产生声发射的机制。

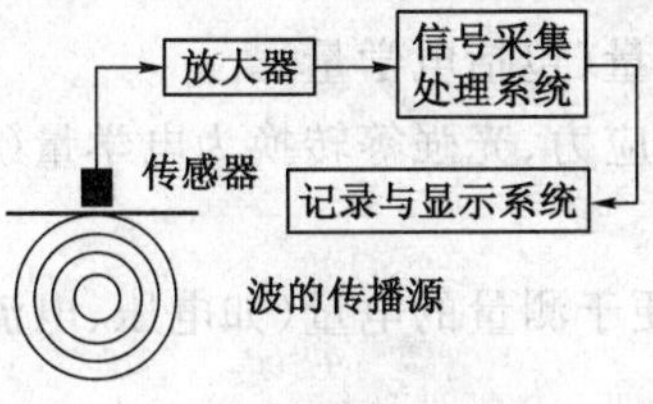

图 3.18　声发射检测原理方框图

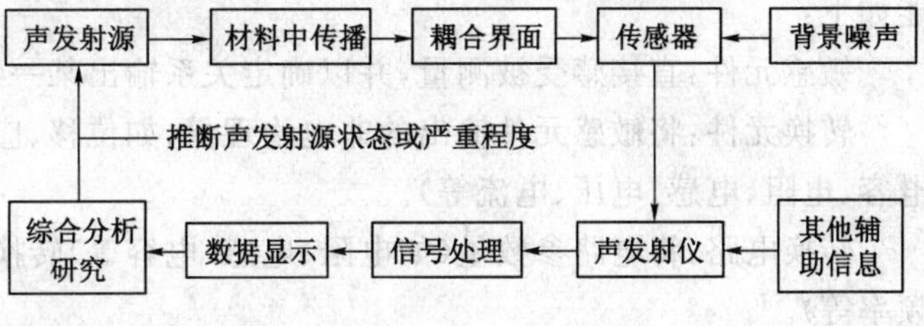

图 3.19　声发射检测原理框图

声发射检测的主要目的包括：确定声发射源的部位；分析声发射源的性质；确定声发射发生的时间或载荷；评定声发射源的严重性。一般而言，对超标声发射源，要用其他无损检测方法进行局部复检，以精确地确定缺陷的性质与大小。

2）声发射检测特点

声发射检测方法在许多方面不同于其他常规无损检测方法，其优点主要表现为：

(1) 声发射是一种动态检验方法，声发射探测到的能量来自被测试物体本身，而不像超声或射线探伤方法一样由无损检测仪器提供。

(2) 声发射检测方法对线性缺陷较为敏感，它能探测到在外加结构应力下这些缺陷的活动情况，稳定的缺陷不产生声发射信号。

(3) 在一次试验过程中，声发射检验能够整体探测和评价整个结构中缺陷的状态。

(4) 可提供缺陷随载荷、时间、温度等外变量而变化的实时或连续信息，因而适用于工业过程在线监控及早期或临近破坏预报。

(5) 由于对被检件的接近要求不高，而适于其他方法难于或不能接近环境下的检测，如高低温、核辐射、易燃、易爆及剧毒等环境。

(6) 对于在役压力容器的定期检验，声发射检验方法可以缩短检验的停产时间或者不需要停产。

(7) 对于压力容器的耐压试验，声发射检验方法可以预防由未知不连续缺陷引起系统的灾难性失效和限定系统的最高工作压力。

(8) 由于对构件的几何形状不敏感，而适于检测其他方法受到限制的形状复杂的构件。

3.3.2 声发射安全检测用基本仪器

随着计算机技术和信号处理技术的迅速发展，声发射仪器也从早期模拟式仪器发展到现在的全数字式仪器；仪器的功能也由过去简单的采集声发射参数进行有限的分析处理发展到今天的全数字式声发射波形的采集、参数和波形分析的深入数据处理。声发射仪器按采集数据方式分可分为模拟和数字两种。模拟仪器主要由传感器、前置放大器、主放大器、模拟参数产生电路、通道控制器、集总通道控制器、主机和外部设备以及软件部分等组成，仅采用声发射参数来进行源定位和信号分析；数字仪器主要由传感器、前置放大器、主放大器、A/D 数据采集卡、FPGA 可编程逻辑器件和 DSP 数字信号处理提取声发射参数硬件、主机和外部设备以及响应的分析处理软件等组成；还有仅硬件采集波形数据经软件处理得到声发射参数的全波形声发射系统，即只有传感器、前置放大器、主放大器、A/D数据采集卡、主机和外部设备以及响应的分析处理软件等部分。

1）声发射传感器

声发射传感器通常由敏感元件、转换元件和转换电路组成，输出电学量。这些元件的功能如下：

敏感元件：直接感受被测量，并以确定关系输出某一物理量（包括电学量）。

转换元件：将敏感元件输出的非电物理量，如位移、应变、应力、光强等转换为电学量（即电容、电阻、电感、电压、电流等）。

转换电路：将电路参数量（如电阻、电感、电容等）转换成便于测量的电量（如电压、电流、频率等）。

传感器的种类繁多，应用极广。为了满足各种参数的检测，除了需要研制新型敏感元件、增加元件品种以及改善其性能外，还需用正确的构成传感器的方法——用敏感元件、转换元件、转换电路的不同组合方法，以达到检测各种参数的目的。

（1）传感器的分类及用途

在声发射检测中，大多使用的也是谐振式传感器和宽带响应的传感器。传感器的主要类型有：高灵敏度传感器，它是应用最多的一种谐振式传感器；宽频带传感器，通常由多个不同厚度的压电元件组成，或采用凹球面形与楔形压电元件达到展宽频带的目的；高温传感器，通常由铌酸锂或钛酸铅陶瓷制成；差动传感器，它是由两只正负极差接的压电元件组成的，输出相应的差动信号，信号因叠加而增大。此外，还有微型传感器、磁吸附传感器、低频抑制传感器和电容式传感器等。

事实上，大部分在工程构件是厚度为 2～30 mm 的板材，包括使用广泛的实验室试件。在板材中，由于声波的传播模式都不是单一的，而是在每一种模式中包括以不同波速传播的多种频率在内的多种波形模式，其中在某一特定情况下，某种传播模式占优。

（1）宽带传感器

在失去了与源有关的力学机理的情况下，用谐振式传感器来测量声的发射信号有其局限性。为了测量到更加接近真实声发射信号来研究声源特性，就得使用宽带传感器（图 3.20）获取更广频率范围的信号。宽带传感器的主要优点是采集到的声发射信号丰富、全面，当然其中也包含着噪声信号。

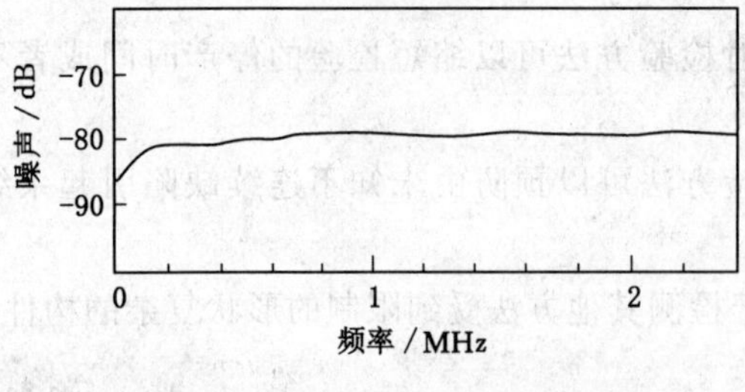

图 3.20　宽带传感器的幅频特性曲线

（2）谐振传感器

金属材料和其他应用场合常使用通称频率 150 kHz 的谐振式窄带传感器来测量工程材料的声发射信号，采用计数、幅度、上升数据、持续数据、能量这些传统的声发射参数。窄带谐振式传感器灵敏度较高并且有很高的信噪比，价格便宜，规格多，如已知声源传播基本特性、想获取某一频带范围的 AE 信号来进行处理或想提高系统灵敏度的情况下，选择合适型号的谐振式传感器比较好，如声源定位。应当指出，所谓谐振式窄带传感器并不是只对某频率信号敏感，而是对某频率带信号敏感，其他频带信号灵敏度较低。

（3）特殊传感器

凡是能将物体表面振动声波转变成电量的传感器都可作为声发射传感器。因此,那些在超声检测领域中的各种类型传感器都有可能作为声发射传感器,如光学原理测物体表面微小位移的传感器、电磁原理测物体表面微小位移的传感器等。由于声发射信号相对而言更弱小,因此大多数非压电原理的传感器灵敏度不够只能用于特殊情况。

另一类采用压电原理的特殊声发射传感器为转变指定声波振动方向的振动量,如平行测试物体表面的振动量和垂直测试物体表面的振动量等。由于这类传感器的实际效果有待验证,目前仅见用于研究和特殊情况。

(4)传感器的选择

传感器的选择应根据被测声发射信号来确定。首先应了解被测声发射信号的频率范围和幅度范围,包括有可能存在的噪声信号。可以是经验了解,如钢材中焊接缺陷产生的声发射源实验结果认为信号频率范围在 25～750 kHz 等,但有条件最好通过实际测试确定;然后选择相对感兴趣的声发射信号灵敏、对噪声信号不灵敏的传感器进行检测。

2)信号电缆

从前置放大器到声发射检测仪主体,往往需要很长的信号传输线和前置放大器的供电电缆,在前置放大器和主放大器也需要进行信号传输,通常需要采用信号电缆实现。信号电缆包括同轴电缆、双绞电缆和光导纤维电缆。

(1) 同轴电缆

同轴电缆是由一根空心的外圆柱导体和一根位于中心轴线的内导线组成,内导线和圆柱导体及外界之间用绝缘材料隔开。根据传输频带的不同,可分为基带同轴电缆和宽带同轴电缆两种类型。基带:数字信号,信号占整个信道,同一时间内能传送一种信号。宽带:可传送不同频率的信号。

广泛使用的同轴电缆有两种:一是 50 Ω(即沿电缆导体各点的电磁电压对电流之比)同轴电缆,用于数字信号的传输,即基带同轴电缆;二是 75 Ω 同轴电缆,用于宽带模拟信号的传输,即宽带同轴电缆。同轴电缆以单根铜导线为内芯,外裹一层绝缘材料,次外层为密集网状导体,最外面是一层保护性塑料。金属屏蔽层能将磁场反射回中心导体,同时也使中心导体免受外界干扰,故同轴电缆比双绞线具有更高的带宽和更好的噪声抑制特性。

同轴电缆的这种结构使它具有高带宽和极好的噪声抑制特性。声发射仪器中使用的同轴电缆为高质量的 75 Ω 或 50 Ω 同轴电缆用于传感器与前置放大器之间和前置放大器与主放大器之间的模拟声发射信号传输。有时采用耐高温的同轴电缆用于传感器与前置放大器之间信号传输抵抗被测物体上的高温。

由于声发射信号幅度值通常很小,传感器输出端一般不超过 100 mV,为避免过大的信号衰减和信噪比降低,同轴电缆的应用一般不超过 100 m。

(2) 双绞电缆

双绞电缆(TP):将一对以上的双绞线封装在一个绝缘外套中,为了降低信号的干扰程度,电缆中的每一对双绞线一般是由两根绝缘铜导线相互扭绕而成,因此把它称为双绞线。双绞线是现在最普通的传输介质,它由两条相互绝缘的铜线组成,典型直径为 1 mm,两根线铰接在一起,这是为了防止其电磁感应在邻近线对中产生干扰信号。

声发射仪器中仅用双绞电缆传输数字信号,如采用前端数字化的声发射检测系统。

(3) 光导纤维电缆

光导纤维电缆是由一组光导纤维组成的、用来传播光束的细小而柔韧的传输介质,应用光学原理，由光发送机产生光束，将电信号变为光信号，再把光信号导入光纤，在另一端由光接收机接收光纤上传来的光信号，并把它变为电信号，经解码后再处理。与其他传输介质比较，光纤具有电磁绝缘性能好、信号衰减小、频带宽、传输速度快、传输距离大等优点，主要用于要求传输距离大于 100 m 的声发射。

3.3.3 压力容器的声发射检测

压力容器声发射检测是目前声发射技术应用最成功和普遍的领域之一。在资料审查和现场勘察的基础上制定声发射检验方案，最终确定采用的通道数、传感器阵列布置图、探头在压力容器上的安装部位和加载程序，并准备好检验记录表格。

1）声发射传感器布置阵列

目前，由于多通道声发射仪所采用的计算机和软件功能都比较强，因此在实际进行声发射检测过程中，人们最常用的平面 AE 源定位探头阵列为三角形。在被检测对象几何形状规则的情况下，采用等腰三角形探头阵列，分别如图 3.21 和图 3.22 所示；在被检测对象几何形状不规则的情况下，采用任意三角形探头阵列，如图 3.23 所示；一般情况下，推荐采用锐角三角形探头阵列。

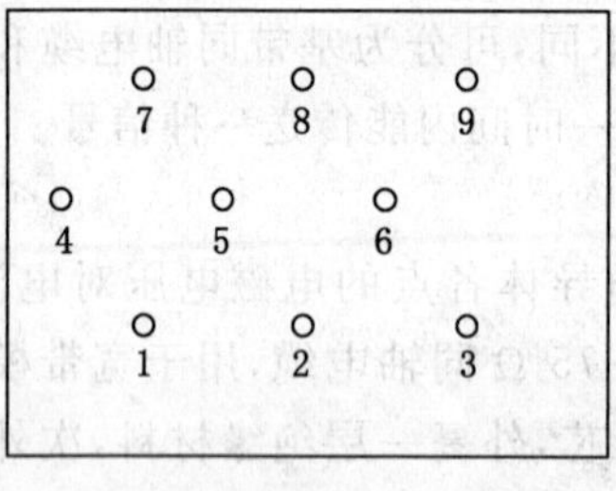

图 3.21　平面等腰三角形探头阵列

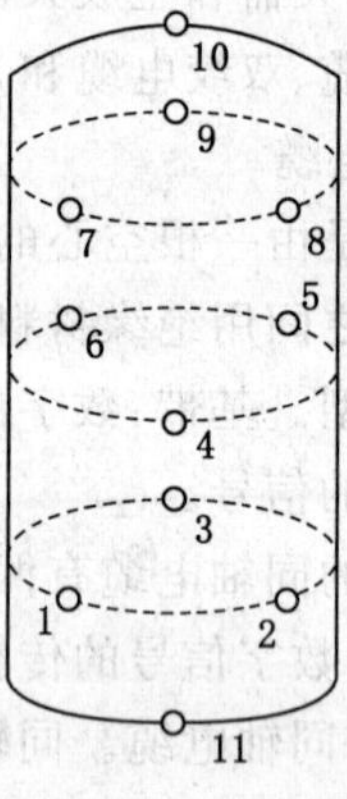

图 3.22　圆柱形容器的等腰三角形探头阵列

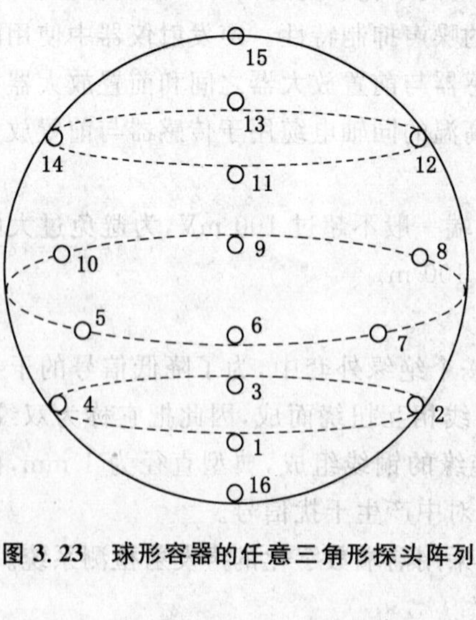

图 3.23　球形容器的任意三角形探头阵列

2）衰减测量

1 000 m^3石油液化气球罐：

（1）基本设计参数

设计压力：1.57 MPa；设计温度：常温；主题材质：德国 FG43；公称壁厚：34 mm；几何尺寸：ϕ12 300；公称容积：1 000 m^3。

（2）测量仪器及状态设置

测量仪器：美国 PAC 公司 SPARTAN-AT32 通道；探头：PACR15；增益：80 dB；门限：40 dB；峰值定义时间：1 000 μs；撞击定义时间：2 000 μs；撞击闭锁时间：20 000 μs；

（3）声发射模拟源衰减测量结果

以韩国产 HBϕ0.5 铅芯折断为声发射信号模拟源，每个部位进行 3 次测量，取其平均值。声发射信号幅度测量结果见表 3.2 所列。

表 3.2 1 000 m^3 液化石油气球罐模拟声发射信号幅度衰减测量结果

距探头距离/m	0.1	0.5	1.0	2.0	3.0	4.0	5.0
平均幅度/dB	80	68	62	52	48	46	42

压力容器声发射信号的衰减特性随压力容器的几何尺寸和结构的不同而变化，几何尺寸越小，波的传播越复杂，衰减特性变化越大。压力容器壁厚对声发射信号的衰减特性有强烈的影响，壁厚越薄，衰减越大，壁厚越大，衰减越小。经实际测量发现，声发射信号的幅度和能量参数代表了压力容器的衰减特性，对于 400 m^3 以上的球罐，声发射信号的幅度和能量随距离的衰减是单调下降的。

3）典型声发射信号定位源

某石化总厂 1 号 1 000 m^3 的液化石油气球罐于进行水压试验声发射监测在 1.8～2.0 MPa升压过程中的声发射定位源部位经磁粉探伤复查，发现在球罐该部位外表面的母材焊接处上有 3 条长度分别为 15 mm、20 mm 和 30 mm 的表面裂纹，经打磨测得裂纹的最大深度为 3 mm。经对采集数据进行分析，发现该部位在 1.2 MPa 的压力下第一次出现声发射定位源信号，表 3.3 为该源部位在整个水压试验过程中出现声发射定位源信号的统计结果，该部位在低于 1.2 MPa 的压力下无声发射定位源信号出现，在大于 1.2 MPa 的升压过程中共产生了 20 个声发射定位源信号，而在 2 个保压过程中仅产生 1 个定位源信号。

表 3.3 1 号 1 000 m^3 球罐表面裂纹部位的声发射定位源统计结果

压力阶段/MPa	<1.2	1.2～1.6	1.6，保压 10 min	1.6～1.8	1.8～2.0	2.0，保压 10 min
定位源数量	无	7	1	5	7	无

复习思考题

3.1 简述红外辐射测温的基本原理。

3.2 简述红外测温仪的基本结构组成、分类及其特点。

3.3 简述彩色三基温度测量原理及其测量方法。

3.4 什么是分布式光纤温度测量技术？其测量系统的结构及特性是什么？

3.5 红外气体浓度测量方法有哪些？各有什么特点？

3.6 红外大面积气体泄漏的双光束监测原理是什么？其监测量的实际意义是什么？

3.7 什么叫做声发射检测？其原理和特点是什么？

3.8 声发射检测中对传感器灵敏度校准的意义是什么？

4 数据采集技术

4.1 数据采集原理

4.1.1 数据采集系统基本构成

数据采集的基本任务是把模拟信号转换成数字信号，并以计算机进行加工处理，以便进行显示或控制。

数据采集系统包括硬件和软件两大部分，硬件部分又可分为模拟部分和数字部分。一般的数据采集系统如图 4.1 所示，主要由传感器、信号处理器、多路模拟开关、放大器、A/D 转换器和数据记录装置组成。

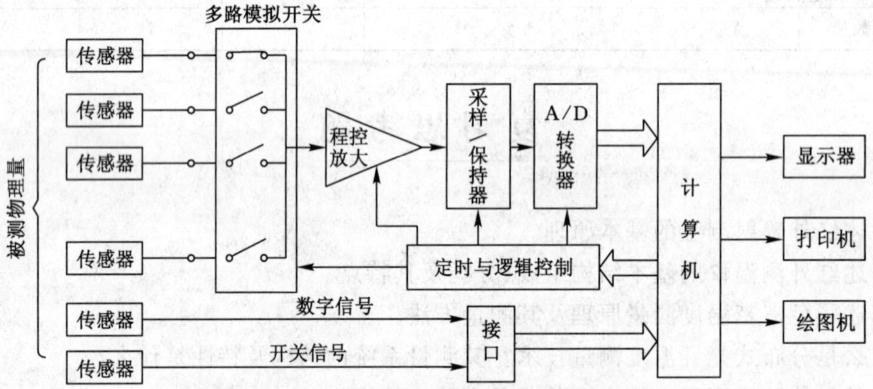

图 4.1 微型计算机数据采集系统框图

传感器将被测参数（如压力、推力、温度、转速、流量等）的非电的量转成电量参数（如电压、电流或频率等）。

信号处理器这一环节的主要作用是对各个测量传感器输出的信号加以变换、调整和改善，使其满足 A/D 转换器输入的要求以及提高信号测量的准确度和灵敏度。

放大器用来放大和缓冲输入信号。由于传感器输出的信号较小，需要加以放大，以满足大多数 A/D 转换器的满量程输入 5～10 V 的要求。此外，某些传感器内阻比较大，输出功率较小，这样放大器还起到了阻抗变换器的作用来缓冲输入信号。由于各类传感器输出信号的情况各不相同，所以放大器的种类也很繁杂。常见的有低电平放大器或数据放大器、缓冲放大器以及采样保持放大器。

在数据采集系统中，往往要对多个物理量进行采集，即所谓多路巡回检测，这可通过多路模拟开关来实现。多路模拟开关(MUX)的作用是将各通道输入的模拟电压信号，依次接到放大器和 A/D 转换器上进行采样，所以也叫做采样器。多路模拟开关可使许多输入通道共用一套低电平放大器，这样可以降低系统的成本。

A/D 转换器的输出可以用记录装置进行记录或直接送至计算机进行处理。根据输出数据的用途和处理方法不同，有各种不同的记录方式。

整个数据采集系统由控制器控制。控制器使系统的各个部件以适当的时间执行自己的功能。在简单的数据采集系统中，它只能实现顺序采样和选点采样，即反复执行同一程序；在复杂的大系统中，则常由计算机控制。计算机在系统中负担着数据运算、数据记忆、采样控制、逻辑判断，并指挥各外围设备自动协调地工作。它不仅可以实现顺序测量，而且可以按任意的、预先安排的次序进行测量。

4.1.2　采样定理

采样周期 T_s 决定了采样信号的质量和数量：T_s 太小，会使 $x_s(nT_s)$ 的数量剧增，占用大量的内存单元；T_s 太大，会使模拟信号的某些信息被丢失。这样一来，若将采样后的信号恢复成原来的信号，就会出现失真现象，影响数据处理的精度。因此，必须有一个选择采样周期 T_s 的依据，确保 $x_s(nT_s)$ 不失真地恢复原信号 $x(t)$，这个依据就是采样定理。

通过对采样信号的频谱分析，可得采样定理，它从量上回答了采样频率 ω_s 或采样周期 T_s 合理的选择方法。

要使采样信号 $f^*(t)$ 反映连续信号 $f(t)$ 变化规律的问题，就是如何由 $f^*(t)$ 重现 $f(t)$，或等价地如何由 $F^*(i\omega)$ 恢复 $F(i\omega)$ 的问题。

如果采样频率 ω_s 足够大，满足 $\omega_s > 2\omega_{max}$（$2\omega_{max}$ 为连续信号频谱的最高频率），如图 4.2 所示，那么 $F^*(i\omega)$ 在 $-\frac{\omega_s}{2} \leqslant \omega \leqslant \frac{\omega_s}{2}$ 等范围内是与基本频谱 $\frac{1}{T_s}F(i\omega)$ 完全相同。在这种情况下，$F^*(i\omega)$ 在上述范围外的所有频谱成分都被滤掉，这样就能恢复 $F(i\omega)$。用一个理想滤波器 $G_I(s)$ 来完成滤波任务，理想滤波器的幅频谱如图 4.3 所示。

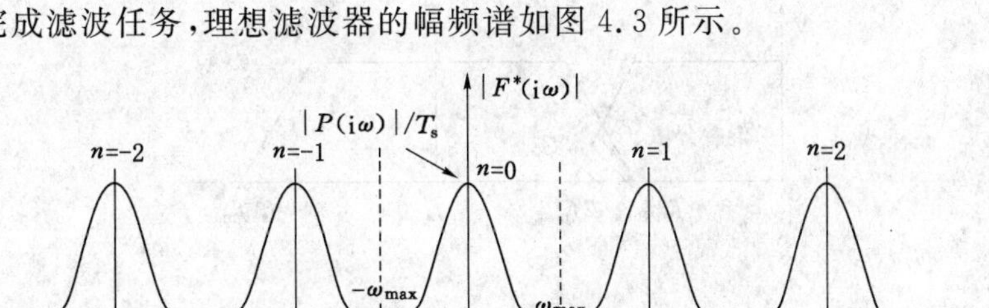

图 4.2　采样信号的幅频谱($\omega_s > 2\omega_{max}$)

如果采样频率 ω_s 不够大，不满足 $\omega_s > 2\omega_{max}$（图 4.4），那么 $F^*(i\omega)$ 在 $\omega_s - \omega_{max} < \omega < \omega_{max}$ 或 $-\omega_{max} < \omega < -(\omega_s - \omega_{max})$ 等的范围内就会出现混叠现象。也就是说，采样信号 $f^*(t)$ 的频谱 $F^*(i\omega)$ 在 $\left[-\frac{\omega}{2}, \frac{\omega_s}{2}\right]$ 上与原来的频谱 $F(i\omega)$ 不一样了，即频谱产生了畸变，这种现象称为混叠现象。在频谱 $F(i\omega)$ 中，大于 $\omega_s/2$ 的高频成分称为假频，混叠现象正是由假频引起

的。在这种情况下，无论如何也无法从 $F^*(i\omega)$ 中滤出它的基本频谱 $\frac{1}{T_s}F(i\omega)$，以恢复连续信号。

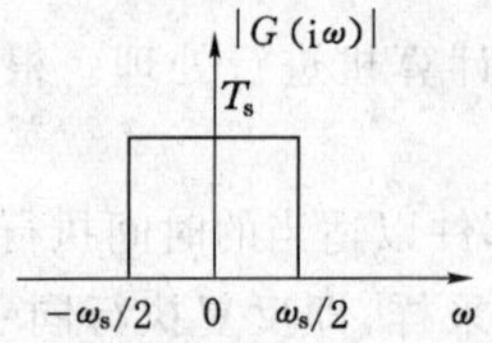

图 4.3　理想滤波器

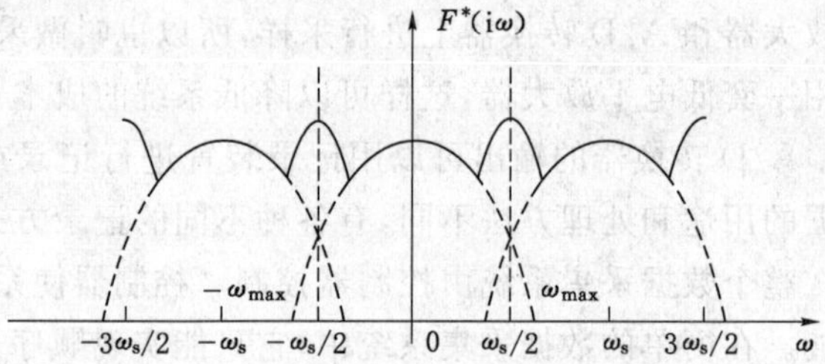

图 4.4　采样频谱的混叠现象（$\omega_s < 2\omega_{max}$）

例如，对带宽从直流到 5 kHz 的插入信号用 6 kHz 的采样频率采样，显然采样频率太低，不足以保证信号的恢复。如果试图恢复原来的信号，则原信号 5 kHz 的频率分量将变为 1 kHz 的误差信号。通常为免除输入信号中杂散频率分量的影响，可以在采样处理前，先使用截止频率为采样频率 0.5 倍的预采样低通滤波器，以保证对输入信号的带限要求。

一般地，当按某频率对一个信号（或信号带）进行采样时，会在重现的波形中出现"和频"及"差频"分量。"和频"在所关心的频带外，很容易将它滤掉。"差频"也要设法滤掉，即不让它们落在频带之内。图 4.5(a) 所示，输入信号的频谱特性，所包含的最高额率分量为 f_{max}（对应于 ω_{max}）。图 4.5(b) 所示，由于采样频率 f_s 不够高而产生混叠现象的情况，其中差频分量 $f_s - f_{max}$（对应于 $\omega_s - \omega_{max}$）落入原输入信号频带 $0 \sim f_{max}$ 内。

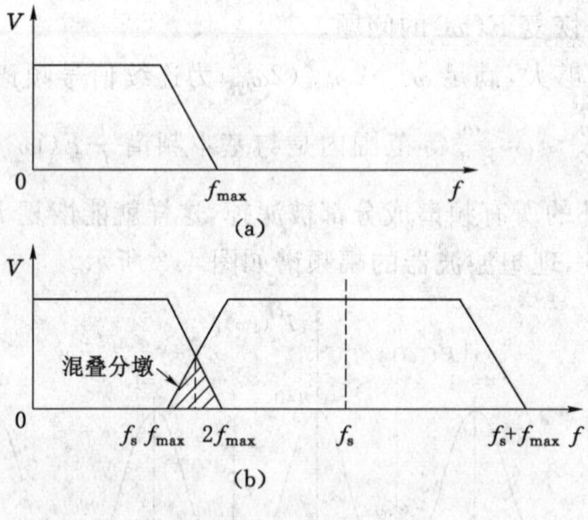

图 4.5　混叠现象的说明

应该指出的是：当 $f_s = 2f_{max}$ 时，则必须用截止频率为 f_{max} 的理想低通滤波器才能恢复原来的模拟信号；当 $f_s > 2f_{max}$ 时，则可放宽对低通滤波器截止特性的要求。

因此，为了使采样信号 $f^*(t)$ 能反映连续信号 $f(t)$ 的变化规律，或等价地由 $F^*(i\omega)$ 恢复 $F(i\omega)$ 时，采样频率 ω_s（或 f_s）至少是信号 $f(t)$ 相应频谱 $F(i\omega)$ 的最高频率 ω_{max}（或 f_{max}）的 2 倍，即 $\omega_s \geqslant 2\omega_{max}$ 或 $f_s \geqslant 2f_{max}$。这就是著名的采样定理，也称为香农定理。而 2 倍信号所含的最高频 $2f_{max} = \omega_{max}/\pi$，是最小采样频率，称为奈奎斯特频率，即 Nyquist 频率。它的倒数 $T_s = 1/(2f_{max})$ 称为 Nyquist 间隔。显然，通过采样定理可以将模拟信号和相应的离散

信号本质地联系起来。

4.1.3 采样方式

有两种基本的采样方式：实时采样与等效时间采样。对于实时采样，当数字化一开始，信号波形的第一个采样点就被采入并数字化，然后经过一个采样间隔，再采入第二个样本。这样一直将整个信号波形数字化后存入波形存储器。

实时采样的主要优点在于信号波形一到就采入，适用于任何形式的信号波形，包括重复的或不重复的，以及单次的或连续的。又由于所有采样点是以时间为顺序，因而易于实现波形显示功能。

实时采样的主要缺点是时间分辨率较差。每个采样点的采入、量化和存储必须在小于采样间隔的时间内全部完成。若对信号的时间分辨率要求很高，比如采样间隔只有几百或几十纳秒时，那么每个采样点的数字化工作就可能来不及做了。

等效时间采样技术可以实现很高的数字化转换速率。然而，这种技术要求波形是可以重复产生的。由于波形可以重复取得，故采样可以用较慢速度进行。采集的样本可以是时序的(步进、步退、差额)，也可以是随机的。这样就可以把许多采集的样本合成一个采样密度较高的波形，一般将等效时间采样称为变换采样。

下面讨论一个静止图像帧数据(采用 30 帧每秒标准)的采样方案。假定一幅画面的带宽是 6 MHz，采用实时采样方式，根据采样定理，采样频率应为 12 MHz。如果采用等效时间采样方式，可以采用 100 GHz 的模数转换器，每隔 120 个像素采样 1 次。帧间采样频率稍低于 100 GHz。对第 1 帧采样的结果是 1，121，241 像素的数据；第 2 帧则是 2，122，242 像素的数据。这样持续 4 s，采集 120 帧数据，从而得到 400k 的整个图像帧数据。显然，这个过程利用了画面静止的特性，也即利用了信号的重复性。

4.1.4 信号恢复

数据采集型进行控制时，要将模拟信号 $f(t)$ 通过采样和 A/D 转换器变成时间上不连续的数字信号 $\overline{f^*}(t)$，在系统中进行比较、处理后，通过理想的滤波器(D/A 转换器)，将离散的数字信号转换成模拟信号，这一过程称为信号恢复。在过程控制中，实际很难还原成原来的信号。

图 4.6 是 D/A 转换器输出电压的波形，它是一个宽度为 T_s 的阶梯波。可以看出，D/A 转换器除了将数字信号转换成模拟信号外，还起了保持的作用，使原来输入数字信号的窄脉冲变成了宽度为 T_s 的宽脉冲。从信号分析理论知道，用离散的傅里叶级数可以代表离散的数字信号，作为 D/A 转换器的输入信号模型；用傅里叶积分代表 D/A 转换器的输出信号模型，对信号变换进行分析。实际上用傅里叶技术计算傅里叶积分是做了许多理想的和接近实际的假定，计算分析结果也是近似的。根据图 4.7 的波形研究 D/A 转换器的传递函数，确定其还原的逼近程度。

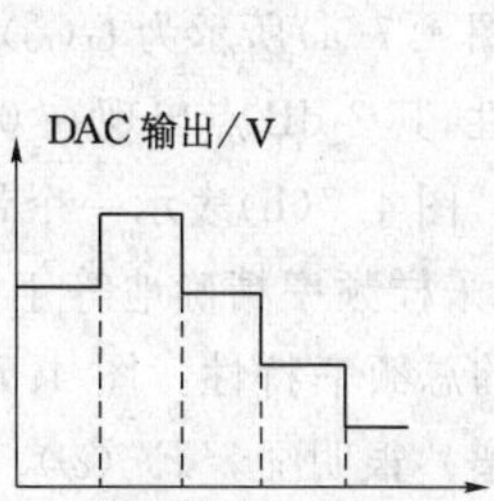

图 4.6 D/A 转换器输出波形

D/A 转换器的输出 $y(t)$ 由等宽脉冲序列组成，其数学表达式为

$$y(t)=f(0)[u(t)-u(t-T_s)]+f(T_s)[u(t-T_s)-u(t-2T_s)]+\cdots \quad (4.1)$$

式中，$u(t)$ 是单位阶跃函数，则式(4.1)中第一、二项的傅里叶变换分别为

$$Y_1 = f(0)\left[\frac{1-\mathrm{e}^{-\mathrm{i}\omega t}}{\mathrm{i}\omega}\right] \tag{4.2}$$

$$Y_2 = f(T_s)\left[\frac{1-\mathrm{e}^{-\mathrm{i}\omega t}}{\mathrm{i}\omega}\right]\mathrm{e}^{-\mathrm{i}\omega T_s} \tag{4.3}$$

所有项之和的傅里叶变换等于

$$Y(\omega)=\left[\frac{1-\mathrm{e}^{-\mathrm{i}\omega T_s}}{\mathrm{i}\omega}\right]\sum_{n=0}^{\infty} f(nT_s)\mathrm{e}^{-\mathrm{i}n\omega t} \tag{4.4}$$

D/A 转换器频域的输出—输入关系可表示为：

$$Y(\omega)=G(\omega)F^*(\omega) \tag{4.5}$$

式中，$G(\omega)$是 D/A 转换器的频率特性，相应可推出其传递函数 $G(s)$。由前述可知，$f^*(t)$写成

$$f^*(t)=f(t)\sum_{n=-\infty}^{\infty}\delta(t-nT_s) \tag{4.6}$$

其傅里叶变换为

$$F^*(\omega)=\sum_{n=-\infty}^{\infty} f(nT_s)\mathrm{e}^{-\mathrm{i}n\omega t} \tag{4.7}$$

如果 $t<0$ 时 $f(t)=0$，则式(4.7)可进一步写成

$$F^*(\omega)=\sum_{n=0}^{\infty} f(nT_s)\mathrm{e}^{-\mathrm{i}n\omega t} \tag{4.8}$$

则 D/A 转换器的频率特性可写成：

$$G(\omega)=\frac{1-\mathrm{e}^{-\mathrm{i}\omega T_s}}{\mathrm{i}\omega}\text{或}\,G(\omega)=|G|\mathrm{e}^{\mathrm{i}\theta(\omega)} \tag{4.9}$$

用 $T_s=\dfrac{2\pi}{\omega_s}$代入可得

$$G(\omega)=\frac{T_s\sin\dfrac{\omega\pi}{\omega_s}}{\dfrac{\omega\pi}{\omega_s}}\mathrm{e}^{-\mathrm{i}\frac{\omega\pi}{\omega_s}} \tag{4.10}$$

图 4.7(a)所示为 $G(\omega)$的幅值特性，可以看出 D/A 转换器的频率特性具有低通滤波器的特性，其 3 dB 点出现在 $0.44\omega_s$ 处。其独特之处在于当频率是 ω_s 的整数倍时其衰减为无限大。图 4.7(b)表示一个带宽有限的输入信号 $f^*(t)$的幅值频谱$|F^*(\omega)|$，在理想采样信号下，采样频率精确地等于最高信号频率的 2 倍。研究 $Y(\omega)$式，可以得到 D/A 转换器输出 $y(t)$的总额率特性。图 4.7(c)表示$|G(\omega)|$和$|F^*(\omega)|$相乘后所得到的$|Y(\omega)|$的近似幅值频谱。很明显，$|F^*(\omega)|$是一个重复频率为 ω_s 的周期性函数，故 D/A 转换器输出信号的带宽的是无限的。但值得注意的是，$|F^*(\omega)|$在 $n\omega_s$ 时有最大值，而 D/A 转换器的幅频特性$|G(\omega)|$在 $n\omega_s$ 处的衰减也是最大的。还应指出，由于 $F^*(\omega)$无相移，所以 $Y(\omega)$的相移只是 $G(\omega)$的相移，此相移与频率的变化呈线性关系。这样的相移不会引起输出信号 $y(t)$对输入信号 $f(t)$产生畸变，在 $y(t)$中仅仅是高频分量有畸变。

实际信号的带宽往往无限，理想滤波器也是很难实现的。例如，由 $F^*(\mathrm{i}\omega)$完全恢复 $F(\mathrm{i}\omega)$，或者等价地由 $f^*(t)$完全重现 $f(t)$，这往往是不可能的。然而，工程上一般的低通滤波器具有接近于理想滤波器的性能，实际信号只要近似满足采样定理，则在关键性低频范围内，采样信号大体上能反映连续信号的原来面目。当然，采样过程出现了无法避免的未滤尽

的高频成分，这是数据采集系统的一个特殊问题。

如前所述，采样信号的恢复需经过低通滤波器滤掉信号采样所带来的高频成分。低通滤波器为零阶保持器，实际电路常采用伯特沃斯滤波器。信号恢复所采用的滤波器不同，则信号恢复误差 e 也不同。

4.1.5 量化和编码

数字信号不仅在时间上是离散的，而且在数值上的变化也是不连续的。时间断续是由于采样导致的，而数值断续是由量化过程完成的。数据采集的过程就是信息转换的过程，信息存在的形式在转换过程中是变化的。信息处理系统分为模拟系统和数字系统。模拟系统是处理连续变化的模拟信号，而数字系统则是处理离散变化的数字信号。

为了实现转换过程，常常需要将采样值储存（保持）起来，然后再将存储的采样值（模拟量）转换成数字量。存储的采样值是无限的模拟量，而数字量只能是离散值。所以，需要用量化单位对模拟量进行整型量化，从而得到与模拟值相对应的数字值。量化后得到的数字以编码形式表示，如二进制编码。量化和编码构成了 A/D 的转换过程。

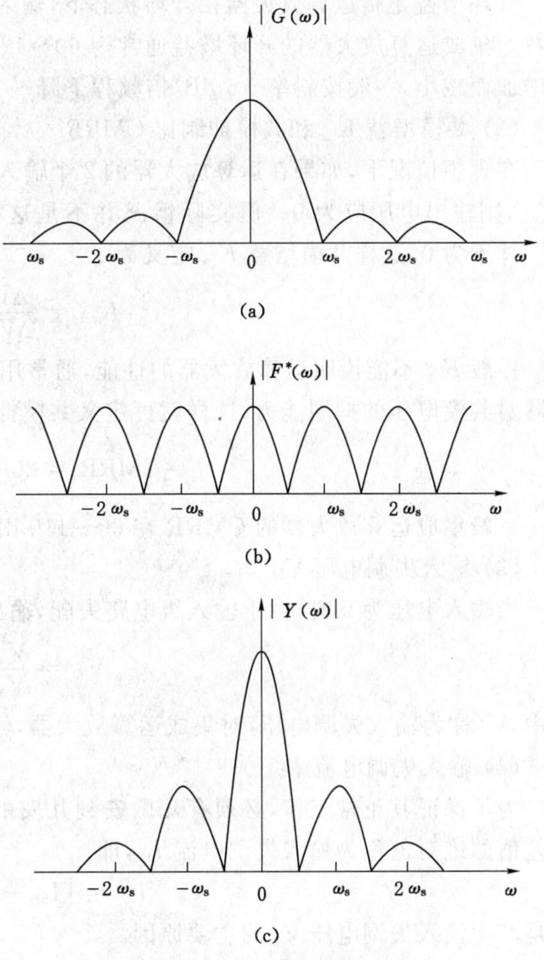

图 4.7 D/A 转换器幅频特性图

D/A 的转换实现起来比较容易，即将数字量转换成一系列离散的模拟值 $y^*(t)$。为了复现原模拟信号，各采样值之间的输出值可由内插法得到。

4.2 数据采集电路

4.2.1 集成运算放大器的种类及作用

1）运算放大器的基本特征

理想的运算放大器具有无限大的开环增益和无限大的输入阻抗，但是实际的运算放大器和理想的运算放大器有一定的差别。

所有运算放大器的内部组成大致是相同的，即由差动输入级、增益级和输出级组成。

运算放大器的主要性能为：

(1) 开环增益 K_o（也称差模增益）

开环增益是指运算放大器在开环状态下，输入信号为 200 Hz 以下的交流电压时的放大倍数。集成运算放大器的开环增益通常为 60～120 dB。运算放大器的 K_o 随输入信号频率的增加而减小，一般按斜率 −6 dB/倍频程下降。

(2) 共模增益 K_{cm} 和共模抑制比 CMRR

在理想情况下，如果在运算放大器的 2 个输入端同时加上频率小于 200 Hz 的电压信号 ΔV_{cm}，则输出电压应为 0。但实际情况并不是这样，由于电路内部失配等原因，输出电压 ΔV_o 并不为 0，这样共模增益 K_{cm} 定义为

$$K_{cm} = \frac{\Delta V_o}{\Delta V_{cm}} \tag{4.11}$$

一般 K_{cm} 不能说明运算放大器的性能，通常用开环增益 K_o 和 K_{cm} 的比值来说明运算放大器对共模电压的抑制能力，这样就可定义共模抑制比 CMRR，即

$$\text{CMRR} = 20\lg \frac{K_o}{K_{cm}} \tag{4.12}$$

一般集成运算放大器的 CMRR 在 60～110 dB。

(3) 输入失调电压 V_{I0}

当输入电压为 0 时，由于输入级电路失配，输出电压 V_{∞} 不为 0，如果折算到输入端电压

$$V_{I0} = \frac{V_{\infty}}{V_o} \tag{4.13}$$

式中，V_{I0} 称为输入失调电压，对集成运算放大器，输入失调电压值一般在 ±0.2～±10 mV。

(4) 输入失调电流 I_{I0}

为了保证其正常工作，必须有几微安到几安的偏置电流 I_{b1} 和 I_{b2}；一般两者有些差别，其差值的绝对值称为输入失调电流 I_{I0}，即

$$I_{I0} = |I_{b1} - I_{b2}| \tag{4.14}$$

这是产生输入失调电压 V_{I0} 的主要原因。

(5) 输入阻抗 Z_i

从集成运算放大器的两个输入端输入的等效阻抗称为差模输入阻抗。如果是单端输入阻抗，称为共模输入阻抗，用 Z_i 表示，对集成运算放大器 Z_i 一般为 100 kΩ～1 MΩ。

(6) 温度漂移

输入失调电压、输入失调电流等均随温度、时间变化而变化，通常用温度系数，即每摄氏度的变化值来表示。例如，对普通型运算放大器，输入电流漂移为 5～10 μV/℃，低漂移型运算放大器的输入电流漂移可达 0.2 μV/℃。

(7) 输出阻抗

理想运算放大器的输出阻抗为零，但实际的输出阻抗为几十欧到 1 000 Ω 左右。

2) 反相放大器和同相放大器

图 4.8 是反相放大运算放大器电路。由于开环增益 K_o 很大，所以两个输入端之间电压 $V_d = V_o/K_o \approx 0$。另外，输入阻抗很大，输入电流几乎等于 0。这时，通过 R_I 的电流 I 等于通过 R_f 的电流，即

$$\frac{V_o}{V_{in}} = \frac{-IR_f}{IR_I} = -\frac{R_f}{R_I} \tag{4.15}$$

实际上，运算放大器具有有限的开环增益，闭环增益 K_c 是受开环增益 K_o 是的大小限制。不难推导，实际闭环增益 K_c 为

$$K_c = -\frac{R_f}{R_I}\left(1 - \frac{1}{K_o F}\right) \tag{4.16}$$

式中，$F = \frac{R_I//R_{in}}{R_I//R_{in} + R_f} \approx \frac{R_I}{R_I + R_f}$（此时 $R_{in} \gg R_I$）。

当开环增益 K_o 一定时，闭环增益的偏差和闭环增益 K_c 成正比。而在反相放大器中，输入电阻较小，一般在 10 kΩ。

同相放大器的电路如图 4.9 所示。输入信号 V_{in}，加在运算放大器的同相输入端，反相输入端接反馈电阻 R_f 和输入电阻 R_I。

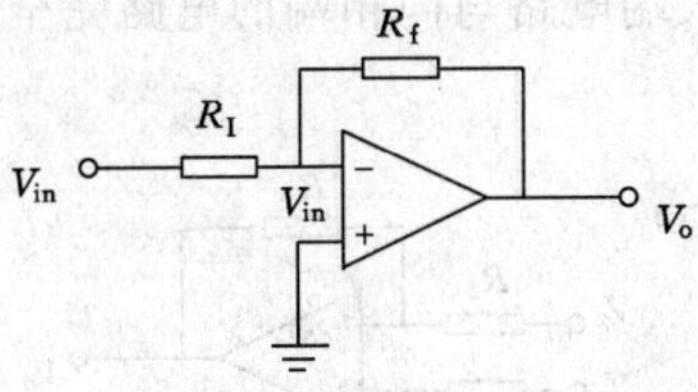

图 4.8 反相放大运算放大器电路图

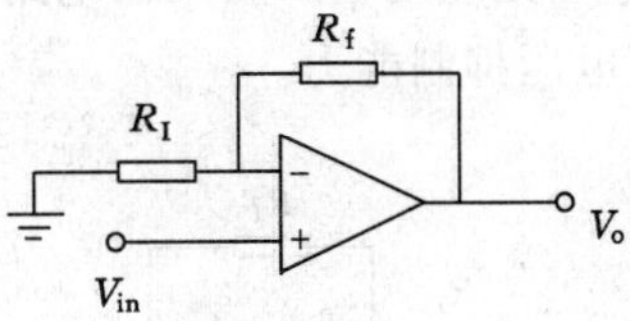

图 4.9 同相放大器电路

当开环增益 K_o 很大时，输入端的电位差约等于 0，即反相输入端的电位等于 V_{in}，那么输入端的电压 V_{in} 为

$$V_{in} = \frac{R_I}{R_I + R_f} V_o \tag{4.17}$$

$$K_c = \frac{V_o}{V_{in}} = 1 + \frac{R_f}{R_I} \tag{4.18}$$

在同相放大器中，运算放大器输出电压 V_o 的极性相输入电压 V_{in} 的和反相放大器一样，闭环增益的偏差也可以近似为 $\Delta K = K_c / K_o$

同相放大器有很高的输入阻抗 R_i，根据输入阻抗的定义有

$$R_i = \frac{V_{in}}{I_i} \tag{4.19}$$

式中，I_i 是流入运算放大器的电流，即

$$I_i = \frac{V_d}{R_{in}} \tag{4.20}$$

式中，R_{in} 是开环放大器的输入电阻，其大小为 10 kΩ 左右；V_d 为两输入端的电压差，即

$$V_d = V_{in} - FV_o = V_{in} - \frac{FK_o}{1 + FK_o} V_{in} = \frac{V_{in}}{1 + FK_o} \tag{4.21}$$

即

$$I_i = \frac{V_{in}}{(1 + FK_o) R_{in}} \tag{4.22}$$

得

$$R_i = \frac{V_{in}}{I_i} = (1 + FK_o) R_{in} \tag{4.23}$$

式中，$F \approx R_I / R_f$。

例如，$R_I = 10$ kΩ，$R_f = 1$ MΩ，$K_o = 10^5$，$R_{in} = 10^6$ Ω，可以求得 R_i。

$$K_c = 1 + \frac{R_f}{R_i} = 1 + \frac{10^6}{10^4} = 101$$

$$F=\frac{R_i}{R_i+R_f}=\frac{10}{10+1\ 000}\approx\frac{1}{100}$$

$$R_i=(1+FK_o)R_{in}=\left(1+\frac{10^5}{100}\right)\times 10^6\ \Omega\approx 1\ 000\ (\mathrm{M\Omega})$$

为了保证运算放大器工作在线性区，必须向输入级的双极型晶体管的某级提供几微安的偏置电流，此电流在输入电阻上的电压降就造成输入电压的失调。在多数情况下，特别是在差动输入情况下，为了抑制共模电压的误差，应在两输入端具有相同的偏置电阻。图 4.10是对称输入的运算放大器电路，其中 R_c 为平衡电阻，即 $R_c=R_i//R_f$。

图 4.11 是差动输入放大器电路。这里，反相输入端电路与同相端的电路完全相同，以提高共模电压抑制能力。

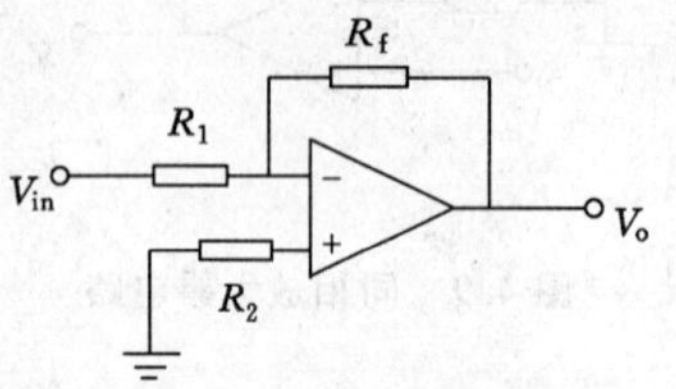

图 4.10　对称输入的运算放大器电路

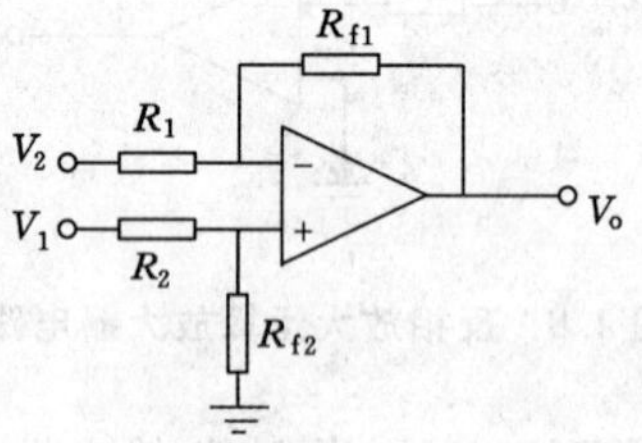

图 4.11　差动输入放大器电路

4.2.2　测量放大电路

数据采集系统的第一个环节是传感器，而传感器输出的信号往往较弱，其中还包含工频(50 Hz)、静电和电磁耦合等共模干扰，这时就需要放大电路有很高的共模抑制比、高增益、低噪声和高输入阻抗，习惯上将具有这种特点的放大器称为测量放大器或仪表放大器。

1) 测量放大器

(1) 单运放测量放大器的原理

最简单的测量放大器是由一片运算放大器连接成对称电路而成的。两对精密电阻 R_1，R_{f1} 和 R_2，R_{f2} 接成差动输入，令 $m=R_{f1}/R_1=R_{f2}/R_2$。

根据线性系统的叠加定理，可求出输出电压 V_o 为

$$V_o=m(V_1-V_2) \tag{4.24}$$

当 $V_1=V_2=V$ 时，从式(4.24)可知，V_o 应为 0，但实际情况并不如此，即总有一点很小的输出电压。$V_1=V_2=V$，表明在放大器两输入端加上大小相等(即模相等)的电压，即共模电压，输出电压越小，放大器的抑制共模电压的性能越好。因此，共模抑制比 CMRR 只是测量放大器重要性能之一。

在采集信号时，经常用电桥电路测量被采集参数的变化，如图 4.12 所示。如果供桥电压为 V，电桥输出电压为 ΔV，则电桥输出信号可用等效电路表示，如图 4.13 所示。这里 V 就是共模电压，因为它的大小不是反映被采集参数变化的，所以不希望它能影响 ΔV 的大小，因而就要求放大器有足够大的 CMRR。

差动放大器的 CMRR 由两部分组成：一部分是运放本身的 CMRR_1，另一部分是电阻失配造成的 CMRR_2。

从 CMRR 的基本定义出发，由

$$V_o=K_dV_d+K_{cm}V_{cm}=K_dV_d\left(1+\frac{1}{\mathrm{CMRR}}\frac{V_{cm}}{V_d}\right) \tag{4.25}$$

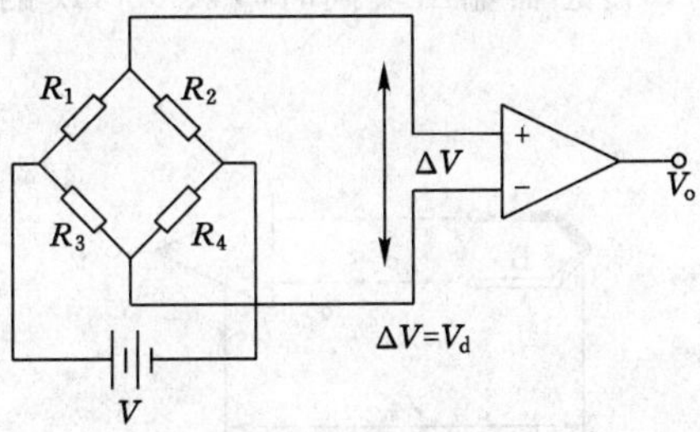

图 4.12　测量电桥

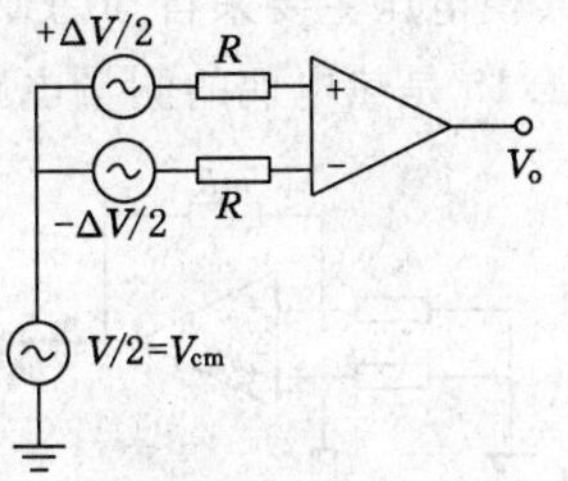

图 4.13　电桥等效电路

式中，K_d 为运放的差模增益；K_{cm} 为运放的共模增益。

如果运放本身的共模抑制比很大，则电阻失配造成的共模电压的输出为

$$V_{ocm}=m_1V_1-\frac{m_1}{1+m_2}(1+m_1)V_2=\left[m_1-\frac{m_2}{1+m_2}(1+m_1)\right]V_{cm}$$

$$=\frac{m_1-m_2}{1+m_2}V_{cm} \tag{4.26}$$

式中，$m_1=R_{f1}/R,m_2=R_{f2}/R_2$，则

$$K_{cm}=\frac{V_{ocm}}{V_{cm}}=\frac{m_1-m_2}{1+m_2} \tag{4.27}$$

差模增益 K_d 为

$$K_d=\frac{V_{od}}{V_d}=\frac{1}{2}\frac{1}{1+m_2}[m_1(1+m_2)+m_2(1+m_1)] \tag{4.28}$$

则 $CMRR_2$ 为

$$CMRR_2=\frac{K_d}{K_{cm}}=\frac{1}{2}\frac{m_1+m_2+2m_1m_2}{m_1-m_2} \tag{4.29}$$

为了提高 $CMRR_2$ 值，必须保证 $m_1=m_2=m$。由此可见，m 值的偏差，即电阻的失配决定了 $CMRR_2$ 的数值。

当 $m_1=m_2$ 时，则 $CMRR_2$ 为

$$CMRR_2=\frac{2m}{m_1-m_2}\frac{1+m}{2} \tag{4.30}$$

在最坏失配的情况下，令电阻的公差为 $\pm\delta$，则 $CMRR_2$ 可以用下式表示

$$CMRR_2=\frac{1+m}{4\delta} \tag{4.31}$$

如果考虑到集成运放的 $CMRR_1$，则电路总的 CMRR 为

$$CMRR=CMRR_1//CMRR_2=\frac{CMRR_1\cdot CMRR_2}{CMRR_1+CMRR_2} \tag{4.32}$$

为了提高 $CMRR_2$，必须配用精密的电阻。另外，需要增大闭环增益 $m=R_{f1}/R_1$。当 $m=100$，电阻公差优于 0.1%，则 $CMRR=\frac{1+m}{4\delta}=\frac{1+100}{4\times0.001}=25\ 250\approx88$ dB，所以 CMRR 总是小于 $CMRR_2$，要提高CMRR就必须提高 $CMRR_2$。

如果共模电压是直流，由于直流产生的共模输出也是恒定的，因此可以调节失调电位器 R_p 以补偿共模电压的输出。图 4.14 是调试时补偿共模电压输出的电路。对于交流共模电压，靠调节 R_p 不能解决上述问题，因为图 4.14 的电路只能保证 V_{cm} 为常量。

交流共模电压主要来自 50 Hz 工频的干扰，例如传感器输出端同时串入 50 Hz 的工频干扰。图 4.15 是热电偶的测量电路。

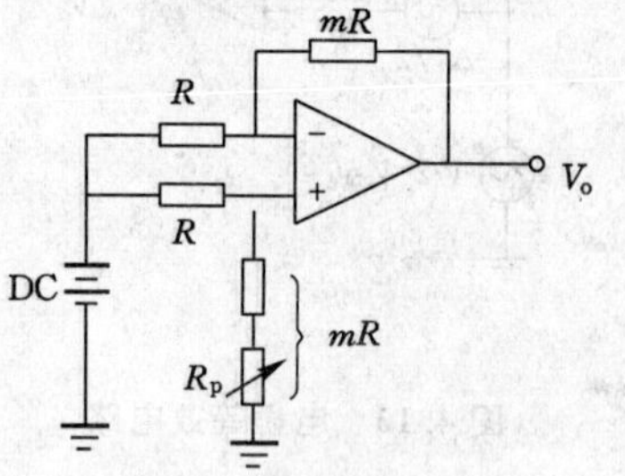

图 4.14　补偿共模电压输出电路

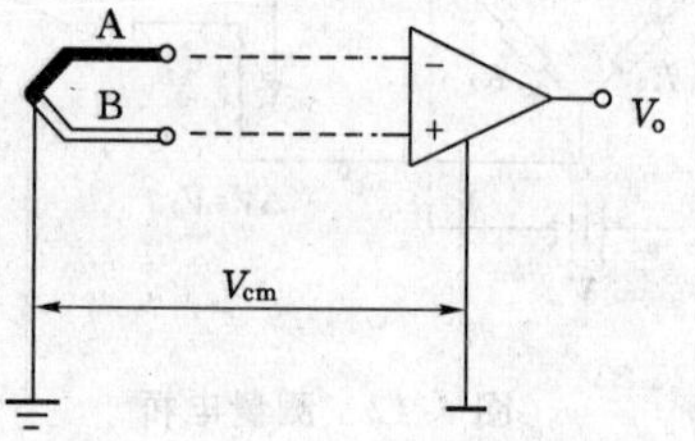

图 4.15　热电偶的测量电路

(2) 三运放测量放大器的原理

单运放电路在很大程度上提高了共模抑制能力。但是，输入电阻的大小取决于 R_1 的数值，R_1 一般在 10 kΩ 左右。在数据采集系统中，要求输入电阻越高越好，这样数值的 R_1 只能适用于信号源内阻 $R_s<10\ \Omega$ 的情况。但是，大多数传感器的内阻在 10～1 000 Ω 范围，测量放大器应有 1 MΩ 以上的输入电阻。

三运放测量放大器具有很高的输入电阻和很高的 CMRR。图 4.16 是三运放测量放大器的电路图。

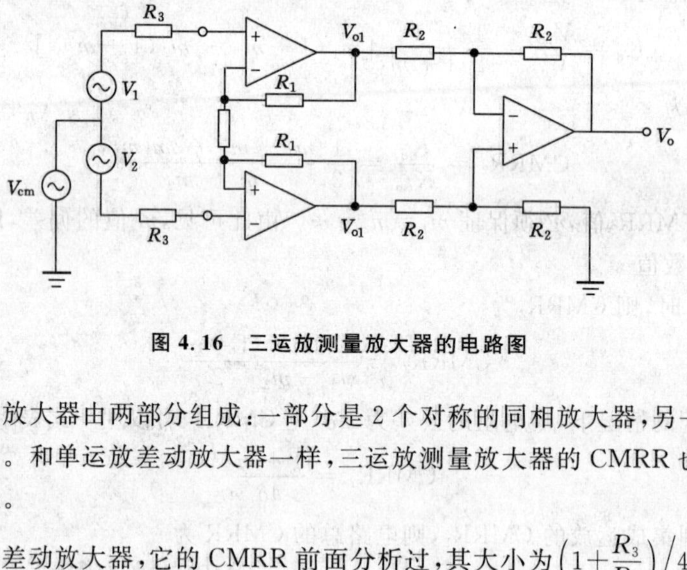

图 4.16　三运放测量放大器的电路图

三运放测量放大器由两部分组成：一部分是 2 个对称的同相放大器，另一部分是差动放大器——减法器。和单运放差动放大器一样，三运放测量放大器的 CMRR 也与"内部"电阻的失配情况有关。

末级是一般差动放大器，它的 CMRR 前面分析过，其大小为 $\left(1+\dfrac{R_3}{R_2}\right)\Big/4\delta$。整个放大器的 CMRR 为

$$\mathrm{CMRR}=\left(1+\frac{2R_1}{R_G}\right)\left(1+\frac{R_3}{R_2}\right)\Big/4\delta \tag{4.33}$$

令 $K_{c1}=1+\dfrac{2R_1}{R_G}$，$K_{c2}=\dfrac{R_3}{R_2}$，则

$$\mathrm{CMRR}=\frac{K_{c1}(1+K_{c2})}{4\delta} \tag{4.34}$$

从式(4.34)可知，当总增益 $K_c=K_{c1}K_{c2}$ 相同的条件下，前置增益 K_{c1} 越大，CMRR 值越

高。但这时要注意，当 K_{c1} 过大时，前置级工作容易进入饱和状态，一般取 $K_{c1}=50$ 左右。

对于直流共模电压，它所引起的输出失调电压是恒定的。如前所述，可以预先将失调电压加以消除。

但对交流共模电压，问题要麻烦得多，这主要是信号的传输级和运放输入端有电容，如图 4.17 所示。这些电容 $(C_1+C'_1)$ 及 $(C_2+C'_2)$ 和信号源内阻 R_{s1} 及 R_{s2} 组成一个低通滤波器，对于直流共模电压，频率 $f=0$，所以这两个低通滤波器是不起作用的。但对于交流共模电压，由于在实际上无法使 $(C_1+C'_1)R_{s1}$ 及 $(C_2+C'_2)R_{s2}$ 做得完全一样，所以共模电压 V_{cm} 在测量放大器两个输入端得到完全一样的电压，这种情况随着共模电压频率增加而恶化。

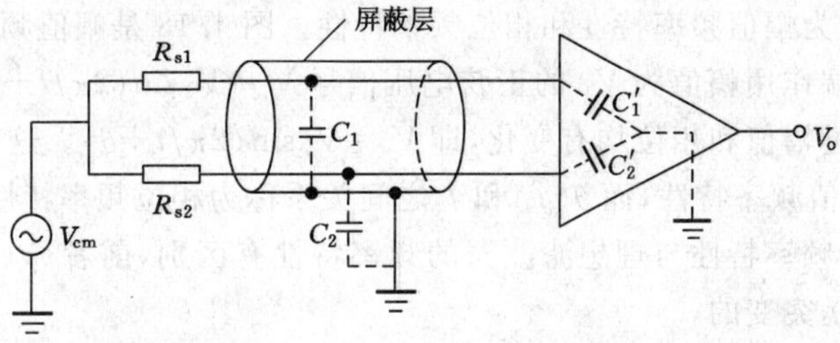

图 4.17　运算放大器传输线分布电容等效电路

为了得到很高的 CMRR 值，则要求低通滤波器所产生的失配应非常小。可以做这样的估算，设 CMRR＝120 dB，由于电容失配要求在10^{-6}的数量级，这在传输线分布电容较明显的情况下是无论如何也办不到的。

这时可以采用"输入端保护屏蔽"技术，其实"输入保护"技术的实质是传输线的屏蔽层不接地，而是由共模电压来驱动。这样，由 R_s 和 C 及 C' 引起的低通滤波器就不起作用了。

在三运放测量放大器结构中，加上"保护屏蔽"端(GAURD)。该端的电位正好是共模电压，它取自三运放测量放大器两个相同前置级的输出端的中点。从上面增益公式中可知，其中点电位正好为交流公模电压 V_{cm}。

在某些只需简单放大的情况下，采用一般运放组成的测量放大器作为传感器输出信号的放大是可行的，但为了保证精度常需采用精密匹配的外接电阻，才能保证最大的共模抑制比，否则增益的非线性也比较大；此外，还需考虑放大器的输入电路与传感器的输出阻抗的匹配问题。因此，在要求较高的场合，常采用集成测量放大器。

2）集成测量放大器

集成测量放大器多数采用了厚膜工艺，并制成了模块形式，其外接元件少，无需精密匹配电阻，使用灵活，能够处理从几微伏到几伏的电压信号。该放大器可对差分直流和交流信号进行精密放大，能进行快速采样，抑制由直流到数百兆的噪声信号，在数据采集和控制领域有着极为广泛的应用。集成测量放大器有 AD521，AD522，INA101，INA104，INA110，INA1051 等芯片。

4.2.3　有源滤波器的设计

滤波器技术是一门科学，要用很大的篇幅来分析，这里只限于介绍在数据采集系统中应用的低通滤波器技术来介绍它的特性、设计和应用。

按滤波器的频率特性可分为低通型、高通型、带通型和带阻型。理想的滤波器频率特性如图 4.18 所示。

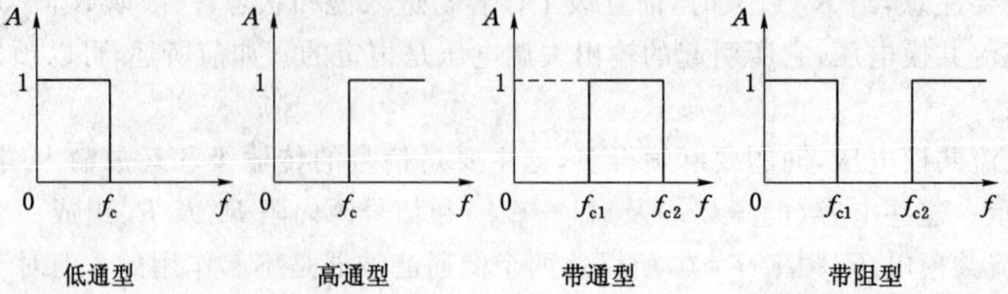

图 4.18　理想的滤波器频率特性

频率特性又分为幅值频率特性和相位频率特性。图 4.18 是幅值频率特性，其物理意义是：当滤波器输入端作用幅值为 V_1 的正弦电压信号 $V_i=V_2\sin(2\pi ft+\theta)$，则输出信号也是正弦电压信号，不过幅值和相位均有变化，即 $V_o=V_2\sin(2\pi ft+\theta)$。这样，$V_2/V_1=A(f)$ 和 f 之间关系称为幅值频率特性，而 $\theta(f)$ 和 f 之间关系称为相位频率特性。

实际滤波器的频率特性与理想滤波器的频率特性有区别，前者 $A(f)$ 随 f 的变化是渐变的，而不像后者是突变的。

对于实际滤波器，这里引入一个所谓“截止频率”的概念，它是以 A 值比 $f=0$ 时的 $A_0=1$ 降低 3 dB 的频率为定义的，截止频率用 f_c 标记。

仪器用滤波器主要是 RC 有源滤波器，而数据采集系统中主要应用低通 RC 有源滤波器。在有源滤波器中，除了由无源 RC 元件组成，还必须采用运算放大器这样的有源器件。仪器用低通滤波器均采用“单位增益”方案。

有源 RC 滤波器有 3 种类型：

1）最大平直型滤波器

最大平直型滤波器又称为伯特沃斯型滤波器。它的特点是：在截止频率 f_c 内有最平直的频率特性；在超过频率 f_c 后（对低通而言），幅位比 A 衰减较慢，如图 4.19(a)所示。

2）波纹型滤波型

波纹型滤波器又称为契比雪夫型滤波器。它的特点是：在 f_c 以后频率特性有较快的衰减，但是在 f_c 内的频率特性平坦部分有 1～3 dB 的波纹，如图 4.19(b)所示。

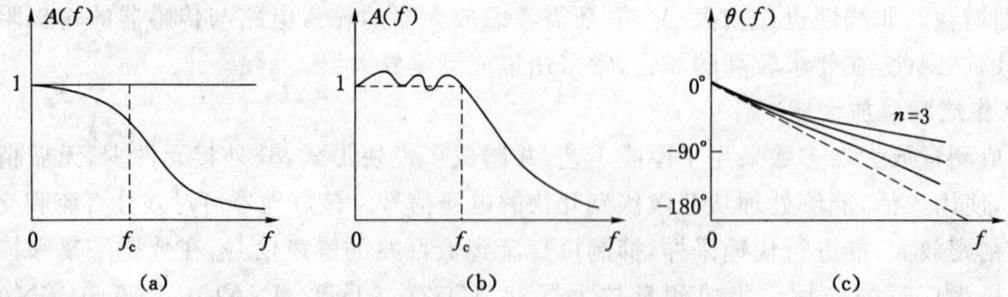

图 4.19　有源 RC 滤波器的特性频率

3）线性相位型滤波器

线性相位型滤波器又称为贝塞尔型滤波器。由于上述两种类型的滤波器的相位频率特性不是线性的，如果传输的信号要考虑到相位，采用上述滤波器就会使输出信号失真，这时可采用贝塞尔滤波器，它只有线性的相移特性，如图 4.19(c)所示。

在数据采集系统中主要采用最大平直型低通滤波器，它在很大程度上可以抑制干扰信号，特别是 50 Hz 的工频干扰信号。

图 4.20 是单位增益 RC 最大平直型滤波器的最简单方案，由 RC 低通滤波器和增益为 1 的同相放大器组成。

由于同相放大器有相当高的输入阻抗，则它的输出电压为

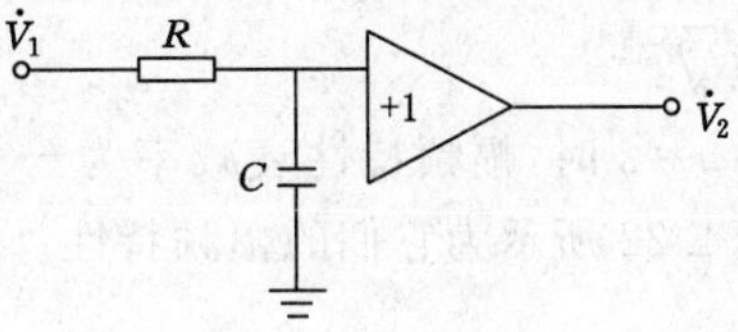

图 4.20　单位增益 RC 最大平直型滤波器

$$\dot{V}_2=\frac{\frac{1}{\mathrm{i}(2\pi f)C}}{R+\frac{1}{\mathrm{i}(2\pi f)C}}\dot{V}_1 \tag{4.35}$$

或

$$A[\mathrm{i}(2\pi f)]=\frac{\dot{V}_2}{\dot{V}_1}=\frac{1}{1+\mathrm{i}(2\pi f)RC} \tag{4.36}$$

由上式可写出幅值频率特性 $A(f)$ 和相位频率特性 $\theta(f)$ 分别为

$$A(f)=\frac{1}{\sqrt{1+(2\pi fRC)^2}} \tag{4.37}$$

$$\theta(f)=\tan^{-1}(-2\pi fRC) \tag{4.38}$$

根据定义，滤波器在截止频率 $f_c=\frac{1}{2\pi RC}$ 处，其幅值 $A(f_c)$ 为

$$A(f_c)=\frac{\sqrt{2}}{2} \tag{4.39}$$

将 $f_c=\frac{1}{2\pi RC}$ 带入式(4.37)和式(4.38)，得

$$A(f)=\frac{1}{\sqrt{1+\left(\frac{f}{f_c}\right)^2}} \tag{4.40}$$

$$\theta(f)=\tan^{-1}\left(-\frac{f}{f_c}\right) \tag{4.41}$$

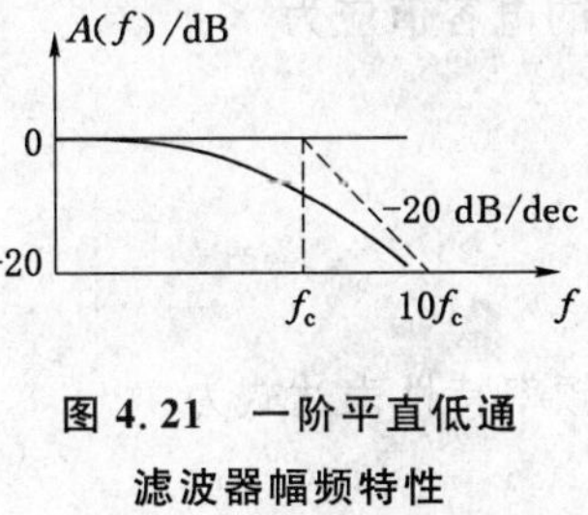

图 4.21　一阶平直低通滤波器幅频特性

它们的特性曲线如图 4.21 所示。可以从 $A(f)=1$ 的 f_c 处做一衰减率为 20 dB/dec(dec 的十倍频程)的直线(在对数横坐标上)，就可发现它是频率特性线在 f_c 后的渐近线。因此，近似地认为，一阶 RC 平直低通滤波器在 f_c 后具有 −20 dB/dec 的衰减。所以，它又称为一阶平直低通滤波器。

为了有效地抑制干扰信号，最好有更大的衰减，这时可以采用高阶平直低通滤波器。

平直型 n 阶低通滤波器的幅值频率特性可表示为

$$A(f)=\frac{1}{\sqrt{1+\left(\frac{f}{f_c}\right)^{2n}}} \tag{4.42}$$

很明显，当 $\frac{f}{f_c}\gg 1$ 时，$A(f)=1\Big/\sqrt{1+\left(\frac{f}{f_c}\right)^{2n}}$；当 $\frac{f}{f_c}\ll 1$ 时，$A(f)\approx 1$；当 $\frac{f}{f_c}\ll 1$ 时，

$A(f)=\frac{1}{\sqrt{2}}$。

当 $n=2$ 时，幅频特性衰减率为 -40 dB/dec；当 $n=3$ 时，其衰减率为 -60 dB/dec；等等。图 4.22 所示为它们的幅频特性。

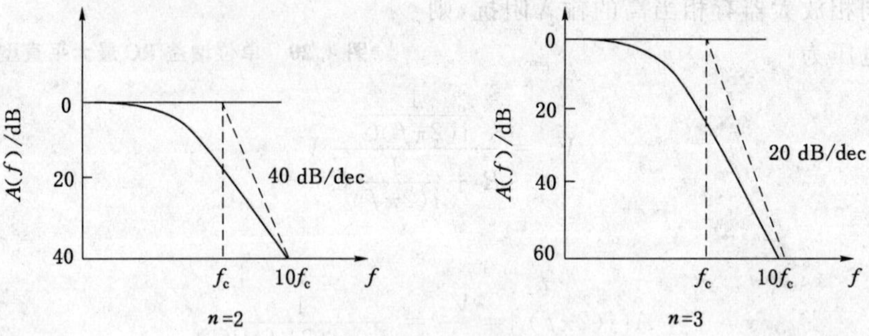

图 4.22　平直型 n 阶低通滤波器幅频特性

对于 $n=2$，平直型滤波器的频率特性表达式为

$$A[\mathrm{i}(2\pi f)]=\frac{\dot{V}_2}{\dot{V}_1}=\frac{1}{-\left(\frac{f}{f_c}\right)^2+\mathrm{i}\sqrt{2}\,\frac{f}{f_c}+1} \tag{4.43}$$

这时，不难得出它的幅频特性为

$$A(f)=\frac{1}{\sqrt{1+\left(\frac{f}{f_c}\right)^4}} \tag{4.44}$$

在设计滤波器时，如果截止频率为 f_c，且 $R_1=R_2=R_3=1\ \Omega$ 时，则实际电容值为

$$C_1=\frac{0.2251}{f_c R}$$

$$C_2=\frac{0.112\ 54}{f_c R}$$

例如，$f_c=5$ Hz，$R_1=R_2=100$ kΩ，则 Butterworth 滤波器的电容值应为

$$C_1=\frac{0.225\ 1}{5\times10^5}=0.45\ (\mu\mathrm{F})$$

$$C_1=\frac{0.112\ 54}{5\times10^5}=0.225\ (\mu\mathrm{F})$$

用同样的分析方法可以分析三阶平直滤波器的特性，这时频率特性表达式为

$$A[\mathrm{i}(2\pi f)]=\frac{\dot{V}_2}{\dot{V}_1}=\frac{1}{\left(\mathrm{i}\frac{f}{f_c}\right)^3+2\left(\mathrm{i}\frac{f}{f_c}\right)^2+2\left(\mathrm{i}\frac{f}{f_c}\right)+1} \tag{4.45}$$

由图 4.23 可知：当 $R_1=R_2=R_3=1\ \Omega$，且 $f_c=1$ Hz 时，则电容 C_1，C_2 和 C_3 的数值分别为 0.564 4 F，0.221 5 F 和 0.321 F。在具体设计时，如果 f_c 和 $R_1=R_2=R_3=R$ 已经给定，则实际电容为

$$C_1=\frac{0.564\ 4}{f_c R}$$

$$C_2 = \frac{0.221\ 5}{f_c R}$$

$$C_3 = \frac{0.032\ 1}{f_c R}$$

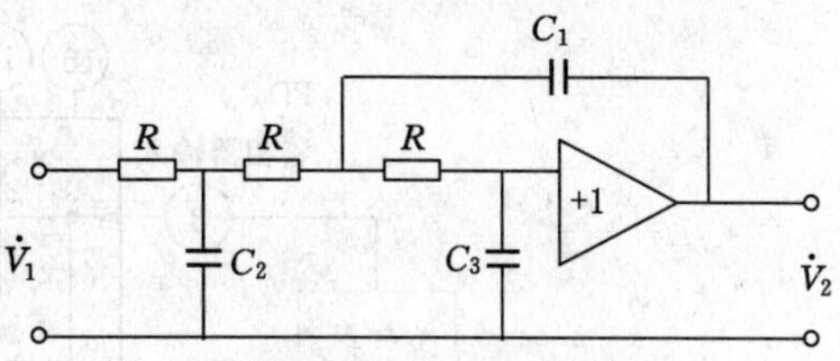

图 4.23 三阶滤波器电路

例如，$f_c = 5$ Hz，$R_1 = R_2 = R_3 = 100$ kΩ，则实际电容为

$$C_1 = 1.129\ \mu F$$

$$C_2 = 0.443\ \mu F$$

$$C_3 = 0.064\ 2\ \mu F$$

对于 $n \geqslant 4$ 阶滤波器设计，就要将几个 $n=2$ 或 $n=3$ 的滤波器串联实现。例如，$n=4$ 阶可以用 2 个二阶滤波器串联而成；$n=5$ 阶可以用 1 个 $n=3$ 阶和 1 个 $n=2$ 阶的滤波器串联而成。

至于器件的选择，运算放大器的开环增益应尽量高；电阻可选金属膜电阻（温度系数为 50×10^{-6} ℃$^{-1}$），允许误差为 1%～5%；电容可用聚苯乙烯电容（温度系数为 120×10^{-6} ℃$^{-1}$）。需要说明的是，在低通滤波器设计中，电阻和电容允许误差会影响截止频率。

当电容值大于 0.1 μF 时，可采用聚碳酯电容，其温度系数为 50×10^{-6} ℃$^{-1}$。

4.2.4 频率合成器电路

锁相环（Phase Lock Loop，PLL）是一种极为重要的功能电路，广泛用于通信、导航、仪器仪表中作为调制、解调、分频、倍频、频率合成、跟踪及高稳定振荡源等。

单片集成锁相环电路有模拟式和数字式两种。模拟式以“56”系列最为常用，数字式以 CC4046 最具代表性。这里简要讨论 CC406 和 L562 在频率合成器中的应用。

1）CC4046 单片锁相环电路

CC4046 为 CMOS 单片集成锁相环。主要由线性压控振荡器（Voltage Control Oscillator，VCO）、源极跟随器（Source Follower，SF）和两个不同的鉴相器（Phase Detector，PD）组成。这两个鉴相器有两个公共的信号输入端和反馈信号输入端。CC4046 的电路原理如图 4.24 所示。

为了适应不同的锁相要求，环路滤波器通过外接部件来实现。为了实现多功能要求，压控振荡器的输出端①与鉴相器 PD-Ⅰ和 PD-Ⅱ的公共反馈端③在集成电路内部预先没有连接，以便在④～③端之间插入分频器、触发器等部件，以实现频率的倍增或频率合成。CMOS 锁相环的主要特点是电压范围宽、功耗低、输入阻抗高。CC4046 工作在中心频率 $f_0 = 10$ kHz 时，仅消耗 600 μW 的功率。

2）用 L562 单片锁相环构成的频率合成器

单片集成锁相环 L562 除包括鉴相器、环路滤波器和压控振荡器等基本环节外，为了改善环路特性，还增加了若干级放大器和限幅器等辅助部件。为了满足多功能的要求，L562 集成电路内部反馈支路没有预先接好，而是在压控振荡器输出端和鉴相器输入端之间断开，以便能将分频或混频等电路插入环路。L562 集成锁相环最高工作频率可达 30 MHz。

单片集成锁相环 L562 电路原理如图 4.25 所示。

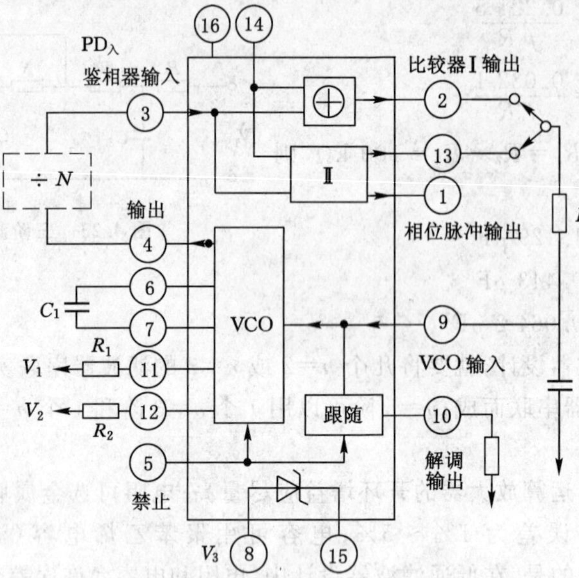

图 4.24　CC4046 电路原理图

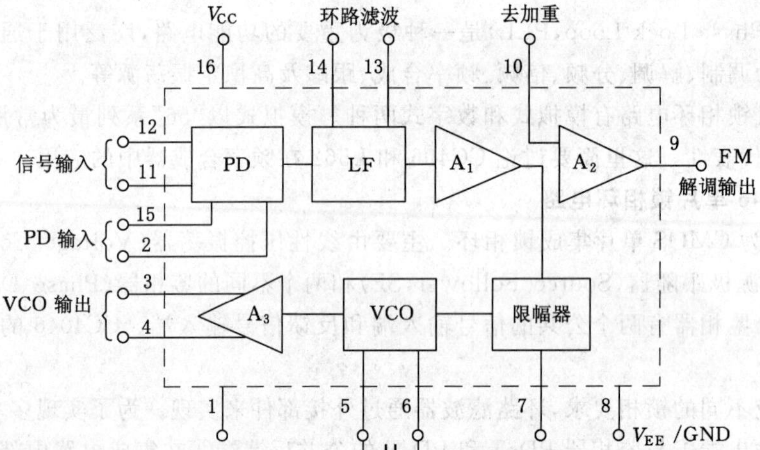

图 4.25　L562 电路原理图

4.3　信号变换电路

现在的数据采集、处理与控制系统都是以计算机为核心的，而采集量主要分为模拟量和数字量，因此外界的模拟量要进入数据采集系统，首先要经过 A/D 转换，计算机才能接受。并处理输出数字量，再经 D/A 转换，才能控制模拟量。

4.3.1　模数转换器(ADC)的分类与基本原理

根据转换原理，目前采用的 ADC 主要有：逐次逼近型 ADC；积分型（双斜率型和四斜率型）ADC；伺服型（计数—比较型）ADC；并行比较型（闪电式）ADC；电压—频率转换型

ADC。ADC 的作用是将输入的模拟信号转换成与其成正比的数字信号输出。

目前，主要采用逐次逼近型和积分型 ADC。另外，并行比较型 ADC 是一种高速的 ADC。

ADC 原理如图 4.26 所示。由于输入的模拟信号在时间上连续变化，而输出的数字信号在时间上离散变化，所以在信号的转换过程中只能在选定的瞬间对模拟信号取样，并通过 ADC 电路将取样值转换成相应的数字量输出。实现模拟信号的 A/D 转换，需要经过 4 个过程：取样、保持、量化、编码。

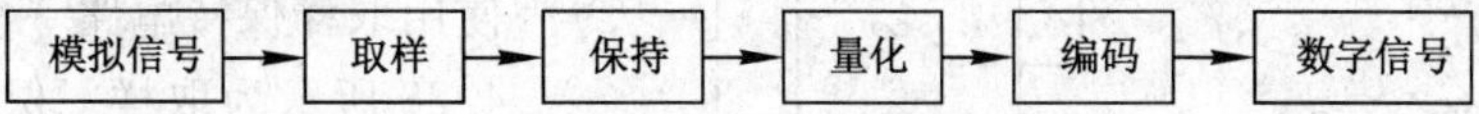

图 4.26　ADC 原理框图

ADC 电路输入的电压信号 V_i 与输出的数字信号 D 之间的关系为

$$D = K\frac{V_i}{V_{REF}} \tag{4.46}$$

式中，K 为比例系数，不同的 ADC 电路，K 各不相同；V_{REF} 为实现 A/D 转换所需要的参考电压源。由式(4.46)可以看出：ADC 电路输出的数字信号与输入的模拟信号在幅度上成正比。

1）取样与保持

取样是将时间上连续变化的模拟信号定时加以检测，取出某一时间的值，以获得时间上断续的信号。取样的作用是将时间上、幅度上连续变化的模拟信号在时间上离散化。

取样的过程可以用一个受控开关形象表示，如图 4.27 所示。

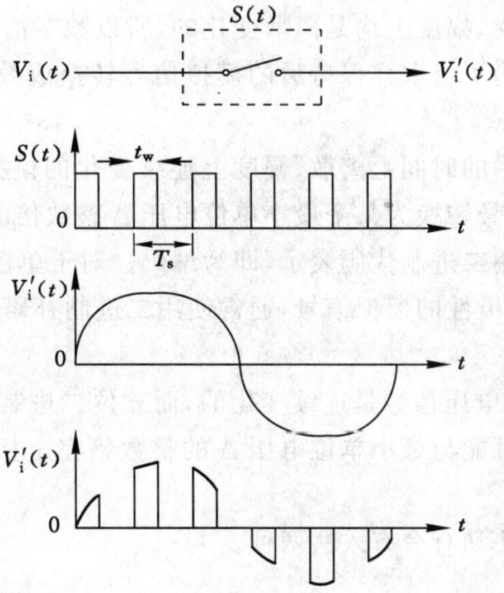

图 4.27　取样过程

图中，V_i 为输入模拟电压信号，虚框内的开关受脉冲宽度 t_w 以及周期 T 的取样矩形脉冲 $S(t)$ 的控制。在 t_w 时间段内，受控开关的输出电压 $V_i{}'=V_i$；在其余时间内，$V_i{}'=0$。

由于取样后的信号与输入的模拟信号相比，发生了很大变化。为了保证取样后的信号 $V_i{}'=0$ 能够正确反映输入信号 V_i 而不丢失信息，要求取样脉冲信号必须满足取样定理：

$$f_s \geqslant 2f_{max} \tag{4.47}$$

式中，f_s为取样脉冲信号$S(t)$的频率；f_{max}为输入模拟信号V_i中的最高频率分量的频率。一般取 $f_s=(3\sim5)\ f_{max}$。

为了获得一个稳定的取样值，以便进行 A/D 转化过程中的量化与编码工作。需要将取样后得到的模拟信号保留一段时间，直到下一个取样脉冲到来，这就是保持。

经过保持后的信号波形不再是脉冲串，而是阶梯形脉冲信号。

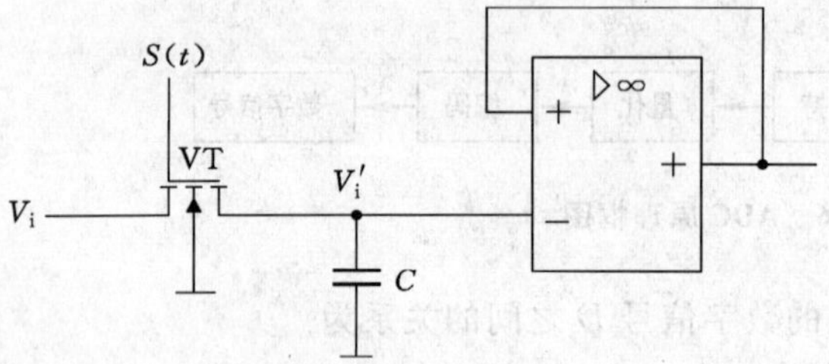

图 4.28　取样—保持原理电路

取样和保持这两个过程通常是使用取样保持电路一次完成的。图 4.28 所示为取样—保持原理电路。图中，VT 是受取样脉冲信号 $S(t)$ 控制的模拟开关，由 N 沟道增强型 MOSFET 构成；电容 C 的作用是保持取样值；运算放大器接成电压跟随器，起缓冲作用。其工作过程如下：

在取样脉冲信号$S(t)$的t_w时间段内，VT 导通，开关闭合。v_i经过模拟开关对电容 C 充电，设电容充电时间常数远小于脉冲宽度 t_w，则可以认为在 t_w期间，V_i'的变化与 v_i的变化同步，即 $V_i'=V_i$。而在取样脉冲信号 $T_S—t_w$期间内，VT 截止，开关断开，在忽略电容漏电流的情况下，电容 C 上的电压 V_i'将保持取样脉冲结束前瞬间 V_i的值、并保持到下一个取样脉冲到来。通常将 T_s称为取样周期，t_w称为取样时间。

2）量化与编码

数字信号取值在时间上、幅度上均是离散变化的，所以数字信号的值必须是某个规定的最小数字单位的整数倍。为了将取样保持后的模拟信号转换成数字信号，还需对其进行量化与编码。

量化就是将取样保持后的时间上离散、幅度上连续变化的模拟信号取整变为离散量的过程，即将取样保持后的信号转换为某个最小单位电压 Δ 整数倍的过程。

将量化后的信号数值用二进制代码表示，即为编码。对于单极性的模拟信号，一般采用自然二进制码表示；对于双极性的模拟信号，通常使用二进制补码表示。经编码后的结果即为 ADC 的输出。

由于 ADC 输入的模拟电压信号是连续变化的，而 n 位二进制代码只能表示 2^n种状态，所以取样保持后的信号不可能与最小单位电压 Δ 的整数倍完全相等，只能接近某一量化电平，这就是量化误差。

量化方法有只舍不入法和有舍有入法两种。

(1) 只舍不入法

当 $0\leqslant V_s<\Delta$ 时，V_s的量化值取 0；

当 $\Delta\leqslant V_s<2\Delta$ 时，V_s的量化值取 Δ；

当 $2\Delta\leqslant V_s<3\Delta$ 时，V_s的量化值取 2Δ。

依此类推，可见采用只舍不入的量化方法，最大量化误差近似为一个最小量化单位电压 Δ。

(2) 有舍有入法

当 $0 \leqslant V_s < \frac{1}{2}\Delta$ 时，V_s 的量化值取 0；

当 $\frac{1}{2}\Delta \leqslant V_s < \frac{3}{2}\Delta$ 时，V_s 的量化值取 Δ；

当 $\frac{3}{2}\Delta \leqslant V_s < \frac{5}{2}\Delta$ 时，V_s 的量化值取 2Δ。

依此类推，可见采用有舍有入的量化方法，最大量化误差不会超过 $\frac{1}{2}\Delta$。

量化误差不可能完全消除，只能减少。有舍有入法的量化误差比只舍不入法小。很明显，量化单位 Δ 不同，分成的量化级别就不一样。量化单位越小，则量化级别就越多，编码位数越多，电路就越复杂。

1) 逐次逼近型 ADC

如图 4.29 所示，逐次逼近型 ADC 的方框图主要由 DAC、比较器、移位寄存器、控制逻辑电路、时钟等部分组成。

下面介绍逐次逼近型 ADC 的工作过程。转换模拟电压 V_x 加在比较器的同相输入端。转换启动信号作用后，时钟脉冲作用于控制逻辑电路使移位寄存器输出的最高位(MSB)置“1”，其余位置“0”，则经 DAC 输出模拟量为 $\frac{1}{2}V_{FSR}$，即半满量程，并作用在比较器的反相输入端。当 $V_x > \frac{1}{2}V_{FSR}$ 时，比较器输出为“1”；反之，如果 $V_x < \frac{1}{2}V_{FSR}$，则比较器输出为“0”。

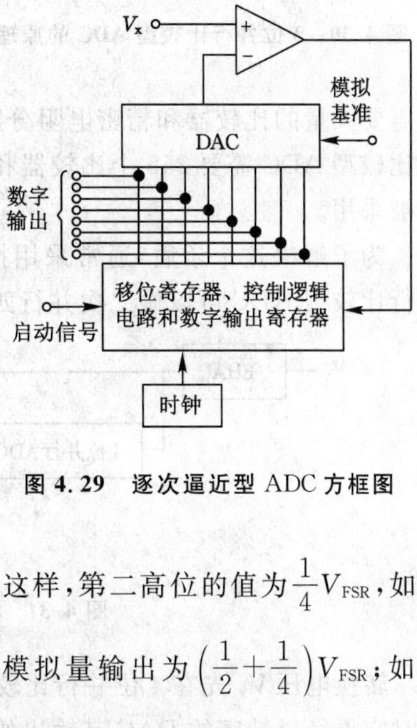

图 4.29 逐次逼近型 ADC 方框图

在下一个时钟作用后，控制逻辑使移位寄存器的第二高位置“1”，而这时它的高一位——最高位的状态取决于比较器输出电平：比较器输出为“1”时，该位的状态为“1”；比较器输出为“0”时，该位的状态为“0”。这样，第二高位的值为 $\frac{1}{4}V_{FSR}$，如果 $V_x > \frac{1}{2}V_{FSR}$，则下一次比较时的比较电压，即 ADC 的模拟量输出为 $\left(\frac{1}{2}+\frac{1}{4}\right)V_{FSR}$；如果 $V_x < \frac{1}{2}V_{FSR}$，则下一次比较时的比较电压为 $\frac{1}{4}V_{FSR}$。这样逐次比较，一直进行到最低位。这时，移位寄存器的输出就是转换后的数字量。

逐次逼近型 ADC 具有较高的精度和较快的速度。非线性误差一般在 0.02%～0.012%(12 位 ADC)，转换时间(即速度)一般为 25～100 μs，最高可达 5 μs。因此，它是一种比较理想的转换器。

2) 并行比较型 ADC

逐次逼近型 ADC 的转换时间受到多次比较的限制，所以很难达到很高的速度，如转换时间低于 5 μs。这样就出现了并行比较型 ADC。在逐次逼近型的转换器中采用一个比较器，但进行 n 次比较。在 n 位的并行比较型 ADC 中，采用 (2^n-1) 个比较器，但进行一次比较。基准电压 V_R 经过精密电阻分压器加在各个比较器上。图 4.30 所示为 3 位并行比较

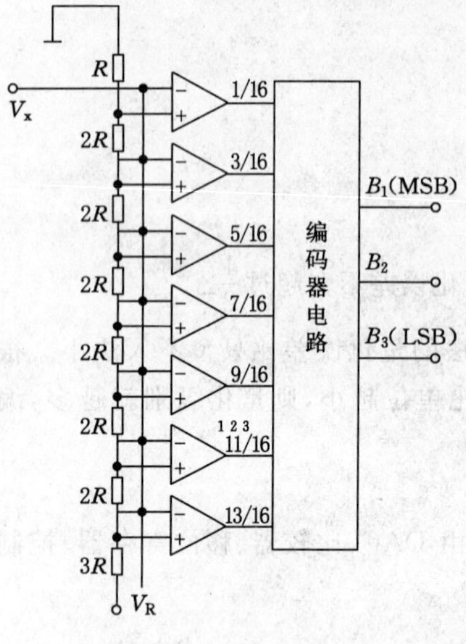

图 4.30　3 位并行比较型 ADC 的原理图

型 ADC 的原理图。这里采用(2^3-1)个比较器，每个比较器的基准电压是这样：最低基准电压为 $1/6V_R$，即 1/2LSB；第二个比较器基准电压比最低基准电压高 1 LSB，即 $3/6V_R$；以后每一个比较器的基准电压均增加 1 LSB，即 $5/16V_R \cdots 13/16V_R$。比较器的输出信号经由一组门电路组成的编码器。

当输入电压 $V_x < \frac{1}{16}V_{FSR}$ 时，全部比较器的输出为"0"，经编码器输出 3 位二进制数为"000"；当 $\frac{1}{16}V_R < V_x < \frac{3}{16}V_R$ 时，最低位比较器输出为"1"，其余为"0"，编码器的输出为"001"。这时，量化误差为 1/2LSB。

这种并行比较型 ADC 的转换时间只有几十毫微秒(毫微秒，单位用 1 ns 表示)，但是这种转换器很昂贵，特别是在位数很高时更为突出，因为这时需要大量的比较器和精密电阻分压器，并且编码器的结构也很庞大和复杂。例如，8 位并行比较型 ADC 需要 255 个比较器和 256 个精密电阻。因此，这种转换器只有在高速测量时才被采用。

为了解决这个矛盾，通常采用折中的办法组成逐次并行比较型 ADC。例如，8 位逐次并行比较型 ADC 可以做二次并行四位比较，图 4.31 是这种 ADC 的原理性示意图。

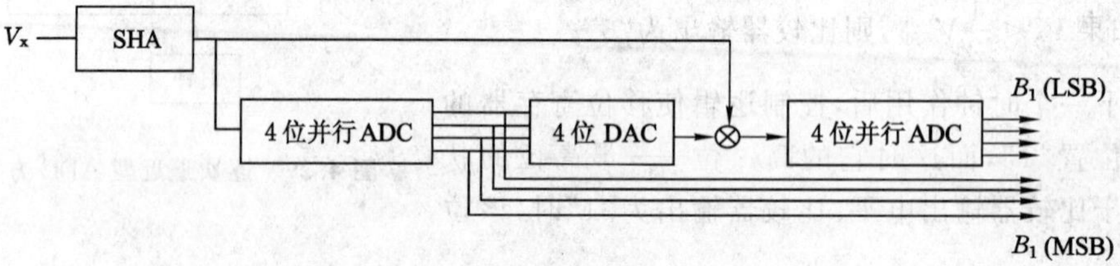

图 4.31　8 位二次并行比较型 *ADC* 原理图

转换电压 V_x 先在 4 位并行比较型 ADC 中进行转换，它的输出数字量代表高 4 位数值，同时它再经过精密的 DAC 其输出的模拟量与 V_x 进行减法运算。显然，它们的差值就是转换电压的低 4 位，再在 4 位并行比较型 ADC 中进行转换，其输出的数字量正好是转换电压 V_x 的低 4 位数字位。目前，8 位逐次并行比较型 ADC 的最高速度可达 30 MHz。

3）双积分型 ADC

双积分型 ADC 由积分器、比较器、控制逻辑电路、计数器等部分组成，如图 4.32 所示。

开始工作前，切换开关接地，使积分器输出为 0，同时使计数器清零；然后进入第一阶段，即采样阶段；控制逻辑电路使切换开关接输入模拟量电压 V_{in}，则积分器对输入模拟量电压积分，同时使计数门打开，计数器开始计数。当输入模拟量电压是直流电压或变换缓慢的电压时，积分器输出一斜变电压。若 V_{in} 为负值，则积分器的输出是向上斜变的；而 V_{in} 为正值时，则积分器的输出是向下斜变的。经过一固定时间 T_i 后，计数器计数值为 N_i，控制逻辑电路发出信号，使切换开关接参考电压 V_R，同时使计数器清零。采样时间 T_i 是固定的，

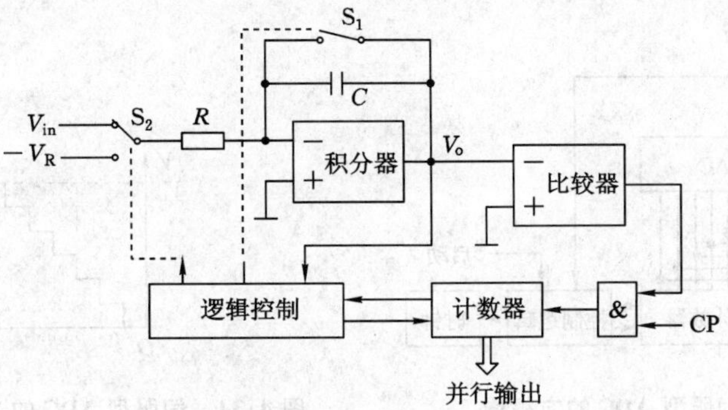

图 4.32 双积分型 ADC 的原理图

所以是定时积分阶段，积分器的输出电压 V_o 为

$$V_o = \frac{1}{RC}\int_0^{T_i} V_{in}\,dt \tag{4.48}$$

进入第二阶段，即测量阶段。切换开关把与 V_{in} 极性相反的 V_R 接到积分器（图中接 $-V_R$），积分器开始反方向积分，计数器开始计数，当积分器输出为 0 时，比较器使控制逻辑电路发出计数器关门信号，计数器停止计数。由于积分的是固定的参考电压，因而积分器输出电压的斜率是固定的，而计数器计的数值 N_x 所对应的积分时间 T_x，则决定于 V_o 的值，所以这阶段是定值积分阶段，计数器所计的数值 N_x 便是转换结果。在测量阶段积分器的最终输出为

$$\frac{1}{RC}\int_0^{T_i} V_{in}\,dt - \frac{1}{RC}\int_0^{T_x} V_R\,dt = 0 \tag{4.49}$$

式中，$T_i = N_i T_{cp}$，$T_x = N_x T_{cp}$，T_{cp} 为计数脉冲周期。

由此得出

$$N_x = \frac{N_i}{V_R}\frac{\int_0^{N_i T_{cp}} V_{in}\,dt}{N_i T_{cp}} = \frac{N_i}{V_R}\overline{V_{in}} \tag{4.50}$$

由式(4.50)可见，双积分型 ADC 的转换与 V_R 的精度和转换过程中计数脉冲的稳定度有关，而与积分器的电阻 R 和电容 C 无关，因此对电阻电容无精度要求。在短时间内，保持计数脉冲的稳定度是容易做到的。

积分型 ADC 由于其输出的数字量与输入的模拟量电压的平均值成比例，因此对叠加在输入模拟量电压的交流干扰信号有较好的抑制能力，并且转换速度慢。但是，对于热电偶一类的低速传感器来说，它是很适用的。

4）其他类型 ADC

除了前面所述 3 类 ADC 外，图 4.33 是伺服型 ADC 的框图。伺服型转换器由比较器、时钟、控制逻辑电路、可逆计数器和 DAC 组成。模拟输入信号 V_{in} 加在比较器的反相输入端上，DAC 输出 V 加在比较器的同相输入端上。如果比较器输出为“1”，即 $V_{in} > V$，则此时控制可逆计数器对时钟脉冲做加法计数。这时，DAC 输出逐渐增加，一直增加到比 V_{in} 大 1 LSB。另外，比较器输出为“0”，它使可逆计数器对时钟进行减法计数。所以，计数器输出在转换后的数字量±1 LSB 上下变化，如图 4.34 所示。由于 DAC 输出信号“跟随”V_{in} 变化，因此称为伺服型 ADC。

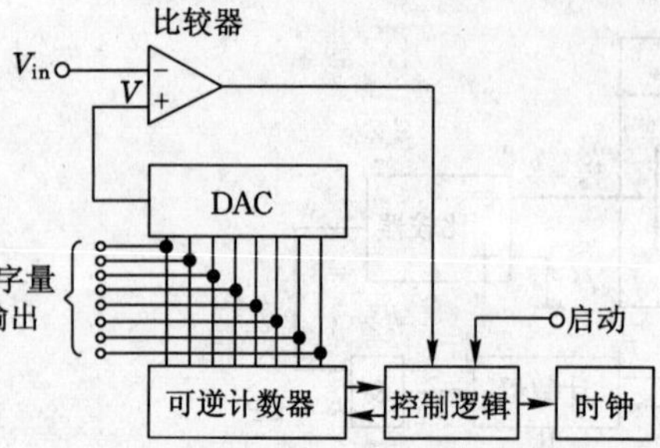

图 4.33　伺服型 ADC 的方框图

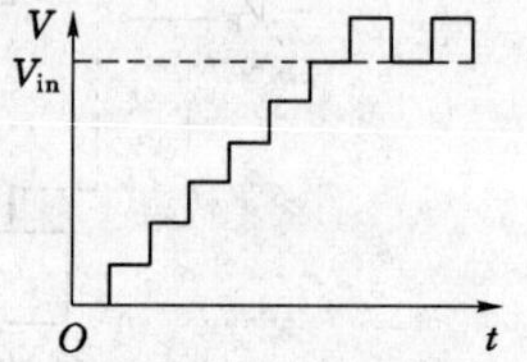

图 4.34　伺服型 ADC 的 V_{in} 和 V 的变化情况

图 4.35 是电压—频率型 ADC 原理图。转换器的核心部分是电压—频率(V/F)转换器,V/F 转换器由积分放大器、积分器回零电路和单稳振荡器组成。输入模拟电压 V_{in} 在积分器积分,其输出电压为斜坡上升的电压,如图 4.36 所示。当它的输出电压低于基准电压 V_R 时,比较器的输出为负电压。但是,一旦积分器输出电压大于 V_R 时,比较器突变为正电压,该正跳变使下联的单稳产生一个脉冲。与此同时,比较器输出正电压使晶体管 BG 导通,使积分器回零,比较器输出同时突变为负电压,积分重新开始。因为 V_{in} 不同,所以积分器输出电压上升斜率不同,单稳输出的斜率也不同。

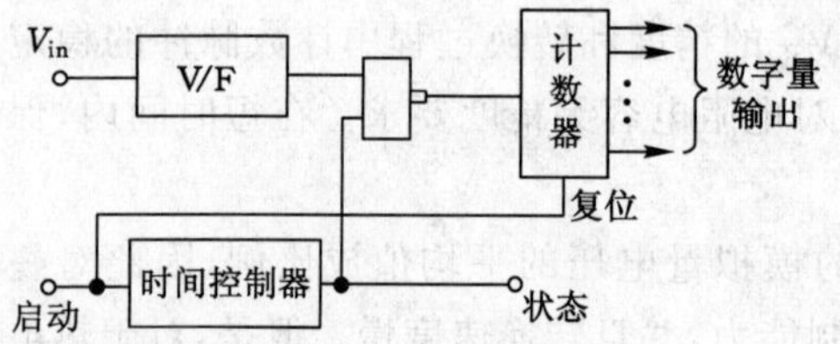

图 4.35　电压—频率型 ADC 原理图

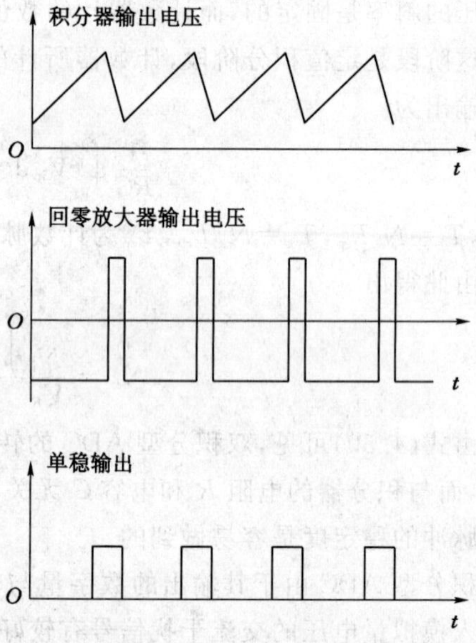

图 4.36　电压—频率转换器各点电压变化

4.3.2　ADC 的性能指标和选择要点

1）性能指标

在数据采集、处理和控制系统的设计中,必然要涉及 ADC 接口电路的设计与 ADC 芯片的选择问题,这样会涉及有关 ADC 的性能指标的术语。其主要性能指标如下:

(1) 分辨率

对于 ADC 来说,分辨率表示输出数字量变化一个相邻数码所需输入模拟电压的变化量。

(2) 量化误差

量化误差是由 ADC 的有限分辨率而引起的误差。

(3) 偏移误差

偏移误差是指输入信号为零时,输出信号不为零的值,所以有时又称为零值误差。测量 ADC 的偏移误差也不难,只要从零不断增加输入电压的幅值,并观察 ADC 输出数码的变化,当发现输出数码从 00…0 跳至 00…1 时,停止增加电压输入,并记下此时的输入电压值。这个电压值与 $\frac{1}{2}$LSB 的理想输入电压值之差,便是所求的偏移误差。在理想情况下,即具有零值偏移误差的情况下,上述数码从 00…0～00…1 跳变的时刻所测得的电压值应等于 $\frac{1}{2}$LSB的电压值。

(4) 满刻度误差

满刻度误差又称增益误差。ADC 的满刻度误差是指满刻度输出数码所对应的实际输入电压与理想输入电压之差,一般满刻度误差的调节在偏移误差调整后进行。

(5) 线性度

线性度有时又称为非线性度,它是指转换器实际的转移函数与理想直线的最大偏移。理想直线可以通过理想转移函数的所有点来画,也可以通过两个端点连接而成。

(6) 绝对精度

在一个转换器中,任何数码所相对应的实际模拟电压与其理想的电压之差并非是一个常数,把这个差的最大值定义为绝对精度。对于 ADC 而言,可以在每一个阶梯的水平中心进行测量,它包括所有的误差,也包括量化误差。

(7) 相对精度

它与绝对精度相似,所不同的是把这个最大偏差表示为满刻度模拟电压的百分数,或者用二进制分数来表示相对应的数字量。它通常不包括能被用户消除的刻度误差。

(8) 转换速率

ADC 的转换率就是能够重复进行数据转换的速度,即每秒转换的次数。而完成一次 A/D 转换所需的时间(包括稳定时间),则是转换速率的倒数。

2) 选择要点

超大规模集成电路技术的发展,使集成 ADC 的发展速度惊人。品种繁多、性能各异的满足不同要求的集成 ADC 不断涌现。在设计数据采集系统时,首先碰到的就是如何选择合适的 ADC 以满足应用系统设计要求的问题。

(1) 确定 ADC 的位数

ADC 位数的确定与数据采集的范围和精度有关,但又不能唯一确定系统的精度。因为系统精度涉及的环节较多,包括传感器变换精度,信号预处理电路精度和 ADC 及输出电路精度。估算时,ADC 的位数至少要比总精度要求的最低分辨率高 1 位。虽然分辨率与转换精度是不同的概念,但没有基本的分辨率就谈不上转换精度,精度是在分辨率的基础上反映的。

(2) 如何确定 ADC 的转换速率

ADC 从启动转换到转换结束,输出稳定的数字量,需要一定的时间,这就是 ADC 的转换时间;其倒数就是每秒钟能完成的转换次数,称为转换速率。用不同原理实现的 ADC 的转换时间是大不相同的。总之,积分型、电荷平衡型和跟踪比较型 ADC 的转换速度均较慢,转换时间从几毫秒到几十毫秒,只能构成低速 ADC,一般适用于对温度、压力、流量等缓变参量的采集和控制。逐次逼近型 ADC 的转换时间可从几微秒到 100 μs,属于中速 ADC,常用于工业多通道单片机采集控制系统和声频数字转换系统等。转换时间最短的高速 ADC 是那些用双极型或 CMOS 工艺制成的全并行型、串并行型和电压转移函数型的 ADC,转换时间仅 20～100 ns,即转换速率可达 10～50 Msps(Msps 表示每秒采样百万次)。高速 ADC 适用于雷达、数字通信、实时瞬态记录、视频数字转换系统等。

(3) 是否要加采样保持放大器

原则上直流和变化非常缓慢的信号可不用采样保持放大器。其他情况都要加采样保持放大器。根据分辨率、转换时间、信号带宽关系式可得到如下数据作为是否要加采样保持放大器的参考:如果 ADC 的转换时间是 100 ms、ADC 是 8 位且没有采样保持放大器时,信号的允许频率是 0.12 Hz;如果 ADC 是 12 位,则该频率为 0.007 7 Hz;如果转换时间是 100 μs,ADC 是 8 位时频率为 12 Hz,ADC 是 12 位时频率为 0.77 Hz。

(4) 工作电压和基准电压

有些早期设计的集成 ADC 需要±15 V 的工作电压,最近开发的产品可在±(12～15)V工作,这就需要多种电源。如果选择使用单+5 V 工作电压的芯片,与单片机系统可共用一个电源就比较方便。

基准电压源是提供给 ADC 在转换时所需要的参考电压,也是保证转换精度的基本条件。在要求较高精度时,基准电压要单独用高精度稳压电源供给。

(5) 正确选用 A/D 转换器有关量程的引脚

ADC 的模拟量输入有时是双极性的,有时却是单极性的。输入信号最小值有从零开始,也有从非零开始的。有的 ADC 提供了不同量程的引脚,只有正确使用,才能保证转换精度。

4.3.3 数模转换器(DAC)

数模转换器是一种把数字信号转换成模拟电信号的器件。实际上,DAC 输出的电量并不是真正连续可调的,而是以所用 DAC 的绝对分辨率为单位递减,是准模拟量输出。数模(D/A)转换是数据采集控制系统典型的接口技术内容,所以主要介绍其基本原理与分类、主要技术指标及选择要点。

1) DAC 的基本原理与分类

DAC 是将数字量转换成与此值成正比的电压或电流(模拟量)的基本器件。设输入数字量为 N,输出电压为 V_o,参考电压为 V_R,则

$$V_o = NV_R \tag{4.51}$$

式中,$N = 2^{-1}B_1 + 2^{-2}B_2 + \cdots + 2^{-(n-1)}B_{n-1} + 2^{-n}B_n$,其中 $B_1B_2\cdots B_{n-1}B_n$ 为 n 位二进制数。

每一个数字量都是数字代码的按位组合,每一位数字代码都有一定的"权",并且对应一定大小的模拟量。为了将数字量转换成模拟量,应该将其每一位都转换成相应的模拟量,然后求和即得到与数字量成正比的模拟量。一般的数模转换器都是按这一原理设计的。

数模转换器的类型很多,目前在集成化的数模转换器中经常使用的一种是 T 形网络数模转换器,如图 4.37 所示。

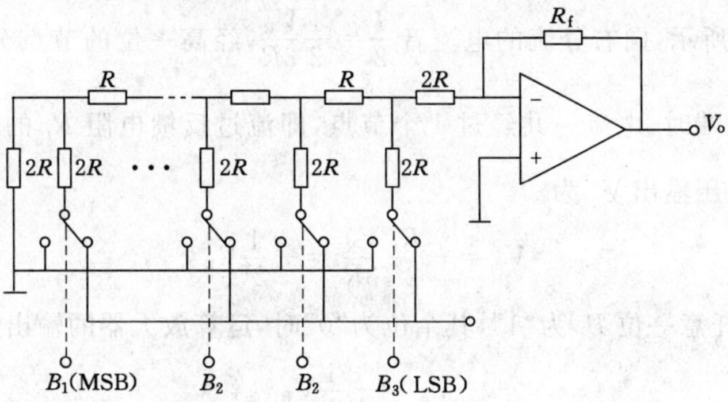

图 4.37 T 形网络 DAC

此电路由 T 形电阻解码网络、模拟电子开关及求和放大器组成。模拟电子开关受数字量的数字代码所控制，代码为“0”时开关接地，代码为“1”时开关接到参考电源 V_R。T 形电阻网络用来把每位代码转换成相应的模拟量。

这里所用的 T 形电阻网络有个特点：电阻的种类只有两种，即 R 或者 $2R$。因此，在具体实现，特别是在集成化实现时比较方便。为了理解它的转换原理，现在假定输入的数字量中最高位(MSB)B_1 位为“1”，其余为“0”，这时最高位开关接通基准电压 V_R，其余位开关与地接通。在这样条件下，最高位节点的右端等效电阻为 $2R$，而左端的等效电阻也是 $2R$，如图 4.38(a)所示，所以流入节点的电流为 I，流出节点的电流为 $\frac{I}{2}+\frac{I}{2}$，流向左、右各为 $\frac{I}{2}$。而电流 I 的大小为

$$I=\frac{V_R}{3R} \tag{4.52}$$

这时，运算放大器输出，也就是 DAC 的输出电压 V_o 为

$$V_o=-\frac{I}{2}R_f=-\frac{R_f}{2R}\frac{V_R}{3} \tag{4.53}$$

若将 $R_f=3R$ 代入式(4.53)，得：

$$V_o=-\frac{1}{2}V_R \tag{4.54}$$

再看低一位，即图 4.38 最高位左面的节点。这时假定输入的数字量为“1”，其他位为“0”，则节点左端的电阻值为 $2R$，节点右端的等效电阻也为 $2R$，所以流入节点的电流 I 也左、右各分 $\frac{1}{2}I$。

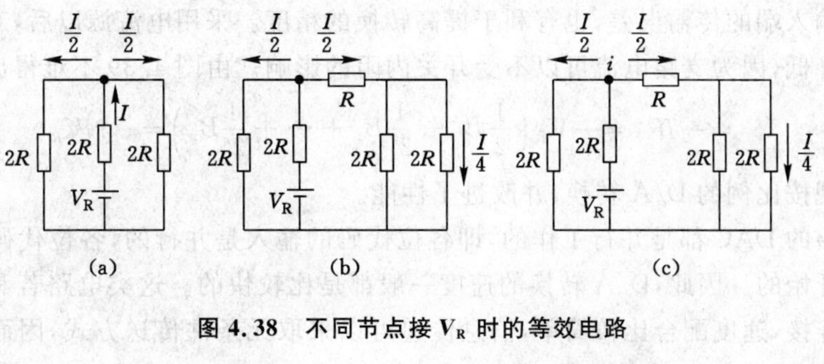

图 4.38 不同节点接 V_R 时的等效电路

如图 4.38(b)所示，向右分流的电流音 $\frac{I}{2}=\frac{1}{2}\frac{V_R}{3R}$，经高一位的节点分流 $I/2$，到达运算放大器的反相输入端时，电流一共经过 1 个节点，即流过反馈电阻 R_f 的电流为 $\frac{1}{2}\times\frac{1}{2}\frac{V_R}{3R}$，则运算放大器的电压输出 V_o 为

$$V_o=-\frac{R_f}{2^2}\frac{V_R}{3R}=-\frac{1}{2^2}V_R \tag{4.55}$$

依此类推，对任意一位 B_i 为"1"，其余位为"0"时，运算放大器的输出电压 V_o 应为

$$V_o=-\frac{1}{2^i}V_R \tag{4.56}$$

根据线性电路的叠加原理，当 DAC 的输入量为任意二进制数，$N=B_1B_2\cdots B_n$ 时，则运算放大器的输出电压 V_o 为

$$V_o=-V_R\left(\frac{1}{2}B_1+\frac{1}{2^2}B_2+\cdots+\frac{1}{2^n}B_n\right)=-NV_R \tag{4.57}$$

从而实现了 D/A 转换的基本要求：输出模拟量与输入数字量成正比。

以上分析是在理想情况下进行的。实际电路中，由于参考电压 V_R 偏离标准值，运算放大器的温度误差、零点漂移、模拟开关的不理想造成的传输误差，以及电阻阻值误差等都可能引起转换误差，使得输出模拟量与输入数字量 4 不完全成比例。为了改进 DAC 的性能，可以采用如图 4.39 所示的权电流 DAC。

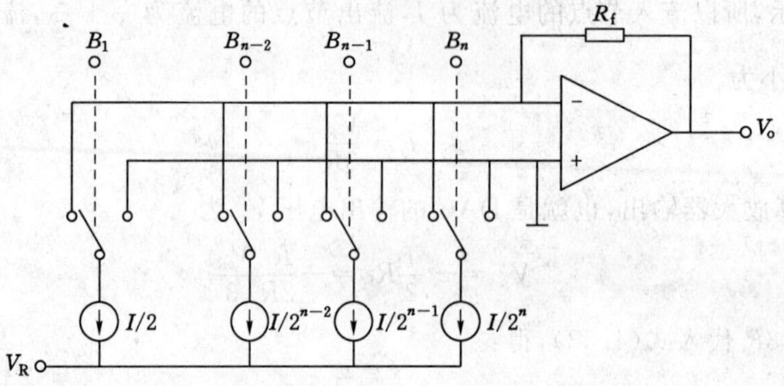

图 4.39　权电流 DAC

这个电路由电流源解码网络、模拟电子开关和运算放大器组成，即用电流源代替了各支路的电阻，各支路电流源的电流是和代码的权值成正比的。各个支路的电流是直接连接到运算放大器的输入端，不像在 T 形网络中要经过网络的传输，因而避免了各支路电流到达运算放大器输入端的传输误差，也有利于提高转换的精度。采用电流源以后，对于模拟开关的要求可以降低，因为支路电流可以不受开关内阻的影响。由图 4.39 不难得出

$$V_o=-IR_f=-V_R\left(\frac{1}{2}B_1+\frac{1}{2^2}B_2+\cdots+\frac{1}{2^n}B_n\right)=-NV_R \tag{4.58}$$

从而实现按比例的 D/A 转换，并改进了性能。

以上介绍的 DAC 都是并行工作的，即各位代码的输入是并行的，各位代码转换成模拟量也是同时开始的。因此，D/A 转换的速度一般都是比较快的。这类电路若和单片机及其他微处理器连接，速度配合比较简单，信息传递可以采取无条件传送方式，因而可以不必采

用查询或中断方式。

2) DAC 的性能指标和选择要点

(1) DAC 的性能指标

① 分辨率。分辨率即输入数字发生单位数码变化时，所对应输出模拟量(电压或电流)的变化量。在实际使用中，表示分辨率高低更常用的方法是采用输入数字量的位数或最大输入码的个数表示。例如，8 位二进制 DAC，其分辨率为 8 位。显然，位数越多，分辨率就越高。

② 线性度。通常把理想的输入/输出特性的偏差与满刻度输出之比的百分数，定义为非线性误差，并常用非线性误差的大小表示 DAC 的线性度。

③ 转换精度。转换精度以最大的静态转换误差的形式给出。此转换误差应该是包含非线性误差、比例系数误差以及漂移误差等的综合误差。但有的产品说明书中，只是分别给出各单项误差，而不给出综合误差。

应该注意，精度和分辨率是两个不同的概念。精度是指转换后所得的实际值对于理想值的接近程度，而分辨率是指能够对转换结果发生影响的最小输入量，对于分辨率很高的 DAC 并不一定具有很高的精度。

④ 建立时间。对于一个理想的 DAC，其数字输入信号从一个二进制数变到另一个二进制数时，其输出模拟信号电压应立即从原来的输出电压跳变到与新的数字信号相对应的新的输出电压。在实际的 DAC 中，电路中的电容、电感和开关电路会引起电路时间延迟。所谓建立时间 t_s，是指 DAC 中的输入代码有满度值变化时，其输出模拟信号电压(或电流)达到满刻度值 $\pm\frac{1}{2}$ LSB(或与满刻度值差百分之几)时所需要的时间。建立时间 t_s 是描述 DAC 转换速率快慢的一个重要参数。

根据建立时间 t_s 的长短，DAC 分成以下几挡：超高速 $t_s < 100$ ns；较高速 $t_s = 100$ ns ~ 1 μs；高速 $t_s = 1 \sim 10$ μs；中速 $t_s = 10 \sim 100$ μs；低速 $t_s \geqslant 100$ μs 。

⑤ 温度系数。在满刻度输出的条件下，温度每升高 1 ℃，输出变化的百分数定义为温度系数。例如，单片 AD561J 的温度系数$\leqslant 10 \times 10^{-6}$ ℃$^{-1}$(FSR)。

⑥ 输入代码。有二进制码、BCD 码、双极性时的符号——数值码、补码、偏移二进制码等。

⑦ 输入数字电平。指输入数字信号分别为“1”和“0”时，所对应的输入高低电平的起码数值。例如，单片集成 D/A 转换器 AD7541 的输入数字电平：$V_{IH} > 2.4$ V，$V_{IL} < 0.8$ V 。

⑧ 输出电平。不同型号的 DAC 的输出电平相差较大。一般为 5~10 V，有的高压输出型的输出电平，则高达 24~30 V。还有电流输出型的 DAC，低的为几毫安培到几十毫安培，高的可达 3 A。

⑨ 工作温度范围。由于工作温度会对运算放大器和加权电阻网络等产生影响，所以只有在一定的温度范围内才能保证额定精度指标。

(2) DAC 的选择要点

选择 DAC 芯片时，主要考虑芯片的性能、结构及应用特性。在性能上，DAC 芯片必须满足 D/A 转换的技术要求；在结构和应用特性上，应满足接口方便、外围电路简单、价格低廉等要求。

① DAC 芯片主要性能的选择。前面所述的 DAC 性能指标，芯片的器件手册上都会给

出。在D/A转换接口设计的实际应用中,用户在选择时主要考虑的是用位数(8位、12位)表示的转换精度和转换时间。

② DAC芯片的主要结构特性与应用特性选择。DAC的特性虽然主要表现为芯片内部结构的配置状况。但是,这些配置状况对D/A转换接口电路设计带来很大影响。

a. 数字输入特性:数字输入特性包括接收数的码制、数据格式以及逻辑电平等。目前,批量生产的DAC芯片一般都只能接收自然二进制数字代码。因此,当输入数字代码为偏置码或2的补码等双极性数码时,应外接适当的偏置电路后才能接受。

输入数据格式一般为并行码,对于芯片内部配置有移位寄存器的DAC,可以接收串行码输入。

对于不同的DAC芯片,输入逻辑电平要求不同。对于固定阈值电平的DAC一般只能和TTL或低压CMOS电路相连,而有些逻辑电平可以改变的DAC可以满足与TTL、高低压CMOS、PMOS等各种器件直接连接的要求。应当注意,这些器件往往为此设置了"逻辑电平控制端"或者"阈值电平控制端",用户应按手册规定,通过外电路给这一端以合适的电平才能工作。

b. 数字输出特性:目前多数DAC器件均属电流输出器件。手册上通常给出在规定的输入参考电压及参考电阻之下的满码输出电流I_o。另外,手册上还给出最大输出短路电流以及输出电压允许范围。

对于输出特性具有电流源性质的DAC(如DAC-08),用输出电压允许范围来表示由输出电路(包括简单电阻负载或者运算放大器电路)造成的输出端电压的可变动范围。只要输出端的电压小于输出电压允许范围,输出电流和输入数字之间保持正确的转换关系,而与输出端的电压大小无关。对于输出特性为非电流源特性的DAC,如AD7520,DAC1020等,无输出电压范围指标,电流输出端应保持公共端电位或虚地,否则将破坏其转换关系。

c. 锁存特性及转换控制:DAC对数字量输入是否具有锁存功能将直接影响与CPU的接口设计。结果DAC没有输入锁存器,通过CPU数据总线传送数字量时,必须外加锁存器;否则,只能通过具有输出锁存功能的I/O口给DAC送入数字量。

有些DAC并不是对锁存输入的数字量立即进行D/A转换,而是只有在外部施加了转换控制信号后才开始转换和输出。具有这种输入锁存及转换控制功能的DAC(如DAC0832),在CPU分时控制多路D/A输出时,可以做到多路D/A转换的同步输出。

d. 参考源:D/A转换中,参考电压源是唯一影响输出结果的模拟参量,是D/A转换接口中的重要电路,对接口电路的工作性能、电路的结构有很大影响。使用内部带有低漂移精密参考电压源DAC(如AD558/AD1147)不仅能保证有较好的转换精度,而且可以简化接口电路。

4.4 数据采集方法简介

众所周知,使用计算机时一般不会直接使用硬件系统,而是在操作系统或者数据库管理系统等不同层次的软件环境里进行不同层次的操作。也就是说,在软件的不同层次有不同的使用方法,因此也就会有不同的数据采集方法。这里主要介绍以下几种数据采集方法:用PLC实现温度信号的数据采集方法、MATLAB环境下的实时数据采集方法。

4.4.1 用 PLC 实现温度信号的数据采集方法

1) PLC

可编程序控制器(Programmable Logic Controller,PLC)控制系统是 20 世纪 60 年代末随着微电子技术和计算机技术飞速发展而发展起来的一种先进的工业计算机控制系统。PLC 具有如下特点:可靠性高,抗干扰能力强;配套齐全,功能完善,适用性强;系统的设计、建造工作量小,维护方便,容易改造;体积小,质量轻,能耗低。PLC 控制系统能很好地完成工业实时顺序控制、条件控制、计数控制、步进控制等功能;并能够完成模/数(A/D)、数/模(D/A)转换、数据处理、通信联网、实时监控等功能。

PLC 采用可以编制程序的存储器,用来在其内部存储执行逻辑运算、顺序运算、计时、计数和算术运算等操作的指令,并能通过数字式或模拟式的输入和输出,控制各种类型的机械或生产过程。PLC 及其有关的外围设备都应该按易于与工业控制系统形成一个整体,易于扩展其功能的原则而设计。

从结构上分,PLC 分为固定式和组合式(模块式)两种。固定式 PLC 包括 CPU 板、I/O 板、显示面板、内存块、电源等,这些元素组合成一个不可拆卸的整体。模块式 PLC 包括 CPU 模块、I/O 模块、内存、电源模块、底板或机架,这些模块可以按照一定规则组合配置。

PLC 实质是一种专用于工业控制的计算机,其硬件结构基本上与微型计算机相同,基本构成为:

(1) 电源

PLC 的电源用于为 PLC 各模块的集成电路提供工作电源,在整个系统中起着十分重要的作用。一般交流电压波动在 10%~15%范围,可以不采取其他措施而将 PLC 直接连接到交流电网上去;同时,有的还为输入电路提供 24 V 的工作电源。电源输入类型包括:交流电源(AC220 V 或 AC110 V)和直流电源(常用的为 DC24 V)。

(2) 中央处理单元(CPU)

中央处理单元(CPU)是 PLC 的控制中枢,是 PLC 的核心起神经中枢的作用,每套 PLC 至少有 1 个 CPU。它按照 PLC 系统程序赋予的功能接收并存储从编程器键入的用户程序和数据;检查电源、存储器、I/O 以及警戒定时器的状态,并能诊断用户程序中的语法错误。

(3) 存储器

存放系统软件的存储器称为系统程序存储器;存放应用软件的存储器称为用户程序存储器。

(4) 输入/输出接口电路(I/O 模块)

PLC 与电气回路的接口是通过输入/输出(I/O)部分完成的。I/O 模块集成了 PLC 的 I/O 电路,其输入暂存器反映输入信号状态,输出点反映输出锁存器状态。输入模块将电信号变换成数字信号进入 PLC 系统,输出模块相反。I/O 分为开关量输入(DI)、开关量输出(DO)、模拟量输入(AI)、模拟量输出(AO)等模块。

(5) 底板或机架

大多数模块式 PLC 使用底板或机架。其作用是:电气上,实现各模块间的联系,使 CPU 能访问底板上的所有模块;机械上,实现各模块间的连接,使各模块构成一个整体。

(6) 功能模块

如计数、定位等功能模块。

(7) 通信模块

如以太网,RS485,Profibus-DP 通信模块等。

(8) 编程设备

编程器是 PLC 开发应用、监测运行、检查维护不可缺少的器件,用于编程、对系统做一些设定、监控 PLC 及 PLC 所控制的系统的工作状况,但它不直接参与现场控制运行。小编程器 PLC 一般有手持型编程器,目前一般由计算机(运行编程软件)充当编程器。

(9) 人机界面

最简单的人机界面是指示灯和按钮,液晶屏(或触摸屏)式的一体式操作员终端应用越来越广泛,由计算机(运行组态软件)充当人机界面非常普及。

2) PLC 实现温度数据采集

工控现场使用 PLC 作为系统的控制核心,温度数据经温度传感器(热电偶或热电阻)采集后,送入 PLC 的特殊功能单元——温度模块(变送器+模数转换),温度模块对采集到的温度模拟量数据(电压或电流)自动进行模数(A/D)变换,最后转变为 PLC 可读的数字量(16 进制数,以二进制数存放),通过对 PLC 编程可实现对读入的温度数据进行单位转换和数模(D/A)转换,根据工业现场需要,编制相应的 PLC 处理程序。

本节以 OMRON 小型 PLC 为例说明对温度数据的采集和处理。温度数据采集和控制系统流程如图 4.40 所示。

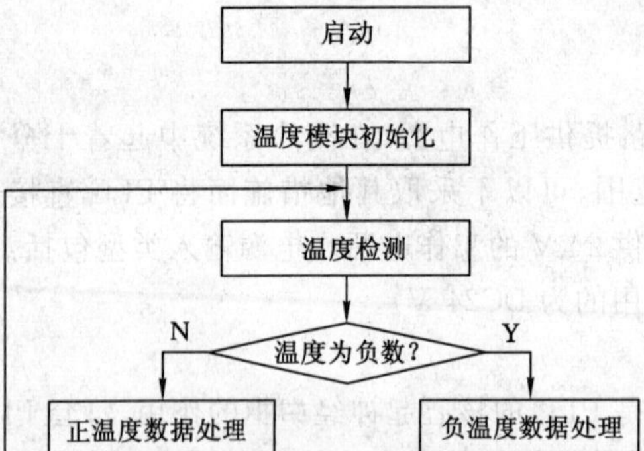

图 4.40　温度数据采集和控制系统流程图

OMRON 小型 PLC 可通过侧挂功能模块来实现功能扩展,I/O 可通过扩展由本机 CPU 的 20～60 点增加到 100～140 点;程序后备为快闪存储器,无需电池支持,基本指令扫描时间仅为 172 μs,外部中断响应时间在 13 ms以下;本机带有 5 kHz 和 215 kHz 的单相和三相高速脉冲输入计数功能,并有2 kHz 以上的单脉冲输出功能。

3) 温度模块 TS101DA 的采集及 PLC 对温度数据的处理

OMRON 小型 PLC 有 CPM1A 和 CPM2A 等多款类型,都可通过侧挂功能模块来实现功能扩展。CPM1A 及 CPM2A 可挂接的温度模块种类很多,其中 CPM2A-TS101DA,CPM1A-TS001/002 分别连接由铂热电阻和热电偶传送来的温度信号。尽管每个 CPU 可允许连接 3 个扩展单元,但同样功能的模块只能连接其中一种,且最多连接 2 个同种模块。TS101DA 可接两路铂热电阻,并且带有两路模拟量输出 V_{out}(电压)和 I_{out}(电流),但只能选择其中一种。

温度模块的输入与输出共占用 PLC 三个输入、输出地址字,输入、输出地址字编号紧接 PLC 最后一个扩展单元,即温度模块的前一个功能模块单元[假设输入地址字 n,输出 m,则 TS101DA 的第一路输入(1A,1B,1B)地址字为 $n+1$,第二路输入为 $n+2$,输出 V_{out} 和 I_{out} 共用一个地址字 $m+1$]。

TS101DA 的温度输入范围为 -40～$+20$ ℃,对应的 Pt100 阻值分别为 8 213 Ω 和 19 411 Ω。TS101DA 模块的电流输出为 4～20 mA,电压输出范围分别为 0～10 V 和 -10～

10 V,可通过设置控制字来选择输出电压的范围。

控制字在 PLC 第一个扫描周期必须写入对应的模拟量输出通道 $m+1$,否则整个模块无法工作,即使不用模拟量输出。为了避免控制字被覆盖,后续程序中如果向该通道写入数据,应在第一个扫描周期之后。

铂热电阻采集到的温度数据经 TS101DA 内的变送器和数模转换后,可被 PLC 从对应的输入通道中读出。

TS101DA 输出的温度字格式共有 16 位,其中 0～13 位为二进制温度数据,13 位为最高位;第 14 位为温度数据的符号位,"0"表示正温度数据,"1"表示负温度数据;第 15 位为报警位,"0"表示温度在允许范围内,"1"表示温度超出允许范围。

PLC 通过"MOV"指令把 $n+1$ 或 $n+2$ 通道采集到的温度数据读入指定的内部数据存储区 DM 中,如温度为正,把 0～13 位转化为 BCD 码,如果为负(负数以补码形式存放),取反加 1 后,再将 0～13 位转化为相应的 BCD 码。

PLC 对温度数据采集有单精度及双精度(分时采集)两种格式,误差在 0.01～0.1 ℃范围内,控制准确可靠。通过 PLC 内部程序处理还可输出模拟量来控制其他设备,PLC 与温度模块及传感器对温度数据的采集和处理可以达到工控现场温度控制的理想要求。

4) PLC 对累计信号的数据采集

在大中型的 PLC 控制系统中,PLC 与计算机的通信应用越来越多。计算机作为上位机提供良好的人机界面,不仅要有实时监视界面,如各控制点状态的实时动态显示、故障诊断,瞬时流量、压力、液位的数据采集;还可显示历史事件记录,如系统各主要部件的累计运行时间、累计流量信号的数据采集。

累计信号的数据采集任务采用可靠性高、抗干扰能力强、数据存储区较大的 PLC 来完成,不仅可以充分挖掘 PLC 的功能,而且还能提高数据采集的质量,减少硬件设计的工作量。本书结合 PLC 的应用实践,以日本松下电工的 FP2 系列 PLC 为例,总结几种常用的累计信号的编程方法。

(1) 累计运行时间的信号采集

在 PLC 控制系统中,系统主要设备的累计运行时间是一个较重要的生产数据,一方面可以为设备的运行、维护、保养提供依据;另一方面可以根据设备在某固定工序内的累计运行时间的偏差,判断设备是否出现故障,通过报警系统提示操作人员进行处理。这些操作的实现主要是采用定时器实现、用定时器和计数器一起实现、用两个计数器实现以及用可逆计数器实现等方法。

(2) 累计流量信号的数据采集

流量计量是油田生产重要的工艺参数。如在某干粉与水按比例混配控制系统中,安装电磁流量计来完成水流量的计量和控制,不仅要采集实时的瞬时流量,累计流量也是该系统重要的生产数据。电磁流量计的量程:0～100 m^3/h;输出模拟电流信号:4～20 mA。4～20 mA信号输送到 FP2 的 A/D 模块,实现瞬时流量的信号采集,通过 PLC 编程,获得累计流量信号。

PLC 指令丰富,编程灵活,同样的控制要求,可以用不同的指令编程实现。只要编程人员在实践中善于摸索、善于总结,就能充分挖掘 PLC 更多的软件编程功能。

4.4.2 MATLAB环境下的实时数据采集方法

1) MATLAB简介

MATLAB是矩阵实验室(Matrix Laboratory)的简称，是美国MathWorks公司出品的商业数学软件，用于算法开发、数据可视化、数据分析以及数值计算的高级技术计算语言和交互式环境，主要包括MATLAB和Simulink两大部分。它将数值分析、矩阵计算、科学数据可视化以及非线性动态系统的建模和仿真等诸多强大功能集成在一个易于使用的视窗环境中，为科学研究、工程设计以及必须进行有效数值计算的众多科学领域提供了一种全面的解决方案，并在很大程度上摆脱了传统非交互式程序设计语言(如C,FORTRAN)的编辑模式，代表了当今国际科学计算软件的先进水平。

MATLAB的基本数据单位是矩阵，它的指令表达式与数学、工程中常用的形式十分相似，故用MATLAB来解算问题要比用C,FORTRAN等语言完成相同的事情简捷得多，并且MATLAB也吸收了像Maple等软件的优点，使MATLAB成为一个强大的数学软件。在新的版本中也加入了对C,FORTRAN,C++,JAVA的支持。可以直接调用，用户也可以将自己编写的实用程序导入到MATLAB函数库中方便自己以后调用，此外许多的MATLAB爱好者都编写了一些经典的程序，用户可以直接进行下载就可以用。

(1) 友好的工作平台和编程环境

MATLAB由一系列工具组成。这些工具方便用户使用MATLAB的函数和文件，其中许多工具采用的是图形用户界面。具体包括MATLAB桌面和命令窗口、历史命令窗口、编辑器和调试器、路径搜索和用于用户浏览帮助、工作空间、文件的浏览器。新版本的MATLAB提供了完整的联机查询、帮助系统，极大地方便了用户的使用。简单的编程环境提供了比较完备的调试系统，程序不必经过编译就可以直接运行，而且能够及时地报告出现的错误及进行出错原因分析。

(2) 简单易用的程序语言

Matlab一个高级的矩阵/阵列语言，它包含控制语句、函数、数据结构、输入/输出和面向对象编程特点。用户可以在命令窗口中将输入语句与执行命令同步，也可以先编写好一个较大的复杂的应用程序(M文件)后再一起运行。新版本的MATLAB语言是基于最为流行的C++语言基础上的，因此语法特征与C++语言极为相似，而且更加简单，更加符合科技人员对数学表达式的书写格式。

(3) 强大的科学计算机数据处理能力

MATLAB是一个包含大量计算算法的集合。其拥有600多个工程中要用到的数学运算函数，可以方便地实现用户所需的各种计算功能。函数中所使用的算法都是科研和工程计算中的最新研究成果，而前经过了各种优化和容错处理。通常情况下，可以用它来代替底层编程语言，如C/C++。MATLAB的这些函数集包括从最简单、最基本的函数到诸如矩阵、特征向量、快速傅里叶变换的复杂函数。

(4) 出色的图形处理功能

可用于科学计算和工程绘图。

(5) 实用的程序接口和发布平台

MATLAB可以利用MATLAB编译器和C/C++数学库和图形库，将自己的MATLAB程序自动转换为独立于MATLAB运行的C/C++代码。允许用户编写可以和MATLAB进行交互的C/C++语言程序。MATLAB的一个重要特色就是具有一套程序扩展系统和一组称之为工具箱的特殊应用子程序。工具箱是 MATLAB 函数的子程序库，每一个工具箱都是为某一类学科专业和应用而定制的，主要包括信号处理、控制系统、神经网络、模糊逻辑、小波分析和系统仿真等方面的应用。

(6) 应用软件开发(包括用户界面)

在开发环境中，使用户更方便地控制多个文件和图形窗口；在编程方面支持了函数嵌套、有条件中断等；在图形化方面，有了更强大的图形标注和处理功能；在输入/输出方面，可以直接向 Excel 和 HDF5 进行连接。

(7) 应用广泛的模块集合工具箱

MATLAB 对许多专门的领域都开发了功能强大的模块集和工具箱。一般来说，它们都是由特定领域的专家开发的，用户可以直接使用工具箱学习、应用和评估不同的方法而不需要自己编写代码。目前，MATLAB 已经把工具箱延伸到了科学研究和工程应用的诸多领域，如数据采集、数据库接口、概率统计、样条拟合、优化算法、偏微分方程求解、神经网络、小波分析、信号处理、图像处理、系统辨识、控制系统设计、LMI 控制、鲁棒控制、模型预测、模糊逻辑、金融分析、地图工具、非线性控制设计、实时快速原型及半物理仿真、嵌入式系统开发、定点仿真、DSP 与通信、电力系统仿真等，都在工具箱(Toolbox)家族中有了自己的一席之地。

2) MATLAB 的数据采集工具箱

若要对大量的实验数据利用 MATLAB 的数据分析处理功能进行处理，则首先要将实验数据转换成 MATLAB 的数据格式，这无疑是一件十分繁杂的任务。若能直接从 MATLAB 环境下采集实验数据，无疑对与实验分析和数据处理都是有益的。MATLAB 6.1 的数据采集箱(Data Acquisition Toolbox Vesion2.1)为此提供一个实现直接数据采集的平台。利用该工具箱配以适当的数据采集卡不仅可以进行实时数据采集，而且还可以进行实时控制，由此还可以组建成为自动测试分析系统。

MATLAB 环境下的数据采集工具箱包含 3 部分内容，其中 M. file 函数是 MATLAB 中的可直接调用的数据采集命令函数，通过 M. file 函数传输数据、参数和命令给数据采集引擎，并可从数据采集引擎中查看数据采集设备对象的状态、参数和抽取数据，所有的实时数据采集任务都通过这些函数的调用来实现。

数据采集引擎是 MATLAB 环境下进行实时数据采集的核心。它执行 M. file 函数所规定的功能，并监视和控制数据采集设备对象的状态以及存储和管理所采集的数据。一旦实时数据采集任务启动，它就类似于 DOS 环境下后台运行的监控程序，所有的数据采集任务就置于它的监控和管理之中。数据采集卡驱动适配软件(adaptor)建立采集卡驱动软件(driver)与数据采集引擎之间的数据、命令和参数的传输通道，对于不同的板卡，需要不同的适配驱动软件，这是一个需要用户开发的软件。为了便于用户开发自己的板卡驱动适配软件，在数据采集工具箱中同时还提供了一个驱动适配软件开发工具套件，利用这个适配软件开发工具套件，参照随机手册中的样板程序，通过修改样板程序用户即可轻松地编写自己板卡的驱动适配软件。驱动适配软件可以是动态链接库文件(*.DLL)，也可以是 Matlab 下的共享库文件(*.MEX)。在驱动适配软件中，可以把 Client-Sever 模型应用于其中，把数据采集引擎当成客户机，而把驱动适配器软件作为服务器。

3) 实时数据采集的数据流和实现方法

(1) 实时数据采集的数据流

Matlab 环境下进行实时数据采集的数据流：将被测物理量通过传感器连接到数据采集卡，通过采集函数命令启动数据采集任务，在数据采集引擎管理下，数据将从采集卡流入数据引擎，临时存储在内存中，以便于数据的重写，数据重写的速度依赖于内存的大小、数据采样的速率和采集通道数。存储在内存中被数据采集引擎管理的数据并不能自动进入 Matlab 工作空间，为了在 Matlab 工作空间使用这些数据，必须使用 getdata 函数从引擎中抽取。被抽取到 Matlab 空间的数据，可以用 Matlab 中其他工具箱的函数进行进一步的分析和处理，也可以直接写入磁盘文件。

（2）实时数据采集实现方法

利用数据采集工具箱，在 Matlab 环境下实现实时数据采集的步骤：首先利用命令函数 analoginput 创建设备对象，并将该设备对象赋予一个 Matlab 变量，以后对该设备对象的操作就转换为对该变量操作。当设备对象建立后，即可用 addchannel 命令给该设备按照需要添加数据采集通道。一旦采集通道添加完成，就可以用 set 命令为设备对象设置采集参数，不同的采集卡具有不同的采集特性参数。当采集参数设定后，即可用 start 命令启动数据采集，这时采集卡的状态就置于数据采集引擎的管理中，数据采集引擎会自动按照设定的参数监管和响应采集卡，并将其所采集的数据输入数据引擎管理的内存区，通过相应的命令可以从 Matlab 中查看数据采集任务的状态和抽取数据到 Matlab 工作空间，并可对抽取到 Matlab 工作空间的数据进行处理分析。当采集到数据满足设定参数时，采集任务即结束。这时，必须利用 delete 和 clear 命令清除设备对象；否则，该设备将会一直处于采集引擎的监管之中，再次创建该设备对象时，系统将会报告一个错误。

4）主要特性参数设置

数据采集工具箱对数据采集对象支持两种基本特性：一种是公共特性，它用于定义采集卡所有采集通道的特性；另一种是通道特性，它仅适用于单个通道。具体特性依赖于采集卡硬件，但对大多数应用而言，有一组特性是通用的基本设置，这些基本特性涉及采样率、触发方式和每次触发的采样点数。数据采集工具箱支持的触发方式有 4 种，它们是手动触发、立即触发、软件触发和硬件触发。数据采集过程中会自动产生各种事件，数据采集工具箱为各种事件发生后的事件处理，提供了丰富的事件处理函数（子程序）接口。

数据采集工具箱中所提供的触发特性和事件处理函数接口，为实现实时数据采集提供了十分丰富的功能，灵活运用这些特性和事件处理函数接口，可以完成复杂的数据采集任务，但其编程却非常简单。

4.4.3 不同软件层次的采用的方法

1）操作系统（OS）层的采集方法

目前，常见的操作系统有单用户，网络和多用户等多种。

2）数据库管理系统（DBMS）层采集方法

被审系统是在某个数据库管理系统环境下运行，或被审系统的机器上安装有可打开被审系统数据文件的数据库管理系统，或审计人员自带便携机上装有某个数据库管理系统，若审计人员可进入数据库管理系统，则可根据不同的系统类型采用不同的数据采集方法。

3）应用程序接口（API）层的采集方法

应用程序接口（Application Program Interface，API）层的采集方法就是俗称的编程方法。由于不同的数据库管理系统有不同的数据存储结构，因而需要有各自相应的数据库引擎来完成用户的向一种服务。为了满足用户开发通用的数据库应用程序的需求，微软公司提供了开放式数据库互联(Open DataBase Connectivity,ODBC)和(Object Linking and Embedding Data Binding,OLEDB)一些程序调用级的API,通过Visual B(VB)、Visual C(VC)等应用程序开发工具,可使用DAO、数据控件、ADO等API的简化封装对象模型,请求各种异构数据库管理系统的各种服务,访问各种异构数据库系统的数据文件,包括复制其数据副本。在Delphi、PowerBuilder等其他开发中也提供了类似的方法。

(1) 开放式数据库互联ODBCAPI

开放式数据库互联(Open Data Base Connectivity,ODBC)应用程序接口(API)由一些程序调用级接口(Call Level Interface,CLI)函数组成,被应用程序调用的ODBCAPI函数,调用ODBC驱动程序(DLL),访问不同格式存储的ODBC数据和实现对各种数据源请求的服务,包括对源数据的查询和复制副本。

(2) 数据访问对象DAO

数据访问对象(Data Access Object,DAO)是定义在ODBC上的一组简化封装对象模型,主要通过微软的Jet数据库引擎与ODBC接口,实现SQL语法分析和数据操作转换。程序员只能通过对象的属性、事件、方法,控制连接的数据源及其访问过程不及ODBCAPI那样灵活通用,由于提供了对象的简单、直观、一致的界面,显著地简化了直接调用ODBCAPI函数的编程。

4) 电算化会计软件系统(AIS)层采集方法

利用被审会计软件系统的功能,如数据备份功能,将被审系统当前所有数据复制到软盘或磁带上带回审计工作人员的办公室审查。

4.5 数据采集的抗干扰性

在数据采集系统中和设计实践中,经常遇到硬件设计正确,程序没有问题,但系统就是不能正常工作,或者系统在实验室中工作完全正常,但一放到现场工作就不正常的现象,其原因主要是由于外部或内部元件之间的干扰所致。因此,要求设计者认真对待干扰问题。

4.5.1 干扰的来源

来自数据采集系统内部或外部,影响数据采集系统正常工作的各种因素统称为干扰。产生干扰的原因很多,有机械的振动或冲击,温度及湿度的变化,光的照射、射线辐射,还有系统周围强电磁工作环境以及系统电源质量等。

按照干扰窜入数据采集系统的路径,可将其分成空间干扰、过程通道干扰和供电系统干扰。

空间干扰主要指空间电磁场干扰,主要来自宇宙射线、大气及雷电、无线电台发射的电磁波、周围大型设备产生的电磁场等。

过程通道干扰是指过程控制或整个数据采集系统的输入/输出通道中产生的干扰。它包括两个方面:一是数据采集回路中使用的传感器,控制开关信号的继电器、电磁阀,电力线路中的电压、电流互感器,自动控制系统中的大功率驱动器、各种交直流电动机以及步进电机等大的器件或设备,在工作时产生的大的脉冲干扰信号;二是通道电路中元器件及线路布局不合理等产生的干扰。

供电系统干扰也称为电源干扰,主要来自电源和供电线路。数据采集系统中使用的稳压电源质量不高会产生系统干扰,电力系统的波动也会影响系统电源质量。数据采集系统与其他设备共用电源时,地线经常成为干扰作用的途径。

对数据采集系统影响最严重的干扰是电磁干扰。电磁干扰一般通过电路或磁路以电场或磁场的感应引起干扰。按照干扰对电路的作用形式,电磁干扰又分为差模干扰和共模干扰。

差模干扰又称为串模干扰,它使信号接收装置的两个输入端电位发生变化。这相当于干扰信号与有用信号按电压串联起来的形式作用于输入端,从而影响测量结果。

共模干扰又称为共态干扰,是相对于公共的电位基准点(通常为"地"),在接收获置的两个输入端上同时出现的干扰。共模干扰不能直接影响测量结果,但当信号的输入电路不对称时,则转化为差模干扰,影响测量结果。共模干扰电压一般都比较大(几伏到几十伏),而且电路耦合机理不易弄清楚,排除故障比较困难,因此对测量的影响较严重。

共模干扰只有转化为差模干扰才能对测量系统产生影响,因此共模干扰影响的大小,取决于转化为差模干扰的大小。

4.5.2 抗干扰措施

噪声源(干扰源)、噪声接收电路、噪声源到接收电路的耦合途径是形成干扰的 3 个要素。抑制干扰主要应从这 3 个要素着手采取相应的措施,即消除或抑制噪声源,破坏噪声干扰通道,削弱接收电路对噪声干扰的敏感性。在数据采集系统实际设计中,常考虑以下几个方面的抗干扰措施。

1) 屏蔽与接地

所谓屏蔽就是利用铜或铝等低电阻材料制成的容器,把系统中需要保护的部分包起来,或者利用导磁性良好的铁材料制成的容器把系统中需要保护的部分包起来,从而把电磁场限制在一定的空间,或把电磁场削弱到一定的数量级。对于以"场"的形式侵入系统的干扰,屏蔽是较为有效的抑制措施。单纯的磁屏蔽体不必接地,而对电场或辐射场的屏蔽体则必须接地。

系统正确接地是抑制干扰的重要途径。一般来说,系统接地时要注意以下几个方面:

(1) 电路的一点接地原则

如果信号电路或测量系统有 2 个或 2 个以上的接地点,那么由于两点间的地电位差会引起干扰,因此不论是单级电路、多级电路还是测量系统,都要遵从这一点接地的原则。

(2) 屏蔽层与屏蔽罩接地

当信号频率不高于 1 MHz 时,传输线的屏蔽层应一点接地,并与电路的一点接地相连,且屏蔽层其他部位要对地绝缘。屏蔽罩接地的原则是确保屏蔽罩的电位与屏蔽电路的地电位相同,干扰电流不流经信号线。

(3) 直流电源零线接地

直流电源零线要求直接接工作地,不能与继电器、电动机等大功率电路中的地任意相连。如果直流电源的精度要求较高,那么其接地线要用铜条或铜皮,以减小地线阻抗。

(4) 数字系统的接地

数字系统接地应按高频电路处理,以保证接地回路阻抗较低。

(5) 三套法接地系统

按照存在噪声的强弱、信号电流的大小、电源的类别,可把接地系统分为以下 3 套:第一套为信号地(或工作地),包括小信号回路、逻辑电路等低电平电路的地;第二套为功率地(或噪声地),包括继电器、电磁阀、电动机等大功率电路及噪声源的地;第三套为机械地,包括各设备的机架、金属箱体外壳等。三套地自成系统，最后汇入系统地(一放为真正的大地)。

2）浮空技术

浮空又叫做浮置、浮接，是指测量装置输入信号放大器公共线(即模拟地)不接机壳或地。浮空的作用正好与屏蔽和接地相反，是阻断干扰电路的通路。测量系统被浮空后，明显地加大了系统信号放大器公共线与地(或外壳)之间的阻抗，能在很大程度上减小共模干扰电流。但浮空不是绝对的，不可能做到“完全浮空”。这是因为，虽然信号放大器公共线与地(或外壳)之间的绝缘电阻可做得很大，大大减小电阻性漏电流干扰，但它们之间仍存在着寄生电容，即容性漏电流干扰是依然存在的。

测量装置被浮空后，其抗共模干扰抑制能力大大提高。浮空技术用于对电路要求高、采用多层屏蔽的条件下，测量电路的浮空应该包括电路的电源，否则浮空是无效的。

3）电源的抗干扰措施

不干净的电源本身即是一个噪声源。另外，电源的输入、输出线很容易拾捡现场及雷电的各种电磁感应干扰。电源干扰包括交流电源干扰和直流电源干扰。下面分别叙述对应的抗干扰措施：

(1) 交流电源干扰的抑制

对于电子装置来说，交流电源干扰是一种外部干扰，它主要是从 50 Hz 的交流电网而来。由交流电网侵入的干扰可分为两种：第一，以装置的交流电源进线作为介质传播的电网中的高频干扰信号；第二，引线所载的 50 Hz 工频电压在一定条件下(如经电源变压器耦合)将成为电路中的低频干扰信号。对于上面的低频和高频干扰信号，采用如下的抗干扰措施。

① 加低通滤波器：在电源的输入端加低通滤波器，用以抑制电源线引入的高频干扰和脉冲干扰。在设计和安装低通滤波器时，应根据要抑制的最高频率选取电感和电容的参数；靠近输入端的电感线圈与靠近输出端的电感线圈不能平行相邻布置，以免两者之间产生大的耦合；滤波器本身屏蔽，且屏蔽罩与装置之间低阻连接；全部导线贴地敷设，以尽量减小耦合；滤波器要尽量靠近电子装置，以使输出线为最近，且输出线要有良好的屏蔽和接地性能。

② 加隔离变压器：这是一种电磁隔离的方法，在电源变压器之前加一隔离变压器，就相当于在干扰信号沿配电线传播的途径上设置了一道防线，从而使干扰在进入装置的变压器之前受到一次衰减。

③ 设置交流稳压器：用以克服电网电压波动对电子装置的影响。另外，交流稳压器中的电感线圈对脉冲干扰也有一定的抑制作用。

④ 电源变压器采用屏蔽措施：在电子装置中，测量仪表、控制系统等都用金属外壳屏蔽起来，以避免电磁耦合干扰。变压器装在金局外壳之内，将电网的交变电压直接引入金属屏蔽罩，从而破坏了原来装置的屏蔽性，造成工频干扰。为了抑制这种干扰，在变压器的原边与副边绕组之间增加单层或多层静电屏蔽层。

(2) 直流电源干扰的抑制

直流电源干扰主要是由直流电源本身和其负载的变化引起。具体包括电源线上所接收的干扰，电源波纹太大、负载变化时在各元件(部件)之间引起的交叉干扰，以及电源内阻太大引起电压波动，等等。对直流电源干扰的抑制，可采用以下措施：

① 尽可能选用好的直流稳压电源，即电源变压器采用多层屏蔽，切断级间耦合；脉动系数在 1%以下；能适应电网电压的较大波动；能适应负载的较大变化。

② 系统中有些电路和器件的直流电源是共用的，为了减弱公用电源内阻在电路和器件

之间形成的噪声耦合，对直流电源的输出需加高、低频成分滤波器，而在各个电路的直流电源进线与地线之间加装 π 型 RC 或 LC 退耦滤波器。

4）过程通道的抗干扰措施

在过程通道的抗干扰设计时，要考虑下面的具体措施：

(1) 设计相制作线路板时，应使信号线、数据线、控制线分开，避免不同类走线并行或者靠近；走线尽可能短，特别考虑小信号线；尽量不在芯片之间定线；选用厚的铜板敷设。

(2) 对线路板以外的传输线，采取不同类型的传输线分开；小信号传输要采用屏蔽线、同轴电缆或双绞线；传输线敷设于电缆沟槽内时，要按类排列，顺序放置，小信号线放在上面，其次是控制线，然后是低压电线，最后是高压电源线；小信号线避免放在大功率变压器、大线圈附近，以免产生电磁感应干扰。

(3) 在与传感器、继电器、电磁阀、电流互感器、电压互感器以及各种电动机功率驱动器或控制装置连接的回路中，使用光电耦合器可隔断微型机与这些器件之间的电气联系，这些器件或设备产生的感应电动势不能进入微型机电路中。

(4) 信号采用电流传输以提高信噪比。来自模拟变送器的时间信号有时需要很长的传输线传给计算机，这样很容易接收干扰电压。如果信号以电压形式传送，容易受共模电压和电磁感应电压干扰。由于电压信号是取自变送器内部串联电路中电阻上的电压，加上负载后就形成一并联支路，在许多对线的电缆中会互相干扰。如果信号采用电流方式传送，负载是串联在变送器内部的电路中，在传输线上正好形成一个来回，这样电磁场相互抵消，共模电压相电磁感应电压就难以产生，从面大大提高了信号在传输中的信噪比。

(5) 在电路板上，电源输入端加滤波器或去耦电容器，以消除沿电源线进入的干扰信号。电容可选用 10～100 μF 的电解电容器。在印刷电路板上，也可在电源线与地线之间分段跨接去耦电容。

5）软件抗干扰措施

系统干扰作用在 CPU 上时，可能会造成程序“跑飞”。程序“跑飞”干扰使 CPU 的程序计数器 PC 的值发生变化，变化后 PC 值很可能指向某条实际指令的第 2～4 B(1 B=8 bit)，而 CPU 却将其当做指令的首地址处理。此时 CPU 便执行毫无实际意义的“指令”，并且一错再错，最后造成控制系统失控。“跑飞”后的程序可能会访问 RAM 区，从而破坏 RAM 中的内容。当然，干扰也可能直接破坏 RAM 中的内容。一般来说，RAM 区受干扰的机会较少，但是一旦 RAM 区中的内容遭到破坏，控制过程就不能继续向下进行了。“跑飞”后的程序，一种可能是转入某种无意义的“循环”中去而出不来；另一种可能是比值不断增加，当 PC 值溢出时，转为执行地址从 000H 开始的程序，这等于重新启动控制程序。当 CPU 在执行中断服务子程序时，如果是在程序“跑飞”之前中断子程序还未执行开放中断的命令，则在程序“跑飞”后，CPU 将对其他中断不响应。此时，使用中断技术的诊断程序也失效。由于中断程序“跑飞”，使程序中最后一条中断返回指令得不到执行，这势必会使优先级低的中断申请得不到响应，造成低级中断丢失。

针对上面的程序“跑飞”等故障，有几种常用的软件抗干扰方法。

(1) 加入冗余指令

在程序关键的地方，人为地插入一些单字节指令(NOP)，或将有效单字节指令重复写出，这便是指令冗余。采用冗余指令的目的是使 PC 的指令地址纳入正轨，以使继续执行下面的指令。

(2) 软件陷阱

指令冗余使“跑飞”的程序安定下来是有条件的，首先“跑飞”的程序必须落到程序区，其次必须执行到冗余指令。当“跑飞”的程序落到非程序区(如 ROM 中未使用的空间、程序中的数据表格区)时，前一个条件就不满足；当“跑飞”程序在没有碰到冗余指令之前就已进入死循环，此时第二个条件也不满足。对于前一种情况采取的措施是设立软件陷阱，对于后一种情况采取的措施是建立程序运行监视系统(WATCHDOG)。所谓软件陷阱，就是利用一条引导指令，强行将捕获的程序引向一个指定的地址，在该地址处设置一段程序出错处理程序。一般来说，软件陷阱由 3 条指令构成：

```
NOP
NOP
LJMP      ERR;转出错处理程序入口
```

软件陷阱一般安排在 4 个地方：未使用的中断向量区；未使用的大片 ROM 区；表格区；程序中 LJMP，SJMP，AJMP，RET，RETI 的后面。

(3) CPU 睡眠抗干扰

该方法的思路是，在 CPU 作好各种准备工作之后，最后进行可能引起强烈干扰的 I/O 操作，之后立即使其进入睡眠状态，当需要 CPU 工作时，再由中断系统将其唤醒。这种方法可以大大减小 CPU 受干扰的机会。

(4) 开辟多个存储区抗干扰

为防止 RAM 出错而丢失重要数据，对于重要的输入/输出数据开辟 2～3 个存储区同时保存。存取数据时，采用比较表决法，使数据去伪存真。

6) 软、硬件结合的抗干扰方法

在数据采集系统抗干扰措施中，软/硬件相结合的方法一般比较简单，且效果很好。此处介绍几种典型方法如下：

(1) 设置监督定时器(WATCHDOG)

监督定时器的作用是当系统的硬件和软件都能正常运行时，每隔一个固定的时间间隔 $T(N)$，就把数值 N 置入监督定时器。该定时器在计数脉冲作用下内容随时间的增加而递减，但只要维持 $T(N) < N_{\tau}$ (定时器的最大定时时间)的关系，也就是在计数器的内容尚未递减到零之前，再次装入计数器的初值，就能保证监督定时器不会为零。如果系统的硬件或软件出现异常，便不能保证上述关系。当监督定时器的内容减到“0”时，就根据监督定时器的构造给出出错信息或发生动作。根据出错信息可以转到某个程序入口，这就相当于自恢复功能。假如监督定时器自动使芯片复位，这就是自动复位功能。

监督定时器功能一般由软件和硬件共同完成，也可由纯软件完成，但此时带系统让出一个定时器资源。为了使用方便，在 8096 系列单片机和增强型 8051 系列单片机中，已将该系统置入芯片内。

(2) 中断请求复位

利用中断请求复位的典型方法有：一是自己建立一个类似上述监督定时器作用的监视主程序运行时间的定时器，定时器的定时时间要稍大于主程序正常运行一个循环的时间，而且在主程序执行过程中执行一次对定时器时间常数刷新操作，这就可以保证定时器在程序运行正常时是不会出现中断；而当程序失控时，会产生定时中断，利用中断服务程序使系统自动复位。另一种方法是设置正常工作标记以表示系统运行正常，其中最简单的方法是利用地址线，如果在高位地址线上有未用的地址线，把它们接成“或非”门后作为小断请求源，一旦程序“跑飞”到局端地址，立即产生中断请求，再用软件进行自复位。

软/硬件结合的抗干扰方法还有很多，如硬件自动复位、利用 E^2PROM 抗干扰等，读者在数据采集系统设计时可综合考虑。

另外，在过程通道抗干扰设计时，A/D 转换中的抗干扰设计也不容忽视。例如，为了抑制窜入 ADC 的干扰，ADC 可采用电磁屏蔽，信号采用电流传输，信号源与 ADC 隔离，利用积分式或双积分式 ADC 抑制差模干扰等。

4.6 监控组态软件

4.6.1 监控组态软件概念

1）组态软件的概念

组态软件是面向 SCADA（监控与数据采集）系统的软件平台工具，“组态”的概念是伴随着分布式控制系统（Distributed Control System，DCS）的出现才开始被应用到生产过程自动化中。目前，虽然国内对于组态软件还缺乏权威的定义，但可以做一个描述性的定义：组态软件是在自动控制系统监控层一级的软件平台和开发环境，使用灵活的组态方式，为用户提供快速构建工业自动控制系统监控功能的、通用层次的软件工具。组态软件支持各种工控设备和常见的通信协议，并且通常应提供分布式数据管理和网络功能。随着它的快速发展，实时数据库、实时控制、SCADA、通信及联网、开放数据接口、对 I/O 设备的广泛支持已经成为它的主要内容，随着技术的发展，监控组态软件将会不断被赋予新的内容，应用到各个领域。

2）组态软件的产生及其发展

组态的概念最早来自英文 configuration，含义是使用软件工具对计算机及软件的各种资源进行配置，使计算机或软件按照预先设置，达到自动执行特定任务、满足使用者要求的目的。

组态软件是完成数据采集与过程控制的专用软件，它以计算机为基本工具，为实施数据采集、过程监控、生产控制提供了基础平台和开发环境。组态软件功能强大，使用方便，其预先设置的各种软件模块可以非常容易地实现监控层的各项功能，并可向控制层和管理层提供软、硬件的全部接口，使用组态软件可以方便、快速地进行系统集成，构造不同需求的数据采集与监控系统。

组态软件产品大约 20 世纪 80 年代中期在国外出现，在我国也已有将近 20 年的历史。早在 20 世纪 80 年代末、90 年代初，有些国外的组态软件就开始进入国内市场，但是组态软件在我国经历一段相当困难的时期。一开始人们对此产品处于不认识、不了解阶段，项目中没有组态软件预算，或宁愿投入人力物力针对具体项目做长周期的繁冗的上位机编程开发，而不采用组态软件。另一方面，由于早期进口的组态软件价格都偏高，一般的国内用户在观念和承受能力上还较难接受，客观上制约了这个市场的发展。

1995—1996 年，人们对软件的观念有了重大改观；早些年组态软件的应用推广工作已打下一定的基础，业内人士已经认识到组态软件的重要性并接受它而不再热衷于在项目中低层次的编程开发；一些组态软件的生产商和供货商亦逐步加大了在国内市场的推广力度，并在价格方面做出了政策性调整；加之微软 Windows95 和 NT 的推出，为组态软件提供了一个更适宜的操作系统平台，使各生产供应商同随后跟进的组态软件产品的性能指标和功能进一步加强。从那时起，更多的项目中正式有了组态软件的专项预算，各种相关设计方案和招投标书中也都出现了单列的组态软件栏目，越来越多的专业销售商和系统集成商加入了这个市场。现在组态软件已在国内市场确立了其应有的地位，并逐步进入了上升期。

3）组态软件的功能

早期的组态软件，HMI（Human Machine Inierface）是其主要内涵，主要是解决人机图形界面的问题。随着它的快速发展，实时数据库、实时控制、通信及联网、开放数据库接口、对I/O设备的支持等已成为它的主要内容。

（1）整体结构相似

监控组态软件一般都是由系统开发环境（或组态环境）与系统运行环境两大部分组成。系统开发环境是自动化工程设计师为实施其控制方案，在组态软件的支持下进行应用程序的系统生成工作所必需依赖的工作环境，通过建立一系列用户数据文件，生成最终的图形目标应用系统，供系统运行环境运行时使用。系统运行环境将目标应用程序装入计算机内存并投入动态运行。维系组态环境与运行环境的纽带是动态数据库。

（2）动态多任务

在实际工业控制中，同一台计算机往往需要同时进行动态数据的采集、处理、存储、检索、管理、输出，算法的调用，实现图形、图表的显示，报警输出，动态通信等。

（3）接口开放

在实际应用中，用户可以很方便地用VB或VC等编程工具自行编制或定制所需的设备构件，装入设备工具箱，不断充实设备工具箱。很多监控组态软件提供了一个高级开发向导，自动生成设备驱动程序的框架，给用户开发I/O设备驱动程序工作提供帮助。用户还可以使用自行编写动态链接库（DLL）的方法在策略编辑器中挂接自己的应用程序模块。

（4）系统安全

监控组态软件提供了一套完善的安全机制。用户能够自由组态控制菜单、按钮和退出系统的操作权限，只允许有操作权限的操作员对某些功能进行操作，防止意外地或非法地关闭系统、进入开发系统修改参数或者对未授权数据进行更改等操作。一些监控组态软件还提供了工程密码、锁定软件狗、工程运行期限等功能，用来保护使用组态软件开发所得的成果，开发者还可利用这些功能保护自己的合法权益。

4）典型组态软件介绍

目前，国内组态软件市场主要为国外专业厂商所占领，主要有：

（1）InTouch

美国Wonderware公司的InTouch是最早进入我国的组态软件。

（2）Fix

Intellution公司以Fix组态软件起家，Fix 6.x软件提供了工控人员熟悉的概念和操作界面，并提供完备的驱动程序。其最新产品命名为IFix，在IFix中Intellution提供了强大的组态功能，并在内部集成了微软的VBA脚本语言的开发环境。Intellution是OPC组织的发起成员之一。

（3）Citech

CIT公司的Citech是较早进入中国市场的产品。它具有简洁的操作方式，但其操作方式更多的是面向程序员，而不是工控用户。它提供的脚本语言类似于C语言，使二次开发有一定的难度。一些原 DCS 的系统厂商，如 Rosemount，Honeywell 等公司也陆续推出了新型的、更开放的控制系统以及现场总线产品，并配以“开放的”组态软件。但这些组态软件的开放性主要是面对管理层，对下的控制一般仍只针对本公司产品，因此不能称为通用组态软件。

国产的组态软件产品应用比较成功的有组态王、开物、虎翼等。组态王是国内第一家较有影响的组态开发公司。它提供了脚本语言的支持，COM 技术的支持，支持 OPC 技术，另外也提供了大量的驱动程序。华富计算机公司的开物 2000，提供了完备的实时曲线、历史曲线、报警、数据报表及报告功能。开物内建 OPC 支持，提供面向对象的脚本语言编译器，支持 ActiveX 组件和插件的即插即用，并支持通过 ODBC 连接外部数据库。该软件同时提供网络支持和 Webserver 功能。国产的组态软件具有较强的价格竞争优势，但由于资料来源缺乏，软件工程的组织薄弱，因此商品化的程度比较差，主要使用于一些小型和非重要的项目应用中。

4.6.2 监控组态软件的总体框架

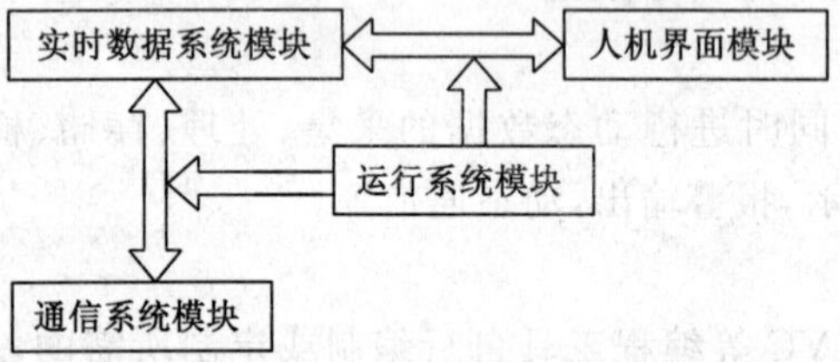

图 4.41 监控组态软件的组成模块

不同的角度对监控组态软件有不同的划分，站在设计者的角度，组态软件可以由人机界面模块、运行系统模块、实时数据库系统模块、通信系统模块 4 个部分组成，如图 4.41 所示。

(1) 人机界面模块

自动化工程设计工程师可以根据实际需要绘制人机界面图形，以图形、文字等形式反映工业现场的数据变化，在相应位置放置各种现场对象的模拟对象，从而重现了现场的生产流程；同时在人机界面上还具备报警通知及确认、历史数据查询等功能。

(2) 运行系统模块

系统运行时，将相应的实时数据与模拟对象相关联，使图形界面动起来，从而对现场的生产过程进行动态地模拟。

(3) 通信系统模块

它直接负责从设备采集实时数据并将操作命令下达给设备，同时还要创建内存缓冲区，以便与实时数据库进行数据交换。除此之外，还可以通过网络与其他相关的生产管理系统相连接。

(4) 实时数据库系统模块

实时数据库是最重要的一个部分，是监控组态软件的数据交换核心，主要负责数据组织管理、有效的数据处理、事务调度管理、数据的时间一致性保证等。

站在用户的角度进行划分，监控组态软件的总体结构上都是由系统开发环境(或称组态环境)与系统运行环境两大部分组成(图 4.42)。系统开发环境是自动化工程设计师为实施其控制方案，在组态软件的支持下进行应用程序的系统生成工作所必需依赖的工作环境，通过建立一系列用户数据文件，生成最终的图形目标应用系统，供系统运行环境运行时使用，它由若干组态程序组成，如人机界面组态程序、实时数据库组态程序等。系统运行环境是为自动化设计工程师提供一个应用程序搭建的平台。系统组态环境在系统运行环境下，将目标应用程序装入计算机内存并投入实时运行时使用的，是直接针对现场操作使用的，系统运行环境由若干个运行程序组成，如人机界面运行程序、实时数据库运行程序等。系统运行环境对自动化设计工程师开发的应用程序进行解释、运行，提供工业现场与用户之间的交互界面，并对必要的数据进行存盘等工作。系统组态环境和系统运行环境之间的联系纽带是实时数据库。

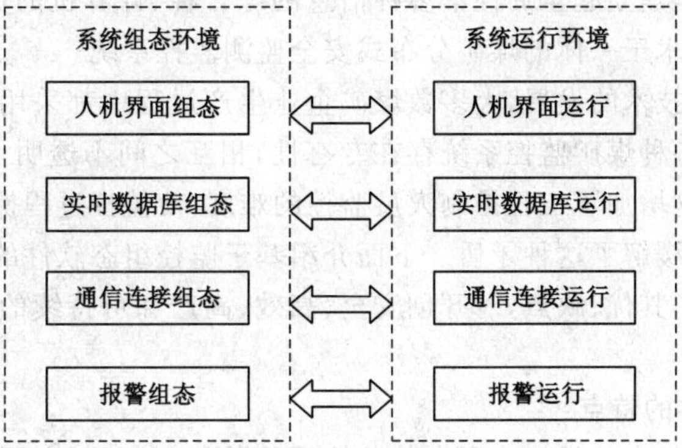

图 4.42　监控组态软件的组态运行

监控组态软件是数据采集与过程控制的专用软件，是在现场总线控制系统监控层一级的软件平台，我们以一个典型的现场总线控制系统为例，如图 4.43 所示，在这个系统中，控制级使用 PROFIBUS-DP 的现场总线，组成一个 S7-300 系列可编程控制器（PLC）为主站的单主站系统，采集现场的数据并对现场的设备直接下达相应的命令；ET200 作为一个子站，接收到的数据通过总线传输给 PLC 的 CPU 监控级的监控计算机中使用监控组态软件读写 PLC 内部存储区，对现场的生产过程进行，监控，对必要的数据进行相应的处理；管理级的管理计算机可以通过局域网读取监控站中所需的数据；这 3 部分相互协调，相互配合，交换各种数据和信息，以完成整个现场总线控制系统的功能。

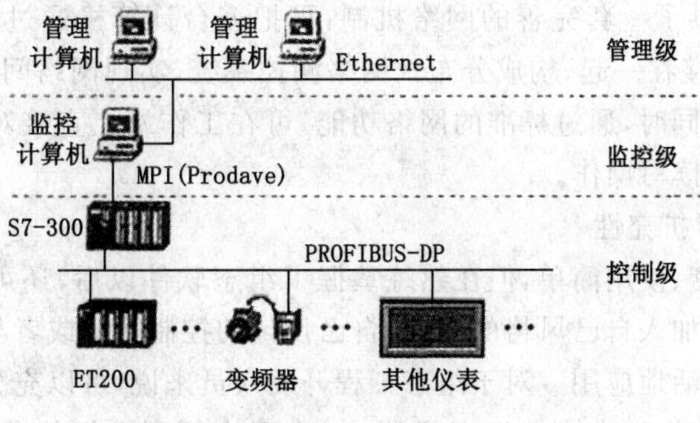

图 4.43　典型的现场总线控制系统

4.6.3　监控组态软件在煤矿监控系统中的应用

近年来，随着石油资源的紧张、石油价格的飙升，煤炭行业的重要性和不可替代性也日益凸现。但是，中国煤炭行业的安全生产形势却不容乐观，尤其是重、特大伤亡事故屡见报端。煤矿生产企业安全监测不完备、管理手段落后也是造成事故频发的重要原因之一。从技术和管理的角度出发，煤矿系统联网安全监测已是必然趋势。但是，由于国内生产的各种安全监测系统多为封闭系统，互不兼容，其中使用的通信协议和信息交换标准都是由厂家自己制定的，严格保密，互不兼容，缺乏统一的通信及信息交换标准，网络结构和通信模式多样，极不规范；而且这些系统都分散在各个相关职能部门，形成了多个信息孤岛，使各级安全、生产、指挥决策部门无法全面及时地掌握现场的安全和生产实际情况。所以，迫切需要把这些系统集成起来，建立起全局性集多种信息的综合性、计算机的交互性、通信的分布性和监控的实时性等技术于一体的煤矿分布式安全监测监控系统。

随着我国信息化技术的发展，大多数煤矿企业生产过程中都采用了各种各样的煤矿监控系统。但是，由于各种煤矿监控系统存在专有性，相互之间不透明，而大型煤矿企业集团一般采用多套系统，这增加了工程控制人员监控的难度，使监控过程操作复杂。监控组态软件的出现一定程度上缓解了这种矛盾。下面介绍基于监控组态软件的煤矿监控系统体系结构的实现方案，分析了其优、缺点，对开创安全、高效、高产和可持续的矿业发展进行有益的探索。

1）监控组态软件的特点

投入运行的监控组态软件构成了自动监控系统的核心部分，它既是系统的数据收集处理中心、远程监视中心和数据转发中心，同时还与各种控制、监测设备组成快速响应控制中心。为了适应这些要求，监控组态软件在设计上具有自己的特点。

（1）实时数据库

实时数据库是整个监控组态环境数据处理和管理的核心。实时数据库由传统数据库发展而来。传统的数据库旨在处理永久、稳定的数据，强调维护数据的完整性、一致性，它一般不考虑有关数据及其处理的定时限制，而在监控系统应用中具有很强的实时性要求；否则，当前的监控过程就是“失效”的。实时数据充分体现了组态软件的长处，它的一个基本特征就是与时间相关性，数据库中的数据即描述了客观世界中对象的当前状态，又会随时间的流逝及时地做出变化，保证了监控系统实时性的要求。

（2）监控组态软件的网络通信功能

监控组态软件提供了一套完善的网络机制，可把多台计算机通过 TCP/IP 网、Modem 网、485/422/232 网连接在一起，构成分布式网络测控系统，实现网络间的数据同步、数据库同步和网络事件处理；同时，通过标准的网络功能，可在工作站上直接对服务器中的数据库（如 SQL Server）进行读写操作。

（3）组态软件的可扩充性

组态软件功能丰富、使用简单，但在熟练掌握了组态软件以后，还可以在其基础上作进一步的开发工作，以便加入自己风格的界面、自己设计的控制算法或者与自己硬件相匹配的驱动程序，实现更加灵活地应用。对于组态工程开发人员来说，可以充分利用自己的编程特长和已有的程序积累，突破传统的组态机制，创建更加便利和智能化的组态界面和功能模块。

为了满足各方的需求，监控组态软件提供了一套可扩充的接口规范和配套的高级开发工具包来开发扩充构件，以多种方式与其他应用程序实现数据交互来增强自己的可扩充性能力。具体包括：通过 OPC 与其他应用程序的交互；通过 ODBC 与其他应用程序的交互；通过 OLE 与其他应用程序的交互；通过 DDE 与其他应用程序的交互；通过 ActiveX 自动化与其他应用程序交互。

2）基于组态软件的煤矿监控系统的体系结构

(1) 独立式结构

独立式结构的突出特点是只需要一套组态软件，使用这种结构，具体实现方案如下：

① 分矿数据源，各分矿端服务器安装煤矿监控系统（KJ 系统），接受井下实时数据帧，并由煤矿监控系统解析为文本文件，存储在固定的文件夹中。同时，文件夹属性设置为局域网共享。

② 系统监控平台，监控中心运行监控组态软件，加载高级工程开发人员编写的数据处理程序，远端读取各分矿服务器共享文件夹内的实时数据文件，进行实时数据处理，将各个分矿井下数据对应显示在监控组态界面。

③ 数据存储平台，实时数据的存储。首先进行数据分类，通过 ODBC 接口将数据存入数据库。基本的数据库为历史瓦斯数据库，历史报警数据库，网络通断数据库和工程控制人员数据库，在实际工作需要还可以进行修改。

④ WEB 浏览，通过组态配置，实现基本 B/S 结构，可以将组态界面以网页的形式进行浏览，一般只允许同一网段的用户进行浏览，或者只支持特定用户。

独立式结构突破了组态软件传统意义上的范围限制，一套组态软件同样实现了多分矿的数据监控，成本低廉，后期维护方便。但这种结构运行的基础只能是文本文件，必须由 KJ 系统进行数据帧解析，建立文本文件供组态软件调用，一般需要与 KJ 系统厂家进行协商，或者组态工程开发人员自身解析数据帧，而这无疑加大了工作量。同时，此结构的系统监控平台任务量大，由于接受的数据量大，实时数据库内部点数过多，所以系统运行效率有待提高，而且承担数据存储任务时不宜建立庞大的数据库，这样建立的系统结构并不强大。

(2) 客户/服务器(C/S)结构

在独立式结构的基础上发展了 C/S 结构，包括以下 5 个方面：系统组成 C/S 结构需要多套组态软件，成本相对较高；数据存储能力各个分矿单独配置了数据库，存储量比独立式结构更大，数据结构也更加完备；数据传输分矿与监控中心之间依靠组态软件，所有的数据通过分矿和监控中心之间组态软件的实时数据库通信，比独立式结构的共享文件夹方式速度更快，可靠性更强；WEB 浏览每套组态软件都支持建立独立的 WEB 服务器，浏览能力更强，数据更加详细；综合决策由于各个分矿服务器可以进行数据的存储、报警，减轻了监控中心监控人员和主服务器的压力，C/S 结构可以支持综合决策能力。其中，决策支持系统利用各种算法对来源于数据库的数据按照既定规则进行大量运算，通过打印各种报表，显示各类历史曲线，为决策提供辅助支持。

(3) 混合结构

混合结构比 C/S 结构更加复杂。由于 C/S 结构已经基本可以满足实际需要，而混合结构的费用比 C/S 结构更高，所以实际中一般使用简化的混合结构，通常使用编程人员自行开发的 WWW 网络显示构件，与组态软件并行运行，当组态软件崩溃时，作为其备用系统。WWW 网络显示构件基于 B/S 结构，主要提供网页浏览功能，当监控中心组态发生意外后，构件可以提供监控能力。

利用监控组态软件集成的煤矿安全监控系统，不仅实现煤矿安全生产实时调度监控，而且能根据被监测环境地点参数进行有效的危险性判别、分析和提出专家决策方案等，解决了煤矿行业整体技术水平低、管理落后的局面，提高了行业的信息化管理水平，避免和减少安全事故的发生，因此煤矿安全监控系统的建设，对煤矿企业的安全生产、文明生产、科学生产具有重要的意义。

3) 煤矿安全监控系统的功能

建设煤矿安全监控系统就要建立一个分布式实时通信平台,集成各个监控系统的各种通信数据,并在局域网中传输,同时还要保证各种数据的实时性、准确性。建立各种监控系统的统一分布式实时通信平台时,就是利用计算机高速度、大容量和智能化的特点,通过高速的网络把一个个独立的监控系统组织管理成为一个综合、完整、高效的自动化整体。

通过监控组态软件信息集成平台和高速网络建立的煤矿分布式安全综合监控系统,针对煤矿系统的特点,集动画显示、流程控制、数据采集、网络数据传输、工程报表、数据与历史曲线和实时曲线显示等诸多强大功能于一身,并能保存历史数据,为系统提供以下功能:

(1) 应是一个面向过程控制系统的数据集成平台,能够有效地集成各种监控系统和不同现场总线上的设备的数据,在整个系统中提供统一的数据管理平台。其中,保证数据的实时性和可靠性是非常重要的,而实时性是整个系统性能的一个重要指标。可靠性是指系统无故障运行的能力和数据的完整性,同时也包括系统对自身文件和用户文件存取合法性的控制。

(2) 监控生产,实现全生产过程实时管理。煤矿企业生产中装备多、井下地下分布复杂,基于监控组态软件的煤矿安全监控系统的建立为各级管理部门提供的远程实时生产过程信息,有效地帮助调度人员及时调整安全设备,保证生产的平稳运行。

(3) 提供灵活的实时曲线和历史曲线显示功能。通过比较当前和历史趋势数据,特别是结合装备安全运行的多参数模型,可以及早报告故障隐患,并且通过对事故前后实时记录的历史数据分析,可以精确定位事故发生的原因,以避免事故的再次发生。

(4) 加强操作考核,提高收益与产品质量。通过分析实时数据库系统记录的装备运行状态和产品质量分析数据,及时调整操作参数,确保装置操作的平稳性,从而有效地提高产品的收益和质量。

(5) 应用和集成平台。通过对监控组态系统中生产过程中实时数据的历史积累,从中发现过程运行规律的数据基础,而这些规律的集合则可构成先进控制和流程模拟的数学模型,为建立整体煤矿的安全调度综合系统提供了依据,也为安全决策提供帮助。

(6) 提供对实时数据的数据处理和历史数据管理功能,能够与 SQL Server 等通用数据库实现无缝连接,实现实时数据库到关系数据库的整合。这样不仅可以浏览实时数据,还可以过对历史数据和在其上建立的专家信息系统的分析,为企业的决策提供保障。

(7) 提供灵活的接口,为用户提供良好的二次开发功能和与其他管理信息系统进行信息融合提供桥梁。

4.7 数据通信技术

4.7.1 有线数据通信技术

1) 数字数据电路(DDN)的应用范围

(1) 组建公用数字数据通信网。

(2) 可为公用数据交换网、各种专用网、无线寻呼系统、可视图文系统、高速数据传输、会议电视、ISDN(2B+D 信道或 30B+D 信道)、邮政储汇计算机网络等提供中继或数据信道。

(3) 为帧中继、虚拟专用网、LAN 以及不同类型的网络提供网间连接。

(4) 利用 DDN 实现大用户局域网联网;如各专业银行、教育、科研以及自治区公安厅与城市公安局的局域网互联等。

(5) 提供租用线，让大用户自己组建专用数字数据传输网。

(6) 使用 DDN 作为集中操作维护的传输手段；或把全区城镇 110 报警服务台互联，实现全区公安机关的统一指挥。

2) 分组交换网的应用

分组交换网能提供永久虚电路(PVC)及交换虚电路(SVC)等多种业务，利用分组交换网的通信平台还可以开发与提供一些增值数据业务：

(1) 电子信箱业务

电子信箱系统又称电子邮件，是一种以存储转发方式进行信息交换的通信方式。在分组交换网平台上，用户把需发送的信息以规定的格式送入电子信箱的存储空间，由电子信箱系统处理和传输后，送到接收用户的电子信箱并通知收信人。

(2) 电子数据交换业务

电子数据交换(EDI)是计算机、通信和现代管理技术相结合的产物，又被称为“无纸贸易”。EDI 用电子单证代替了纸面单证，由传统的多点对多点的联系变为网络信息传递。EDI 技术是未来商业发展的极其主要的工具，在国内外已得到广泛的应用。

(3) 传真存储转发业务

传真存储转发是把计算机与通信技术结合起来，建立智能化的传真网。该网利用计算机的存储转发技术实现广大用户所需的各种新的服务项目。存储转发技术的核心是传真交换机。

(4) 可视图文业务

可视图文业务是一种利用现有公用电信网络开发出来的新型、公用、开放式的信息服务系统。可视图文的业务类型主要有公用数据库业务和专用数据库业务等。

3) 帧中继技术的应用

帧中继技术适用于对广域网进行数据访问和高速数据传输。帧中继也是一种 ISDN 承载业务，主要用于局域网互联和高速主机环境下作为宽带网的数据入口，是向未来宽带 ATM 交换过渡的手段之一。主要应用如下：

(1) 组建帧中继公用网，提供帧中继业务。

(2) 在分组交换机上安装帧中继接口，提供业务。

(3) 为用户提供低成本的虚拟宽带业务。

(4) 在专用网中，采用复用的物理接口可以减少局域网互联时的桥接器、路由器和控制器所需的端口数量，并减少互联设备所需通信设施的数量。帧中继的数字链路连接鉴别(DLCI)寻址功能可允许单个中继接入设备与上千个接入设备通信。其本地管理接口(LMI)可大大简化帧中继网的配置和管理。

(5) 局域网(LAN)与广域网(WAN)的高速连接。

(6) LAN 与 LAN 的互联。

(7) 远程计算机辅助设计/制造文件的传送、图像查询以及图像监视、会议电视等。

4.7.2 无线数据通信技术

无线数据通信也称为移动数据通信。它的业务范围很广，也有广泛的应用前景。

1) 移动数据通信在业务上的应用

移动数据通信的业务，通常分为基本数据业务和专用数据业务两种：基本数据业务的应用有电子信箱、传真、信息广播、LAN 接入等。专用业务的应用有个人移动数据通信、计算机辅助调度、车、船、舰队管理、GPS 汽车卫星定位、远程数据接入等。

2）移动数据通信在工业的应用

移动数据通信在这些领域的应用可分为固定式应用、移动式应用和个人应用 3 种类型。

(1) 固定式应用是指通过无线接入公用数据网的固定式应用系统及网络。如边远山区的计算机入网、交警部门的交通监测与控制、收费停车场、加油站以及灾害的遥测和告警系统等。

(2) 移动式应用是指野外勘探、施工、设计部门及交通运输部门的运输车、船队和快递公司为发布指示或记录实时事件，通过无线数据网络实现业务调度、远程数据访问、报告输入、通知联络、数据收集等均需采用移动式数据终端。移动数据终端在公安部门的刑警、巡警、交警也开始应用。

(3) 个人应用是指专业性很强的业务技术人员、公安外线侦察破案人员等需要在外办公时，通过无线数据终端进行远程打印、传真、访问主机、数据库查询、查证。股票交易商也可以通过无线数据终端随时随地跟踪查询股票信息，即使度假也可以从远程参加股票交易。此外，电子信箱是国外应用很广的数据业务，在我国也已经开始应用。无线接入 Internet 可随时随地收发电子邮件，因此无线数据通信也得到广泛的应用。作为有线数据网的补充和延伸，在公安系统，移动数据通信将具有更广泛的应用前景。

展望未来，通信网络将向着综合业务数字网方向发展，数据、语音、图像等各种数据通信在各个层次、各个领域得到综合利用。数据通信在公安系统也有广泛的应用前景。数字数据网(DDN)开始在公安专用通信网的应用，促进了公安专用通信网的快速发展，并逐步向数字化、综合化、宽带化方向发展。公安机关掌握着大量的社会信息，要实现信息资源共享必须逐步向这个方向发展。信息高速公路将通过同步数字体系(SDH)等大容量光纤、多媒体技术，把电话、传真、数据、动态图像等各种通信业务综合在一起，采用计算机综合处理，应用 ATM 技术，以交互方式快速传递，把全国各级公安机关 CCIC 连接起来，使各类公安信息在不同层次上相互交流，实现信息资源共享。

复习思考题

4.1　设数据采集系统的输入信号为：$f(t)=5e^{-10t}$，试选择合理的采样周期（ω_{max} 取法为 $|F(i\omega_{max})|=0.1|F(0)|$）。

4.2　已知 A/D 转换器基准电压 $V_R=5$ V，A/D 为 8 为模数转换器，转换结果 $N=D_{0H}$，试求 A/D 转换器的输入模拟电压 V_{in}。

4.3　运算放大器的公模抑制比 CMRR 是如何定义的？该指标有何重要意义？

4.4　A/D 转换器中，最重要的技术指标是哪两个？

4.5　常见的干扰有哪几种类型？

5 煤矿安全监测技术

矿井瓦斯爆炸和井下火灾都是造成矿工伤亡、破坏安全生产的严重事故。抓好瓦斯爆炸等恶性事故的防治工作，是实现煤矿安全生产的必要保障。矿井装备了煤矿安全监测系统，实现了瓦斯、一氧化碳、风速、负压、温度的自动、连续、集中监测和瓦斯超限的报警、断电，多次避免了瓦斯、火灾事故，对保证矿井安全生产起到了重要作用。

5.1 风速测定

目前，常用的风速测量仪器仪表有：叶轮式风速计、数字风表和超声波风速仪、风速传感器等。

5.1.1 机械叶轮式风速计

机械叶轮式风速计可分为DFA-2型中速风表、DFA-3型微速风表、DFA-4型高速风表3种型号。下面以DFA-2中速风表为例，对其结构特点、工作原理和测量方法进行介绍。

1）结构特点

该中速风表主要由受风翼轮、传动蜗轮、蜗杆、计数器、指针、回零压杆、离合闸板、护壳、提环、底座等部分组成。其特点是体积小、质量轻、结构简单、携带方便；各部件均经过热处理及抛光加工，确保仪器精度、坚固耐用。该风表的外形如图5.1所示；其结构如图5.2所示。

图5.1 中速风表外形图

2）工作原理

由8枚叶片组成的受风翼轮，旋转轴的垂直平面成一定角度安装。翼轮安装在翼轮轴上，而翼轮轴在前后2个刚玉轴眼中转动，从而指出翼轮转速。翼轮转速与实际风速之间的关系已记载于风表的校正图表上。

风表头部由两部件组成：一是回零压杆，将其轻压下能使长短指针立即恢复零位；二是离合闸板，将其向左右推动能使计数器与翼轮轴连接和分开，即用以开关计数器。

护壳用来保护仪表，它与提环是仪表操作时的主要部分。

3）测量方法

(1) 测量前首先关闭离合闸，并压下回零杆，将大小指针归回零位。

(2) 使仪表的旋转面与风流方向垂直，克服仪表运转部分的惯性抵抗，先使其空转20～30 s。

(3) 用秒表测定时间，测量时秒表与风速表同时开动，测量后亦须同时关闭。

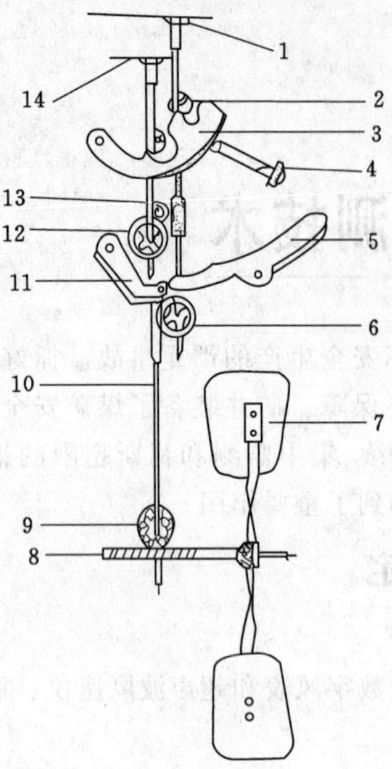

图 5.2　中速风表结构图

1—个位指针；2—回零压杆；3—回零闸；4—回零闸推杆；5—离合闸板；6—个位轮；7—翼轮叶片；8,10—翼轮轴；9—蜗轮；11—离合小托板；12—百位轮；13—中间轮；14—百位指针

5.1.2　数字风表

下面以 MSF-1 型数字式风速表为例介绍。

1）结构与原理

整机由翼轮与主机两部分组成。翼轮由 8 枚叶片组成风轮，风轮由轴承支承，构成了风速计的检测部分。在风轮 2 副对称叶片上设置了 2 块铁片，它们随风轮一起转动；在翼轮部分的外壳上设有传感线圈，它将风轮的转动次数变换为信号输入主机。主机部分由转换、时基、门、计数及自动回零等部件组成，它接受送来的信号，在时基的控制之下，实现记录 1 min 内冀轮转动的次数并显示出来。显示数与实际风速成正比。如果在冀轮前增设一专用的罩板后就可以测高风速。使用时，应查校正曲线即可得到实际风速。

2）使用方法

(1) 出厂的风速计应放于清洁干燥处，最好保存在出厂时自带的仪器盒中，保证翼轮部分与转动灵活，叶片角度不变。

(2) 使用前，应检查电池是否充足。打开仪器电池时，当叶片转动时，显示数字应随叶轮转动而增加，如有异常，应停止使用，进行检修。

(3) 测风时，把翼轮部分置于测量点，让风轮正常转动 20 s，即可开启电源，按规定路线移动，1 min 时仪器自动停止计数，即可读取测量值。如在测量中途要重新测量时，可以方便地按一下回零按钮。

(4) 测量时，保持翼轮部分与风流方向垂直，偏差不可大于 5°。

(5) 大部分仪器出厂时的读数与真实风速一致。如果温度、湿度及气压值与校准条件差别较大，或者经检修重新校区后必须使用校正曲线时，读数应经校正曲线校正。

(6) 测量高、大断面、需要加长时，可以选购加长线（每节 1 m）和接长手柄。

(7) 当久置不用时，应将电池取出，以免电池漏液损坏仪器，经常使用的仪器，应半年左右更换 1 次电池，平时应约每月检查 1 次，以防止电池质量不好漏液损坏仪器。

(8) 风轮部分不可随意触及、敲击、每年清洗 1 次。

(9) 如仪器发生问题，应返回厂家检修，以免扩大故障。

5.1.3　FS-CI 型超声风速仪

FS-CI 型超声风速仪是应用超声时差法测定风速的仪器。当超声波以速度 c 从甲地传到距离 L 的乙地时，所需要的时间 t 为

$$t = \frac{L}{c} \tag{5.1}$$

如果风以速度 v 运动时，超声波从甲地传到乙地所需要的时间为

$$t=\frac{L}{c+v\cos\varphi} \tag{5.2}$$

式中　v_L——所测风速 v 在超声波传播方向上的分量 v_L

$$v_L = V\cos\varphi$$

φ——超声波传播方向与风速方向之间的夹角；

c——超声速；

t——传播时间；

L——超声声程。

在顺风和逆风(图 5.3)的条件下，超声波传播相同距离所需要的时间分别为

$$\begin{cases} t_+=\dfrac{L}{c+v\cos\varphi} & \text{顺风传播时间} \\ t_-=\dfrac{L}{c-v\cos\varphi} & \text{逆风传播时间} \end{cases} \tag{5.3}$$

所以风速 v 为

$$v=\frac{L}{2\cos\varphi}\left(\frac{1}{t_+}-\frac{1}{t_-}\right)$$

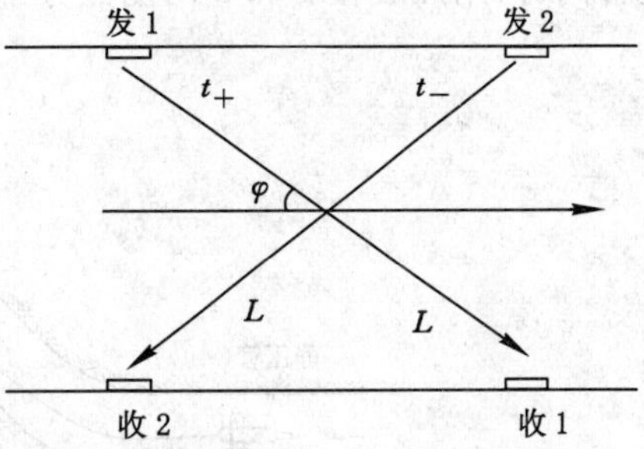

图 5.3　超声顺风和逆风传播时间示意图

由式(5.3)可以看出，在换能器安装位置固定后，L 和 φ 均为定值。只要测出 t_+ 和 t_- 以及通过计算机处理而得到风速 v，当井口截面积预先测出时，其风量 Q 应为

$$Q = KAtv \tag{5.4}$$

式中　v——所测风速；

t——测定时间；

A——井口截面积；

K——修正值。

5.2　矿井通风阻力的测定

5.2.1　通风阻力测量的内容与意义

1）测算风阻

井巷的风阻是反映井巷通风特性的重要参数，分析任何通风问题都和该参数有关。所以，通风阻力测量的主要内容是通过测量各巷道的通风阻力和风量以标定它们的标准风阻值(井下平均空气密度的风阻值)，并编辑成表，作为基本资料。

2）测算摩擦阻力系数

支护方式和断面不同的井巷，其摩擦阻力系数不同。为适应矿井通风设计工作的需要，需通过测量通风阻力和风量以标定各种类型的井巷的摩擦阻力系数，并编制成表。这是一项精度要求较高、以小组人力进行的细致工作，同时各种风筒的摩擦阻力系数也要进行标定。

3）测量通风阻力的分配情况

为寻求和分析问题，有时需要沿着通风阻力大的路线，在尽可能短的时间内，连续测量各个区段的通风阻力，以得出整个路线上通风阻力的分配情况。由于各区段的通风阻力难免有波动，故要根据测量路线的长短，分成若干小组，分段同时进行。

5.2.2 用倾斜压差计测算井巷的风阻

1）测算方法

例如用倾斜U形管压差计在图5.4所示的倾斜巷道中进行测算。需在1和2两测点各安装一根静压管(是传送测点绝对静压的工具,可按图5.5所示的尺寸用钢管制作),大致位于巷道中心。尖部迎风,管轴和风向平行;在末点2后至少10 m的地方(或在起点1前至少20 m的地方)安稳压差计,使其U形管的倾角为β,管内两酒精面相齐,用长短2根内径3～4 mm的胶皮管把2根静压管分别和压差计U形管2个开口连接起来,则U形管内两个酒精面出现一段倾斜距离,即为压差计的读数(倾斜的酒精柱长度)。在测量时间内,需读3次;同时,用风表在1和2两测点分别量出表风速(即风表的读数),需测量3次。

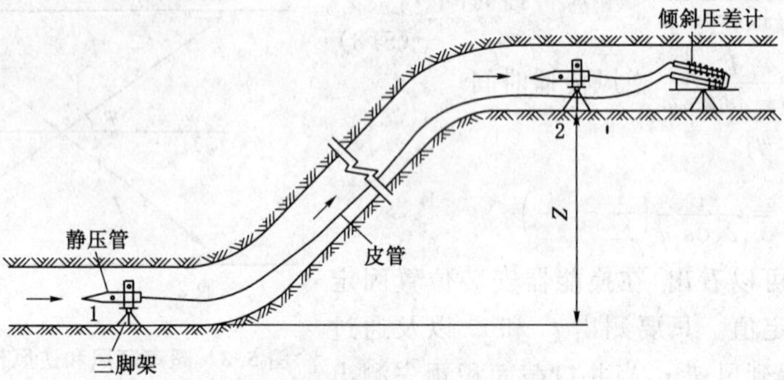

图5.4 倾斜U形管压差计法测量风阻布置简图

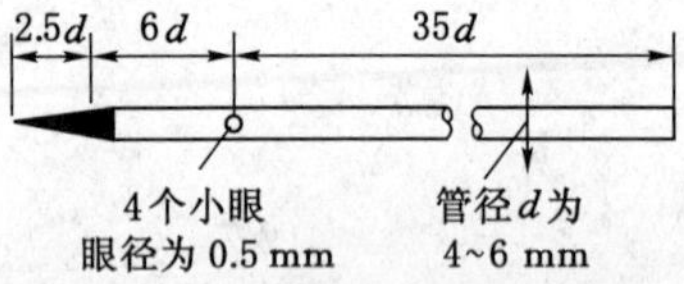

图5.5 静压管结构简图

为了用有关公式测算两测点的空气密度ρ_1和ρ_2(kg/m^3),同时还要用湿度计在两个测点附近分别测出风流的干球温度和湿球温度,用气压计分别在两测点量出风流的绝对静压(Pa或mmHg)。将以上测得的基本数据随时分别填入表5.1～表5.3中。最后,分别量出两测点之间的净断面积、周界、两测点的距离,同井巷名称、形状、支护方式等一并记入表5.4中。

表5.1 大气状态的记录表

测点序号	干球温度/℃	湿球温度/℃	干、湿球温度差/℃	相对湿度/℃	大气压力/Pa	附注
(1)	(2)	(3)	(4)	(5)	(6)	(7)
1	10.0	7.3	2.2	75	101 391.6	
2	15.0	11.4	3.6	60	101 325	

表5.2 风速的测定

测点序号	表风速/(m·s⁻¹)				风速/(m·s^{-1})	附注
	第1次	第2次	第3次	第4次		
(1)	(2)	(3)	(4)			
1	4.7	4.8	4.9	4.8	5.4	
2	4.0	4.2	4.1	4.1	4.6	

表 5.3 倾斜压差计读数的记录表

测点序号	压差计的倾斜角度	读数 h_{re}(倾斜的酒精柱长度)/mm				附注
		第 1 次	第 2 次	第 3 次	平均	
(1)	(2)	(3)				(4)
1—2	30	45	45.2	44.8	45	$\delta=0.81, C=0.98$

表 5.4 井巷规格记录表

测点序号	井巷名称	测点位置	井巷形状	支护方式	井巷规格						测点距离/m	附注
					上宽/m	下宽/m	高/m	斜高/m	断面积/m²	周长/m		
1	2	3	4	5	6						7	8
1	进风巷	1采区	梯形	木支架	2.40	3.60	2.25	2.40	6.75	10.8	0	
2	同上	同上	同上	同上	3.20	4.08	2.20	2.25	8.00	11.8	300	

压差计 U 形管右边酒精表面所承受的压力，等于从静压管 4 个小眼传入胶皮管内的断面 1空气绝对静压与皮管内空气柱产生的压强之差，即

$$p_{s1}-Z\rho'_{1-2}g \tag{5.5}$$

式中 Z——起止两断面的标高差，m；

ρ'_{1-2}——胶皮管内空气的平均密度，kg/m³。

由于 U 形管左边酒精表面所承受的压力则是断面 2 的绝对静压 p_{s2}，故把两边酒精表面的倾斜距离 h_{re} 换算为垂直水柱的高度，再换算为压强值，就是两边酒精表面所承受的压力之差，即

$$h_{re}(\sin\beta)\delta Cg=(p_{s1}-Z\rho'_{1-2}g)-p_{s2} \tag{5.6}$$

式中 δ——酒精的相对密度，0.81；

C——压差计的精度校正系数。

据能量方程可知两端面之间的通风阻力(Pa)为：

$$h_{r1-2}=p_{s1}+\rho_1 v_1^{\ 2}/2-(p_{s2}+\rho_2 v_2^{\ 2}/2+Z\rho_{1-2}g) \tag{5.7}$$

式中 v_1, v_2——起、止两断面上的平均风速，m/s，据测得的表速查风表的校正曲线而得；

ρ_{1-2}——两断面之间巷道内得空气密度平均值，即为$(\rho_1+\rho_2)/2$，kg/m³。

如预先用打气筒向胶皮管内打气，使巷道内的空气进入皮管内，则皮管内和巷道内的空气密度平均值相等，因而皮管内和巷道内空气柱产生的压强也相等，即

$$Z\rho'_{1-2}g=Z\rho_{1-2}g$$

由以上各式可得两断面间距风阻力(Pa)的测算式为

$$h_{r1-2}=h_{re}(\sin\beta)\delta Cg+\rho_1 v_1^{\ 2}/2-\rho_2 v_2^{\ 2}/2 \tag{5.8}$$

式(5.8)同样适用于风流向下的倾斜巷道和水平巷道。用式(5.8)算出 h_{r1-2} 后，再用式(5.9)算出两断面间当空气密度平均值为 ρ_{1-2} (kg/m³)、距离为 L_{1-2} (m)时的风阻系数(N·s²/m⁸)，即

$$R_{1-2}=h_{r1-2}/Q^2 \tag{5.9}$$

式中　Q——通过该巷道得风量，m^3/s。

无漏风时，$Q=v_1S_1=v_2S_2$，有均匀漏风时，则

$$Q=(v_1S_1+v_2S_2)/2 \tag{5.10}$$

用式(5.11)算出两断面的标准风阻系数

$$R_{s1-2}=\rho R_{1-2}/\rho_{1-2} \tag{5.11}$$

式中，ρ的物理意义只要该巷道的规格尺寸和支护方式不变化，由于它的R_{s1-2}值是个常数，故任何时候去测它，其数值都应相同。

因此，只要4～5个人就可把各条井巷的标准风阻值一一测算出来，汇编成表供通风技术管理工作者使用。

2）注意事项

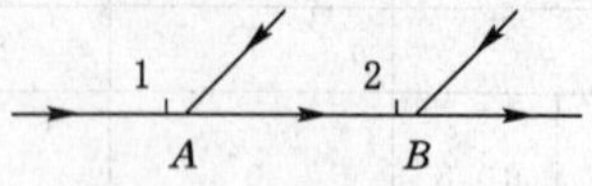

图5.6　静压管安置

(1) 选定测量区段和测点。分风、合风或拐弯处的风流比较紊乱。一般需把静压管安置在风流紊乱之前的位置上。例如，在图5.6的A—B段中，一般要把静压管安置在A，B点前3～5 m的1，2点上。巷道中的局部阻力一般很小，很难单独测准，选定测量段时，不必把摩擦风阻和局部风阻的测量段分开。在1—2段的总风阻只包括A处的局部风阻。因1—A小段和2—B小段的风阻相差甚微，故A—B段的风阻可用下式测算

$$R_{A-B}=h_{r1-2}/Q_2^{\ 2} \tag{5.12}$$

式中　h_{r1-2}——测得1至2段的通风阻力，Pa；

Q_2——测得2点的风量，m^3/s。

在倾斜巷道内不宜安设测点，起、止两测点都要安置在上、下水平巷道内。

(2) 事先掌握仪表的性能、精度和操作方法，所用仪表(压差计、风表、湿度计和气压计)都要进行校正；所用工具(静压管和胶皮管)要检查是否漏气或堵塞。

(3) 要仔细量准测点的断面。对于整齐规则的井巷断面，可用面积公式测算；对于不规则的断面，一般可把断面先分为若干个0.2～0.5 m宽的正方形，算出它们的总面积，再细致描绘和估算出巷道四周若干个不成正方形的总面积，然后把这两个总面积加起来。测点的断面面积是否测量准确，这对风量和风阻的测算有很大的影响。因此，人们曾用照相法和缩尺法，前者是按一定比例把断面照下来，后者是用缩尺把断面按一定比例描绘下来，然后用求积仪器算出面积值。

(4) 对于长度较短或风量较小以致通风阻力较小的测量段，要设法增加风量，以免压差计读数较小、产生较大误差。

3）优缺点和适用条件

这种测量方法比较精确，数据整理比较简单，但收放胶管的工作量大，费时较多。因此，对于巷道的风阻和摩擦阻力系数的标定工作，只要测量区段内能够铺设胶皮管，都宜采用这种测量方法。但是，对于回采面、井筒、整个采区或行人困难的倾斜巷道，这种方法就不适用了。

5.2.3　用倾斜压差计测算井巷的摩擦阻力系数

这项标定工作也宜用倾斜U形管压差计的测量方法，由前述得

$$\alpha=h_{fr}S/(LUv^2) \tag{5.13}$$

式中,各符号的意义和度量单位同前(U 为井巷周长,m)。将式中右边各项都测算出来,便可算出测量时的 α 值。

如前所述,只有井巷中的风流作均匀流动时,才能产生摩擦阻力。因此,测量某巷道的 α 值时,应选择支护方式相同、支架间距相等、断面和周界基本不变化、比较平直、中间没有弯道和堆积物、没有漏风的一个区段来进行;又因 α 值和起、止两测点的间距无关,间距的长短可根据压差计读数不能太小的原则来定。测量的布置方式如图 5.7 所示。

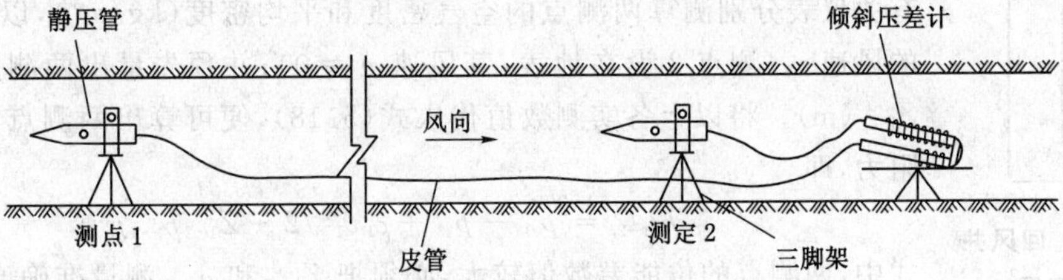

图 5.7　用倾斜压差计测阻力系数的布置简图

$$h_{re}\sin\beta\delta Cg = p_{s1} - p_{s2} \tag{5.14}$$

此时,两测点间的摩擦阻力为

$$h_{fr} = p_{s1} - p_{s2} + \rho_1 v_1{}^2/2 - \rho_2 v_2{}^2/2 \tag{5.15}$$

则 h_{fr} 的测算式为

$$h_{fr} = h_{re}\sin\beta\delta Cg + \rho_1 v_1{}^2/2 - \rho_2 v_2{}^2/2 \tag{5.16}$$

理论上要求两测点的断面面积 $S_1=S_2$,周长 $U_1=U_2$,平均风速 $v_1=v_2$,但实际上很难办到,通常取两测点的算术平均值 S,U,v,连同用由式(5.16)测算的 h_{fr} 值,一并代入式(5.13),便可算出测量时[当空气密度是 $\rho_{1-2}=(\rho_1+\rho_2)/2$ 时]该巷道的 α 值。

最后用式(5.17)算出该巷道的摩擦阻力系数的标准值 α_s 为

$$\alpha_s = \rho\alpha/\rho_{1-2} \tag{5.17}$$

式中,ρ 的物理意义和计量单位与式(5.11)相同。只要该巷道的支护方式和断面不变化,其 α_s 值也是常数。

5.2.4　用气压计测算井巷的风阻

1) 仪器的构造与原理

水银气压计携带不方便,空盒气压计精度不够,都不适用于这种目的的测量工作。近年来,我国已制成数字显示气压计可供使用。该仪器根据空盒气压计的工作原理,配上放大、测微和显示等部件,使精度提高,如图 5.8 所示。

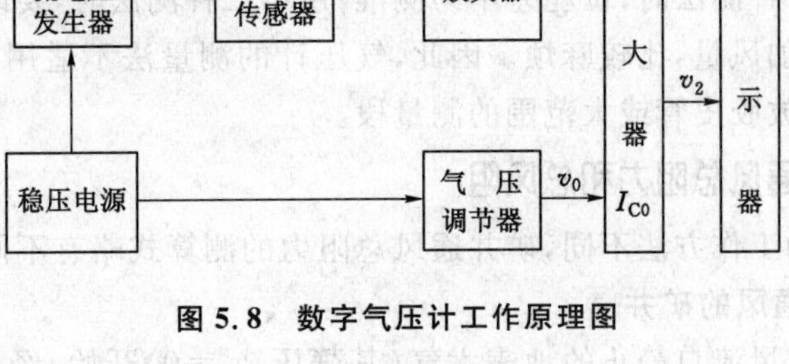

图 5.8　数字气压计工作原理图

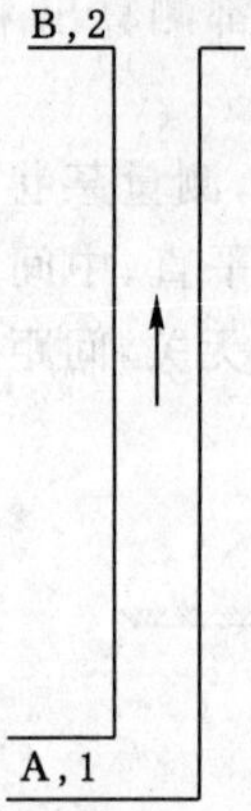

图 5.9　回风井示意图

2) 测算方法

现介绍以下两种测算方法：

(1) 用 A 和 B 气压计分别在某段风流的起点和末点同时读数。

例如，对图 5.9 所示的回风井 1—2 段进行测量。将 A 和 B 气压计分别在 1 和 2 测点安置平稳，并在预先约定的时间同时读数，把两个读数换算成压力值，即分别是两测点空气的绝对静压值 p_{s1} 和 p_{s2}；同时，用有关仪表分别测算两测点的空气密度和平均密度(kg/m^3)，以及测点 1 的风速 v_1(测点 2 设在地表，其风速 $v_2=0$)；并预先量出两测点的高差 Z_{1-2}(m)。将以上各实测数值代入式(5.18)，便可算出两测点间的通风阻力，即

$$h_{r1-2}=p_{s1}-p_{s2}+\rho_1 v_1{}^2/2-Z_{1-2}\rho_{1-2}g \tag{5.18}$$

式中，两测点的位能差数值较大，必须把 Z_{1-2} 和 ρ_{1-2} 测量准确，否则会产生较大误差。

此外，还要测量通过井筒风量 Q，用式(5.19)计算该测量段的风阻系数 R_{1-2}，再换算成标准风阻系数 R_{s1-2} 值，即

$$R_{1-2}=h_{r1-2}/Q^2 \tag{5.19}$$

测量段的位能差有时较难测准，必要时可用另一种测量方法。

(2) 用 A 和 B 气压计分别在起点和末点同时读数；尽快改变测量段内的风量，2 台气压计仍在原地同时读数。

若在 8:00 测得井筒内的风量为 Q，同时通过式(5.18)预算两测点间的通风阻力。式中，右边各项除高差 Z_{1-2} 外都是 8:00 的测算值。紧接着在 10 h 内在测点 1 的左侧用挡风障使井筒内的风量减少到 Q'，同时测算出下式右边各项，即

$$h'_{r1-2}=p'_{s1}-p'_{s2}+\rho_1 v'^2/2-Z_{1-2}\rho_{1-2}g \tag{5.20}$$

如前所述，空气密度的影响因素是空气的温度、压力和相对湿度。在改变风量的短时内，温、湿度几乎不变；测量段的通风阻力不太大时，测点空气的绝对压力变化不大。因此，可以认为风量改变前后，测点空气的密度变化甚微，则式(5.18)和式(5.20)中的位能差近乎相等。故将这两式相减，可得出两测点间通风阻力的测算式，即

$$h'_{r1-2}=\frac{Q'^2(p_{s1}-p_{s2}-p'_{s1}+p'_{s2}+\rho_1 v_1{}^2/2-\rho_2 v_2{}^2/2)}{Q^2-Q'^2} \tag{5.21}$$

用式(5.22)计算该测量段的风阻系数 R_{1-2}，再换算为标准风阻系数 R_{1-2} 值，即

$$R_{1-2}=h'_{r1-2}/Q'^2 \tag{5.22}$$

3) 优缺点和适用条件

用气压计的测量方法不需要收放胶皮管和静压管，省时省力，操作简便，但这种测量法的精度较差。用第一种测法时，位能差不易测准；用第二种测法时，要改变风量，对于瓦斯大的测量段，要设法增加风量，比较麻烦。因此，气压计的测量法不适用于精度要求很高的测量，只适用于无法收放胶皮管或大范围的测量段。

5.2.5　测算矿井的通风总阻力和总风阻

矿井主通风机的工作方法不同，矿井通风总阻力的测算式略有不同。

1) 对于抽出式通风的矿井

如图 5.10 所示，风流自静止的地表大气(其静压 $p_0=0$)开始，经过进风口 1 沿井巷送

到主通风机进风口 2,沿途所遇到的摩擦阻力相局部阻力的总和就是抽出式通风的矿井通风总阻力 h_r。据能量方程可知

$$h_r = (p_o - p_{s2}) + (0 - h_{v2}) + (Z\rho_1 g - Z\rho_2 g) \quad (5.23)$$

式中 p_o,p_{s2}——分别是地表大气和断面 2 风流的绝对静压,Pa;

h_{v2}——断面 2 风流的速压,Pa;

Z——井筒的垂直深度,m;

ρ_1,ρ_2——分别为进风井和回风井内空气密度的平均值,kg/m³。

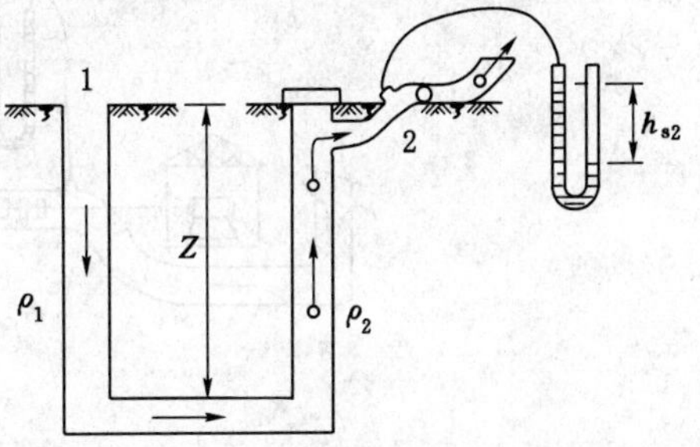

图 5.10 抽出式矿井风压图

断面 2 的相对静压

$$h_{s2} = p_o - p_{s2}$$

该矿井的自然风压

$$h_n = Z\rho_1 g - Z\rho_2 g$$

则

$$h_r = h_{s2} - h_{v2} + h_n \quad (5.24)$$

即有又因断面 2 的相对全压

$$h_{t2} = h_{s2} - h_{v2}$$

$$h_r = h_{t2} + h_n \quad (5.25)$$

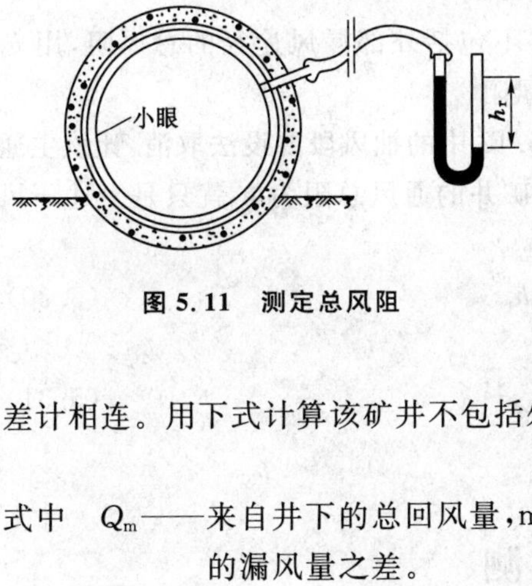

图 5.11 测定总风阻

式(5.24)和式(5.25)为抽出式通风的矿井 h_r 的测算式。由于断面 2 的风流很紊流,h_{t2} 的读数不太稳定,故常用式(5.24)。式中,h_{s2} 的数值较大,其余两项均较小。常用图 5.11所示的方法测量 h_{s2},即靠近断面 2 的周壁固定一圈外径 4～6 mm 的铜管,等距离钻 8 个垂直于风流方向的小眼(直径为 1～2 mm),再用一根铜管和圈铜管连通,并穿出风硐壁和胶皮管相连,胶皮管另一端和主通风机房内的压差计相连。用下式计算该矿井不包括外部漏风途径的总风阻系数 R_r,即

$$R_r = h_r / Q_m{}^2 \quad (5.26)$$

式中 Q_m——来自井下的总回风量,m³/s,是通过主通风机的风量 Q_f 与主通风机附属设备的漏风量之差。

该矿井通风动力(主通风机所产生的机械风压与自然风压之和)的工作风阻系数为 $R_r{}' = h_r / Q_f{}^2$。

2) 对于压入式通风的矿井

如图 5.12 所示,对于压入式的轴流主通风机,其风路一般分为抽风段 1—2 和压风段 3—4,实际上是又抽又压式。因抽风段内的空气密度无变化,可得该段的通风总阻力为

$$h_{pr} = (p_{s3} - p_o) + (h_{v3} - 0) + (Z\rho_1 g - Z\rho_2 g) \quad (5.27)$$

式中 p_{s3},h_{v3}——分别为断面 3 风流的绝对静压和速压(总压与静压之差),Pa;

其他符号的意义同前。

该矿井的通风总阻力 h_r 应为 h_{er} 和 h_{pr} 之和,即

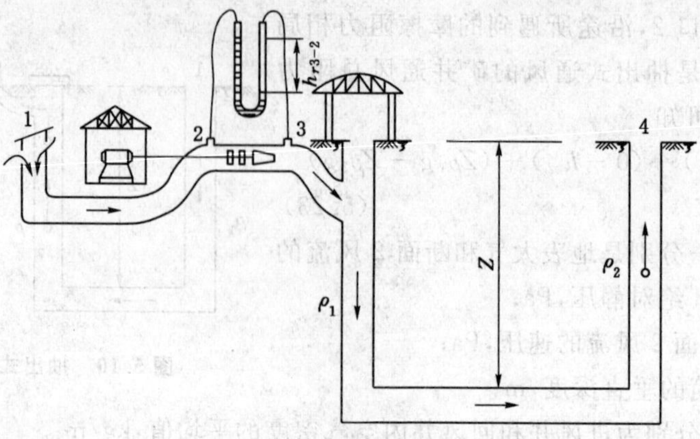

图 5.12　压入式轴流通风机

$$h_r = p_{s3} - p_{s2} + h_{v3} - h_{v2} + Z\rho_1 g - Z\rho_2 g = h_{s3-2} + h_{v3-2} + h_n \quad (\text{.}$$

或

$$h_r = h_{t2} + h_{t3} + h_n \tag{5.29}$$

式中　h_{s3-2}——断面 3 和断面 2 的绝对静压之差，可用图 5.12 中所示的连接方法，用差压计直接测出来，Pa；

h_{v3-2}——断面 3 和断面 2 的速压之差，数值很小，Pa；

h_n——该矿井的自然风压，Pa；

h_{t2}，h_{t3}——分别是断面 2 和断面 3 得相对全压，Pa。

然后用 h_r 和流向井下的总进风流 Q_m 计算该矿井不包括外部漏风途径的总风阻，用 h_r 和通过主通风机的风量 Q_f 计算该矿通风动力的工作风阻。

为了提高压入式的矿井通风能力，省电节能，图 5.12 中的抽风段要设法取消，让该主通风机的进风口 2 直接和地表大气相通。这样，压入式矿井的通风总阻力 h_r 就只是上述压风段的总阻力。故由(5.29)式可得测算式为

$$h_r = h_{s3} + h_{v3} + h_n \tag{5.30}$$

或

$$h_r = h_{t3} + h_n \tag{5.31}$$

式中　h_{s3}——断面 3 的相对静压，Pa；

其他符号的意义同前。

5.3 瓦斯监测

地面空气进入井下后，其成分将发生变化，主要表现为氧气含量减少，有害气体增加。矿井空气成分检测的目的是为了确定其成分是否符合《煤矿安全规程》的规定。瓦斯检测就是对矿井空气成分进行检测，主要是甲烷含量的检测。

5.3.1 热导型气体监测

1）工作原理

(1) 导热原理

导热原理是利用各种气体导热系数与空气导热系数的差异以及导热系数与气体浓度的

关系原理，实现对气体浓度的监测。

某种气体的导热系数，是与气体相对分子质量 m，热运动的平均速度 $\bar{v}$，气体摩尔定容热容 $c_{V,\mathrm{m}}$、绝对温度 T 以及实验常数 C 有关，即

$$\lambda = f(m, \bar{v}, c_{V,\mathrm{m}}, T, C) \tag{5.32}$$

表 5.5 列出了部分气体 1 atm(1.01325×10^5 Pa，下同)，300 K 条件下的导热体。

表 5.5　部分气体 1 atm，300 K 条件下的导热体

气体名称	空气	氧气	氮气	氢气	一氧化碳	二氧化碳	甲烷
$\lambda\times10^{-6}$ /[W·(m·K)$^{-1}$]	15.69	15.86	15.63	1.9.50	15.67	5.32	20.68

气体的导热系数随温度增加而增加，当温度为定值时，导热系数与气体分子的直径成反比，分子直径越小，其导热系数越大。一般情况下，导热系数与气压无关。

(2) 混合气体的导热系数

气体的导热系数与温度的关系复杂，常用下式表示

$$\lambda_T = \lambda_0(1+\beta T) \tag{5.33}$$

式中　λ_T, λ_0——温度分别为 T 或为 0 ℃时的导热系数；

β——一定范围内气体导热系数的温度系数。

对于混合气体的导热系数，可以粗略地认为是各组分导热系数的平均值，即

$$\lambda_c = \sum_{i=1}^{n} n_i \lambda_i \tag{5.34}$$

式中　λ_c, λ_i——混合气体和第 i 种气体的导热系数；

n_i——第 i 种气体的体积分数。

设空气中含甲烷的质量为 m，空气的导热系数为 λ_a，甲烷的导热系数为 λ，甲烷和空气混合气体的导热系数为 λ_c，则

$$\lambda_c = \lambda m + \lambda_a(1-m)$$

$$m = \frac{\lambda_c - \lambda_a}{\lambda - \lambda_a} \tag{5.35}$$

应当指出，上述混合气体导热系数 λ_c 计算公式与温度关系式均是近似关系式，在不少情况下，气体导热系数并不符合上述关系。

2) 传感器检测原理

利用导热原理制作的传感器，主要是电桥电路。

由于纯被测气体或高浓度被测气体的导热系数与空气的导热系数相差较大，所以测量高浓度时精度高。但是，如果被测气体浓度较低，其导热系数与空气的导热系数相近，则输出信号较弱，其灵敏度和分辨率很小，这类传感器不适用于低浓度环境下。

目前，导热型仪表型号较多，有我国生产的高浓度甲烷检定器和与煤矿安全生产监测系统相配接的高浓度甲烷传感器等。

5.3.2　载体热催化原理气体检测

1) 热催化元件

1943 年，美国制成热催化原理的测量仪表，使用纯铂丝元件；随后，在铂丝上涂上催化

剂，制成催化元件。1957 年，英国发表了在铂丝上涂加载体和催化剂的专利。以后的载体热催化原理检测仪表在元件工艺配方、工作稳定性、抗中毒、使用寿命等方面得到逐步提高，并日臻完善。

(1) 纯铂丝热催化元件

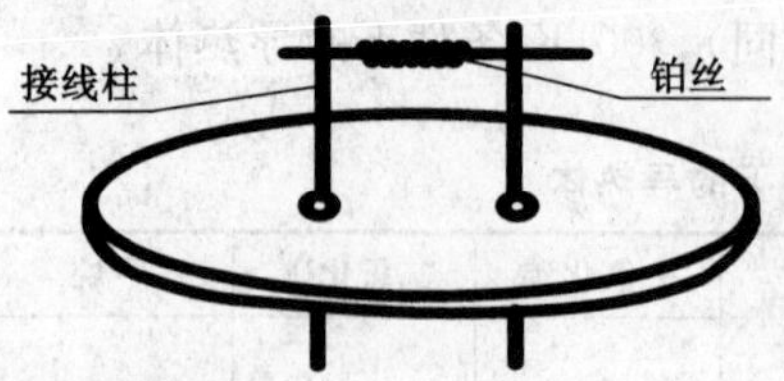

图 5.13　纯铂丝热催化元件

纯铂丝热催化元件的结构如图 5.13 所示。元件仅有一个纯铂丝螺旋圈，结构简单，制造容易。它的最大优点是抗中毒能力强，如在含 0.000 1%的 H_2S 与 1%的 CH_4 的气体中，可持续工作 4 h 或每天工作30 s，断续工作 400 次，元件输出活性不下降。与其相比，载体热催化元件在含 0.000 1%的 H_2S 与 1%的 CH_4 的气体中，当持续工作 4 h 时，其输出活性下降 20%以上。故在含有较多的 H_2S 等的气体中不宜使用载体热催化元件，可使用纯铂丝作为传感元件。但是，铂丝的工作温度一般为 900～1 000 ℃，工作时铂丝升华比较严重，线径缩小，容易造成仪器零点严重漂移，连续工作寿命缩短。波兰和法国一直以铂丝元件使用为主，实际使用中采取向元件间断供电的工作方式延长铂丝元件寿命，以实现长期连续监测。

(2) 载体热催化元件

载体热催化元件是目前使用最广泛的一种催化元件。目前，国内外生产使用的低浓度甲烷传感器几乎都是采用载体热催化元件。

铂丝线圈的作用：一方面是对载体和催化剂进行加热，使甲烷等可燃气体接触元件后达到一定的氧化状态；另一方面是把甲烷等可燃气体在催化剂作用下燃烧生成的热量检测出来。

载体一般是三氧化二铝(Al_2O_3)，其作用是提供较大的反应接触面积、固定铂丝的几何形状、附载催化剂、传导热量给铂丝。

催化剂的作用是使氧化反应速度加快，甲烷在空气中进行无焰燃烧的温度约为 650 ℃，在催化剂(铂、钯)的作用下，燃烧温度可以降低到 300～400 ℃。催化剂对元件的灵敏度、稳定性、功耗和寿命等都有决定性影响。常用的催化剂有钯(Pd)、铂(Pt)、钍(Th)等。元件配方及工艺较复杂，各厂家均不相同。

涂有催化剂的元件颜色一般呈黑色，俗称黑元件，即检测元件。用来对环境(如风速、温度、湿度、电流和电压等)变化影响进行补偿的元件，未涂催化剂的呈白色，称为白元件，即补偿元件。两者的大小、材料、几何形状等都相同。甲烷检测传感器中载体热催化元件(黑元件)和白元件都是配对使用的。

2) 载体热催化元件的特性

(1) 元件的活性

元件的活性是指元件对甲烷的氧化燃烧速率。元件活性高，通过电桥测量甲烷时，可以得到较高的信号输出，单位是 mV，一般元件中每测量浓度为 1%的甲烷时，信号输出电压不应低于 15 mV。测量可燃气体爆炸下限以下浓度的气体时，其输出接近线性，并输出数十毫伏的电信号，灵敏度高，可以直接推动电表指示，便于信号的放大和数据处理，是良好的监测系统传感器。

(2) 稳定性

稳定性是指元件在新鲜空气与有一定浓度甲烷的环境中，在规定的连续工作时间里的活性下降率。活性下降率越低，表明元件工作性能越稳定，对不可燃气体不反应，受环境的影响小。

(3) 工作点和工作区间

元件工作点是指元件的标准工作电压和电流值。实际使用中，为了便于组成电桥和选定电桥电流，工作点通常是指一对元件(黑、白)的标准工作电压或电流值。在工作点上，元件具有较大输出、较好的稳定性和最小的零点漂移。目前，国内元件的工作点有 1.2，2.2，2.4 V，以及 320 mA 等。

当元件的工作电压或电流变动时，在同一甲烷浓度下输出活性的大小是不同的。只有当工作电压或电流在某一范围内变动时，输出活性才接近于直线，这个电压或电流变化范围称为元件工作区间，区间越宽越好。目前，元件的工作区间只能达到标准电压的 1±10%。

(4) 元件的中毒特性

载体热催化元件的催化剂钯、铂、钍等与硫、磷、铅、氯、硅等的化合物作用，使其催化活性逐渐降低，称为催化剂中毒。催化剂中毒过程的实质是毒物与催化活性物质之间发生了某种物理化学作用，从而使元件的活性表面受到破坏或遮盖。

毒物在元件活性表面上吸附或化合较弱，造成暂时性中毒，暂时性中毒通过活化处理可以恢复。使元件暂时中毒的物质如硫化物和氯化物。若毒物与活性表面结合力很强，无法使元件活性恢复，则造成永久性中毒。使元件永久性中毒的物质有硅、锑、铅等。

元件中毒程度，即灵敏度的降低程度与导致元件中毒的物质浓度和接触时间成正比。中毒物质浓度越高，则元件灵敏度很快降低，甚至元件无反应。若毒物含量低，初期灵敏度下降不大，但随中毒时间加长，其灵敏度逐渐降低。评价元件中毒的指标用相对灵敏度表示，即

$$相对灵敏度=\frac{某一时间的元件的灵敏度}{元件的初始灵敏度}\times 100\%$$

使用时应首先了解使用环境中毒物质的存在情况，了解元件本身的抗中毒性能，然后根据矿井存在中毒物质的情况，采取相应的措施，以保证元件正常工作。目前，除依靠本身增加抗中毒性能外，常用加装过滤装置将中毒物质过滤掉的方法，常用的过滤剂有活性炭、硅胶、分子筛等。

(5) 载体催化元件的激活特性

工作一段时间的元件，遇到较高浓度甲烷气体(体积分数为 5.5%～6%)数分钟后，元件的活性升高，高浓度甲烷消失后，元件在几十小时内活性又逐渐下降到初始值附近。元件的激活特性是元件的一个缺点，被激活的元件在一段时间内输出不稳定，使用中需要经常调整。元件的激活特性是由元件本身特性引起的，目前国内外都在研究解决，解决的方法基本上是从元件本身以外的电路上采取措施：一种方法是采用两套元件，低浓度时使用催化元件，高浓度时使用热导元件，即采用切换的方法解决；另一种方法是使电路在遇到高浓度甲烷时能自动切断电源供电，使其停止工作，当浓度降到 5%以下后再自动恢复工作。我国有些厂家生产的高低浓度甲烷传感器就是采用前一种方法。

(6) 载体热催化型仪器的反应速度

该速度指仪器从接触到被测气体开始，到传感器元件能正确地指示数据为止所经历的时间。显然，传感器元件对环境中甲烷浓度的变化应具有较高的反应速度。反应速度太慢，则仪器失去检测的意义。

反应速度取决于传感器元件本身的时间常数(即其本身的反应速度)和待测气体向传感器元件扩散的速度(即仪器的气室结构)。

元件本身的时间常数 τ 为

$$\tau = E/(\lambda S + 4A\delta S_1 T^3 - I^2 R\lambda_T) \tag{5.36}$$

式中 E——元件的热容,J/K;

δ——斯特藩常数,5.6686×10^{-12} J/(m·s·K^4);

A——参数;

λ——导热系数,W/(m^2·K);

S——元件表面积,m^2;

λ_T——金属丝电阻导热系数;

I——元件的温度,K;

R——元件通过的电阻,Ω;

S_1——元件辐射法向面积,m^2。

时间常数 τ 与热容成正比,而热容又与表面积的 3/2 次方成正比。因此,时间常数 τ 是随元件表面积的增大而增大。为了获得较快的反应速度,应当使元件具有较小的表面积。如果元件表面积大,辐射散热和传导散热增大,则元件温升比较困难,因而反应速度慢。时间常数 τ 随元件温度的升高而减小,说明反应速度随温度的升高而加快,甲烷浓度由 2%增至4%时,其反应速度比由 0 增至 2%时的反应速度快,正说明了这一点。电流对时间常数 τ 的影响比较复杂,因为在电流增大的同时温度 T 是增加的,两者对时间常数的影响相反,综合作用的结果是时间常数 τ 有所减小而反应速度有所加快。

5.4 一氧化碳和硫化氢的监测

检测一氧化碳和硫化氢浓度的仪器包括:检知管、电化学、气敏半导体、红外线、气相色谱分析等。按其结构形式分为便携式和固定式两类。

5.4.1 检知管结构和检测原理

检知管是一支(ϕ 4~ϕ 6)×150 mm(长)的玻璃管,内装活性载体,载体吸附化学试剂,管口溶封。使用时先打开管口,待测气体依靠筒(又称为“水龙”)以一定的速度均匀地通过检知管,与管内的化学试剂进行化学反应,产生变色圈,再根据变色圈的长度来测定待测气体的浓度。一氧化碳检知管是活性硅胶吸附了发烟硫酸和五氧化二碘(I_2O_5),当 CO 气体通过时,发生如下反应,即

$$5CO + I_2O_5 \xrightarrow{H_2SO_4} 5CO_2 + I_2\text{(棕色)}$$

比色式检知管是依靠气体中的 CO 与管内试剂反应后的生成物的不同颜色,来区分气体中 CO 的含量。为此,管外附有一块标准含量的比色板,只要把管内反应生成物的颜色与比色板颜色比较,颜色的彩条所注明的 CO 含量即可认为是被测气体中 CO 的含量。

检知管内的试剂有一定保存期,超期不能使用,检知管每支只能使用一次,检知管只能随检测人员流动采样,人员无法进入的地点无法取值检测。

5.4.2 定电位电化学 CO 传感器

各种气化还原物质都有一定的氧化还原电位,CO 的氧化还原电位是 0.9~1.1 V,在还

原电位条件下，CO 可氧化还原成 CO_2。根据这一原理，只要测出 CO 还原状态下离子电流的大小，即可测算出 CO 的浓度值。采用这一原理研制的 CO 连续监测式传感器在美、英、德、法和日等国家均已取得较好的应用效果。我国于 20 世纪 80 年代中期研制的 KG3002 型连续监测 CO 传感器，已应用在 KJ 系列及其他煤矿安全监测系统中。图 5.14 所示为 CO 传感器的电化学池结构及工作原理示意图。其内部是一个装有 3 个电极的电池，W 为工作极，C 为对极，R 为提供恒定电位。该电池在恒定电位器产生 0.9～1.1 V 的恒定电位作用下，在恒电位电化学池中通入 CO 气体并扩散至工作极时，CO 气体发生氧化反应生成 CO_2；同时，气体中的氧扩散到对极 C 处，发生还原反应。

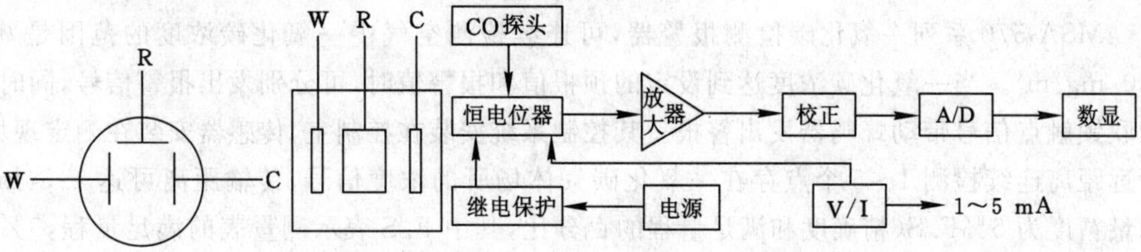

图 5.14 CO 传感器电化学池结构及工作原理示意图

在工作极上：

$$CO+H_2O \longrightarrow CO_2+2H^++2e^-$$

在对极上：

$$\frac{1}{2}O_2+2H^++2e^- \longrightarrow H_2O$$

反应中，工作极 W 放出电子，对极 C 获得电子，从而在工作极 W 与对极 C 之间形成电解电流。其中，电流 I 的大小与 CO 的物质的量浓度 C_{CO}、扩散层面积 A、薄膜扩散系数 D 成正比；与扩散层的厚度 δ 成反比，即

$$I=\frac{nFADC_{CO}}{\delta} \tag{5.37}$$

式中 n——1/28 mol 的 CO 气体所产生的电子数；

F——法拉第常数，96 485.338 3±0.008 3 C/mol(约 96 500 C/mol)；

A——扩散层面积尺寸，cm^2；

D——薄膜扩散系数，cm^2/s；

C_{CO}——CO 物质的量浓度，mol/mL；

δ——扩散层的厚度，cm。

输出电流信号经放大、A/D 转换，以数字形式显示出 CO 的浓度。

国产 KG3013，KG3013A，KG3002 一氧化碳传感器，日本生产的 EC-109 型、CM550 型，德国生产的 Comgtron2030i 型，美国能源科学公司生产的 Ecolyzer 型等都是利用电化学原理。利用该原理制成的各种便携仪也较多，如国产 JB-3 型和 MINIPAC190 型一氧化碳检测报警仪。这类仪器或传感器抗干扰性差，CH_4 和 CO_2 基本不参加反应；而 NO_2，H_2，SO_2，C_2H_4，H_2S 均参加反应，使用时应在其前端加过滤剂，以便对干扰气体加以吸收，提高检测精度。

5.4.3 一氧化碳和硫化氢检测报警器

1) MSA-570 系列一氧化碳检测报警器

一氧化碳隔爆传感器由探头和前置放大器组成,探头是电化学极谱电池。前置放大器电路上的基准电压发生器通过缓冲放大器,给工作电极(测量电极)提供基准电势。基准电势使探头的工作电极相对于参比电极有一个合适的电势,一氧化碳气体通过隔爆片及探头表面的塑料薄膜,以扩散方式进入探头发生氧化反应时,工作电极释放电子,参比电极获得电子,形成了与一氧化碳浓度成正比的电流(微安级)信号,该信号经过放大后通过屏蔽电缆传送到控制单元的输入放大器。

MSA-570 系列一氧化碳检测报警器,可连续检测空气中一氧化碳浓度的范围是 0~600 mg/m^3。当一氧化碳浓度达到设定的预报值和报警值时,可分别发出报警信号,同时启动联锁触点信号带动蜂鸣器发出警报。其控制系统安装在控制室,传感器安装在测定现场,可远距离连续检测 1~5 个点存在一氧化碳气体场所的浓度信号,传输距离可达 1.5 km。测量精度为 5%F.S(精确度和满足量程的百分比,其中 F.S 表示测量表的满足量程,5%表示测量表的精确度,下同),响应时间小于 60 s,传感器寿命为 12 个月。

2) MSA-580 系列硫化氢检测报警器

MSA-580 系列硫化氢气体连续检测系统,可连续检测工作场所空气中硫化氢气体浓度的范围是 0~150 mg/m^3,并将信号远距离传输到控制室或值班室。当空气中硫化氢气体浓度达到 15 mg/m^3时发出预报警,达到 20 mg/m^3时发出报警信号(设定点用户可自行调整),信号传输距离可达 1.5 km。每台仪表可容纳 1~5 个单元,可同时监测 5 个点的空气中的硫化氢气体浓度,其精度为±5%F.S,响应时间小于 60 s,传感寿命 12 个月。

MSA580 系列硫化氢气体检测系统的作原理与 MSA-570 系列一氧化碳气体检测系统相似,只是传感器有区别。MSA-580 系列的传感器由电化学极谱电池及有关电路组成,被测气体通过隔爆片以及探头表面的塑料薄膜以扩散方式进入极谱电池采样区,极谱电池使硫化氢氧化为硫酸。这种氧化过程与采样区内硫化氢的分压成正比,通过采样电路、放大电路及接口电路输出与环境气体中硫化氢浓度成比例的电信号。传感器为隔爆结构,防爆标志为 Exd Ⅱ CT_6。

5.5 氧气监测

氧气是无色、无臭、无味的气体,比空气稍重,与生物呼吸关系密切,能与各种物质化合有助燃性。检测氧气含量不仅有利于防止作业人员发生缺氧症,而且对了解煤炭自然发火及井下火灾发展规律、判定灭火效果等方面具有重要的意义。

5.5.1 电化学法测氧

电化学燃料电池也称为伽伐尼电池,其原理如图 5.15 所示。

电池内有两个电极和电解液,阴极用的是铂或金,而阳极则用铅或锌,电解液为氢氧化钾。被测氧气透过聚四氟乙烯薄膜渗入阴极与薄膜间电解液层时,在阴极上产生如下化学反应

$$O_2 + 2H_2O + 4e \longrightarrow 4\,OH^-$$

电解液中的 OH^- 在阳极上产生如下化学反应

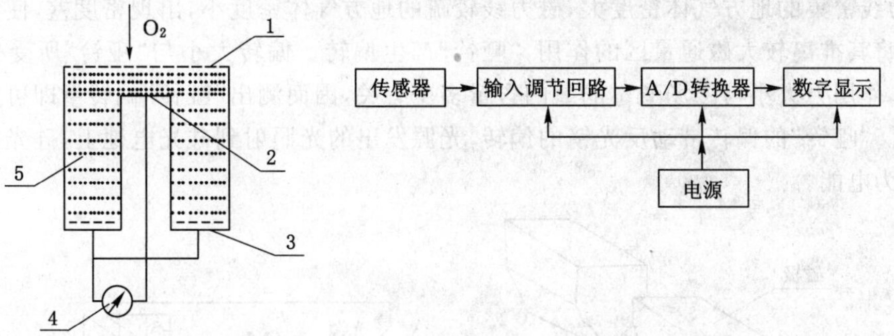

图 5.15 伽伐尼电池测氧仪结构原理图

1—薄膜；2—阴极；3—阳极；4—电表；5—电解液

$$Pb + 4OH^- - 4e \longrightarrow PbO_2 + 2H_2O$$

总反应式为

$$Pb + O_2 \longrightarrow PbO_2$$

从反应式可以看出，一个失去电子，另一个得到电子。如果在两极间加上负载就会有电流输出，电流的大小取决于透过薄膜的氧气量的多少，测量出电流的数值，即可获得氧气的浓度，从而达到测定氧气浓度的目的。

伽伐尼电池测氧仪，通过传感器将氧浓度转变为电信号，输入调节回路转换后送到A/D转换，再送至电表显示。

应用该原理的仪器，就传感器来说，不需要外接电源，另外在反应过程中阴极不参加反应，也不消耗电解液，只消耗阳极材料铅。

该测氧仪测量准确、迅速，在一定范围内线性好，对除腐蚀性以外的气体无干扰影响。但根据测量原理可知，透过薄膜的氧气量与氧分压有关，故大气压力变化对测值有影响，应进行气压变化校正。仪器使用于开采深度较深的矿井时，需要对仪器测值进行修正。为了解决气压对检测值的影响问题，可以用压力传感器测定大气压力，补偿偏差，也可用毛细管扩散控制机构，限制气压变化对测值的影响。除压力影响外，温度变化也使测值产生误差，性能好的测氧仪都设有专门线路以抵消温度变化的影响。

5.5.2 电磁法测氧

1）磁风原理

氧气具有与其他气体不同的物理特性，氧气具有顺磁性，即气体能被磁场吸引或排斥的性质。当气体进入具有磁场和加热线圈的气室时，由于磁场和加热线圈的作用，故气流不断地流动形成所谓的磁风，使气室中的热敏元件阻值发生变化破坏电桥平衡，不平衡电流大小与气样中氧气量有关。

由于氧的磁性最强，所以含氧混合气磁化率主要由氧的浓度决定。顺磁性气体能被磁场吸引。随着温度升高，氧的磁性减弱，即氧具有热磁效应。基于这一物理现象，可以测定氧气浓度。

2）顺磁测氧仪

图 5.16 所示分别为顺磁性直接测量氧气仪器测量部分的构造图和原理图。两楔形永久磁铁构成不均匀磁场，在不均匀磁场中悬吊一个水平杆，水平杆两端各有一个石英小球，球内充有氮气，呈“哑铃”状。当氧等顺着磁性气体通过时，由于在不均匀磁场中，气体被吸

引，磁力线密集的地方气体密度大，磁力线较疏的地方气体密度小，出现密度差，使“哑铃”受到一个将其推离较大磁通量区的作用，“哑铃”产生偏转。偏转大小与“哑铃”所受作用力大小有关，作用力大小与磁场通过的氧的含量多少有关，因而测出“哑铃”偏转量即可测知氧气的浓度。“哑铃”的偏转带动反光镜的偏转，光源发出的光照射到硅光电池上，硅光电池将光能转换为电能。

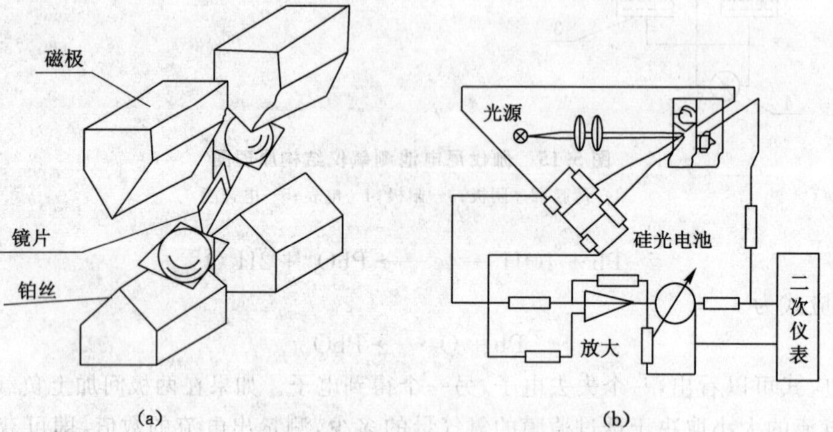

图 5.16 顺磁测氧测量部分的构造与原理图

(a) 构造；(b) 原理

当反光镜不发生偏转时，照射到两硅光电池的光强度一样，光电流也一样。放大器的输入端无电流差，放大器的输出也无电流输出，指针不偏转。当反光镜发生偏转时，照射到各个硅光电池的光强度不一样，光电流大小不一样。放大器输入端有电流差，其输出端也有电流输出。输出电流的大小与反光镜的偏转角度有关，而反光镜的偏转角度又与“哑铃”偏转量有关，“哑铃”偏转量又与氧气浓度有关，因而可以检测氧气浓度。

这类仪器都有稳流、稳压装置和吸气泵，主要型号有：美国生产的 632-Ⅱ型以及英国生产的 570A 型和 580A 型。顺磁式测氧仪具有性能稳定、寿命长、可连续测定等优点，为保证测量精度，热磁式氧气传感器必须维持恒定温度。但由于其体积大、质量重、功耗较大，适应于固定场所，在煤矿主要用于束管监测系统中。

5.6 煤矿安全监测系统

1) 矿井安全监测系统组成

矿井安全监测系统一般由传感器、执行机构、分站、电源箱、中心站（或传输接口，包含显示器）、打印机、电视墙（或投影仪、模拟盘、多屏幕、大屏幕等）、管理工作站、服务器、路由器、UPS 电源、电缆和接线盒等组成。

(1) 传感器

传感器将被测物理量转换为电信号，经矿用电缆与分站相连，有的还具有显示和声光报警功能。

(2) 执行机构

实现声光报警、显示及控制，用矿用电缆与分站相连。

(3) 分站

接受来自传感器的信号，并按预先约定的复用方式(频分制或时分制等)远距离传送给主站，同时接收来自主站的多路复用信号。分站还具有简单的数据处理能力，对传感器输入的信号和主站(传输接口)传输来的信号进行处理，控制执行机构工作。

(4) 电源箱

供给系统所需的本质安全型直流电源，在交流电网停电后蓄电池维持供电不小于 2 h。

(5) 中心站

接收与处理分站远距离发送的信号，信号数据统计与存储、显示与声光报警、控制，打印输出，网络连接，人机对话等，同时将信号送到相应分站。

(6) 电视墙

用来显示信息，以便在调度室远距离观察。

(7) 管理工作站

一般设置在调度室、矿长办公室、总工程师办公室以及相关单位办公室，以便随时了解矿井安全及生产状况。

(8) 服务器

用于存储信息，以便调用和查询。

(9) 路由器

用于接入矿务局(公司)网络和广域网等。

2) 安全监测监控系统的特点与功能

(1) 矿井安全监测监控系统的特点

① 电气防爆。矿井安全监测系统工作在有瓦斯和煤尘爆炸性的环境下使用防爆型电气设备。

② 远距离传输。矿井安全监测系统的传输距离至少要达到 10 km。

③ 网络结构采用树型结构。矿井安全监测系统必须沿巷道敷设传输电缆，挂在巷道壁上，巷道为分支结构且分支长度可达数千米。为便于监测系统的安装维护、节约传输电缆、降低监测系统成本，宜采用树形结构。

④ 系统传输速率低。矿井安全监测系统的监测对象主要为缓变量，对监测系统的传输速率要求不高。

⑤ 系统的抗干扰性较好。由于煤矿井下空间小，大功率设备(如采煤机、运输机等)的启停和架线电机车火花等造成的电磁干扰严重。因此，要求矿井安全监控系统有较强的抗干扰性。

⑥ 适应井下恶劣工作环境。煤矿井下除了有易燃易爆性气体(如瓦斯、一氧化碳等)，还有腐蚀性气体(如硫化氢)，矿尘大、潮湿、有淋水、空间狭小。因此，矿井安全监控系统的设备要有防尘、防潮、防腐、防霉、抗机械冲击等措施。

⑦ 传感器(或执行机构)宜采用远程供电。由于矿井安全监测系统的电源受电气防爆的限制，而传感器与执行机构往往设置在恶劣的环境(工作面)中，不便于就地供电，故多采用分站远距离供电。

⑧ 不宜采用中继器。由于矿井安全监测系统的电源受电气防爆的限制，不便于远距离供电，而中继器是有源设备，因此不宜采用中继器。

(2) 矿井安全监测系统的功能

为满足矿井安全监测的要求，矿井安全监测除满足矿井安全信息和控制要求外备下列功能：

① 具备甲烷、一氧化碳、风速、温度、压力等模拟量的监测功能；具备馈电状态、设备开停、风筒状况、烟雾等开关量和累计量的监测功能。

② 具备甲烷浓度超限声光报警和甲烷断电仪功能；具备甲烷风电闭锁功能。

③ 具备断电状态监测功能；具备中心站手动、遥控断电/复电功能；具备异地断电/复电功能。

④ 具备不间断电源功能；电网停电后，系统继续监控时间应不小于 2 h。

⑤ 具备自检功能；具备双机备份手动切换功能。

⑥ 具备实时存盘、列表显示、模拟量实时曲线和历史曲线显示、柱状图显示、模拟动画显示、系统设备布置图显示功能；具备报表、曲线、柱状图、模拟图、初始化参数等召唤打印功能。

⑦ 具备人机对话功能，以便于系统生成、参数修改、功能调用；具备工业电视图像等多媒体功能；具备网络通信功能。

3）KJ69 矿用人员监测系统概述

早期的矿用人员监测系统是国外的门禁式人员监测系统，由下井工人佩带无线识别卡，工人通过导引巷道经过门禁检测站而自动监测下井工人情况。由于门禁检测站安装较困难，其设置数量较少，一般设置在井底，因此该系统只能监测下井人员，而不能对下井人员进行区域定位。我国也有厂家开发了类似的矿用人员监测系统，并在部分煤矿装备使用。我国开发的具有井下人员区域定位等功能的矿用人员监测系统，其由下井工人佩带放置在矿灯内的无线发射卡，在各井下巷道分支处设置无线监测站，监测站由通信电缆连接，以总线通信方式，由地面监控主机进行管理。后来，由于无线发射卡放置在矿灯内可能存在安全隐患，无线发射卡就设计成自带电池式设备，形式多样，无线通信频率也有 315 MHz 和 2.4 GHz等多种，由于缺乏严格的市场准入，生产厂家很多，因此产品也自然是良莠不齐。

目前，人员定位系统的生产厂家主要集中在国内，由于各厂家对矿井需求的理解不同，因此，开发的系统层次各不相同。有的系统往往只注重系统界面，而忽略系统的实用性；有的系统硬件设计就不到位，发射卡连续工作时间、漏检率等重要指标就不满足标准的基本要求。

① 能够实时对煤矿人员入井时间、上井时间进行统计；能实时对各单位人员下井班数、班次、迟到和早退等情况进行监测和分类统计；生成各类考勤报表。

② 能够矢量化矿井工程图，并具有放大、缩小、移动功能，在矢量图上用不同标志、模拟图形或颜色动态、实时地显示井下各类人员状况和分布情况，并能动态显示指定人员或设备在指定时间段的活动轨迹。

③ 发生井下工作超时、进入危险区域、工作异常和矿井、采区、工作面超员等情况下自动报警，地面系统具有短信发送、紧急广播、远程警报等安全辅助手段。

④ 在发生事故和出现紧急状况时，能快速查询井下灾前各时段人员位置和状态，准确掌握被困人员位置，为抢险输出搜救路线图。

4）KJ69 矿用人员监测系统功能

既有下井人员考勤功能，又有下井人员定位跟踪功能，还有工作面等受限区域超员报警瓦检员等特殊作业人员巡检轨迹显示、灾前事故区域人员位置查询等功能。

5）使用效果

① 能够矢量化矿井工程图，并具有放大、缩小、移动功能。

② 除完成区域定位功能外，即将升级的系统还具备精确定位功能，其对静止目标的定位精度可达到 2 m，对移动目标的定位精度可达到 10 m，特别适合工作面等危险作业场所应用。

③ 一台分站（监测站），可连接多个接收器，节省投资，方便维护。

④ 双向通信功能：遇紧急情况时，地面可向井下用户发布告警或中文指令，井下用户也可发出求救呼叫。

⑤ 超低功耗，更健康、更安全。全球开放的 ISM 微波频段，无需申请和付费，还具有高抗干扰性，对现场环境无特殊要求。

复习思考题

5.1 何谓层流、紊流？如何判别流体的流动状态？

5.2 某半圆拱巷道采用砌碹支护，巷道宽 3.2 m，中心处高度 3.4 m，巷道中通过风量为 600 m^3/min。试判别风流的流态（$Re=225\ 307$，紊流）。

5.3 摩擦阻力系数与哪些因素有关？

5.4 有一木支架梯形巷道，长 1 500 m，断面积为 6 m^2，木柱直径 $d_0=0.22$ m，支架纵口径 $D=6$ m，通风量为 900 m^3/min，巷道中空气的平均密度为 1.25 kg/m^3。求：(1) 摩擦风阻；(2) 摩擦阻力；(3) 该巷道通风所消耗的功率 N（设风机效率为 0.6）。

5.5 局部阻力是如何产生的？

5.6 降低摩擦阻力和局部阻力采用的措施有哪些？

5.7 热电偶冷端如何处理？

5.8 简述热电阻的测温原理。如何消除或减少引线带来的误差？

5.9 简述半导体 PN 结的测温原理。

5.10 简述干、湿球温度仪表测量湿度的原理。

5.11 简述超声波风速计的测量原理。

5.12 使用空盒气压计要进行哪些校正工作？

5.13 简述补偿式微压计结构和测压原理。

5.14 红外气体分析法检测一氧化碳仪器中，切光片的作用是什么？

5.15 简述红外气体分析法检测一氧化碳的检测原理。

6 职业安全监测技术

6.1 工业噪声的监测

噪声是声的一种，它具有声波的一切特性，产生噪声的物体或机械设备称为噪声源，能够传播声音的物质称之为传声介质。人对噪声吵闹的感觉，同噪声的强度和频率有关，频率低于 20 Hz 的声波称为次声，超过 20 kHz 的称为超声，次声和超声都是人耳听不到的声波。人耳能够感觉到的声音(可听声)频率范围是 20～20 000 Hz。物理学上通常用频率、波长、声速、声压、声强、声功率级及声压级等概念和量值来描述声的一般特性。

6.1.1 工业噪声的含义及分类

工业噪声是指在工业生产过程化由机械设备运转、工具操作和物料传输等发出的噪声。它是我国目前城市环境噪声污染的主要来源之一。它不仅直接危害工人身体健康，而且给附近居民带来影响。与交通噪声、建筑施工噪声、社会生活噪声相比，工业噪声具有长期固定的作用地点和时间，因而很容易引起厂群矛盾。

工业噪声的分类大致有 3 种方式：

(1) 按噪声的统计特性和时间特性分

具体可分为高频噪声、低频噪声、宽频噪声、稳态噪声、非稳定噪声、不连续噪声、脉冲噪声等。

(2) 按噪声源的发声机理

① 空气动力性噪声：由于气体振动产生气体的扰动和气体与物体之间的相互作用产生这种噪声。鼓风机、空压机、燃气轮机、高炉和锅炉等设备排气放空时都可以产生空气动力性噪声。

② 机械噪声：由于撞击、摩擦、交变机械应力等的作用、机械设备的零部件(包括轴承、齿轮以及外壳等)发生碰撞、振动而产生这种噪声。球磨机、轧机、破碎机、机床以及电锯等所产生的噪声均属于这类噪声。

③ 电磁噪声：由于交变电磁场产生周期性的交变力，引起振动时而产生的。电动机、发电机和变压器都会产生这种噪声。

(3) 按行业性质分

如机械制造、矿山冶金、纺织轻工、石油化工、航空航天、建筑建材、发电、造船等发出的噪声。在许多行业中，如供热、供水、供气等部门的噪声具有一定的共性。但是，不同的行业生产工艺和设备不同，噪声问题会表现出不同的特点从而发展了多种多样的治理技术措施。

6.1.2 工业噪声的污染现状

噪声对人体的影响是多方面的,首先是在听觉方面。人在较强噪声环境下暴露一定时间会出现听力下降的现象,回到安静的场所停留一段时间,听觉还会恢复。这种现象叫做暂时性听觉偏移,又叫做听觉疲劳。但是,长年累月地在强噪声环境下工作,长期不断地受强噪声刺激,听觉就不能复原,内耳感觉器官会发生器质性病变,导致所谓噪声性耳聋或永久性听力损伤。据调查分析,80 dBA 以下的职业性噪声暴露一般不致引起噪声性耳聋,但不等于毫无听力损失;80～85 dBA 可造成轻微的听力损伤,85～90 dBA 可造成少数人噪声性耳聋;90～100 dBA 或造成一定数量人的噪声性耳聋;100 dBA 以上会造成相当数量人的吸声性耳聋,这些都属于慢性噪声性耳聋。还有一种爆震性耳聋,即当人们无思想准备突然暴露在强烈的噪声(高达 150 dBA)环境下,如战场上的炸弹爆炸声或开山爆破声将会造成急性爆震性耳聋,双耳完全失聪。日常生活中的噪声,则是造成老年性耳聋的一个很重要的因素。人到老年不一定必然耳聋,老年耳聋与环境有极密切的关系。

6.1.3 工业噪声控制情况及存在的问题

噪声污染是群众最直接、最敏感的问题,它直接影响群众的生活、工作。

1) 我国工业噪声控制情况

近年来,噪声控制技术研究取得了长足的进展,尽管工业发展成倍翻番,而工业噪声污染并未相应增长,这足以反映了我国工业噪声控制所取得的成就。下面从几个方面情况来看我国工业噪声治理技术的普及与发展。

(1) 测试分析技术的提高

我国噪声与振动测试仪器产品从无到有,逐步发展起来。目前,我国大中型城市环境监测站已普遍采用精密声级计、噪声统计分析仪或自动监测仪,能定期、不定期对大范围、多测点的工业噪声源进行快速、连续现场监测,为环境噪声管理提供科学的依据。不少科研设计单位应用计算机,结合混响室、消声室,研究声强测量和频谱相关分析等新技术,为噪声源的识别与控制提供条件。

(2) 常规治理技术的普及

经过多年的推广应用,消声、吸声、隔声、隔振和阻尼等常规治理技术,在各工业部门得到了普及。

(3) 低噪声设备研制技术有所突破

直接降低噪声源本身发射的噪声是噪声控制技术中最有效的根本性措施。

2) 存在主要问题

综上所述,我国工业噪声控制取得的成就显著,治理技术进展迅速。然而,从适应城市经济与工业生产的发展以及社会文明进步和环境建设的需要来说,工业噪声的治理无论是在管理上还是在技术上都还存在不少问题亟待解决。

(1) 受到传统技术的局限

许多工业部门对于机械设备产品和加工工艺的严重噪声问题缺乏应有的重视。当前,手工作坊时代和工业革命初期,那种把“机器轰隆隆地响”当做生产发展标记的历史观念亟待转变到现代文明生产和环境保护的意识上来。

(2) 管理体制不协调

在土地使用、城市建设规划上,过去遗留下来的工厂与居民混杂现象虽有所改变,但新污染引起的噪声扰民矛盾仍不断发生，如冶金、机电、纺织、化工等行业中，兼有高噪声问题和高温高热等问题的中、小型工厂，一旦建在居民区，事后治理就会很困难。

6.1.4 我国工业噪声防治的技术政策

控制工业噪声污染的技术政策主要有以下内容：

(1) 工业噪声的防治首先应考虑采用低噪声的生产工艺和设备。对无法从声源上治理的，应结合工艺要求和平面布置，尽量远离生活区、安静区，并可在其传播途径上采取降噪措施，达到国家标准。

(2) 应把研制开发各类低噪声工艺、设备，列入有关工业部门的技术发展规划，结合技术改造，有计划有步骤组织实施。效果显著、性能可靠的低噪声设备、器材的研究或生产，应在税收方面给予一定的优惠政策。

(3) 逐步制定不同类型产品的噪声标准，首先是量大面广、噪声污染突出的机械设备产品分级标准，并列入产品铭牌。对低等级产品，应采取必要的限产、限销、限用措施。

(4) 在引进产品和技术时，应优先考虑低噪声产品和技术，并有计划地组织消化吸收，同时严格控制引进高噪声设备和工艺。

(5) 加强噪声控制设备和器材生产的技术管理，制定标准提高质量降低成本。在用噪声控制设施、器材应健全维修制度，以保持降噪效果。

(6) 建筑施工应合理选择施工工艺和机械设备，合理规划各种施工机械布局，严格控制施工作业范围和作业时间，除有特殊情况并经当地环境保护主管理部门批准，夜间不得作业。

6.1.5 国外噪声污染防治对策

国外防治噪声污染对策主要内容包括：一是从噪声传播分布的区域性控制角度出发，强化土地使用，城镇建设规划中的环境管理，贯彻合理布局，特别是工业区和居民区分离的原则，即在噪声污染的传播影响上间接采取防治措施；二是从噪声总(能)量控制出发，对各类噪声源机电设备的制造、销售和使用等环节上，即对污染源本身直接采取限制措施。具体可以分以下几点：

(1) 制定科学、合理的城市规划，城市区域环境规划，划分好各个区域的社会功能，以保证要求安静的区域不受噪声污染。

(2) 规划建设专用工业园区，组织并帮助高噪声工厂企业实施区域集中整治，对居住生活地区建立必要的防噪声隔离带，或采取成片绿化等措施缩小工业噪声的影响范围。

(3) 对不同的噪声源机械设备，均以 1 年为限，实施产品噪声限值标准和分级标准。有关政府部门据此对制造、销售厂商进行管理，促使发展技术先进的低噪声安静型产品，逐步替代并淘汰落后的高噪声产品。

(4) 建立有关研究和技术开发、技术咨询的机构，为各类噪声源设备制造商提供技术指导，以便在产品的设计、制造中实现有效的噪声控制。如开发运用低噪新工艺、高阻尼减振新材料、包装式整机隔声罩设计等，有计划有目的地推动技术进步。

(5) 提高吸声、消声、隔声、隔振等专用材料的性能，以适应通风散热、防尘防爆、耐腐蚀等技术要求，改进噪声影响的评价分析法，开发应用计算机技术，发展模型试验，提高预测评价的效率和精度，节省防治工程的费用。

6.1.6 我国工业噪声治理的发展方向

在各行各业的众多新、改扩建项目中，有许多噪声污染源需要采取防治措施。由于把噪声污染的控制放在事前解决比放在事后解决可以获得事半功倍的效果，因此必须严格控制新的污染源产生。针对当前这方面所存在的技术上的、经济上和管理上的问题，今后需要从以下几个方面开展工作：

(1) 加强土地使用和城市规划中的环境管理，切实调整工业区的合理规划布局，有组织有计划地调整搬迁噪声污染扰民严重而就地改造又有困难的中小企业。

(2) 发展噪声污染现场实时监测分析技术对工业企业进行必要的污染跟踪监测督促，及时有效地采取防治措施，建立噪声污染申报登记管理制度充分发挥社会与群众监督的作用，大幅度消除噪声扰民矛盾。

(3) 严格贯彻执行有关环境噪声标准、劳动保护卫生标准、有关工业企业噪声污染防治技术政策，积极采用现有的、成功的控制技术，限期进行治理。

(4) 将机电产品降噪减振要求纳入产品设计指导原则，把噪声控制理论成果和现代产品设计方法与技术有机地结合起来，使我国机电产品的噪声振动控制水平得以大幅度提高。

(5) 要积极发展整机配套的噪声防治设备。

(6) 噪声控制设备的制造是个根本性的问题，要控制噪声最终必须靠设备、材料、装置来保证。

(7) 在引进先进技术的同时，重点增强我国的研制、开发和制造能力，为我国机电产品环境噪声监测提供先进可靠的物质技术保证。

(8) 我国噪声与振动测试仪器，经过十多年的努力，逐渐发展起来，尤其是环境噪声监测仪，正朝着自动化、小型化方向发展。面对国内外市场需要，国内声学测试仪器在工艺和装配技术上进行研发，要尽快掌握声学传感器，尤其是电容式传感器的研制和生产制造工艺，提高国产声学仪器性能的稳定性和质量的可靠性。

总之，对工业噪声进行有效的治理，是我国环境噪声污染防治工作的重要方面，它涉及各部门，尤其是机械电子工业部门的广大科研工作者，从事噪声污染防治的广大科研人员和管理人员，任务艰巨。

6.2 放射性危害因素的监测

自然界某些元素的原子核不稳定，内部能够自发地出改变核结构，从一种核转变成为另一种核，并放射出带电的或不带电的粒子(α，β)或射线(γ)，这种性质称为放射性衰变，简称放射性。常见的衰变有 α，β，γ 和电子俘获 4 种形式。由不稳定的原子核在衰变过程中释放出的肉眼看不见的粒子流，称为放射线，如 α 射线、β 射线、γ 射线等。含有放射性元素的物质就称为放射性物质。在自然条件下，大气、水体和土壤等物质中都会含有微量的放射性物质，尤其当今世界原子能工业迅速发展，核武器爆炸、核事故屡有发生，放射性物质在医学、国防、科研、民用等领域的应用不断扩大，有可能使环境中的放射性水平高于天然本底值或超过规定标准，构成放射性污染，危害人体和生物。例如，前苏联的切尔诺贝利电站的核泄漏事故就是最近一次严重的放射性污染事件。可以认为，放射性污染已严重威胁着人类和人类生存的自然环境，防止放射性污染及时进行放射性监测是当前环境污染中不可忽视的内容。

1）放射性污染度量单位

既然放射性污染来源于天然和人类，那么在监测过程中如何定义放射量的大小，以便比较监测的结果是否超过标准。人们为了度量射线辐射量、受照射物质所吸收的射线能量和反映生物体受照射的效应，引入了以下几种放射性度量参数。

(1) 放射性活度

放射性活度(强度)是度量放射性物质的一种物理量，它以放射性物质在单位时间内发生的核衰变数目来表示。放射性活度反映某种放射性核素的数量值，该值的大小与核衰变相关。在给定时间内，放射性活度等于 dN/dt 的商(dN 表示在 dt 时间间隔内由该能态发生自发核衰变时核素数目的期望值)。放射性活度通常用符号 A 表示，即

$$A = dN/dt \tag{6.1}$$

活度单位为贝可勒尔，简称贝可，用符号 Bq 表示。1 Bq 表示放射性核素在 1 s 内发生 1 次衰变。

(2) 吸收剂量

电离辐射在机体的生物效应与机体所吸收的辐射能量有关。吸收剂量是反映物体对辐射能量的吸收状况，是指在电离辐射与物质发生相互作用时，单位质量的物质吸收电离辐射能量大小的物理量。吸收剂量通常用符号 D 表示。电离辐射给予 1 个体积单元中物体的平均能量 dE 除以该体积单元中物质的质量 dm 所得商就是吸收剂量，即

$$D = dE/dm \tag{6.2}$$

(3) 剂量当量

电辐射所产生的生物效应与辐射的类型、能量等有关。尽管吸收剂量相同，但若射线类型、照射条件不同时，对生物组织的危害程度是不同的。因此，在辐射防护工作中引入了剂量当量这一概念，以表征所吸收辐射能量对人体可能产生的危害情况。剂量当量定义为：在生物机体组织内所考虑的 1 个体积单元上吸收剂量、品质因子和所有修正因素的乘积，其单位是希沃特(Sv)。1 Sv=1 J/kg。剂量当量通常用符号 H 表示，即

$$H = DQN \tag{6.3}$$

式中 D——吸收剂量，Gy(戈瑞)；

Q——品质因子；

N——所有其他修正因素的乘积，通常取为 1。

品质因子 Q，用以粗略地表示吸收剂量相同时各种辐射的相对危险程度。Q 值越大，危险性越大。Q 值是依据各种电离辐射带电粒子的电离密度而相应规定的。国际放射防护委员会建议对内外照射皆可使用表 6.1 给出的 Q 值。

表 6.1 各种辐射的品质因子

辐射类型	品质因子	辐射类型	品质因子	辐射类型	品质因子
X，γ 射线和电子	1	快中子(<10 kV)	10	20	反冲核
慢中子(<10 kV)	3	α 粒子	10		

与希沃特暂时并用的专用单位是雷姆，用符号 rem 表示，1 rem$=10^{-2}$ Sv。在辐射防护中应用剂量当量，可以评价总的危险程度。

(4) 照射量

照射量是指在一个体积单元的空气中(质量为 dm),γ 或 X 射线全部被空气所阻止时,空气电离所形成的离子总电荷的绝对值(负的或正的),单位为 C/kg。通常照射量用符号 X 表示,即

$$X = \mathrm{d}Q/\mathrm{d}m \qquad (6.4)$$

式中 dQ——1 个体积单元内形成的离子的总电荷绝对值,C;

dm——1 个体积单元中空气的质量,kg。

2) 放射性核素在环境中的分布

(1) 在土壤和岩石中的分布

土壤和岩石中天然放射性核素的含量变动很大,主要取决于岩石层的性质及土壤的类型。

(2)在水体中的分布

海水中天然放射性核素主要是 ^{40}K,^{87}Rb 和铀系元素。其含量与所处地理区域、流动状态等因素有关。淡水中天然放射性核素的含量与所接触的岩石、水文地质、大气交换等因素有关。一般地,地下水所含放射性核素高于地面水,且铀、镭的含量变化大。

(3) 在大气中的分布

多数放射性核素均可出现在大气中,但主要是氡的同位素,特别是 ^{222}Rn,它是镭的衰变产物,能从含镭的岩石、土壤、水体和建筑材料中逸散到大气,其衰变产物是金属元素,极易附着于气溶胶颗粒上。

(4) 在动植物组织中的分布

任何动植物组织中都含有一些天然放射性核素,主要有 ^{40}K,^{226}Ra,^{14}C,^{210}Pb,^{210}Po 等。其含量与这些核素参与环境和生物体之间发生的物质交换过程有关,如植物与土壤、水、肥料中的核素含量有关;动物与饲料、饮水中的核素含量有关。

3) 放射性污染的危害

(1) 放射性核素进入人体的途径

放射性进入人体主要有 3 种途径:呼吸道进入、消化道进入、皮肤或黏膜侵入。从不同途径进入人体的放射性核素,人体也相应具有不同的吸收、蓄积和排除的途径,即使同一核素吸收率也不尽相同。

① 呼吸道进入。由呼吸道吸入的放射性物质,其吸收程度与气态物质的性质和状态有关,难溶性气溶胶吸收较慢,可溶性较快。气溶胶粒径越大,在肺部的沉积越少,气溶胶被肺泡膜吸收后,可直接进入血液流向全身。

② 消化道食入。食入的放射性物质由肠胃吸收后,经肝脏随血液进入全身。

③ 皮肤或黏膜侵入。可溶性物质易被皮肤吸收,由伤口侵入的污染物吸收率极高。

(2) 放射性的危害

一切形式的放射线对人体都是有害的。由放射引起的原子激发和电离作用使机体内起着重要作用的各种分子变得不稳定、化学键断裂和其他分子损害,生成新分子或诱发癌症。α 射线的电离本领大、射程短、致伤集中,它进入机体内产生内照射的危害最大,β 和 γ 射线较次之。γ 射线的穿透能力最强,体外照射危害性最大,α 和 β 射线次之。

人体受到过量的放射线照射所引起的疾病称为放射病。环境放射性污染对人体的危害可分为急性、慢性和远期影响。

① 急性放射病。它是由于大剂量照射所引起的,一般出现于发生意外放射事故和核爆

炸时。

② 慢性放射病。它是由多次照射、长期累计引起的。放射性物质进入环境后，加入环境中的物质循环，不仅产生外照射，而且还通过呼吸、饮水和食物链以及皮肤接触进入人体内产生内照射。

③ 远期影响。它是由于急性、慢性危害导致的潜伏性影响。例如，照射剂量为1.5 Gy以下，死亡率为0，但在10～20年以后，其危害才表现出来。

4）放射性污染监测对象及内容

放射性监测按照监测对象可分为：现场监测，即对放射性物质生产或应用单位内部工作区域所作的监测；个人剂量监测，即对放射性专业工作人员或公众作内照射和外照射的剂量监测；环境监测，即对放射性生产和应用单位外部环境，包括空气、水体、土壤、生物、固体废物等所做的监测。

在环境监测中，主要测定的放射性核素包括：α放射性核素，即^{239}Pu，^{236}Ra，^{224}Ra，^{222}Rn，^{210}Po，^{222}Th，^{234}U，^{235}U；β放射性核素，即^{3}H，^{90}Sr，^{89}Sr，^{134}Cs，^{137}Cs，^{131}I，^{60}Co。这些核素在环境中出现的可能较大，其毒性也较大。

对放射性核素具体监测的内容有：放射源强度、半衰期、射线种类及能量；环境和人体中放射性物质含量，放射性强度，中间照射量或电离辐射剂量。

5）放射性监测实验室及监测仪器

由于放射性监测的对象是放射性物质，为保证操作人员的安全，防止污染环境，对实验室有特殊的设计要求，并需要制定严格的操作规程。监测放射性需要使用专门仪器。

(1) 放射性监测实验室

放射性监测实验室分为两部分：一是放射化学实验室，二是放射性计测实验室。

① 放射化学实验室。放射性样品的处理一般在放射化学实验室进行。为得到准确的监测结果和考虑操作安全问题，该实验室应符合以下要求：墙壁、门窗、天花板等要涂刷耐酸油漆，电灯电线应装在墙壁内，具备良好的通风设施，大多数处理样品操作应在通风橱内进行，通风橱电机应装在管道外；操作台面上应铺设塑料；洗涤池最好不要有尖角，放水用足踏式水龙头，下水管道尽量少用弯头和接头等。此外，实验室工作人员应养成整洁、小心的工作习惯，工作时穿戴防护服、手套、口罩，佩戴个人剂量监测仪等；操作放射性物质时用夹子、镊子、盘子、铅玻璃瓶等器具，工作完毕后立即清洗所用器具并放在固定地点，还需洗手和淋浴；实验室必须经常打扫和整理，配置合专用放射性废物桶和废液缸。对放射源要有严格管理制度，实验室工作人员要定期进行体检。

对操作具有微量放射性的环境类样品的实验室，上列各项措施中有些可以省略或修改。

② 放射性计测实验室。放射性计测实验室装备有灵敏度高、选择性和稳定性好的放射性计量仪器和装置。在实验室设计时，特别要考虑放射性本底问题。实验室内放射性本底来源于宇宙射线、地面和建筑材料甚至监测用屏蔽材料中所含的微量放射性物质，以及邻近放射化学实验室的放射性沾污等。对于消除或降低本底的影响，常采用两种措施：一是根据其来源采取相应措施，使之降到最低程度；二是通过数据处理，对监测结果进行修正。此外，对实验室供电电压和频率要求十分稳定，各种电子仪器应有良好接地线和进行有效的电磁屏蔽，室内最好保持恒温。

(2) 放射性监测仪器

放射性监测仪器的监测原理是根据辐射与物质的相互作用所产生的各种效应(电离、

光、电或热)进行的观测和测量,如 α,β,γ 射线与物质相互作用时,发生某些物理、化学效应来间接进行观测和测量,基于这些效应可制成能观测核辐射的各类仪器称为核辐射探测器。常用的探测仪器有电离探测器、闪烁探测器、半导体探测器等。

① 电离探测器。电离探测器是利用射线通过气体介质时,使气体发生电离的原理制成的探测器,它是通过收集射线在气体中产生的电离电荷进行测量的。常用的电离探测器有电离室、正比计数管和盖革计数管(GM 管)。电离室是测量由于电离作用而产生的电离电流,适用测量强放射性;正比计数管和盖革计数管则是测量由每一入射粒子引起电离作用而产生的脉冲式电压变化,从而对入射粒子逐个计数,适于测量弱放射性。以上 3 种探测器之所以有不同的工作状态和不同的功能,主要是因为对它们施加的工作电压不同,从而引起电离过程不同。

a. 电离室。这种探测器用来研究由带电粒子所引起的总电离效应,也就是测量辐射强度及其随时间的变化。由于这种探测器对任何电离都有响应,所以不能用于甄别射线类型。从结构上看,电离室是内一个无气的密闭容器,两个电极和两极间有效灵敏体积组成的。当由射线进入电离室时,则气体电离产生的正离子和电子在外加电场作用下,分别向两极移动,产生电离电流。电流越大,射线的强度也越大,利用这种关系进行定量。开始时,随电压增大电流不断上升,电离产生的离子全部被收集后,相应的电流达饱和值,则电流不再增加,达饱和电流时对应的电压称为饱和电压,饱和电压范围称为电离室工作区。由于电离电流很微小(通常在 10^{-12} Å 左右),所以需要用高倍数的电流放大器放大后才能测量。

b. 正比计数管。正比计数管实际上是一个圆柱形的电离室,以圆柱筒的金属外壳作阴极,在中央安放的金属细丝作阳极。这种探测器在电流-电压关系曲线中的正比区工作。在此,电离电流突破饱和值,随电压增加继续增大。这是由于在这样的工作电压下,能使初级电离产生的电子在电场作用下向阳极加速运动,并在前进中与气体碰撞,使之发生次级电离,而次级电离的电子又可能再发生三级电离,如此形成"电子雪崩"。最后到达阳极的电子数大大增加,这种过程称为"气体放大"。气体放大后电离总数与初始电离数之比称为气体放大倍数。正比区内,在一定电压下气体放大倍数是相同的(约为 10^4)。当工作电压超过正比区的阴电压时,气体放大现象开始出现,在阳极就感应出脉冲电压,脉冲电压的大小正比于入射粒子的初始电离能,利用这种关系进行定量。正比计数管内充甲烷(或氩气)和碳氢化合物气体,充气压力同大气压;两极间电压根据充气的性质选定。

c. 盖革计数管。盖革计数管是目前应用最广泛的放射性探测器,它被普遍地用于监测 β 射线和 γ 射线强度。

② 闪烁探测器。闪烁探测器是利用射线与物质作用发生闪光的原理制成的仪器,它具有一个受带电粒子作用后其内部原子或分子被激发而发射光子的闪烁体。当射线照在闪烁体上时,便发射出荧光光子,并且利用光导和反光材料等将大部分光子收集在光电倍增管的阴极上。光子在灵敏阴极上打出光电子,经过倍增放大后在阳极上产生电压脉冲。此脉冲还是很小的,需再经电子线路放大和处理后记录下来。由于这种脉冲信号的大小与放射性的能量成正比,利用此关系进行定量。该探测器可用于测量带电粒子 α 及 β,不带电粒子 γ 及中子射线等;同时,亦可用于测量射线强度及能谱等。常用的闪烁剂有碘化钠(用于测定 γ 射线)、硫化锌(用于测定 α 射线)和有机闪烁剂(如被用于测定 β 射线)。用闪烁探测器来测量放射性能量,实际上是对脉冲高度进行分析,它可以制成各种闪烁谱仪。

(3) 半导体探测器

半导体探测器是近年来发展极迅速的一种核辐射探测器。我国现在已生产出各种型号的半导体探测器，型号有 GL-5，GL-20，GM-5，GM-30 等。

6）放射性监测的方法

环境放射性监测方法有定期监测和连续监测。定期监测的一般步骤是采样、样品预处理、样品总放射性或放射性核素的测定；连续监测是在现场安装放射性自动监测仪器，实现采样、预处理和测定自动化。

对环境样品进行放射性监测和对非放射性环境样品监测过程一样，也是经过样品采集、前期处理与选择适宜方法和仪器测定 3 个过程。

(1) 放射性样品采集

① 放射性沉降物的采集。沉降物包括干沉降物和湿沉降物，主要来源于大气层核爆炸所产生的放射性尘埃，小部分来源于人工放射性微粒。

对于放射性干沉降物样品可用水盘法、粘纸法、高罐法采集。水盘法是用不锈钢或聚乙烯塑料制成的圆形水盘采集沉降物，盘内装有适量稀酸，沉降物过少的地区再酌情加数毫克硝酸银或氯化铝载体。将水盘置于采样点暴露 24 h，应始终保持盘中有水。采集的样品经浓缩、灰化等处理后，进行总 β 放射性测量。粘纸法是用涂一层黏性油的滤纸贴在圆形盘底部（涂油面向外），放在采样点暴露 24 h，然后再将粘纸灰化，进行总 β 放射性测量。高罐法是用不锈钢或聚乙烯圆柱形罐暴露于空气中采集沉降物。因罐壁高，故不必放水，可用于长时间收集沉降物。

② 放射性气体的采集。在环境监测中采集放射性气体样品，常采用固体吸附法、液体吸收法和冷凝法。

a. 固体吸附法是应用固体颗粒作收集器。固体吸附剂的选择应首先考虑与待测组分的选择性和特效性，以使其他组分的干扰降至最少，利于分离和测量。常用吸附剂有活性炭、硅胶、分子筛等。活性炭是^{131}I的有效吸附剂，因此混有活性炭细粒的滤纸可作为^{131}I收集器；硅胶是^{3}H水蒸气的有效吸附剂，如采用沙袋硅胶包自然吸附或采用硅胶柱抽气吸附。对气态^{3}H的采集必须先用催化氧化法将气态^{3}H氧化生成硫化水蒸气后，再用上述方法采样。

b. 液体吸收法是利用气体在液相中的特殊反应或气体在液相中的溶解而进行的。具体方法可参见大气采样部分。为除去气溶胶，可在采样管前安装气溶胶过滤器。

c. 冷凝法是采用冷凝器收集挥发性的放射性物质。一般冷凝器采用的冷却剂有干冰和液态氮。装有冷阱的冷凝器适于收集有机挥发化合物和惰性气体。

③ 放射性气溶胶的采集。采集方法包括过滤法、沉积法、黏着法、撞击法和向心法等。最常用的是过滤法。采样设备由过滤器、过滤材料、抽气动力和流量计等组成。采样时抽气流速为 100～200 L/min，气溶胶被阻挡在过滤布或特制微孔滤膜上。

④ 其他类型样品的采集。水体、土壤、生物样品的采集、制备和保存方法与非放射性样品没有太大差别，不再赘述。采样容器可选用聚乙烯瓶或玻璃瓶，为防止放射性核素在储放过程中的损失需加入稀酸或载体、配位剂等。

(2) 样品的预处理

预处理的目的是浓集被监测的核素、除去干扰核素，将样品的物理形态转换成易于进行放射性监测的形态。常用的预处理方法有衰变法、有机溶剂溶解法、蒸馏法、灰化法、萃取法、离子交换法、共沉淀法、电化学法等。

(3) 环境中放射性监测

① 水样的总 α 放射性活度测定。水体中常见辐射 α 粒子的核素有 ^{226}Ra、^{222}Rn 及其衰变产物等。目前,公认的水样总 α 放射性浓度是 0.11 Bq/L,当大于此值时,就应对放射 α 粒子的核素进行鉴定和测量,确定主要的放射性核素,判断水质污染情况。

a. 取体积为 V 的水样经过滤除去固体物质。

b. 在烧杯中加入水样和浓硫酸(100 mL 水样中加 0.25 mL 浓硫酸)10～20 mL。

c. 将上述蒸发液由烧杯转移到蒸发皿,慢慢蒸发至干。

d. 在不超过 350 ℃的温度下将样品灰化 30 min。

e. 将灰化后样品转移到测量盘中,铺展成均匀薄层。

f. 用硫化锌作闪烁体的闪烁探测器对样品进行计数测量。

g. 应用一个已知活度的硝酸铀酰标源测定探测器的计数率。

h. 对空测量盘的本底值进行计数测量。水样的总 α 比放射性活度用式(6.5)计算,即

$$Q_\alpha = (n_c - n_b)/(n_s V) \tag{6.5}$$

式中 Q_α——总 α 比放射性活度,Bq/L;

n_c——用闪烁探测器测量水样得到的计数率,计数/min;

n_b——空测量盘的本底计数率,计数/min;

n_s——根据标准源的话度计数率计计算出探测器的计数率,计数/(Bq·min);

V——所取水样体积,L。

② 水样的总 β 放射性活度测量。水样总 β 放射性活度测量步骤基本上与总 α 放射性活度测量相同,但监测仪器是用低本底的盖革计数管探测器,且以含 ^{40}K 的化合物(氯化钾)做标准源。氯化钾标准源的制备方法是:将经研细、过筛的分析纯氯化钾试剂,在 120～130 ℃的温度下烘干 2 h,置于干燥的冷却器内冷却,准确称取与样品同样质量的氯化钾标准源,在测量盘中铺成中等厚度,以备计数测定。

③ 土壤中总 α,β 放射性活度的测量。土壤中总 α,β 放射性活度的测量方法是:在采样点选定的范围内,沿直线每隔一定距离采集土壤样品,共采集 4～5 份。采样时用取土器或小刀取 10 cm×10 cm、深 1 cm 的表土。除去土壤中石块、草类等杂物,在实验室内晾干或烘干,移至干净的平板上压碎,铺成 1～2 cm厚方块,用四分法反复缩分,直到剩余 200～300 g土样,再置于 500 ℃灼烧,待冷却后研细、过筛备用。称取适量制备好的土样放于测量盘中,铺成均匀的样品层,用相应的探测器分别测量 α 和 β 放射性活度(测 β 放射性的样品层厚应大于测 α 放射性的样品层)。

计算公式为:

$$Q_\alpha = (n_c - n_b) \times 10^6/(60\varepsilon SLF) \tag{6.6}$$

$$Q_\beta = 1.48 \times 10^4 n_\beta / n_{KCl} \tag{6.7}$$

式中 Q_α——α 比放射性活度,Bq/kg 干土;

Q_β——β 比放射性活度,Bq/kg 干土;

n_c——样品 α 放射性总计数率,计数/min;

n_b——本底计数率,计数/min;

ε——探测器计数率,计数/(Bq·min);

S——样品面积,cm^2;

L——样品厚度,mg/cm^2;

n_β——样品β放射性总计数率，计数/min；

n_{KCl}——氯化钾标准源计数率，计数/min；

1.48×10^4——1 kg 氯化钾所含^{40}K 的β放射性的贝可数，Bq/kg。

(4) 放射性污染的处理方法

与其他废物的处理相比，放射性废物处理一般只改变放射性物质存在形态，以达安全处理的目的。对于中、高浓度的放射性废物，采用浓缩、储存和固化的方法；对于低浓度放射性废物，则采用净化处理或滞留衰减到一定浓度以下再稀释排放。

6.3 泄漏监测

现代工业对密封的可靠性提出了越来越高的要求。密封失效不仅会造成巨大的经济损失，而且会污染环境，甚至酿成重大人员伤亡事故。

6.3.1 泄漏

泄漏是机械设备常见的故障之一。造成泄漏的原因主要有两方面：一是机械加工存在的问题，机械产品的表面必然存在各种缺陷及形状、尺寸偏差，因此在机械零件连接处会产生间隙；二是密封两侧存在压力差，工作介质就会通过间隙而泄漏。

对于真空系统的密封，除上述密封介质直接通过密封面泄漏外，还要考虑以下两种泄漏形式。

1) 渗漏

即在压力差作用下，被密封的介质通过密封件材料的毛细管的泄漏称为渗漏。

2) 扩散

即在浓度差作用下，被密封的介质通过密封间隙或密封材料的毛细管产生的物质传递称为扩散。在真空系统中习惯称为“密封材料的放气”。首先，密封件通过吸附作用吸收气体，然后气体在密封件中扩散，从密封件的另一侧析出。

6.3.2 泄漏监测技术

过程装置在制造或运转的时候，不但需要知道有无泄漏，而且还要知道泄漏率有多大。泄漏检测技术中所指的“漏”的概念，是与最大允许泄漏率的概念联系在一起的。

泄漏是绝对的，不漏则是相对的。对于真空系统来说，只要系统内的压力在一定的时间间隔内能维持在所允许的真空度以下，这时即使存在漏孔，也可以认为系统是不漏的；对于压力系统来说，只要系统的压力降能维持在所允许的值以下，不会影响系统的正常操作，同样也可以认为系统是不漏的。对于密封有毒的、易燃易爆的、对环境有污染的、贵重的介质，则要求系统的泄漏率必须小于环保、安全以及经济性决定的最大允许泄漏率指标。

检漏就是用一定的手段将泄漏物质加到被检设备或密封装置器壁的一侧，用仪器或某一方法在另一侧可能有泄漏的地方检测通过漏孔漏出的泄漏物质，从而达到检测的目的。检漏的任务就是在制造、安装、调试过程中，判断漏与不漏、泄漏率的大小，找出漏孔的位置。

1) 检漏方法的分类和特点

泄漏检测方法很多，每种方法的特点不同，检漏前根据检漏要求、检漏环境等选择合适的检漏方法。选择泄漏检测方法应考虑如下几个方面因素：

(1) 检漏原理

不论采用哪种检漏方法，必须理解其基本原理。由于泄漏检测方法涉及的内容较广，集中反映了各种计量和测试技术，不同种类检漏方法的基本原理不同，具体的原理请读者参考相关资料，本书不再赘述。

(2) 灵敏度

检漏方法的灵敏度可以用该方法可检测到的最小泄漏率来表示。选择检漏方法时应考虑各种方法的灵敏度，即采用哪种方法可以检测出哪一级的泄漏。例如，要检测 10^{-2} m^3/s 的泄漏时，采用灵敏度为 10^{-2} cm^3/s 的方法就毫无意义。反之，检测10^{-2} cm^3/s的泄漏时，采用灵敏度为 10^{-5} cm^3/s 的方法，原理上也许可行，但实际上可能是不经济的。

(3) 响应时间

不论采用什么方法，要检测出泄漏率，总要花费一定的时间。响应时间的长短可能会影响检漏的精度和灵敏度。通常，延长检测时间会提高灵敏度；但是，检测时间过长，由于环境条件的改变，可能降低检测精度。响应时间包括检测仪器本身的应答时间，气体流动的滞后时间和各种准备所需的时间。选择检漏方法时，必须考虑到这一点。

(4) 泄漏点的判断

各种检漏方法仅可以判断出系统有无泄漏点，但无法确定泄漏点在何处，有的检漏方法不仅可以确定泄漏点，而且还可以确定泄漏点的大小。例如，仅是为了弄清装置是否合格时，可采用前一种方法。但在进行维修或要找出泄漏原因时，就必须采用后一种方法，当然采用后一种方法有时也会出现漏检的情况。

(5) 一致性

对某些检漏方法来说，不管检测人员是否熟练，所得到的检测结果都基本相同；有些方法则是内行和外行使用，其结果全然不同。在可能的情况下，应采用不需要熟练的专门技术就能正确检测的方法。每种方法都有不同的技术关联，不同的检漏人员未必能得出一致的检漏结果。

(6) 稳定性

泄漏检测是一种计量和测试的综合技术，泄漏检测不仅需要检测仪器具有稳定性。

(7) 可靠性

未检测出泄漏并不等于就是没有泄漏，对此应进行判断。采用某种方法进行检漏时，应该了解该方法是否可靠。检漏结果的可靠性与上面介绍的方法的一致性、稳定性等多种因素有关。

(8) 经济性

经济性是选择检漏方法的关键之一。考虑检漏方法本身的经济性比较容易，但要从所需的检漏设备、对人员的技术要求、检漏结果的可靠性等方面综合评价检漏方法的经济性则较困难，应根据实际情况进行。

2) 检漏方法分类

检漏方法和仪器很多，根据所使用的设备可分为氦质谱检漏法、卤素检漏法、真空计检漏法等；按照所采用的检漏方法所能检测出泄漏的大小又可分为定量检漏方法和定性检漏方法；根据被检设备所处的状态又可分为压力检漏法和真空检漏法。下面根据后一种分类方法加以简单说明。

(1) 压力检漏法

将被检设备或密封装置充入一定压力的物质，如果设备或密封装置上有洞孔，物质就会通过漏孔漏出，用一定的方法或仪器在设备外检测出从漏孔漏出的物质，从而判定漏孔的存在、漏孔的具体位置以及泄漏率的大小。属于压力检漏法的有水压法、压降法、听音法、超声波法、气泡法、氨气检漏法、卤素检漏法、放射性同位素法、氰质谱检漏仪法等。

(2) 真空检漏法

被检设备或密封装置和检漏仪器的敏感元件均处于真空中，物质施加在被检设备外面，如果被检设备有漏孔，物质就会通过被检设备内部和检漏仪器敏感元件所在的空间，由敏感元件检测出物质来，从而可以判定漏孔的存在、漏孔的具体位置以及泄漏率的大小。属于真空检漏法的有静态升压法、液体涂敷法、放电管法、同频火花检漏法、真空计检漏法、卤素检漏法、氦质谱检漏法等。

6.3.3 压力检漏法

1) 水压法

对压力容器或密封装置进行试验时，先将容器或密封装置内部装满水，再用水泵向里注水，观察设备或密封装置周围有无水漏出。检漏时必须耐心等待，直至水泄漏出来。因此，只能抽象地表示灵敏度的高低。根据被检物表面是否有水渗出，很容易判断出泄漏点，但是对于结构比较复杂的设备，可能无法直接观察到泄漏点。只要水压不变，泄漏大小就不会发生很大变化，因而可以获得较为一致的结果。当然，由于检漏人员的观测技巧不同，检测结果也不会完全相同。除水泵外，水压法检漏无需大型、负重设备，因而很经济。

2) 压降法

(1) 原理

将压缩机与被检设备或密封装置相连接，然后打压。压力升至某一位时，停止加压，同时关闭阀门，放置一段时间。在放置时间里，如果压力急剧下降，就可判断泄漏率很大。如果压力没有太大的变化，就可认为泄漏率很小，或者没有泄漏。这种方法简便，使用普遍，是检测泄漏的一种最基本方法。压降法也称为加压放置法。

(2) 泄漏率的确定

当泄漏介质为气体，且压力不太高时

$$pV = \frac{m}{M}RT \tag{6.8}$$

开始放置时容器中的气体质量为

$$m_1 = M\frac{p_1 V}{RT}$$

放置结束时容器中的气体质量为

$$m_2 = M\frac{p_2 V}{RT}$$

在测量时间间隔 t 内，容器内涌出的气体质量为

$$\Delta m = m_1 - m_2 = MV\frac{p_1 - p_2}{RT} \tag{6.9}$$

通过漏孔的气体的体积泄漏率为

$$L = \frac{\Delta V}{t} = \frac{1}{t}\frac{\Delta m}{M}\frac{RT}{p_2} = \frac{(p_1 - p_2)V}{tp_2} \tag{6.10}$$

标准状态下气体的体积泄漏率为

$$L_s = \frac{T_3}{T}\frac{p_2}{p_3}L = \frac{(p_1 - p_2)V}{tp_3}\frac{T_3}{T} \tag{6.11}$$

式中 V——容器的容积，m^3；

p_1——停止加压时容器内的压力，Pa；

p_2——放置 t 时间后容器内的压力，Pa；

p_3——标准大气压力，Pa；

t——放置时间，s；

T——气体温度，K；

T_3——标准状态下大气的绝对温度，K；

ΔV——从容器中泄露的气体量，m^3；

m——气体的质量，kg；

m_1——开始放置时容器中的气体质量，kg；

m_2——放置结束时容器中的气体质量，kg；

R——通用气体常数，J/(kmol·K)；

M——气体的摩尔质量，kg/kmol；

L——气体的体积泄漏率，m^3/s；

L_s——标准状态下的体积泄漏率，m^3/s。

(3) 灵敏度

压降法的灵敏度与被检容器的容积大小、放置时间的长短和压力检测元件(如压力表、压力传感器等)的灵敏度有关。延长放置时间可以提高灵敏度，但大多数情况下，装置是在晚上停止运转，放置到第二天早上，然后再观察压力的变化。因此，放置时间一般为几小时，最长约为 20 h。因此，要提高检漏的灵敏度，一般不延长放置时间，而是缩小容积。

3) 听音法

气体从小孔中喷出时，会发出声音。声音的大小和频率取决于泄漏孔的大小以及两侧的压力、压差和气体的种类。根据气体漏出时发出的声音可判断有无泄漏。该方法的灵敏度很大程度上受环境的影响。若工厂噪声较大，则小的声音就不易听清。使用听诊器，某种程度上可以消除周围吸音的影响，听清泄漏声音，但有时与泄漏无关的声音(如电机的声音)也会混杂进来，从而影响检漏灵敏度。为了判别较小的声音，可用话筒和放大器将声音放大。但此时其他声音也同时放大，多数情况下较难收到好的效果。在检测压力为 0.3 MPa，周围非常安静的条件下，可以听出 $5\times10^{-2}\ cm^3/s$ 的泄漏率的声音。

使用听诊器，在某种程度上可以判断出泄漏点。如单凭耳朵听，往往因声波的反射或吸收，很难确定泄漏点。由于检测环境条件不同，所得到的结果可能偏差很大。因此，这种方法虽简单、经济，但稳定性和可靠性很差，应与其他检测法并用。

4) 超声波法

该方法实际上是听音法的一种。它是将泄漏声音中可听频率部分截掉，使超声波部分放大，以检测出泄漏。检测时，可以直接使用超声波检测器，根据检测仪表指针是否摆动，确定有无泄漏。也可以采用使超声波回到可听频率范围内鸣笛的方法。采用后一种原理制造的超声波转换器不仅在被试验物加压时可以使用，在抽真空时，由于吸入的空气发出超声波，因而采用真空法时也可以使用。

5) 气泡检漏法

(1) 原理

气泡检漏法适用于允许承受正压的容器、管道、密封装置等的气密性检验。此种方法简单、方便、直观和经济。

在被检件内充入一定压力的示漏气体后放入液体中，气体通过漏孔进入周围的液体形成气泡，气泡形成的地方就是漏孔存在的位置。根据气泡形成的速率、气泡的大小以及所用气体和液体的物理性质，可以大致估算出漏孔的泄漏率。

(2) 泄漏率计算

假定气泡为球状。若某一漏孔处气泡形成的频率为 n，测得气泡在液面上的直径为 D_b，此时，气泡内的压力 p_b 为大气压力 p_a 和液体表面张力 δ 引起的压力 $4\delta/D_b$ 之和，即

$$p_b = p_a + 4\delta/D_b \tag{6.12}$$

对应于检测温度 T 和气泡内的压力 p_b 的体积泄漏率为

$$L = nV_b = n\frac{\pi}{6}D_b^3 \tag{6.13}$$

标准状态下的体积泄漏率为

$$L_s = \frac{T_5}{T}\frac{p_b}{p_5}L = \frac{\pi n}{6}\frac{T_5}{T}\frac{p_a + \frac{4\delta}{D_b}}{p_5}D_b^3 \tag{6.14}$$

式中 n——气泡形成的频率，s^{-1}；

D_b——液面上气泡的直径，m；

p_b——气泡内的压力，Pa；

p_a——大气压力，Pa；

δ——液体表面张力，N/m。

(3) 灵敏度

气泡检漏法的灵敏度与诸多因素有关。液体表面张力越小，表示漏气体压力越高，漏孔距离液面越近，可检测出来的漏孔就越小，则灵敏度也越高；表示漏气体的黏度越小，分子量就越小，灵敏度也就越高。

实际检漏时，通常用空气作为示漏气体，用水作为显示液体。此时，该方法的灵敏度可达 $1\times10^{-5}\sim1\times10^{-4}\ cm^3/s$。

6) 孔腔增压法

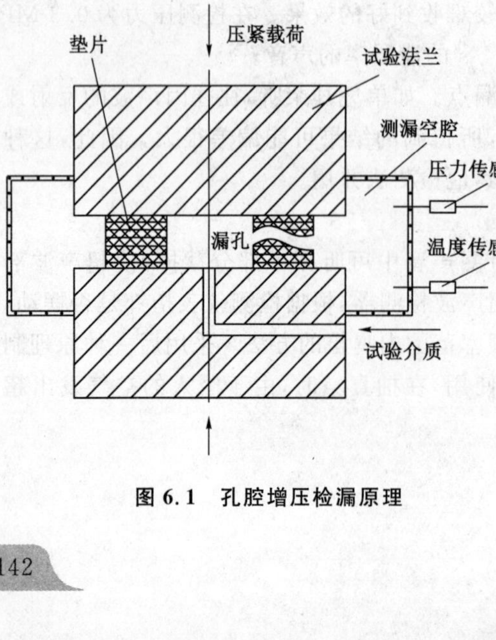

图 6.1　孔腔增压检漏原理

(1) 原理

将整个被检件或被检部位密封起来形成一个密闭的空腔。由漏孔漏出的介质积聚在测漏空腔内，从而引起空腔内压力、温度的改变。通过测出这些改变，即可计算出泄漏率。图 6.1 所示为一垫片密封性能测试装置示意图。

(2) 泄漏率计算

压力为 p_t 的介质，通过漏孔漏入容积为 V 的密闭的测漏空腔内。在测量时间间隔 t 内，测漏空腔中的压力和温度分别由 p_1, T_1 变为 p_2, T_2。当介质为气体时，气体质量为

$$m_1 = M\frac{p_1V}{RT_1}$$

测漏结束时测漏空腔中的气体质量为

$$m_2 = \frac{p_2V}{RT_2}$$

在测量时间间隔 t 内，漏入测漏空腔的气体质量为

$$\Delta m = m_2 - m_1 = M\left(\frac{p_2V}{RT_2} - \frac{p_1V}{RT_1}\right) \tag{6.15}$$

通过漏孔的气体的体积泄漏率为

$$L = \frac{\Delta V}{t} = \frac{1}{t}\frac{\Delta m}{M}\frac{RT_2}{p_2} = \frac{(p_2T_1 - p_1T_2)V}{p_2T_1} \tag{6.16}$$

标准状态下气体的体积泄漏率为

$$L_s = \frac{T_5}{T_2}\frac{p_2}{p_5}L = \frac{T_3}{T_1T_2}\frac{(p_2T_1 - p_1T_2)}{p_5t} \tag{6.17}$$

如果测量时间间隔 t 较短，可不考虑气体温度的变化，即

$$L = \frac{(p_2 - p_1)V}{p_2t} \tag{6.18}$$

$$L_s = \frac{T_5}{T}\frac{(p_2 - p_1)V}{p_5t} \tag{6.19}$$

(3) 灵敏度

该方法的灵敏度与测漏空腔的容积大小、测量时间的长短和测压元件(微压传感器)和测温元件的灵敏度有关。减小测漏空腔的容积、延长测量时间并用分辨率高的微压传感器和温度传感器，有助于提高测漏的灵敏度。

7) 氨气检漏法

(1) 原理

把允许充压的被检容器或密封装置抽成真空(不抽真空也可以，其效果稍差)，在器壁或密封元件外面怀疑有漏孔处贴上具有对氨敏感的 pH 指示剂的显影带，然后在容器内部充入高于 0.1 MPa 的氨气。当有漏孔时，氨气通过漏孔逸出，使显影带改变颜色，由此可找出漏孔的位置，根据显影时间、变色区域大小可大致估计出漏孔的大小。

(2) 设备与操作

氨检漏设备如图 6.2 所示，其操作过程如下：

① 被检件的清洁处理。对被检件必须进行去渣、去锈、去油、清洗和干燥，使漏孔充分疏通，并减少反应时间。

② 贴显影带。手持显影带时，应戴干净的手套。不戴手套时，必须保持手的清洁与干燥，切忌用肥皂洗过而未彻底冲洗干净的手接触显影带，否则会使显影带变色。如果使用湿的显影带，则必须用蒸馏水润湿(自来水呈碱性，易使

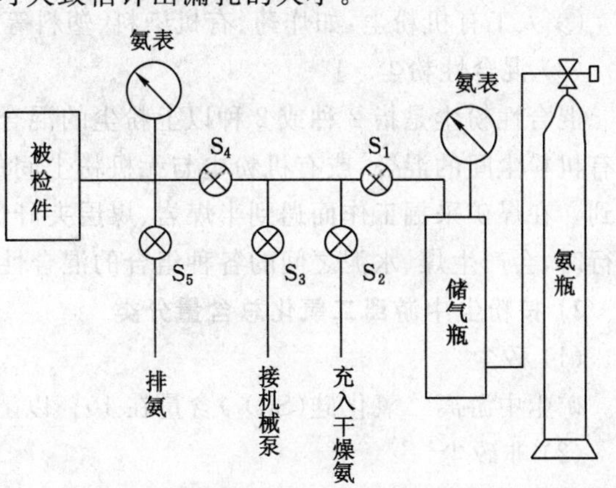

图 6.2　氨检漏设备

显影带变色)。显影带要贴在可疑部位上,贴好后用透明的聚乙烯薄膜保护起来,并用胶布将薄膜边缘同金局部分密闭起来,使显影带与大气隔离,防止大气中的氨气干扰,同时避免通过漏孔进入显影带上的氨气迅速消失,以提高检测灵敏度。显影带贴好后,先观察一下是否存在有碱性物质而使显影带变色。如有,应记下变色位置,以区别于漏气造成的显影。

③ 充氨与排氨将被检件用耐压橡皮管接到氨检漏设备上,关好阀门 S_5 及氨瓶总阀门,打开阀门 S_1、S_3 和 S_4,用机械泵抽真空。当被检件的压强抽到几百帕斯卡后,关阀门 S_3 和机械泵,然后关阀门 S_1,打开氨瓶总阀门,使氨气慢慢充入储气罐。当氨的压力达到 0.2～0.3 MPa时,打开阀门 S_1,使被检件内获得所需的压力,然后关上总阀门。充气过程中要慢慢升压并随时观察有无大漏孔存在。

(3) 灵敏度

氨检漏法的灵敏度与充氨的压力、指示剂的灵敏程度和曝光时间有关。在泄漏率一定时,显影斑点的大小与所用指示剂、曝光时间及压力有关。

6.4 工作场所空气中粉尘的监测

粉尘是指能够较长时间悬浮在空气中的固体微粒。在生产过程中形成的粉尘称为生产性粉尘。悬浮粉尘是一种气溶胶(尘、烟和雾统称气溶胶),其分散介质是空气,分散相为固体粒子,固体粒子与空气共同组成一个分散体系。

6.4.1 粉尘的分类

1) 按粉尘的成分分类

(1) 无机粉尘

① 矿物性粉尘:如石英、石棉、滑石、石墨、煤等粉尘。

② 金属性粉尘:如铁、锡、铜、铝、锰、锌等金属及其氧化物粉尘。

③ 人工无机粉尘:金刚砂、水泥、耐火材料。

(2) 有机粉尘

① 植物粉尘。

② 动物粉尘:如毛发、角质、皮革、骨粉等粉尘。

③ 人工有机粉尘:如炸药、有机染料、塑料等粉尘。

(3) 混合性粉尘

混合性粉尘是指 2 种或 2 种以上粉尘的混合物。混合性粉尘可为无机粉尘间的混合,或有机粉尘间的混合,或有机粉尘与无机粉尘间的混合。这几种混合性粉尘在生产中都可见到。在煤矿采掘工作面遇到半煤岩、煤层夹矸情况或在掘进工作面掘进与锚喷支护同时进行时,会产生煤、水泥之间的各种组合的混合性粉尘。

2) 按粉尘中游离二氧化总含量分类

(1) 矽尘

矿尘中游离二氧化硅(SiO_2)含量在 10%以上的粉尘。

(2) 非矽尘

矿尘中游离 SiO_2 含量在 10%以下的粉尘。

3) 按卫生学观点分类

(1) 总粉尘

悬浮于空气中各种粒径的粉尘总和，称为全尘。更确切的定义是指在正常呼吸过程中通过鼻或嘴可吸入的粉尘。

(2) 呼吸性粉尘和非呼吸性粉尘

被吸入呼吸系统的粉尘，其中少部分能进入肺泡区，这部分粉尘称为呼吸性粉尘。其余大部分粉尘受到鼻、咽、气管、支气管、细支气管的拦截、阻留作用不能进入到肺泡区，这些不能进入肺泡区的粉尘称为非呼吸性粉尘。

4) 按粉尘粒径大小分类

(1) 可见粉尘　尘粒直径大于 10 μm，肉眼能够看到。

(2) 显微粉尘　尘粒直径在 0.25～10 μm，在光学显微镜下可以识别。

(3) 超显微粉尘　尘粒直径小于 0.25 μm，在电子显微镜下可以识别。

5) 按粉尘产生的来源分类

(1) 原生粉尘

在矿物开采之前因地质作用和地质变化等原因而生成的粉尘称为原生粉尘。

(2) 次生粉尘

在采掘、装载因煤岩破碎产生的粉尘称为次生粉法。

6) 按粉尘存在状态分类

(1) 悬浮粉尘

飘浮在空气中的粉尘称为悬浮粉尘。

(2) 沉积粉尘

尘粒在其自重作用下堆积在地面或物体表面上的粉尘称为沉积粉尘。

6.4.2 粉尘监测概况

粉尘的危害是多方面的，对矿山安全生产、机电设备、人体健康等都有不同程度的危害。

粉尘对安全生产的影响主要有：煤尘爆炸、降低能见度、设备磨损等。粉尘对人体健康的影响主要有：工人患有尘肺病、肺粉尘沉着症以及有机性粉尘引起的肺部疾病和其他病症。

粉尘监测是执行国家粉尘卫生标难的主要手段，通过监测以便发现尘源，确定其规模，检查所采取的预防措施效果，通过粉尘监测，促进防降尘技术措施的改进和应用。

测定空气中粉尘浓度有两种方法：一种是测定一定体积空气中的粉尘数量(颗粒计数法)，另一种是测定粉尘的质量(质量法)。

空气中粉尘质量浓度的测定分为以下几种类型：

① 不分离大小颗粒的采样(总粉尘采样)。用这种方法收集的粉尘样品可进一步进行分析，如颗粒计数(光学显微镜)、重量分析和化学分析，也能通过显微镜透析和沉降技术进行粉尘分散度的分析等。

② 大小颗粒分开的采样。

③ 不采样直接测定粉尘的质量。通过电学或光电学，不需采样就能测定空气中粉尘的质量浓度。

6.4.3 煤矿粉尘的监测

1) 粉尘浓度测定的目的

预防、控制和消除煤矿粉尘危害，保护煤矿工人身体健康和安全。其主要目的包括以下几个方面：

① 通过对煤矿的粉尘监测可以了解和评价工作场所粉尘污染水平，为煤矿制定防尘措施及评价防尘措施的效果提供依据。

② 粉尘监测的结果可以用于研究接尘工人接触粉尘的剂量与工人健康的关系，为煤矿尘肺病防治和制定、修订国家粉尘标准提供依据。

③ 粉尘监测和粉尘监测资料是各级煤矿安全监察机构及其他管理部门监察、监督煤矿职业病危害防治工作及贯彻实施国家有关安全卫生法律法规和执行国家粉尘浓度标准的重要依据。

2）粉尘浓度测定分类

（1）按计量单位分类

粉尘浓度测定可分为质量浓度测定和计数浓度测定。

（2）按粉尘粒径范围分类

① 总粉尘浓度：用总粉尘采样仪器采样，测得粉尘质量浓度。

② 呼吸性粉尘浓度：用呼吸性粉尘采样仪器采样，所测的粉尘质量浓度。

（3）按采样点是否固定分类

粉尘浓度测定可分为定点粉尘浓度测定和个体粉尘浓度测定。

（4）按采样持续时间分类

① 短时间接触浓度：用短时间粉尘采样仪器定点采样，采样持续时间为 15 min（接触时间不足 15 min 时，采样持续时间与接触时间相同）所测的粉尘浓度。短时间接触浓度所对应的职业接触限值为短时间接触容许浓度。

② 8 h 加权平均浓度：用个体粉尘采样器（或工班粉尘采样仪器）一次连续采样一个工班或在选定的采样点用短时间粉尘采样仪器进行一个工班内分时段不连续多次采样，所测的时间加权平均浓度。8 h 加权平均浓度对应的职业接触限值为时间加权平均容许浓度。

3）短时间接触浓度测定

短时间接触浓度测定的使用器材包括：短时间粉尘采样器；滤膜；分析天平；计时器；干燥器；其他，即电热恒温干燥箱（烘干硅胶用）、镊子、毛刷及干、湿球温度计等。

4）采样步骤

（1）采样点的选择和布置

采样点是指根据监测需要和作业场所状况，选定具有代表性的、用于样品采集的工作地点。

（2）采样点的选择原则

① 采样点的选择以能反映粉尘对人体健康的危害为原则。

② 作业地点较固定时，应选样在工人经常操作和停留的地点。

③ 移动式产尘点的采样位置，应位于生产活动中有代表性的地点，或将采样器架设于移动设备上。

④ 风流影响时，应选择在作业地点的回风侧或下风侧。

（3）采样点数目的确定

① 按生产工艺流程，凡逸散或存在粉尘的作业地点，至少应设置 1 个采样点。

② 一个作业场所内有多台产尘设备时，1～3 台设置 1 个采样点，4～10 台测量 2 个采样点，10 台以上，至少设置 3 个采样点。

③ 作业场所内有2台以上不同类型的产尘设备逸散同一种粉尘时，采样点应设置在粉尘浓度高的设备附近的作业地点。这样，逸散不同种类粉尘时，分别设点，采样点的数目同第②条规定。

④ 管道化、自动化生产，在进料、出料和取样口处设点，同时对可泄漏逸散粉尘的作业地点设置采样点。

⑤ 机电调度室、仪表控制室、操作室和工人休息室，至少要各设置1个采样点。

⑥ 刮板输送机和带式输送机在转载点处设置1个采样点，当输送机长度达10 m以上时，在其中部再设置1个采样点。

⑦ 堆放可产生粉尘物料的仓库，一般设置1个采样点面积超过100 m^2时，设置2个采样点。

(4) 采样器的架设

取出准备好的滤膜夹，装入采样头并拧紧。采样时，采样头的进气口应迎向含尘气流，但当迎向含尘气流无法避免飞溅的泥浆、砂粒等对样品的污染时，进气口可以侧向。侧向气流采样较迎向气流采样结果偏低。曾有试验表明，其粉尘浓度结果偏低5%。

采样器的架设高度，应使采样器处于工人的呼吸带。呼吸带为工人呼吸的区域，一般是指距底板1.5 m左右的高度；非立位作业时，呼吸带的高度应以工人的作业姿势确定。

(5) 采样开始的时间

对于连续性产尘的作业地点，通过现场调查确定可能接触浓度最高的时间段，分别进行多次采样. 从而捕捉到工人短时间(15 min)接触粉尘浓度最高的样品；对于阵发性或瞬间产尘的作业地点，应在工人作业时采样。采掘工作面爆破作业时，应在爆破后工人已进入工作面开始作业前采样。

(6) 采样流量的确定

使用固定流量的采样器测定总粉尘或呼吸性粉尘浓度时应按采样器使用说明书中要求的固定流量进行采样；使用非固定流量的采样器只能测定总粉尘浓度，常用流量为15～40 L/min。采样过程中，采样流量应保持稳定、准确，否则会影响粉尘浓度结果的准确性。

(7) 采样持续时间

采样持续时间是从采样开始到采样结束的时间。短时间接触浓度采样持续时间最好为15 min当某个工序工人接触粉尘时间少于15 min时，则采样持续时间与接触时间相同。采集在滤膜上的粉尘增加不可过多，直径为40 mm的滤膜不得大于10 mg。当出现滤膜的粉尘增量大于滤膜的容尘量时，可采取分两个时段连续采样的办法进行解决。

(8) 现场采样记录

采样过程中，应做好采样记录。记录的项目包括采样日期、采样地点、生产方式及工序，作业人员粉尘接触时间，现场生产情况及防降尘措施的使用情况，采样持续时间、采样流量、滤膜编号等。

5）采样后样品的处理

采样结束后，将滤膜从滤膜夹上取下，对折两次后放人相应编号的纸袋内或滤膜盒内；回到实验室后，将滤膜放入干燥器内干燥，当采样时现场的相对湿度在90%以上或有水雾存在时，应将滤膜放在干燥器内干燥2 h后称量，并记录称量结果。称量后再放入干燥器内干燥30 min，再次称量，当相邻两次的质量差不超过0.1 mg时，取其最小值。

6）短时间接触浓度计算

(1) 接触时间大于或等于 15 min

$$C_d = \frac{m_2 - m_1}{Qt} \times 100 \tag{6.20}$$

式中 C_d——短时间接触浓度，mg/m^3；

m_1——采样前滤膜的质量，mg；

m_2——采样后滤膜的质量，mg；

Q——采样流量，L/min；

t——采样时间。

(2) 接触时间小于 15 min

① 计算空气中粉尘浓度。

② 按式(6.21)计算短时间接触浓度，即 15 min 加权平均浓度为

$$C_d = \frac{CT}{15} \tag{6.21}$$

式中 C_d——短时间接触浓度，mg/m^3；

C——测定的空气中粉尘浓度，mg/m^3；

T——(工人)接触时间，min；

15——15 min。

7）时间加权平均浓度的测定

时间加权平均浓度的测定，根据监测工作的需要和评价的目的，可选择个体采样的时间加权平均浓度测定和定点采样的时间加权平均浓度测定的其中一种。

(1) 概念

按照规定的秩序，在不同工种的接尘工人中，选择一定数量的采样人员佩戴个体粉尘采样器，在作业的同时进行一个工班的连续采样，测定呼吸性粉尘浓度。

(2) 器材

个体呼吸性粉尘采样器，各项技术指标符合规定要求，并经计量检定合格；电子分析天平，感量为 0.000 01 g；滤膜；滤膜静电消除器；干燥器；个体粉尘采样器专用工具。

(3) 监测模式

个体呼吸性粉尘监测采用“分散采样、集中分析”的模式，由省(区)粉尘监测分析中心向粉尘检测站(矿)提供已称量的空白滤膜；由粉尘监测站(矿)按规定组织采样人员采样，然后将采样后的滤膜经包装后传递给省(区)粉尘监测分析中心；再由省(区)进行分析后将测尘结果分析报告报给受检单位和上级有关部门。国家煤矿粉尘监测研究中心可对煤矿个体呼吸性粉尘监测工作质量进行抽查。

(4) 采样工种和采样人员的选择

选择采样工种时，应选择接触粉尘浓度高，接尘人数多，作业时间长的工种，采煤工作面各工种是个体粉尘监测的重点人群，其他接尘作业工种也应兼顾。采煤工作面主要采样工种见表 6.2。在确定采样工种和采样人员时，应充分考虑其代表性，对于同一采样人员，在同一个采样周期内，以不重复采样为宜，避免随意指定采样人员。

表 6.2 采煤工作面主要采样工种

作业方式	采样工种	作业方式	采样工种
炮采	打眼工、攉煤工、回柱工、爆破工	综采	机组司机、移架工、破碎机司机、运输机司机
普采	机组司机、回柱工、运输机司机	综放	机组司机、移架工、放顶煤工、破碎机司机、输送机司机
高档普采	机组司机、回柱工、输送机司机	人工落煤	风镐工、攉煤工

8) 采样周期和采样数量

不同工种的接尘工人由于接触粉尘的严重程度不同,因而个体呼吸性粉尘浓度采样的周期也不相同。

9) 采样

(1) 空白滤膜的准备

空白滤膜由省(区)粉尘监测中心提供,滤膜称量要求用电子天平,并用静电消除器消除滤膜上的静电。

(2) 采样器的准备

① 个体粉尘采样器应充电 12~16 h。

② 将个体粉尘采样器和采样头按一一对应顺序编号。

③ 使用前应检查采样器采样流量,如偏高或偏低,应调至规定值的15%范围内。

④ 将空白滤膜装入采样头的滤膜夹内,如用冲击式采样头采样,应在冲击板上涂适量硅油。

6.5 工作场所空气中金属类毒物的监测

6.5.1 重金属概况

金属具有光泽和延展性,兼有良好的导电性和导热性。所谓有毒重金属,是指那些对人体来说非必需又有害的重金属元素(及其化合物)。它们在人体中即使只有少量存在,有时也会对正常的代谢作用产生某种灾难性影响。

生活环境中常遇到的重金属汞、铅和镉,此外还包含准金属砷,因为砷也是一种常见的重金属元素。

1) 有毒重金属汞

单质汞是一种银白色,且是唯一在室温下为液体的金属。化学性质不活泼,还具有易流动性、高密度和导电性。此外,大多数别的金属易溶于汞中,由此生成汞化物。

汞及其化合物的种类繁多,应用非常广泛。在其冶炼、加工、生产制备和应用等过程中不免污染环境和转入人体,并显示它们的毒害作用。对于有毒汞化合物可做如下分类:进入机体的无机汞多蓄积在肾、肝、骨骼、脾等器官;烷基汞多存在于肾、肝、肌肉中,又特别容易通过血脑屏障,以在脑内蓄积为其特征。汞蒸气的生物半衰期为 5~10 日,甲基汞则为70~75 日。体内的汞经肾、胃肠、皮肤(包括毛发、指甲)排出体外。

经呼吸道吸入人体的汞蒸气或经消化道摄入的汞盐都可首先进入血液,且与血红蛋白相结合。元素汞还以可迅速在血液中氧化为离子态。甲基汞在人体内具有极大的稳定性,起初,它也被牢固结合于红细胞中的血红蛋白,经数天后其极大部分仍可能以原有的有机物形态存在于脑和肝中,仅小部分在肾脏中被代谢、转化为无机汞化合物。

2）有毒重金属铅

铅在自然界很少呈游离态存在。常见的含铅矿物有方铅矿（PbS）、白铅矿（$PbCO_3$）和铅矾矿（$PbSO_4$）。方铅矿蕴藏量大，又易于开采和冶炼，是全球铅生产的主要资源。

铅及其化合物的种类较多，应用非常广泛。在其冶炼、加工、生产制备和应用等过程中不免污染环境和转入人体，并显示它们的毒害作用。

3）有毒重金属镉

镉的元素丰度在地壳中占第 64 位，在海洋中居第 42 位，在土壤中平均含量约 0.5 mg/kg，在受污染土壤中产出的"镉米"中可含 1 mg/kg 以上的镉。

镉在自然界中多以硫铜矿形态存在，并常与锌、铅、铜、锰等共生于这些元素的相关矿物中。所以，在这些金属的冶炼过程中会排出多量的含镉废气、废水和废渣。一般锌矿中含镉不大于 1%，但现有产镉原料大都来自炼锌厂精炼工段中产出的废渣。

在生产环境中大量吸入含镉蒸气和烟尘的情况下，易引起人体急性镉中毒，其症状为口中有金属味、头痛、咳嗽、畏寒、呕吐、腹泻、发烧、呼吸困难等。重症者会引发肺炎、肺水肿和肾功能障碍。

4）有毒重元素砷

砷在自然界广泛分布，但含量很低。它的元素丰度在地壳中占第 52 位，在海洋中居第 28 位。一般干净空气和土壤中浓度范围分别为 1.5～53.8 mg/m^3 和 0.1～40 mg/kg。

单质砷呈钢灰色，脆性较强，在空气中会失去光泽，加热时迅速氧化成三氧化二砷，并散发出蒜臭味。单质态砷没有很大毒性，但几乎所有砷的化合物都有很强毒性。

6.5.2 通风排毒

尽管我们从工艺和设备的设计上采取种种措施，也选用了耐腐蚀材料，采取了防腐蚀措施，力求防止有毒物质跑、冒、滴、漏。但在生产过程中，由于种种原因，有害的气体或蒸气还难免逸散到车间；因此，在车间设计时，仍应充分考虑通风排毒的问题。

通风的任务就是排除或稀释在生产过程中散发出来的尘毒物质，不断更新车间空气，并调节作业场所的温度和湿度，使操作工人可以在比较舒适和符合卫生要求的条件下进行生产劳动，防止职业中毒。

工业通风可分为两大类：自然通风和机械通风。

1）自然通风

自然通风是利用厂房、矿井内外空气的温差造成的热压，或风力造成的风压作用，使室外（矿井外）的新鲜空气通过窗口、孔道（或矿井巷道）进入室内（矿井内），并将室内的污浊空气置换出去，达到通风、换气、降温等目的。

自然通风是一种经济的通风方式，其优点是：不用设备，节省能源，维护和管理方便。一些热车间（如合成氨厂的造气车间、电石厂的电石炉车间等）的自然换气量都很大，一般都以每小时数万立方米计算。若用机械通风，就要耗费大量的能源。

现在，许多厂房采用框架结构，使产生尘毒的生产设备坐落在空气流通的地方，以减少尘毒的危害。

2）机械通风

当自然通风不能满足防尘防毒的要求时，就需要采用机械通风。

机械通风是利用风机造成的风压进行排风或送风，并通过排风管道、净化设备等，达到排尘排毒的目的。

机械通风分为全面通风、局部通风和局部送风 3 种方式，但一个车间的通风系统往往是三者同时采用。例如，氯丁橡胶生产车间和三氯苯生产车间都是采用多种方式的通风。

(1) 全面通风

全面通风换气，是用大量新鲜空气将整个车间空气中有毒气体冲淡到国家卫生标准规定的最高容许浓度的通风方法。一些工厂的生产工艺要求在恒温下进行，同时要求防毒。通常采用调节全面通风的设备。能不能用这种全面通风的方法使整个车间的有害气体或蒸气得到稀释，从而达到防毒的目的？一般来说，如果有害气体来源分散而毒性又很低，在某些情况下，可以采用全面通风换气的方法。其所需通风量 Q 可按式(6.22)计算，即

$$Q=\frac{24.45\times 1\ 000\ 000\times \text{该物质蒸发量}}{\text{该物质分子量}\times \text{该物质最高允许浓度}} \tag{6.22}$$

由此可见，如靠全面通风来使车间毒物浓度达到卫生标准所需的通风量很大，耗电量大，且影响冬季保暖。所以，在防毒措施中，不宜首先采用全面通风，而是应该先考虑局部通风，并尽可能使生产设备密闭或密封好。

(2) 局部通风

局部通风是利用通风机转动时所产生的力量，在发生有毒气体或蒸气的局部地方，吸气罩(排风罩)控制向外散发的毒气，不让其向外逸散，而使其按照防毒的要求沿着一定的方向通过管道排出。这种方法所需风量小，经济有效，便于净化回收。

6.5.3 个体防护

个人防护是防止毒物危害的辅助措施，特别在抢修、检修或遇到意外事故，且必须在短时间内接触高浓度毒物时，个人防护特别重要。个人防护措施包括呼吸防护和皮肤防护两个方面。因此，正确选择和合理使用个人防护用品是预防职业病、保证安全生产的重要措施之一。

1) 呼吸防护器

呼吸防护品包括口罩及防毒面具，按其结构和作用，可分为净化式(又称为过滤式)和供气式(又称为隔离式)两大类。

过滤式防护器是通过滤毒药剂滤除空气中的有毒有害物质的。当劳动环境空气中氧气体积浓度低 18%时，就不能使用。另外，由于一种防毒功能的滤毒药剂只能在规定的毒物种类、已知的浓度范围、一定的气温条件以及有限的作用时间内起防护作用，故此种防毒器一般不能用于现场条件复杂多变的检修作业。

隔离式防毒用品是依靠本身的自给氧、空气或通过导气管送风，吸取有毒区域外的洁净空气。该防护器主要用于意外事故时抢救人员佩戴，或在缺氧或有害物质浓度很高的情况下使用。它的使用时间和活动距离分别受自给氧气、空气容量或送风以及吸气管的长度的限制。

2) 皮肤防毒用品

皮肤防毒用品主要用于防止腐蚀性或可经皮肤吸收的毒物。常用的有橡胶或乳胶手套、橡胶布或塑料薄膜袖套及围裙、橡胶长筒靴以及防护服等。

对于皮肤的防护，除穿戴适当的防护用品外，根据接触毒物的性质，涂擦相应的皮肤防护剂，对预防皮肤损害也有一定意义。

6.6 工作场所空气中有机毒物的监测

6.6.1 有机毒物污染

分子中含有 2 个以上苯环的有机烃类化合物称为多环芳烃(Polycyclic Aromatic Hydrocarbons,PAHs)。由于苯环之间连接方式的不同,多环芳烃通常分为两种类型:一种是相邻的 2 个苯环之间分别与 1 个碳原子相互连接,形成联苯类的化合物,如联三苯等;另一种是 2 个或多个苯环通过共用环上相邻的 2 个碳原子彼此相接的化合物,称为稠环芳烃。

自然界的生物过程、火山活动和森林火灾等都能形成多环芳烃。

多环芳烃最大的人为来源是煤热解过程产生的煤焦油;另外,肉类的烹调加工过程、香烟烟雾、汽车尾气、垃圾焚烧也会释放数目可观的多环芳烃。燃烧和热解过程产生的多环芳烃,一般以气溶胶粒子的形式存在于大气中,废物处置和石油污染物则使得许多土壤和水体中都检测到了高浓度的多环芳烃。

多环芳烃在紫外光照射下易光解氧化,大气中的氧化性气体也可将多环芳烃氧化成含有醌基的化合物。此外,多环芳烃还可被沉积物和海水中的微生物分解。

在海鱼和淡水鱼体内都检出了多环芳烃,鱼体对不同多环芳烃化合物的富集能力不同。多环芳烃能抑制水生植物生长,对水生动物也具有毒害性。由于多环芳烃反其取代衍生物脂溶性较强,因此普遍存在于人体脂肪组织,包括肝脏和乳汁内。

多环芳烃的致癌作用很早就被人们发现,并非所有的多环芳烃都有致癌物质,而且有致病作用的多环芳烃其致癌机制也不完一样。研究认为,与多环芳烃的原子结构特点和代谢过程有关。

6.6.2 表面活性剂

表面活性剂是与日常生活紧密相关的一类物质,人们每天使用的各种洗涤剂中都含有一定量的表面活性剂物质。表面活性剂的特性是对界面的亲和力强,能显著降低液体的表面张力,这种性质使得它们被广泛地用作洗涤剂、湿润剂、起泡剂、乳化剂和分散剂等。

表面活性剂有很多种,通常把它们划分为 4 类,即阴离子表面活性剂、阳离子表面活性剂、非离子表面活性剂和两性表面活性剂。无论哪种类别的表面活性剂,都无外乎由两部分组成:亲水基团部分和疏水基团部分。其中,疏水基团有时也称之为亲油基团。表面活性剂起作用的原理是它的亲油基团可以钻到油污等有机物当中,而另一端亲水基团则仍然待在水相中,这样油污就会被分解,悬浮,进而清除掉。

人类最早所使用的表面活性剂是带甲基支链的烷基苯碳酸钠。由于它所含的碳原子难以被微生物降解,使用后残留在水中的部分会形成泡沫污染。1963 年出现在美国俄亥俄河上达半米多厚的泡沫,就是这类物质造成污染的一个典型例子。这种泡沫污染不仅出现在废水和处理过的污水中,严重时还会进人生活用水中。因此,带支链的烷基苯磺酸钠很快被直链烷基苯碳酸钠所取代,后者的生物降解速度大大提高。上述两种烷基苯碳酸钠都属于阴离子表面活性剂。非离子表面活性剂因为能够有效清除合成纤维上的油污,越来越受到人们的重视。与阴离子表面活性剂相比,非离子表团活性剂溶解性好、泡沫少、受水的硬度影响小,所需使用量也少。

6.6.3 酚类

自然界的许多过程都会产生酚。例如,动植物的体内代谢过程,动植物残体的生物降解过程，及粪便和含氮有机物的生物分解过程，都会产生一定量的酚类化合物。这与芳香化合物被微生物降解时总是生成邻苯二酚，然后再继续降解的特点有直接的关系。但是，造成水污染的根本原因在于含酚废水的排放和含酚农药的过量使用。

酚是一种重要的有机化工原料，以酚为原料的生产部门（如焦化厂、煤气厂、炼油厂、塑料厂及农药厂等）都是排酚大户。焦化厂、煤气厂的废水中酚含量可达0.1%～0.3%，而绝缘材料厂用苯酚和甲醛合成酚醛树脂的过程中，排出的废水含酚高达4%～8%。

由于酚类化合物易溶于水，因而进入水体后主要残留在水中。它在沉积物和生物体内的密集程度不是很高，但苯酚分子被氯取代后，水溶性下降，脂溶性相应增强，且氯代程度越高，在生物体内的累积性也越显著。

酚类化合物对人体的毒害作用在于它们能与细胞原浆中的蛋白质发生化学反应，形成不溶性的蛋白质而使细胞失去活性。长期饮用被酚污染的水，会引起头昏、贫血和神经系统障碍等症状。当水中含酚大于5 mg/L时，会使鱼中毒死亡。酚类化合物中有6种被列为我国水中优先控制的污染物，分别为苯酚、间甲酚、2,4-二氯酚、2,4,6-三氯酚、五氯酚和对-硝基酚。

水体受酚污染后，会严重影响鱼类、贝类、海带等水生生物的产量和质量，被酚污染后的水小生长的鱼在食用时存一种类似汽油的味道。酚还能大大抑制水体中微生物和藻类的生长和繁殖，从而影响水体生态系统的平衡。

酚类化合物在水中容易被光降解或通过生物氧化过程降解，因而天然水体对酚有一定的净化作用。与其他有机污染物相比，酚污染相对容易控制。

6.6.4 空气中一些有机毒物的监测

1）总烃的测定

总碳氢化合物目前有两种表示：一种是包括甲烷在内的碳氢化合物，称为总烃（THC）；另一种是除甲烷以外的碳氢化合物，称为非甲烷烃（NMHC）。大气中的碳氢化合物大部分是甲烷，质量浓度范围为1.5～6 mg/m^3。严重污染时，空气中增加的主要是甲烷以外的碳氢化合物，碳氢化合物主要来自炼油焦化、化工等生产过程排放的气体及汽车尾气等。对大气造成污染的一般是具有挥发性的碳氢化合物，它们是形成光化学烟雾的主要物质之一。

(1) 测定方法

测定总烃和非甲烷烃的主要方法有气相色谱法、光电离检测法等。GB/T15263—94规定了环境空气中总烃的气相色谱测定法。该标准定义总烃是：氢火焰检测器所测的碳氢化合物（C_1～C_8）为总烃，以甲烷计。此标准定义总烃的测定仪器不同，方法和测定范围不同。标准规定总烃测定下限为0.14 mg/m^3。大气中氧对测定有干扰，可采用除碳氢化合物后的空气求出空白值，从总烃中扣除氧组分。

(2) 测定原理

该标准规定：用注射器采样，然后送实验室。色谱仪中并联两根色谱柱：一根是空柱，用于测定总烃；另一根是填充有硅烷化玻璃微球的柱，用于测定甲烷。样品经过空柱或玻璃微珠阻尼柱导入检测器测定总烃含量。在一定的色谱操作条件下，将大气试样、甲烷标准气体及除烃净化空气依次分别往定量管和六通阀注入，经过色谱柱或硅烷化玻璃微球柱，导入检测器测定总烃含量。测定结果的准确度与色谱标准物有关，标准用氮气为底气，质量浓度为7.1 mg/m^{3}左右甲烷为标准气。.

(3) 仪器和试剂

仪器:① 配有氢火焰离子化检测器的气相色谱仪。

② 注射器(1,5,50,100 mL)。

③ 色谱柱 ϕ 45×2 m。

④ 填充物硅烷化玻璃微珠或空柱。

⑤ 色谱数据处理机或色谱工作站(量程为 5～10 mV)。

试剂:氮气,氢气,空气,净化空气。

(4) 操作步骤

① 开机并按下列色谱操作条件,将色谱仪调试至工作状态。具体如下:

气化室:70～100 ℃。

柱温:70 ℃。

载气流速:根据仪器决定。

检测器:150 ℃。

② 校准(外标法)。

③ 试样测定:进样量 1 mL。

④ 色谱图考察:标准色谱图。

⑤ 定量分析:色谱峰的测量。

(5) 结果计算

$$\rho_{总} = \frac{h_i - h_a}{h_s}\rho_{甲烷} \tag{6.23}$$

式中 $\rho_{总}$——气体中总烃质量浓度(按甲烷计),mg/m^3;

$\rho_{甲烷}$——甲烷标准气质量浓度,mg/m^3(即 $10^{-6}\times\frac{16}{22.4}$,其中$\frac{16}{22.4}$为转换因子);

h_i——样品中总烃峰高(包括氧的响应),cm;

h_a——除烃净化空气峰高,cm;

h_s——甲烷标准气体烃总烃柱的峰高,cm。

根据甲烷标准气在柱上保留时间,确定被试样的总烃,根据公式计算总烃浓度,以 3 位有效数字表示。

(6) 注意事项

① 一定要有除烃净化装置。

② 载气、标准气及样品气中氧含量是否一致,这是影响本标准方法的准确度重要原因,配气时要特别注意。一般操作步骤是:用 100 mL 注射器取 80 mL 的纯氮气为底气的甲烷标准气体,用胶帽密封发射器口,另取 20 mL 纯氧注入其中,然后用除烃净化空气逐级稀释,配制成所需浓度的甲烷标准气体。

2) 空气中苯、甲苯、二甲苯的测定

(1) 原理

空气中苯、甲苯用活性炭管采集,然后用二硫化碳提取出来检测器的气相色仪分析,以保留时间定性,峰高(峰面积)定量。

(2) 测定范围

采样量为 20 L 时,用 1 mL 二硫二氧化碳提取,进样 1 μL,苯的测定范围为 0.025～

20 mg/m^3，甲苯为 0.05～20 mg/m^3，二甲苯为 0.1～20 mg/m^3。

(3) 试剂和材料

① 苯：色谱纯。

② 甲苯：色谱纯。

③ 二甲苯：色谱纯。

④ 二硫化碳：分析纯，需经纯化处理，保证色谱分析无杂质。二硫化碳的纯化方法：二硫化碳用 5% 的浓硫酸甲醛溶液反复提取，直至硫酸无色为止，用蒸馏水洗二硫化碳至中性，再用无水硫酸钠干燥，重蒸馏，储于冰箱中备用。

⑤ 椰子壳活性炭：20～40 目，用于装活性炭采样管。

⑥ 纯氮：99.99%。

(4) 仪器和设备

① 活性炭采样管：用长 150 mm，内径 3.5～4.0 mm 的玻璃管，装入 100 mg 椰子壳活性炭，两端用少量玻璃棉固定。装好管后再用纯氮气于 300～350 ℃ 温度条件下吹 5～10 min，然后套上塑料帽封紧管的两端。此管放于干燥器中可保存 5 天。若将玻璃管熔封，此管可稳定 3 个月。

② 空气采样器：经校正。

③ 注射器：1 mL，经校正。

④ 微量注射器：1 μL、10 μL，经校正。

⑤ 具塞刻度试管：2 mL。

⑥ 气相色谱仪：附氢火焰离子化检测器。

⑦ 色谱柱：非极性石英毛细管柱。

(5) 采样和样品保存

在采样地点打开活性炭管，两端孔径至少 2 mm，与空气采样器入气口垂直连接，以 0.5 L/min 的速度，抽取 25 L 空气。采样后，将管的两端套上塑料帽，并记录采样时的温度和大气压力。样品可保存 5 日。

(6) 分析步骤

① 色谱分析条件。由于色谱分析条件常因实验条件不同而有差异，故应根据所用气相色谱仪的型号和性能，确定能分析苯、甲苯、二甲苯的最佳色谱分析条件。

② 绘制标准曲线和测定计算因子。在与样品分析的相同条件下，绘制标准曲线和测定计算因子。

③ 样品分析。将采样管中的活性炭倒入具塞到皮试管中，加入 1.0 mL 二硫化碳，塞紧管塞，放置 1 h，并不时振动。取 1 μL 进样，用保留时间定性，峰高(峰面积)定量。每个样品做二次分析，求峰高(峰面积)的平均值；同时，取一个未经采样的活性炭管校样品管同时操作，测量空白管的平均峰高(峰面积)。

6.7 工作场所空气中无机毒物的监测

无机污染物的监测项目主要是一氧化碳、氮氧化物、氨、氟化物、五氧化二磷、二氧化硫、二氧化碳，氯、氯化氢、硫酸雾以及光化学氧化剂和臭氧等。能够直接进行仪器测定的只有 CO、CS_2 等少数项目。通过滤膜等固相吸附，再解析后测定的项目也不多，主要有 F、P_2O_5、

B、硫酸雾、硫酸盐氧化速率等。大部分项目都是用相应的溶液吸收，然后用类似于水质监测的方法进行定量测定，例如：NO_x、氛、臭氧和光化学氧化剂，以及 H_2S、CO_2、HCN、CS_2、氯气、氯化氢等外。从监测方法体系来看，除 CO、CS_2 等，大部分采用的方法是水和废水监测中比较成熟的方法。

6.7.1　用紫外可见分光光度法(UV)测定的项目

(1) NO_x

用对氨基苯磺酸—冰乙酸—盐酸萘乙二胺混合水溶液作为吸收液，采样吸收后，用盐酸萘乙二胺分光光度法测定。

(2) 氨

用 0.01 mol/L 的 H_2SO_4 作为吸收液，采样吸收后，用与水监测同样的纳氏试剂或氯酸钠—水杨酸分光光度法测定。

(3) 光化学氧化剂和臭氧

用 pH 值为 5.5 ± 0.2 的 KI-H_3BO_3 吸收液采样，再用硼酸碘化钾分光光度法测定；或用 NaS_2O_3-H_3BO_3-KI 溶液吸收后，再用分光光度法测定。

(4) P_2O_5

用过氯乙烯滤膜采集空气中 P_2O_5。气溶胶加入与 P_2O_5 作用生成正磷酸，用水中 PO_3^{3-} 的方法——抗坏血酸还原—钼蓝分光光度法测定。

(5) 氯化物

用 K_2HPO_3 浸渍的滤膜采样，样品滤膜用水或 0.25 mol/L 超声浸溶后，用氟试剂或茜素锆分光光度法测定。

(6) 氰化物

用 0.05 mol/L 的 NaOH 吸收液采样后，用异烟酸—吡唑啉酮分光光度法测定。

(7) 氯

用含 KBr、甲基橙的酸性溶液吸收采样，用 515 nm 分光光度法测定。

6.7.2　紫外可见分光光度法(UV)基本原理

紫外可见分光光度法是基于通过测定被测液对紫外可见光的吸收来测定物质成分和含量的方法。物质总是在不断运动着，而构成物质的分子及原子具有一定的运动方式，各种方式属于一定的能级。分子内部运动的方式有 3 种，即电子相对于原子核的运动。原子在平衡位置附近的振动和分子本身绕其重心的转动，因此相应于这 3 种不同运动形式，分子具有电子能级、振动能级和转动能级。当分子从外界吸收能量后，产生电子跃迁，即分子员外层电子(或价电子)基态跃迁到激发态。分子吸收能量(如光能)具有量子化特征，即分子只吸收相当二能级差的能量，即

$$\Delta E = E_2 - E_1 = hv \tag{6.24}$$

式中　E_1——基态(跃迁前)的能量；

　　　E_2——激发态(跃迁后)的能量。

由于 E_1 与 E_2 能量是一定的，故 ΔE 对一定分子来说也是一定的。也就是说，它只能吸收相当于 ΔE 的光能，所以分子对光具有选择性吸收。

由于在紫外可见吸收光谱分析法中具体应用吸收定律的方式不同，所建立的具体分析方法也不同。

1）标准曲线法

配制一系列已知浓度的标准溶液（$C_1, C_2, \cdots, C_n$）在一定波长的单色光作用下，测得其吸光度分别为 $A_1, A_2, \cdots, A_n$，然后以吸光度为纵坐标，以浓度为横坐标作图。若该溶液遵守朗伯-比尔定律，即画出一直线，称为标准曲线。在测未知浓度的溶液时，只要在相同测定条件下测得其吸光度，即可由标准曲线上查得其未知液的浓度。

标准曲线使用一段时间后，因测定条件的变化必须对标准曲线经常进行检查和校正，即按原标准曲线制作时操作条件再配 1～3 份不同浓度的标准溶液。在相同条件下，测得相应的吸光度与原标准曲线比较：若完全相同，则证明原标准曲线仍可使用；若 3 个点连成的新曲线与原标准曲线的斜率和吸光均不同，则证明原标准曲线已不能使用，必须重新绘制；若两者斜率相同，仅吸光度数值不同，则可将原标准曲线平移至新的标准曲线位置后再使用。此法在测定条件稳定的情况下测定结果较精确，适合于环境监测中的成批样品的测定。

2）标样推算法

首先用一标准溶液 C_s 测得其吸光度 A_s，然后在相同条件下测得待测液的吸光度 A_x，则

$$\frac{A_s}{A_x} = \frac{C_s}{C_x} \Rightarrow C_x = C_s \frac{A_x}{A_s} \tag{6.25}$$

此法简便，适合单个样品的快速测定。

6.7.3 紫外可见分光光度计

国内外使用的紫外可见分光光度计种类很多，基本结构原理与部件是类似的。一般紫外可见分光光度计主要由 5 个部分组成，即光源、单色器、吸收池（比色皿）、检测器和信号显示器。

1）光源

光源是提供符合要求的入射光的装置。它必须满足下述要求：首先，必须能够产生具有足够强度的光束，以便于检测；其次，光的强度应稳定，在测量时间内应恒定不变。此外，所提供光源光的波长范围应能满足分析的要求。实际应用的光源可分为紫外光光源和可见光光源两类。

（1）可见光光源　最常用的可见光光源为钨丝灯，它可发射 400～1 100 nm 的连续光谱。除可用作可见吸收光度分析法的光源外，还可用作近红外吸收光谱分析法的光源。

（2）紫外光光源　常用的紫外光光源为氢灯或氘灯，它们能产生 180～375 nm 的连续光谱，但氘灯的发射光强度要比氢灯大些。由于普通玻璃对紫外光有强烈吸收，所以氢（氘）灯必须使用石英窗。

2）单色器

单色器是一种将连续光谱按波长的长短顺序分散为单色光并从中获得分析所需的单色光的光学装置。其分散过程称为色散，色散以后的单色光经反射、聚光通过狭缝到达溶液。单色器一般是由一个色散元件（棱镜或反射光栅或两者的组合）、狭缝及透镜系统组成，色散元件的作用是将连续光谱色散成为单色光，狭缝和透镜系统的作用是控制光的方向，调节光的强度和取出所需要的单色光，狭缝对单色光的纯度在一定范围内起着调节作用，它们对单色器的性能都起着很大的作用。由于所用色散元件的不同，所以单色器可分为“棱镜单色器”和“光栅单色器”两类。

（1）棱镜单色器

棱镜单色器的结构原理如图 6.3 所示。光源所发射出的连续光谱由入射狭缝进入，经准直透镜后成平行光，以一定角度射到棱镜表面，在棱镜的两个界面上连续发生折射产生色散，色散后的光被会聚透镜聚焦在一个稍微弯曲并带有出射狭缝的表面上，转动棱镜可使所需要的波长的单色光通过出射狭缝射出。

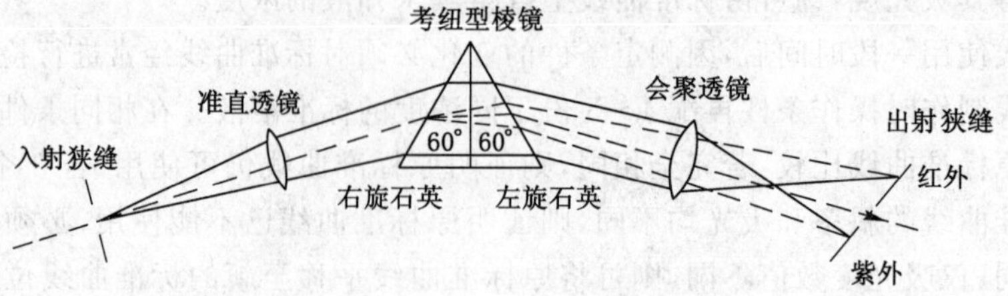

图 6.3　棱镜单色器结构原理示意图

透镜和狭缝系统对于单色器的性能及所获得的单色光的纯度和强度，同样有很大的影响。对于透镜，要求它透光性和聚光性均较好，以减少光的强度损失。影响单色光纯度和强度的狭缝主要是出射狭缝，它的作用是选择分析所需的工作波长。出射狭缝宽度越窄，单色光纯度越高，但通过的光能量越弱；反之，提高狭缝宽度，通过的光能量较强，但单色性纯度越低。对于狭缝宽的选择，采用实验的方法，先缓慢的降低狭缝宽度，调到溶液的吸光度不再增加，此时的狭缝宽度则是适宜的狭缝宽。

(2) 光栅单色器

光栅是另一种色散元件，由于光栅刻画技术和复制技术的提高，分光光度用光栅作色散元件日益增多，通常光栅是在非常光滑的金属平面上定向刻画出许多等距离锯齿形的平行条痕，其数目依其所需要的波长而定，如紫外吸收用的光栅每毫米内刻1 200条。光栅的色散是基于对光的衍射原理。衍射角与波长呈线性关系，波长越长，衍射角越大。因依其不同的波长要求来制作光栅，所以它能将不同波长的光分开。

3) 吸收池

分光光度计中吸收池(即为比色皿)是用于盛装试液和决定透光液层厚度的器件，比色皿一般为长方体，其底及两侧为毛玻璃，另外两面为光学玻璃制成的透光面(光学面)，两透光面之间的距离即为“透光厚度”或称“光程”，比色皿的规格是以光程为标志的(如 0.5,1,2,3,5 cm 等就是表示其透光厚度)，最大的光程可达 10 cm，最小的光程仅数毫米。

在使用比色皿时，应特别注意保护两个光学面。因此，必须注意以下事项：

(1) 拿取比色皿时，只许接触磨砂面，不允许接触光学面。

(2) 不得将光学面与硬物或污染物接触，只能用擦镜头纸或丝绸擦拭光学面。

(3) 凡含有腐蚀玻璃的物质的溶液，不得长期盛放在比色皿中。

(4) 在比色皿的使用后立即用水冲洗干净。若污染物洗不掉浸泡，然后用水洗净。

(5) 不得在火焰或电炉上加热或烘烤比色皿。

4) 信号检测器

吸收光谱分析中，信号检测器即光电转换器，它的作用是将光信号转变成容易测量的电信号。在紫外可见分光光度计，广泛使用的光电转换器的光电池、光电管和光电倍增管。

(1) 光电池

72 型分光光度计使用的是硒光电池。硒光电池是由 3 层物质组成的薄片，最上层是导电的透明金属膜作为光电池的负极，中层是半导体硒，第三层是铁片(或铝片)作为正极。当照到光电池上，半导体硒表面逸出电子，这些电子只能单方向流向金属薄膜，使金属膜与铁之间产生电位差(图 6.4 和图 6.5)。在金属膜与铁之间连接一检流计，即有电流流过，称为光电池。硒光电池能产生 100～200 μA的电流，无需放大就可用灵敏检流计测量。它的响应 330～800 nm 的光间，对 500～600 nm 最灵敏，但不适于紫外光驱和红外光驱。

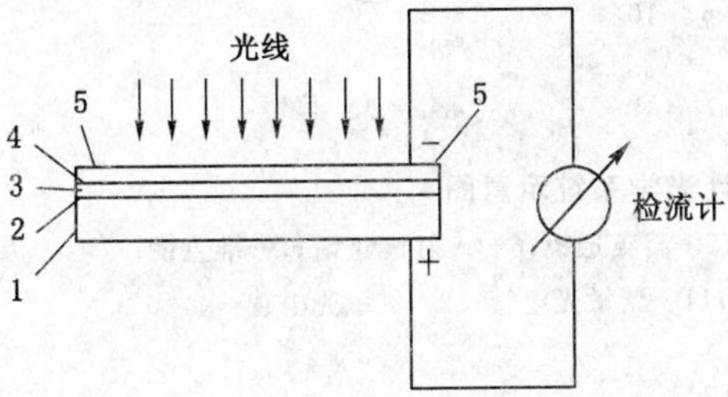

图 6.4　硒光电池结构示意图

1—金属基板；2—硒层；3—阻挡板；
4—透明金属薄膜；5—收集环

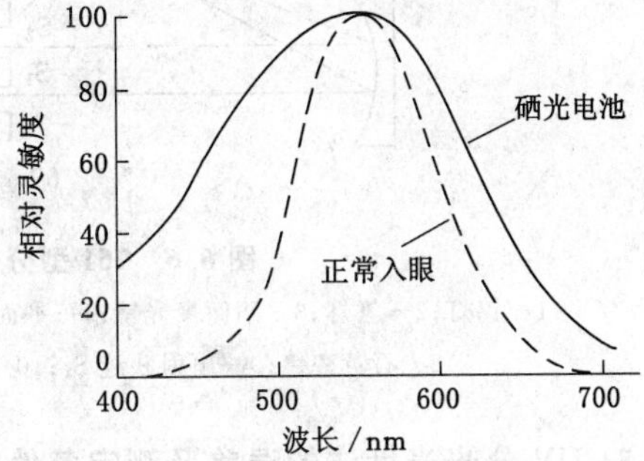

图 6.5　硒光电池的光谱响应曲线

(与正常人眼睛比较)

(2) 光电管

721 型分光光度计使用的是光电管。光电管内有一个凹面阴极和一个丝状阳极，阴极凹面涂有一层对光敏感的碱金属或碱金属氧化物。当光照射时，阴极即发射电子；当在两极间加上电压时，发射出来的电子，即流向阳极形成电流，光越强，放出的电子越多，电流越强，经电子放大器将信号放大，最后将信号输给指示器。

光电管的光谱响应特性(所适用的波长范围)取决于光敏阴极上的敏化物质的种类，即不同的光敏材料，光谱响应特性不同。所以，在不同的光谱区域的分析工作，应选用相应类型的光电管。例如，铯—锑光电管可适用紫外可见吸收光谱分析，灵敏区为 400～550 nm。

(3) 光电倍增管

751 型分光光度计使用的是(紫敏和红敏)光电倍增管。光电倍增管是利用光电发射和二次电子发射作用将光电流放大。目前各级环境监测站常用的几种分光光度计分述如下：

① 721 型分光光度计。这是一种可见分光光度计，光源为钨丝灯，并采用晶体管稳压电源，所以稳定性较好；光电转换元件为真空光电管，并配合电流放大器将微弱光电流放大后推动指针式微安表，灵敏度高。该类型分光光度计的波长范围为 360～800 nm。

② 751 型分光光度计。751 型分光光度计是一种紫外-可见光分光光度计，波长范围为 200～1 000 nm，在 300～1 000 nm 内用钨丝灯做光源，在 200～320 nm 内用氢灯做光源，以石英棱镜做单色器，光电管为光电转换元件，配有 GD-5 紫敏光电管和 GD-6 红敏光电管。前者为 Sb-Cs 阴极面，适用于波长 200～625 nm 范围；后者为 Ag-O-Cs 阴极面，适用于波长 625～1 000 nm 范围。仪器配有石英和玻璃 2 种比色皿，仪器的光路原理见图 6.6。

由光源发射出的连续辐射光线，射至凹面聚光镜上，再反射至平面镜然后再反射至狭缝 S_1 上，而狭缝 S_1 正好位于球面准直镜的焦面上。因此，入射光线到达准直镜上反射后，就以一束平行光线射向棱镜，光线进入棱镜后色散，色散后的光线经准直镜反射回来聚集在出射狭缝 S_2 上，出射狭缝和入射狭缝共扼，出射狭缝后的光线经样品池检测器，最后到达显示系统。

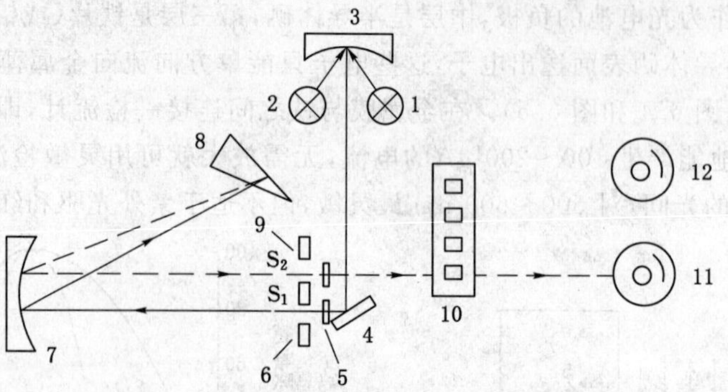

图 6.6　751 型分光光度计光学系统示意图

1—钨灯；2—氢灯；3—凹面聚光镜；4—平面反射镜；5—石英透镜；6—入射狭缝 S_1；7—准直镜；8—石英棱镜；9—出射狭缝 S_2；10—吸收池；11—紫敏光电管；12—红敏光电管

5) UV 分光光度法的误差及测定条件的选择

实际工作中，经常发生工作曲线(或标准曲线)不呈直线的情况，特别是在溶液浓度较高时，这种现象称为偏离吸收定律。如果测定时试液浓度在弯曲范围内，则测定结果的误差较大。因而要了解偏离吸收定律的原因，选择和控制合适的测定条件。偏离吸收定律的原因很多，主要有以下两个方面：

(1) 非单色光引起的偏离

严格地说，吸收定律是在单色光的条件下才行。但在实际工作中，分光光度计有的入射光并不是纯的单色光，而是由波长范围较窄的光带组成的复合光。由于物质对不同波长的光吸收程度不同，因而导致了对吸收定律的偏离。

(2) 溶液中化学反应引起的偏离

吸收定律一般认为适用于稀溶液，当溶液浓度大时，由于粒子间的相互作用，它们的吸光能力发生变化，所以浓度与吸光度之间的关系就偏离了吸收定律。

此外，溶液中的吸光物质常因离解、缔合或化合物形成的改变等引起对光吸收程度的变化，也将导偏离吸收定律。如重铬酸钾在水溶液中有下列平衡

$$\underset{(\text{橙色})}{Cr_2O_7^{2-}} + H_2O \rightleftharpoons 2H^+ + \underset{(\text{黄色})}{2CrO_4^{2-}} \tag{6.26}$$

溶液的浓度或酸度的变化影响上式平衡的移动，而吸光度的改变不与浓度改变成正比，所以会引起偏离。因此，测定时要根据吸光物质的性质和溶液中有关化学平衡，严格控制显色反应的条件以克服由此而产生的偏离。

为了使分光度法测定有较高的灵敏度和准确度，有以下几点需要注意：

① 空白溶液的选择。空白溶液也叫做参比溶液。在分光光度测定中，除利用参比溶液调节仪器的零点外，还可消除比色皿器壁及溶剂对入射光的反射和吸收而带来的误差。因此，空白溶液的作用是非常重要的。空白溶液依不同情况有不同的选择：当溶液及显色剂均无色时，可用蒸馏水做空白溶液；如果显示剂无色，而被测试液中存在其他有色离子，可采用不加显示剂的被测试液作空白溶液；如果显色剂和试液均有颜色，可在一份试液中加入适当的掩蔽剂，将被测组分掩蔽起来，使之不再与显色剂作用。显色剂及其他试剂试液测定方法加入，以作为参比溶液，这样可以消除显色剂及一些共存组分的干扰。总之，选择参比(空白)溶液的原则是使试液的吸光度真正反映待测物质的浓度。

② 吸光度范围的选择。由于仪器本身的测量误差,所以在不同吸光度范围内读数可引入不同程度的误差。对测定产生影响,为减小这方面的影响,应选择最适当的吸光度的范围来进行测定。

复习思考题

6.1 当前环境监测工作的基本任务是什么?

6.2 简述连续自动监测系统的特点、组成及各部分所起的作用。

6.3 用紫外可见分光光度法测定非金属无机污染物主要有哪些?

6.4 简述紫外可见光分光光度法的基本原理及仪器主要结构。

6.5 何谓差分分光光度法?其特点是什么?

6.6 环境噪声有哪些?环境噪声与本底噪声、背景噪声三者如何区别?

6.7 何谓放射性?它侵入肌体有几种途径?

6.8 水中有机物总量的综合指标有哪些?如何实现现场快速监测?

6.9 请说明如何进行呼吸性粉尘测定。

7 几种生产场合安全监控系统

7.1 储油罐区安全监控系统

7.1.1 系统概述

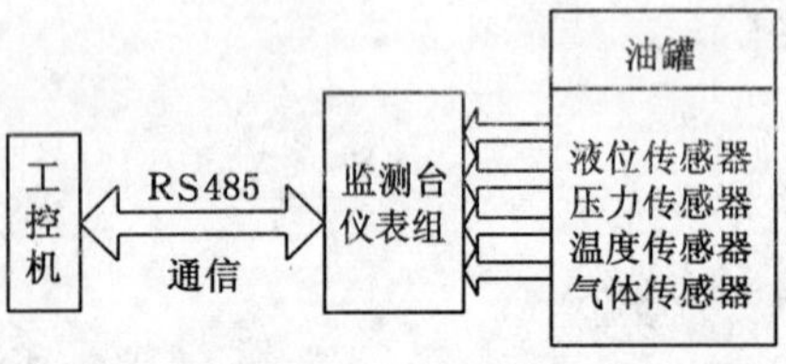

图 7.1 储油罐区安全监控系统的示意图

如图 7.1 所示，整个安全监控系统由 3 部分组成：基于工控机的监控部分，该部分主要包括监控画面、报警系统和报表系统等；以二次仪表为主，光电转换器、感温火灾信号处理器构成的监测台；由光纤液位传感器、光纤温度传感器、光纤压力传感器和光纤气体传感器构成的数据采集部分。

系统流程具体如下：首先在数据采集部分，通过光纤传感器，将被测对象的参量变化转换为光脉冲信号，并通过光纤传送给光电转换器；其次在监测台，光电转换器将光脉冲信号转换为电脉冲信号，进行放大整形，随后传给二次仪表，二次仪表对光电转换器输出的电脉冲信号进行线性化处理，并进行仪表的量程、灵敏度等调节，以数字形式显示被测参量；最后二次仪表采用串行通信方式(RS232 和 RS485)同监测系统采集机相连，监测系统采集机应用组态对二次仪表传送过来的信息进行处理，并实现对被监测参量的显示、报警、计量、报表处理等功能，从而实现对被测参量的自动监测。

7.1.2 系统设计原则

系统设计时，应该注意以下原则：

① 先进性。系统需在了解国内外发展动态、吸收其经验和成果的基础上进行方案的设计，使系统的技术性能和水平具有明显的先进性。

② 适应性。软件采用模块化设计，整个系统由各种不同模块组成，用户可根据需要进行功能的删除和扩展。

③ 可靠性。系统运行安全可靠，性能稳定，可以在恶劣环境中长期连续工作。

④ 通用性。在设计时，应充分考虑其应用对象的共性，使系统具有较强的通用性，可以在油罐区推广应用。

⑤ 相容性。系统应能使用不同类型的传感器，能够测量多种参数。

⑥ 扩展性。系统的设计容量应足够大，还应满足系统今后的扩充需要。

⑦ 经济性。系统的造价经济合理，性能价格比高。

⑧ 操作维护方便性。在软件方面，要求人机界面友好，操作简便，易学易懂；在硬件方面，要求维护检修方便。

7.1.3 系统功能及特点

1）系统的主要功能

① 对油罐安全检测数据进行实时采集，能够将储罐的液位、温度、压力等参数集中实时采集到控制室的工况控制计算机上，进行数据处理。

② 可以实时地显示所采集的数据。

③ 可以显示罐区分布图的画面，画面上的数据(如液位、温度、压力等)按数据采样周期更新。

④ 能显示主要数据的历史趋势曲线，可以将数天前的历史记录从硬盘调出。

⑤ 能显示主要数据的实时曲线，曲线随采样周期更新。

⑥ 能对报警信息及时提示，并以文件的形式记录下来，便于查询报警信息。

⑦ 可随时打印当前或历史数据报表。

2）系统特点

在石油生产工艺过程中，联合站是油田原油集输生产中最重要的过程，它是集油水分离、污水处理、原油及天然气集输等多个工艺系统为一体的综合性生产过程。某储油罐区的主要设备有沉降罐、净化罐、收球筒、量油分离器、缓冲罐、污油箱、换热器、过滤器以及不同型号的输油泵。站内的原油流程为：从各个油井和增压点的来油首先进入双容积量油分离器，进行来油计量，计量后的原油经过进一步的沉降净化后往其他集油站外输或者进行装车外输。某储油罐区的工艺流程图参见图 7.2 和图 7.3。

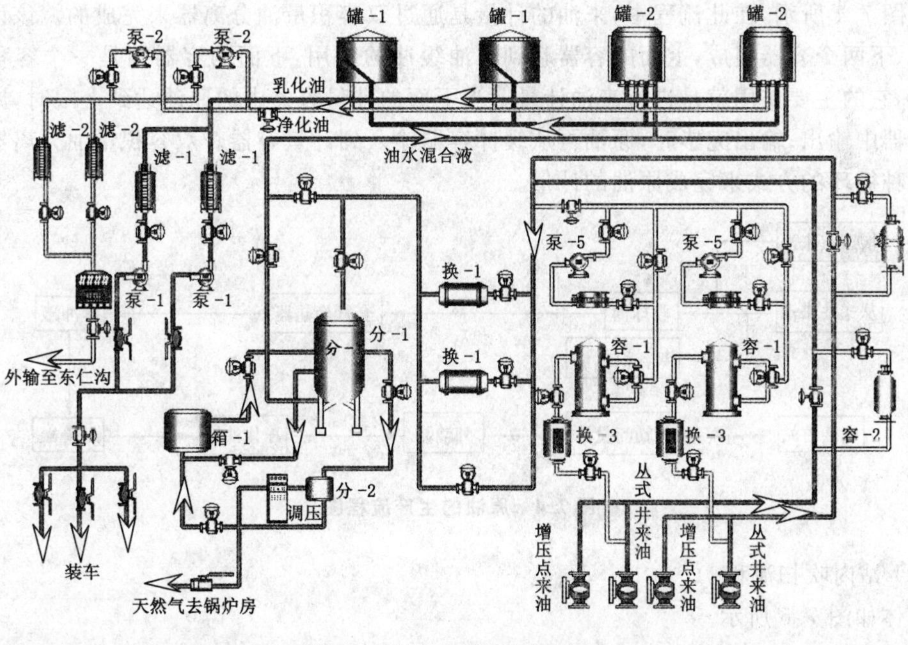

图 7.2 联合站工艺流程图(一)

罐-1—净化油罐；罐-2—700 m³溢流沉降罐；罐-3—500 m³的溢流沉降罐；分-1—分离缓冲罐；分-2—气液分离器；容-1—双容积量油分离器；容-2—快开式电加热收球筒；箱-1—污油箱；换-1—TR60-2.5 的来液换热器；换-2—TR25-2.5 的来液换热器；换-3—TR2-1.6 的单量换热器；泵-1—装车泵；泵-2—净化油外输泵；泵-3—含水油外输泵；泵-5—齿轮卸油泵

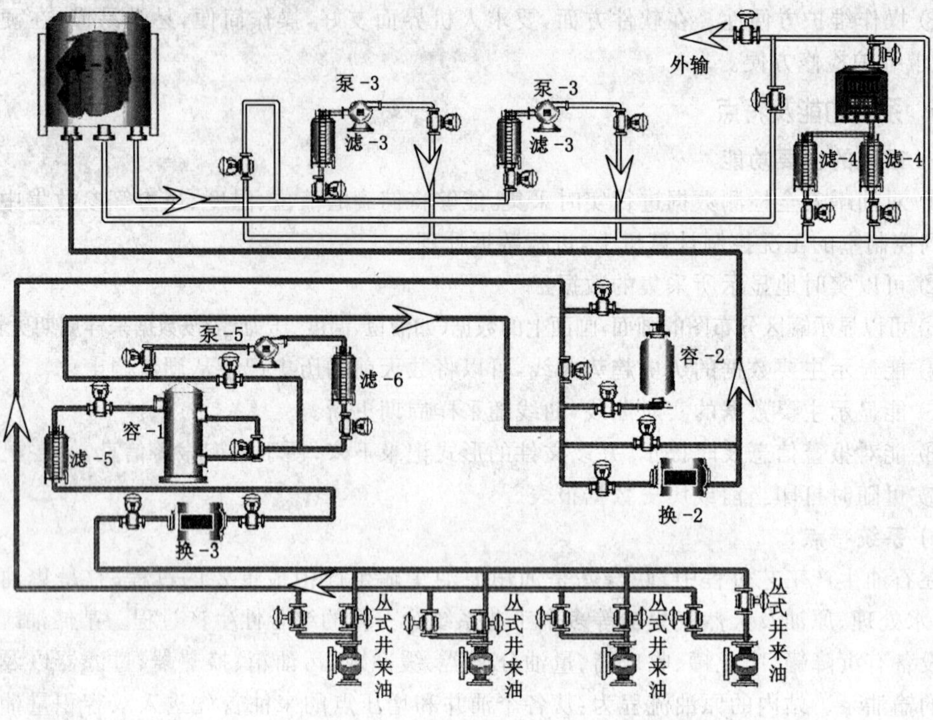

图 7.3　联合站工艺流程图(二)

(1) 原油的生产流程

如图 7.4 所示,在此流程中,来油的计量是通过双容积量油分离器来完成的。该设备主要由上、下两个容器组成,上面的容器起到来油缓冲的作用,下面的容器则是一个容积已知的容器,它的主要作用就是进行来油计量。当下面的计量容器中的原油达到上限时,原油从计量容器中输出;输出完毕时,原油再从缓冲容器输入到计量容器。双容积量油分离器就是通过这种循环的方式来完成原油的计量。

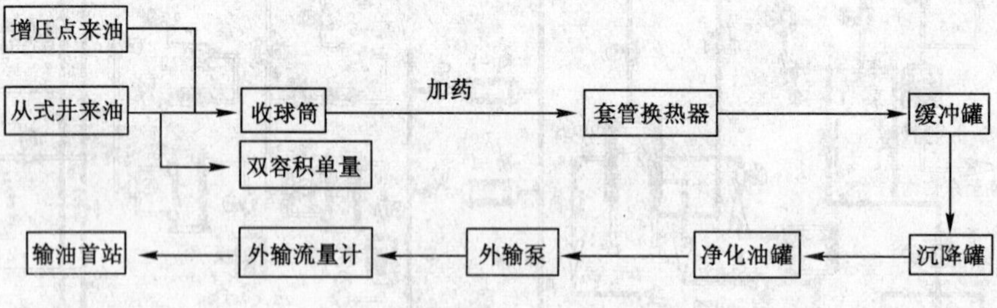

图 7.4　原油的生产流程图

(2) 站内吹扫流程

具体如图 7.5 所示。

(3) 站内循环流程

具体包括:油罐→外输泵→站内循环管线→油罐。

(4) 站外吹扫流程

具体包括:单井吹扫→吹扫管线→净化油罐。

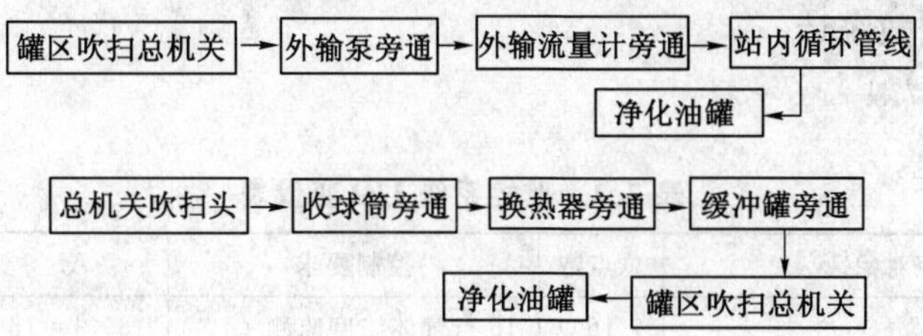

图 7.5　站内吹扫流程图

3）监控内容及功能

罐区安全监控系统设计，除了要监测罐区的液位、压力、温度外，为了防止油罐发生泄漏，还要对罐区进行气体浓度的监测。

(1) 监测内容

① 监测罐区共 16 点气体浓度。

② 监测分离缓冲罐、2 个净化罐、3 个沉降罐、2 个装车泵及 4 个外输泵的前后压力。

③ 监测 3 个收球筒的温度、2 个 TR60-2.5 型、2 个 TR2-1.6 型换热器和 1 个TR25-2.5 型换热器的进出口温度、2 个净化罐和 3 个沉降罐的温度、2 处外输油的温度。

④ 监测分离缓冲罐及 2 个净化罐的液位高低报警。

⑤ 监测 3 个双容积量油分离器液位高低报警。

⑥ 监测 3 个齿轮卸油泵的开关状态。

⑦ 控制 3 个双容积量油分离器的液位高低。

⑧ 控制 3 个齿轮卸油泵的开关。

(2) 监测功能

① 信号采集：信号采集包括对现场仪表及模块信号的采集和转换处理。

② 监控操作：实现对现场各个设备参数及状态的检测。

③ 动态显示：动态流程画面显示；实时及历史报警显示；实时及历史趋势曲线显示。

④ 操作画面：通过操作画面查询和管理工艺过程；打印实时或历史报表、趋势曲线和报警画面。

7.1.4　系统设计

联合站计算机监控系统的设计方案有 3 种：上位机加 I/O 板卡的方案、上位机加 RS485 总线加 I/O 模块和工业仪表的方案以及上位机加 PLC 的方案。由于本次设计对稳定性的要求一般、费用预算要求不高，所以本次设计选择上位机加 RS485 总线加 I/O 模块和工业仪表的方案。

1）初步分析

监测 3 个收球筒的温度、2 个 TR60-2.5 型和 1 个 TR25-2.5 型换热器的进出口温度、2 个净化罐和 3 个沉降罐的温度、2 处外输油的温度、分离缓冲罐压力和 2 个装车泵及 4 个外输泵的进出口压力、站区共 16 点气体浓度共 45 路信号经过相应的变送器后都会转换为与现场最大、最小值对应的 4～20 mA 电流信号，都是模拟量输入信号。

监测分离缓冲罐及 2 个净化罐的液位高低报警、3 个双容积量油分离器的液位高低报警、3 个齿轮卸油泵的开关状态共 15 路信号明显是对应数字量输入信号。

控制 3 个双容积量油分离器的液位高低、3 个齿轮卸油泵的开关共 9 路是数字量输出信号。

2）系统 I/O 点数统计

具体见表见表 7.1。

表 7.1　监控系统 I/O 变量表

序号	监控对象	总点数	控制要求	AI	DI	DO
1	站区	16	16 点气体浓度监测	16×1=16	—	—
2	3 个收球筒(容 2)	3	温度监测	3×1=3	—	—
3	2 个 TR60-2.5 型换热器(换 1)	4	换热器进出口温度监测	2×2=4	—	—
4	2 个 TR2-1.6 型换热器(换 3)	4	换热器进出口温度监测	2×2=4	—	—
5	1 个 TR25-2.5 型换热器(换 2)	2	换热器进出口温度监测	1×2=2	—	—
6	2 个净化罐和 3 个沉降罐的温度	5	温度监测	5×1=5	—	—
7	2 处外输油	2	温度监测	2×1=2	—	—
8	分离缓冲罐(分 1)2 个净化罐及 3 个沉降罐	6	压力监测	6×1=6	—	—
9	2 个装车泵及 4 个外输泵	12	泵进出口压力监测	6×2=12	—	—
10	分离缓冲罐及 2 个净化罐	6	液位高低报警	—	6×1=6	—
11	3 个双容积量油分离器	6	液位高低报警	—	6×1=6	—
12	3 个齿轮卸油泵(泵 5)	3	泵开关状态监测	—	3×1=3	—
13	3 个双容积量油分离器(容 1)	6	液位高低控制	—	—	3×2=6
14	3 个齿轮卸油泵(泵 5)	3	开关控制	—	—	3×1=3
合计	—	78	—	54	15	9

3）硬件选型

(1) 主机

在储油罐区现场，腐蚀性气体较多，且计算机 24 h 连续不断地运行，因此对生产现场的设备较其他行业要求更高。主机选择研华公司的 IPC-610H 型工控机，该机适合于对数据的收集，能满足专业性较高的行业的要求，能给各行业提供高性能、高可靠性的工业级计算机平台。

模块部分由于工控机是 RS232 接口，而二次仪表是 RS485 接口，所以需要 2 块 ADAM-4520(隔离 RS232 到 RS422/RS485 转换器)模块。

(2) 仪表

① ZY3301(RS232/422/485 至多模光纤转换器)。ZY3301 型多模光纤转换器如图 7.6 所示。它采用世界最新光纤技术，专门为我国电力配网自动化、工业自动化、SCADA(数据采集及监控)等工业行业数据通信而设计。ZY3301 能在一对光纤上实现 RS232/RS422/RS485 设备之间的互联，具有先进的自动双向切换技术，无需方向控制信号。光纤接口为 ST 接口，多模光纤最远距离为 2 km，由于采用光纤技术，所以避免了由于不同节点地电位不同引起的设备烧毁和强电磁感应、高电压引起的干扰，并可安全工作在要求防爆的环境中；同时省去了原来使用铜线时的雷电浪涌

图 7.6　ZY3301(RS232/RS422/RS485 至多模光纤转换器)

保护设备的投资。ZY3301 适合于工业环境下高可靠性通信。ZY3301 已广泛应用在电力配网自动化、工业现场过程控制、数据采集及自动化、监控系统等各行各业。

② 二次仪表。二次仪表是指用于进行信号转换及显示或控制的一类仪表，安装在监测台内。可以对光电转换器输出的电脉冲信号进行线性化处理，并进行仪表的量程、灵敏度等调节，以数字形式显示被测参量。二次仪表与传感器配套使用，可对液位、温度、压力等信号进行跟踪测量，满足高危险的工作条件。

(3) 现场测量仪表——光纤传感器

采用光纤传感器作为测量单元，使测量现场没有引入电信号，从而达到本质安全的要求。

① 光纤液位计。选用 BTY-G 系列光纤液位变送器，利用力学自平衡原理实现液位或界面的检测。变送器由测量单元(包括浮子、计量钢丝绳、重锤、主动轮、过渡轮等)、光码变送器、光缆等部分组成。当被测介质液位发生变化时，浮子随着液位升降而产生位移，通过计量钢丝绳、主动轮、过渡轮将该直线位移转变为角位移，再通过磁耦合，使光码变送器内的光码盘同步转动，输出 2 组光脉冲，经光缆传输到光纤转换器。

光纤转换器将该 2 组带有液位变化信息的光脉冲信号转变为电脉冲信号，经放大整形后，进行判向和计数，然后将电信号传送到二次仪表，二次仪表处理后，以标准 RS232 或 RS422 串行数据输出给计算机，显示出储罐内液位值；也可以 4～20 mA 的形式输出，并对液位进行直接显示，并实现上、下限报警功能。

BTY-G 系列光纤液位变送器安装在罐区危险场所，二次仪表、光纤转换器和计算机监控系统安装在安全场合的操作室。光纤液位变送器与光纤转换器之间通过光缆连接，完全做到罐区无电检测，本质安全防爆。

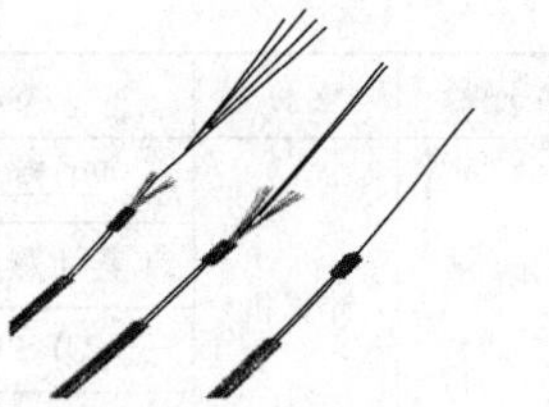

图 7.7　光纤光栅温度传感器

② 光纤光栅温度传感器。FBGT 系列温度传感器的产品包括温度、应变、压力、位移、加速度等多种光纤光栅传感产品系列(图 7.7)和光传感网络分析仪等。产品可以广泛应用于桥梁、工业与民用建筑、堤坝、输送管道、电力设施、海洋石油平台和其他大型架构的实时、分布式健康监测。这些产品秉承了光纤传感器所有固有的优异特性，本质安全、抗电磁干扰、抗腐蚀、耐高温、使用寿命长；每个产品系列都具有强大的组网能力，不同系列的产品可以任意混合组网并且可以配用相同的解调设备等，从而可以提供简洁、完整的技术解决方案。

③ 光纤压力计。选用 ZFP 光纤光栅压力计(图 7.8)，它的表面有一层膜，把它连接在一个预应变的光纤光栅上，通过该膜感受压力。其作用在膜上的压力使膜产生一定的变形，

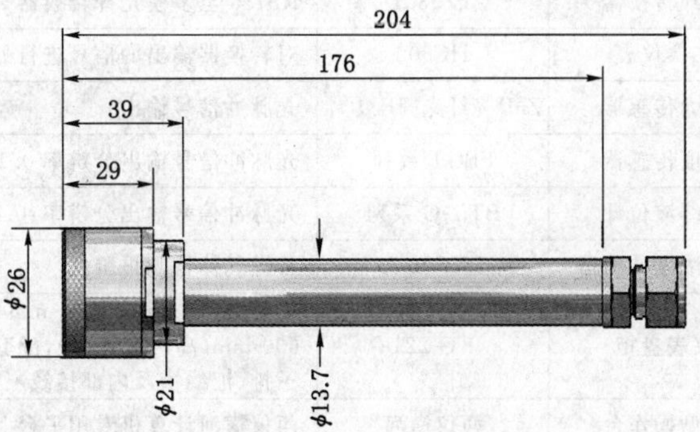

图 7.8　ZFP 光纤光栅压力计

该变形就使光纤光栅的应变发生改变，从而导致反射光谱中心波长的偏移。为了补偿温度的影响，在外包壳内部集成了一个高分辨率温度传感器。

特性：全光检测，本质安全；抗电磁干扰，防雷防爆防腐，能耐受高温高压；测量精度高，范围宽，适用于监测水压，油压等。

④ 光纤气体浓度报警仪。如图 7.9 所示，BXC-02A 型可燃气体检测报警仪技术参数：

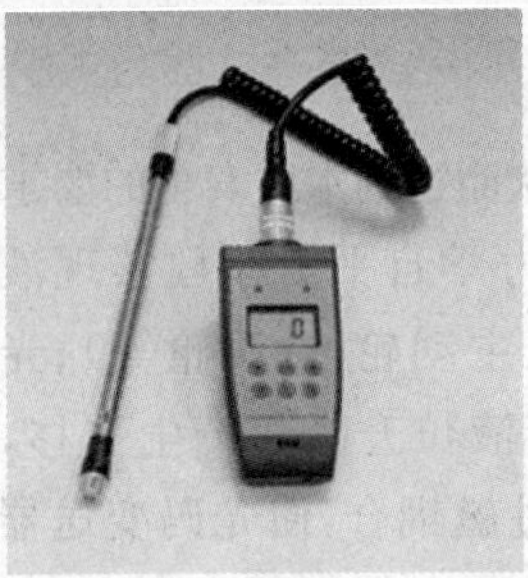

图 7.9 可燃气体检测报警仪

型号：BXC-02A。

被测气体：可燃气。

检测范围：0～100%LEL。

误差：8%。

响应时间：≤30 s。

(4) 其他设备

系统还需要选用打印机、电源及显示器等其他设备，这里选用惠普彩色喷墨打印机、山特 3KVA 型 UPS 电源（不间断电源）和 21 in(1 in＝2.45 cm，下同）飞利浦彩色显示器。

所有硬件设备的具体情况，见表 7.2。

表 7.2 监控系统设备清单

序号	名称	类别	型号	技术要求	数量
1	计算机	工控主机	研华 IPC-610H	PIV1.8G/512MDRAM/40G/1.4M/50X	1 台
		21 英寸彩色显示器	21 inCRT	21 英寸飞利浦彩色显示器	1 台
		UPS 电源	山特 3 kV·A	3 kV·A，0.5 h	1 台
		打印机	惠普	A3，彩色喷墨打印机	1 台
2	软件	操作系统	Windows2000/XP	Microsoft Windows2000/XP	1 套
		组态软件	Kingview6.52	北京亚控“组态王 6.52”	1 套
3	模块仪表	DI 模块	研华 ADAM-4052	8 路隔离数字量输入	2 块
		DO 模块	研华 ADAM-4060	4 路继电器输出	3 块
		信号转换器	研华 ADAM-4520	RS232 到 RS485 转换	2 块
		多通道巡检控制仪	昌晖 SWP-LCD-M	16 路多通道巡检控制仪，控制输出方式：电压/电流输出，设定/显示精度：＋0.5% FS+1 位数 max	3 台
		光纤转换器	YZ3301	RS485 至多模光纤转换器	2 块
		二次仪表	HC600	对转换器输出的信号进行处理	2 块
4	变送器	压力传感器	ZFP 光纤光栅压力计	光脉冲信号输出	18 个
		温度传感器	FBGT 系列	光脉冲信号输出分辨率 0.1 ℃	20 个
		光纤液位计	BTY-G 系列	光脉冲信号输出分辨率：0.5 mm 或 1 mm	9 个
		气体浓度传感器	BXC-02A	可燃气体检测报警仪	16 个
5	控制柜	仪表盘柜	KG-221	仪表控制柜，2 100 mm × 900 mm × 600 mm(高×宽×深)，配套接线端子、端子排、汇线槽及内部接线	1 台
		小型操作台	西仪横河	西仪横河计算机专用平台	1 台

7.1.5 系统监控方案设计

监控系统采用一台研华工控机，配 21 in 飞利浦彩色显示器，带有 UPS 电源的 A3 幅面彩色喷墨打印机。先由光纤传感器将现场要监测的信号转换成光脉冲信号，通过光纤传送给光电转换器，将光脉冲信号转换成电脉冲信号，再由二次仪表对电脉冲信号进行处理，最后二次仪表通过研华 ADAM-4520（RS232 到 RS485 转换）模块和 RS485 总线与计算机进行通信，这样，现场数据就可以传送到计算机了。

二次仪表与传感器配套使用，可对液位、温度、压力等信号进行跟踪测量，从而完成对液位、温度、压力及气体浓度的监控。监控系统方案硬件示意图如图 7.10 所示。

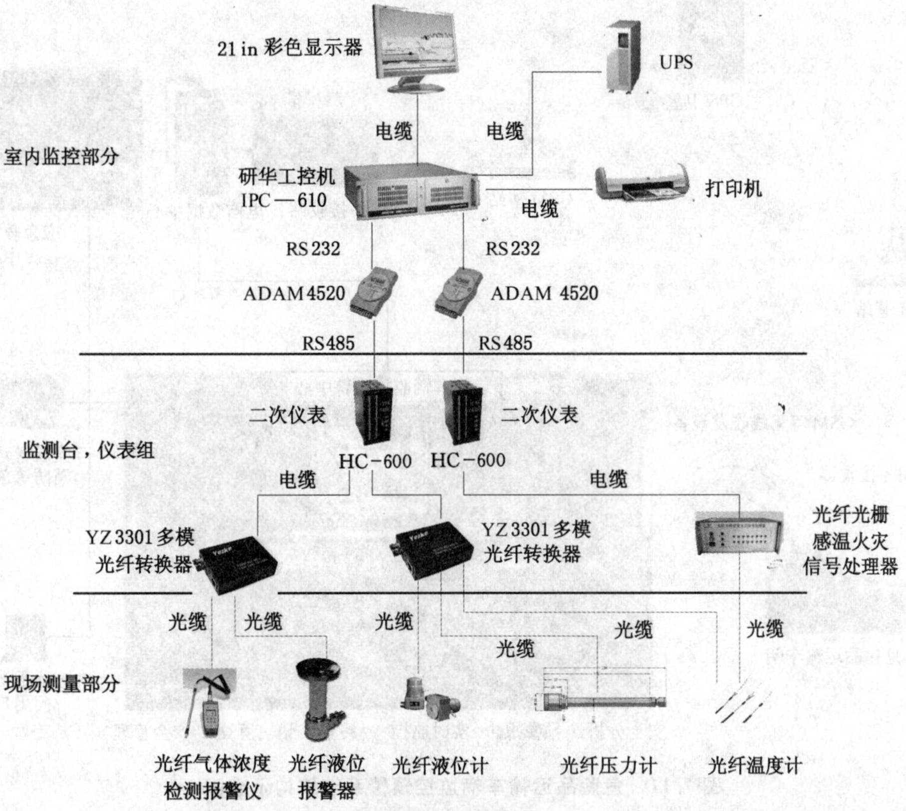

图 7.10 监控系统方案硬件示意图

7.2 危险品运输车辆监控预警系统

充分利用先进的通信技术、计算机技术、可视化技术和自动控制等技术构建危险品道路运输车辆监控预警系统是提高运输车辆安全行驶的有效方法。

目前，对危险化学品运输车辆要积极推行安装 GPS（全球卫星定位系统）、行车记录仪和通讯设备实行跟踪管理，建立危险品运输车辆监控预警系统，使危险化学品运输管理工作科学化、规范化和制度化；同时，建立健全道路危险化学品事故应急救援体系，健全应急救援技术和信息支持系统，培养高素质的应急救援队伍，形成快速反应的应急救援机制，提高应急救援能力，最大限度地降低危货运输事故所造成的损失。

7.2.1 危险品运输车辆监控预警系统总体结构

车辆监控预警系统是由安全管理技术、空间定位技术、计算机技术、地理信息系统、控制技术和数据通讯等技术集成的典型应用系统。基于GIS/GPS/GSM(GPRS、CDMA)的危险品道路运输监控预警系统就是以GIS作为基础信息系统平台,以GPS作为空间定位手段,以GSM(GPRS或CDMA)作为无线数据传输形式,以安全管理、预测科学为研究方法,同时集成终端自控系统、安全分析与管理、报警预警系统的车辆监控系统。系统整体结构如图7.11所示。整个系统的结构可分为4个部分:车载终端、通讯系统、运输车辆监控中心和应急救援相关部门。

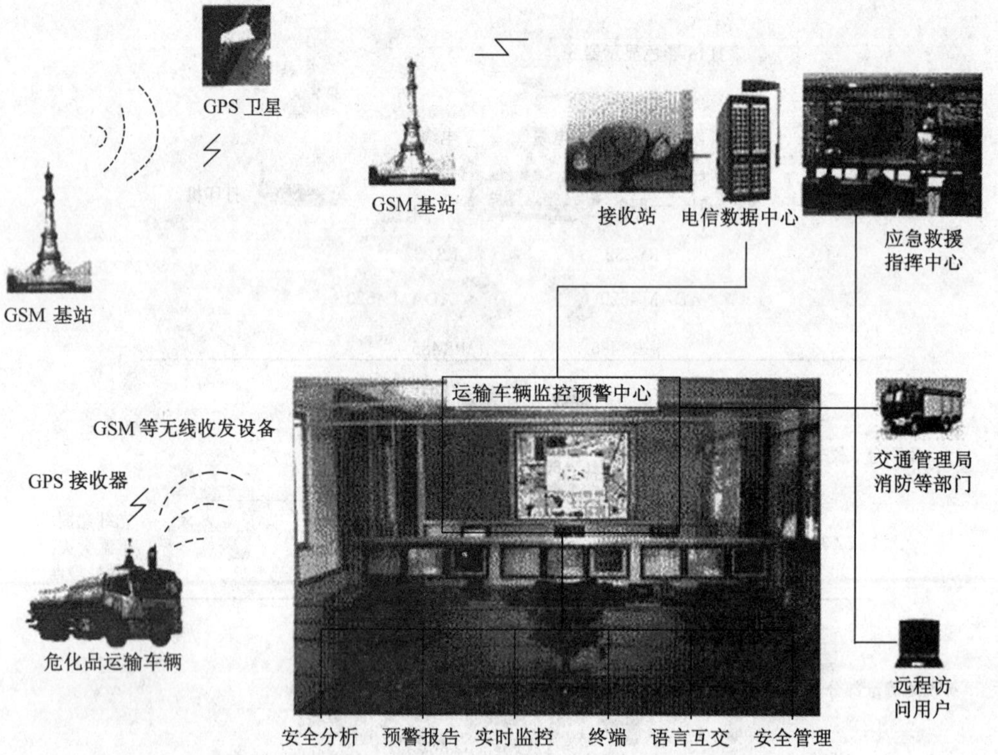

图7.11 危险品运输车辆监控预警系统结构示意图

7.2.2 监控预警系统功能和特点

1) 系统功能

在危险品的运输车辆终端安装GPS收发器以完成运输车辆的定位和导航等功能,安装车载GSM/CDMA等用于完成车辆和监控中心及车辆间的语音、视频和数据的交互,同时安装有各类传感器和控制器完成车辆及危险品状态等信号采集及现场控制和报警等功能。

通过GPS卫星和GSM网络来完成运输车辆的定位和通信等功能。在系统监控中心完成车辆的实时监控预警、音视频调度指挥、安全分析和管理、信息发布和事故报警等功能。在运输车辆发生事故、抢劫或其他紧急状态时,监控中心实时获取现场状态并根据实际危险等级及时通知相关部门,交管部门等应急救援中心完成危险品运输车辆紧急状态的处理。

整体系统实现实时跟踪及间续跟踪等多种方式监控危险化学品本身、运输车辆、人员及路途环境等状态,实现多车辆、分区域、跨区域监控,实现监控中心与车载端设备与人员的语音、数据和图像等多种方式的信息交互,车载终端的自动监测、报警和安全保护等,实现监控中心对车辆调度指挥、自动接警和处警、安全分析与管理、事故预测预警等功能。

2）系统特点

（1）标准性

系统设计和构建充分满足危险化学品车辆运输相关管理条例规定的要求。

（2）经济性

充分认识到危险化学品车辆运营总监控中心的市场化运营模式,系统设计既考虑运输车辆安全管理,又考虑尽量降低系统投资成本,特别是运营成本。

（3）开放性

系统设计遵守开放性原则,能够支持多种硬件设备和网络系统,并支持二次开发,特别是支持数据分组通讯等功能系统接口的统一。

（4）扩展性

车辆通信终端智能化多接口结构,可适应 GPS、报警、IC 卡等网络的接入和业务发展需要。对系统终期容量及网络发展设想进行方案设计,实现平滑扩容,降低系统维护升级的复杂程度,提高系统更新、维护、升级的效率。

（5）安全性

在互联网中,防止非法用户享受服务,防止计算机病毒的入侵,实现对整个网络的实时监控。软件设计及数据调度中采用纠错冗余技术,保证系统安全及准确性。

（6）稳定性

为保证系统能良好运作,满足各项功能的同时,车载设备、总监控中心软、硬件等具有很高的稳定性、安全性和可靠性,充分考虑通信条件对该系统的支持状况。

（7）继承性

最大限度地利用原有部分设备和资源,完成中心处理控制器相关功能。

7.2.3 系统设计和开发

1）运输车辆车载终端

终端硬件主要包括终端控制器、GPS 接收及导航、数据及音视频采集子系统、显示系统、存储器、电源模块、固件和外部接口、MEMS 传感器等。车载终端控制器主要组成部分的结构如图 7.12 所示,其中音视频处理子系统由 CCD 镜头、液晶模块、集成显示屏幕、光盘前端机和扬声器等构成。

受车内安装位置的限制,运输车辆导航设备与汽车视像音响合成在一起,可播放 CD, VCD 和 DVD 碟,其中 DVD 驱动器负责读取电子地图 DVD 光盘。CCD 镜头对车内外的视频图像进行采集,由视频驱动器和 DSP 处理器等器件组成的车载录像子系统可对车内人员或车外的情况进行实时的录像,并在本地数据存储器内保持 20 min 的录像资料,通过无线发射模块,利用双 CDMA 卡可将音视频数据实时传输给监控中心机器。

车辆的数据采集子系统即传感器模块将运输车辆的各类参数如车辆行驶速度和方向、车厢内外温湿度环境参数、危险化学品的状态(气体浓度等)、车辆碰撞检测等信号传输到车载终端控制器,经过处理在液晶显示器上进行实时动态显示,对不正常状态给出提示和报警。车辆安全控制子系统对车辆的电气电路、机械设备、油路等进行监控和预警保护。车载子系统所采集到的所有参数和音频视频等信息均可通过无线发射模块发送至运输车辆监控中心。

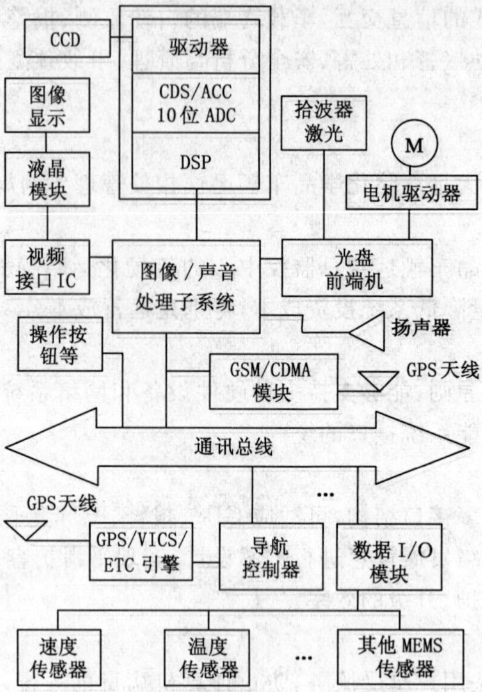

图 7.12　车载控制器终端主结构

车载终端整体性能要求如下：

(1) 工作可靠、功耗低和操作维修方便。

(2) 车载终端及固件需设计为每天 24 h 持续稳定工作，在正常运行时无需外部干预。不受通信网络的错误及故障的影响，在网络恢复正常时能及时将存储的正确信息重新发送至监控中心。

(3) 车载终端的平均无故障时间(MTBF)最低应为 8 000 h。

(4) 应能支持 RS232 接口或 RS485 外部数据通信接口，以及支持危险化学品运输所需的各种传感器或仪器的车辆信号接口，具备良好的可扩展性。

(5) 支持远程设置和配置，固件应支持远程升级。

危险品运输车辆监控系统的车载终端具备功能：

① 运输人员可在驾驶室内实时地监控车辆的运行速度及位置等状态和所装载危险化学品的温度、压力、是否泄漏等各项参数，可及时获得车辆超速、驾驶时间超时等报警信号。

② 驾驶人员进入不熟悉的地段，可通过车载终端的导航子系统的指导实现车辆优化路径的行驶。

③ 通过无线收发模块向监控中心发送车辆的位置信息、ID 号及目前车辆所处状态(如报警及装载危险化学品监控的参数)，同时通过无线收发模块接收从监控中心发来的控制指令，系统根据指令内容由微处理器完成指令任务。

④ 车载电话有免提通信和手柄保密通信方式，遇到险情可及时通知监控中心，如果车辆被窃自动切断电话进入防盗报警系统，确保报警准确无误。语音通信可接入车辆音响系统，且语音电话报警准确及时。通过互动操作界面，无需控制命令即可按语音提示完成险情报警和防盗系统的操作。

⑤ 采用 GPS 定位或者移动网络定位，确保不同危化品运输的各自需求。GPS 定位信息和报警信息都可采用语音或者 CDMA 网络传送，可与其他报警处理中心进行方便对接，兼容各类报警系统。

⑥ 可通过网络向监控中心发送紧急求救报警、震动报警、开车门报警、断电源报警、开电门报警等，现场摄像，汽车载重检测报警等，可将紧急状态现场车辆和危险化学品各参数及视频信息实时地传输至监控中心。

2）系统通信

危险品道路运输车辆监控系统中的无线通信链路是车辆移动端和监控中心端实现通讯的关键。通讯的方式可采用 GSM、GPRS、CDMA、固定频率通信、卫星通信和集群通信等。采用哪一种或几种通信方式，这直接影响到车辆监控系统的容量、监控范围等。各种通信方式的比较如下：

(1) GSM

利用 GSM 系统的短消息来进行数据传输通信，具有覆盖范围大、通信费用低等优点；但是其系统响应速度有时受移动网络的影响，会出现一定的传输延时。

(2) GPRS

GPRS 是 GSM 网络向第三代移动通信演变的过渡技术，具有覆盖范围广、接入时间短、传输速率高、永远在线和按流量计费等优点。适用频繁传送小数据量的应用和非频繁传送的大量数据，比较适合于车辆监控系统的数据传输。

(3) CDMA

属于码分多址数字无线技术，具有通话清晰、频率利用率较高等优点，被认为是第三代移动通信技术的首选。CDMA 的平均业务速率比 GPRS 快，后者采用语音和数据共享信道。若网络用户或语音用户数量增加到一定程度，将导致频率资源的问题更加突出，每个 GPRS 用户可使用的带宽将进一步降低。CDMA 的数据和语音采用不同的信道传输，在同一基站下语音用户数量增加，也不会影响数据通信。因此，车辆通信也非常适合采用 CDMA 方式。

(4) 卫星通信系统

卫星通信具有远距离、覆盖面广的优点，利用这种通信方式作为车辆的监控系统的数据传输方式能够覆盖全国乃至全球的范围。在组建大型的车辆等移动目标监控定位系统的时候，可以采用卫星的通信方式进行数据传输。尤其在地面通信网或专网覆盖不到的海洋、高山、沙漠、森林区域，该方案是理想的通信方式。

(5) 固定频率

一旦频率设定完毕，各个用户仅能利用自己的信道进行数据的传输，具有容量小、覆盖范围小等缺点，但对容量不大的系统来说是较为实用的。

(6) 集群通信系统

该系统具有响应速度快、通信较灵活的优点；但需用户自建专用通信网，故覆盖范围较小，异地漫游较困难。若要扩大覆盖范围，需要多建基站，建网投资费用以及建网后的维护费用都很高。这种系统不易推广，适合一些特殊部门的车辆跟踪监控。

车辆监控系统中移动端和监控端之间的通信方式，至于采用哪种通信技术，应将各地通信发展水平和系统应用范围综合衡量考虑。

3）系统监控中心

监控中心是整个危险品道路运输监控预警系统的重要组成部分。监控中心配置包括了各类功能服务器、应用终端和软件、监控设备、报警装置、数据库、实时监控屏幕等，可实现对网内车辆当前所处的位置、速度、方位、装载危险品的各实时参数以及车内外视频的远程监视，在监控中心的电子地图上能准确地显示车辆实时状态。通过无线网络实现远程监听及喊话，断电路和油路、锁车门和报警等动作；各类分析预测和管理软件可实现对运输车辆的安全分析和管理、事故预测、音视频指挥调度功能，可提供位置查询、电子地图服务、车辆管理等多种服务。

（1）当车辆进入非车辆所属监控中心管辖区域时的情况

① 危险品运输车辆的信息由所属监控中心实时传输给当地的车辆监控中心，同时当地监控中心将本地的交通路况等信息传输给所属监控中心，由车辆所属地监控中心告知车辆相关的情况和信息请求。

② 车辆进入异地时，自动与所在地车辆监控中心进行联系，将自身信息自动发送到该监控中心，同时其所需路况等所需的信息由当地监控中心告知运输车辆。

实现两地监控中心的信息交互，使得当地监控中心能在其管辖区域内准确及时的监控外来危险化学品车辆，为跨区域行使车辆的事故预测、预警及事故后处理提供了重要保障。

（2）监控中心各子系统的功能设计情况

① 实时监控。完成车辆行驶位置速度、危险化学品状态及车辆整体情况进行监视、记录和查询、对驾驶员的疲劳驾驶告警等操作。

② 安全性分析及事故预警。完成车辆当前运行情况和所装载危险化学品的状态分析，同时结合车辆行驶路段的气象分析、个人和社会风险分析、车辆结构性能分析和事故预测频率分析，可完成运行车辆的安全分析和事故预测与预警等功能。

③ 报警处置与应急救援。对车辆发来的报警进行实时处理并辅助决策。当发生碰撞或泄漏等事故时，为驾驶人员提供相应的处置措施和方法，并及时与消防和公安等有关部门联系，提供车辆所装载的危化品、驾驶人员、车辆状态等救援所需各类信息。

④ GIS终端。为车辆提供导航，为监控中心确定车辆方位提供电子地图，辅助规划运输线路、选择最短或优化路径；实现地图的缩放、漫游等操作以及地理和空间分析等功能。

⑤ 安全管理。完成对驾驶人员的信息管理、身份验证、行车出发和到达时间及驾驶时间记录与跟踪等功能。

⑥ 信息交互与发布。主要负责监控中心与驾驶人员的语音交流，各类信息的分发、跟踪处理、跨区域的信息交互、实现对运输车辆状态的远程查询、远程调度与管理等功能。

⑦ 通信与联网。主要负责数据和信息的发送与接收，管理各通道及其发送模式，实现与应急指挥等其他系统的通信和联动。

7.2.4 使用效果

（1）通过集成最新的控制、通信等技术，合理地设计和开发车载终端子系统、监控中心子系统各部分的功能。选用合适的通信模式，实现各个系统的协调工作。利用该系统，企业可实时掌握危化品运输车辆的各种信息，及时、快速协助现场及远端相关人员处理运输险情，有效增强企业对运输车辆、物品及人员的安全管理能力，减少运输事故发生的概率和事故造成的后果，提高应急救援的及时性。

（2）实现实时监控预警和安全管理，可使得相关的政府监管部门以及应急救援机构能及时、准确地掌握危险化学品运输车辆当前状态，当发生突发事件时，能确保接警和救援的信息畅通，提高行政执法的能力和效率。所开发的系统能很好地满足危化品运输安全监控系统建设的相关规范和标准的要求，实现车辆的定位信息查询、安全状态监测、行驶路线和区域控制、信息指挥调度、告警响应处理、车辆优化管理等功能。

7.3 烟花爆竹企业安全监控预警系统

7.3.1 系统设计

1）系统总体架构设计

按照《烟花爆竹安全管理条例》和危险化学品安全管理的相关法律法规的要求，为充分运用现代化科技的手段强化安全监管，科学有效地保障烟花爆竹的生产安全，降低生产和安全管理成本，预防和减少重大事故的发生，将先进的网络通信技术、数据实时采集技术、安全监控与预警技术和基于 Web 的信息管理软件开发技术进行集成设计，开发烟花爆竹企业安全监控预警系统。

系统的总体构架设计分为远程管理中心（即政府）与企业现场两级网络，拓扑结构在企业现场采用现场总线式，各企业监控主机与远程管理中心端通过 Internet 相互通信，所有信息均采用数字式传输系统。软件功能模块涵盖烟花爆竹的安全监控与监管，分为企业监控中心软件系统和远程监管中心软件系统两部分。

2）系统硬件设计

考虑到监控对象的安全特性、监控空间和功能需求，每个烟花爆竹现场监控系统设计为集中监控报警系统，即多个区域系统与上位机联网形成功能丰富的安全监控预警系统。烟花爆竹现场监控系统由传感器/监控预警主机、摄像机、报警装置、多屏监控台、数据服务器与网络设备等组成。

（1）传感器

引发烟花爆竹安全生产事故的危险因素主要包括烟花爆竹自燃、静电累积、环境温度升高及湿度增大等异常变化、雷击等自然灾害或其他人为破坏等。

烟花爆竹摩擦、撞击和热感度高，在温度高、湿度大的环境中储存可能出现自燃甚至连续爆炸，具有很高的火灾爆炸危险性，应严格控制其环境条件。因此，烟花爆竹现场监控系统首要的监测参数是厂房内的温度和湿度。需要指出的是，传统的温湿度仪仅能反映测量点附近的情况，由于烟花爆竹厂房面积较大，需分散设置多个温湿度仪，以求及时发现异常变化；另外，传统的温湿度仪也很难对烟花爆竹包装箱内的温、湿度进行实时监测，需要通过其他专用仪器来实现。

红外成像是一种可以将热信号瞬间可视化，并加以验证的诊断技术。因此，烟花爆竹自燃引起的局部温湿度变化可以通过红外图像进行有效反映。目前，红外热像仪已成为预防性维护领域最有效的检测工具，它能够快速、准确、安全地发现事故隐患。红外热像仪是利用红外探测器、光学成像物镜和光机扫描系统（目前先进的焦平面技术则省去了光机扫描系统）接收被测目标的红外辐射能量分布图形反映到红外探测器的光敏元件上，超声波测厚仪在光学系统和红外探测器之间，有一个光机扫描机构（焦平面热像仪无此机构）对被测物体的红外热像进行扫描，并聚焦在单元或分光探测器上，由探测器将红外辐射能转换成电信号，经放大处理、转换成标准视频信号通过电视屏或监测器显示红外热像图。这种热像图与物体表面的热分布场相对应；实质上是被测目标物体各部分红外辐射的热像分布图。由于信号非常弱，与可见光图像相比，缺少层次和立体感，因此在实际动作过程中为更有效地判断被测目标的红外热分布场，常采用一些辅助措施来增加仪器的实用功能，如图像亮度、对比度的控制，实标校正，伪色彩描绘等。

静电的监控主要通过安装在厂房门口静电消除和静电监测报警装置来实现。非法侵入和人为破坏的监测通过门禁、门窗处的防侵入传感器以及覆盖厂区的视频监控来实现。

以上各类传感器的具体数量和安装位置由其探测距离、安装要求和厂房空间等因素决定。按照国家有关危险场所探测仪器设备的标准要求，统一采用本安型或隔爆型传感器，同时优先采用数字式智能探测器。本安型传感器另外配有安全栅，一般安装在非本安电路侧，以确保危险场所电路的本安特性。

(2) 视频监控设备

根据烟花爆竹生产现场条件，设置室内和室外视频监视设备，可选用固定角度及云台式视野可控型摄像机；另外，室内摄像机具备良好的微光/无光条件下摄像功能，可保障在烟花爆竹特殊工况条件下的安全运行。

在摄像机的具体选型中，考虑到烟花爆竹作为特种危险行业的等级要求，在危险等级要求高的 A2、A3 和 C 级车间，采用本质安全型摄像机；在工厂服务区没有防爆等级要求，但要求对整个工厂服务区的情况进行全天候监视，因此采用可水平 360°、垂直 90°旋转的低照度室外匀速球。

(3) 监控预警主机

该设备进行前端实时信号采集(视频的采集编码以及各类开关量、模拟量的采集)，兼有联动报警功能。监控预警主机通过 MODBUS 总线/RS485 通信进行监控数据处理，将各类数据和报警信息采集汇总，并在事故现场和报警点根据设定的监测报警条件自动报警提示；监控预警主机通过 Internet 与远程监管中心通信，将现场信号和事故报警信息上传；在各烟花爆竹企业监控中心系统会自动弹出报警现场的视频图像，辅之以声光报警，并同时进行事故现场录像。

该监控预警主机兼容视频服务器 NVS 与数字硬盘录像机 DVR 的功能，采用国际最领先的 H.264 视频压缩技术，能同时实现 1～16 路视频信号和音频信号的同步压缩，支持多路 CD 音质立体声或单声道话音输入，支持音频/语音输出，支持音、视频同步。即插即看，用户可以直接通过 Internet 实时观看和收听视频服务器发送来的图像和声音。根据网络条件，可以配置从 CIF 到 D1 分辨率的网络远程浏览，图像质量好，压缩比极高，352×288 分辨率，25 帧/s，还能够将视频输出到模拟监视器、电视墙、大屏幕，为网络数字化视频监控提供完整解决方案。

(4) 报警装置

按照设计的报警条件，当某个参数达到或超过预定的报警阈值时，以闪光灯、警号等方式进行本地报警，为操作人员对报警现场及时做出应急措施提供依据；根据各级报警阈值，可将报警信号实时传递到远程监管中心，实现分级报警。

(5) 多屏监控台

设计采用 3 屏联立的方式为烟花爆竹企业监控中心的管理人员提供界面友好，信息丰富的操作工位，分别显示视频监控信息和现场参数数据等。

(6) 服务器与网络设备

在烟花爆竹企业的安全监控中心配置服务器，分别执行数据采集/网络发布/数据库存储等业务，监控预警主机可以同时作为数据采集/网络发布服务器。现场的监测系统将数据传送至数据采集服务器，考虑到现场监测的安全问题，可设计成数据单向传递，即服务器只接收现场实时运行数据及参数，而不会下达任何控制指令或运行参数，避免由于误操作、系统故障、网络故障而影响监测系统的正常运行。

7.3.2 系统软件功能及特点

如图 7.13 所示，系统软件功能分企业监控中心软件系统和远程监管中心软件系统两部分。

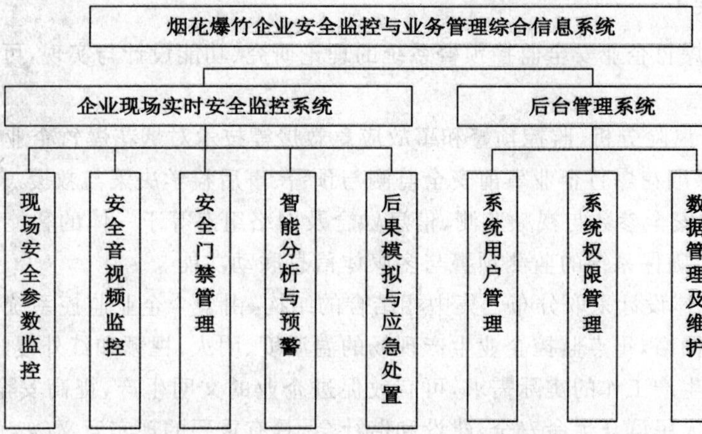

图 7.13 烟花爆竹企业安全监控与业务管理信息系统的功能框图

1）企业监控中心软件系统

① 现场信息实时监测：对现场参数信息、视频信息等实时监测与监视。

② 安全状况分析与预警：对获取的现场信息（包括参数与视频）进行安全状况分析，并进行实时预警。

③ 参数与视频联动报警：当监测参数出现超阈值报警时，系统自动调出报警位置的视频信息。

④ 报警设置、显示与查询：对各类监控参数分别设置不同的预警阈值和报警阈值，并可对各报警事件采用最新报警在最上面显示的方式进行显示与查询。

⑤ 历史数据查询与管理：可以以曲线的形式显示各监测参数随时间的变化曲线，同时对最大值、最小值及平均值等进行显示。

⑥ 数据综合报表与显示：可对实时监测参数和历史监测参数等以数据报表的形式查询与显示。

⑦ 事故后果模拟分析：对危险源可能发生的事故后果（包括死亡、重伤和轻伤等）进行模拟与分析。

⑧ 事故应急管理与处置：提供各类危险品的理化特性和应急处置措施。

⑨ 紧急事件报警：当发生事故或抢劫等紧急事件时，按下紧急报警设备按钮发出报警，同时通过网络把报警信号传到远程监控中心或 110 接警中心（在联网的情况下进行）。

2）远程监管中心软件系统

① 危险化学品政务信息管理：对企业申报数据进行网上办公审批，并发放许可证。

② 远程监控信息和报警信息实时获取与响应：对各烟花爆竹现场监控信息（包括参数与视频）及报警信息实时获取，并进行报警响应。

③ 安全状况分析与预警：对获取的现场信息（包括参数与视频）进行安全状况分析，并进行实时预警。

④ 事故后果模拟分析：对危险源可能发生的事故后果（包括死亡、重伤和轻伤等）进行模拟与分析。

⑤ 事故应急管理与处置：提供各类危险品的理化特性和应急处置措施。

⑥ 事故统计分析：以柱状图等形式对各类事故进行统计与分析。

7.3.3 使用效果

通过对烟花爆竹企业安全监控预警系统的理论研究、功能设计与实现，可达到以下使用效果：

① 采用基于风险分析、监控预警和事故应急救援等技术对烟花爆竹企业关键监控点进行正确设置，确保烟花爆竹企业事前安全监测与预警、事后科学决策与救援。

② 集成多种安全参数与视频监测、信息融合及网络组态等于一体的智能安全监测预警技术的成功应用，确保系统的监测预警与多媒体信息联动功能。

③ 系统的总体设计采取分布—集中相结合的结构，由多个企业监控系统与远程监管中心联网形成监控网络，重点监控企业生产现场的温湿度、明火、视频和红外侵入等信息，服务于烟花爆竹安全生产工作的实际需求，可有效促进企业的文明生产，提高安全水平，降低事故率。对于保障人民群众生命安全，建设和谐社会，具有重要的现实意义。

7.4 桥梁结构健康与安全监测系统

7.4.1 系统概述

某大桥总长 7 016.5 m，由北引桥、北汊主桥、中引桥、南汊主桥、南引桥 5 部分组成。其中，北汊主桥为主跨 383 m 的独塔双索面钢箱梁斜拉桥，主梁宽 41 m；南汊主桥为主跨 1 108 m的单跨钢箱梁悬索桥，主梁宽 41.69 m，如图 7.14 所示。

图 7.14　某大桥主桥总体效果图

大桥设计荷载标准为汽车-超 20 级、挂车-120；通航净空高度为北汊桥 55 m，南汊桥 60 m；设计风速为 20 m/s，高出百年一遇 10 min 平均最大风速 41.4 m/s；抗震按基本烈度Ⅷ度设防。

考虑大桥桥址处的气象条件、地质条件、运营环境以及大桥本身的结构条件，为了保证运营期的安全，决定建设大桥结构健康与安全监测系统。

7.4.2 设计原则与总体方案

大桥健康与安全监测系统的重点是保证系统的长期稳定性以及长期的延续性，因此在设计中遵循以下原则：

① 测试系统的实用性和可靠性，必须从设计中考虑到系统如何能够长期稳定地使用，因此优先采用成熟可靠的测试方法。

② 有针对性地考虑系统的可更换性、系统的自诊断、系统的采集优化制度、数据库的合理设计等问题，在测点设计中，考虑可更换性和延续性的问题，采用表贴式等可更换性好的施工方法。

③ 系统设计在兼顾实用性、可靠性、可操作性、易维护和完整性的基础上，具有可扩展性，便于后续系统的维护和升级。

桥梁健康与安全监测系统存在使用、维护、管理等问题。由于系统大多使用电子设备，某些设备在恶劣环境中即使在使用期或寿命期内出现损坏的可能性也很大，并导致发生桥梁还未出现损伤而监测设备已经不能使用的情况。某大桥从结构和运营环境等实际情况出发，多方面调研大桥安全的实际需求，有针对性地制定测试方案、管理系统和分阶段实施计划。

分阶段实施方案是指根据桥梁结构特点，在结构使用初期对重要部位的重要参数进行监测，等结构运营一段时间后，根据实际需要进行测点和功能的扩展。

桥梁健康与安全监测系统包括对大桥工作环境的监测、北汉斜拉桥的结构响应监测、南汉悬索桥的结构响应监测以及引桥的结构响应监测等。安全监测框图详见图 7.15。

大桥健康与安全监测系统为各参数提供可扩容接口，并且在综合评估中综合考虑各参数信息，进行综合评估。

7.4.3 测试方法选择与测点布置

1）桥梁工作环境的监测

(1) 桥址处风速、风向的监测

在南、北汉桥索塔及悬索桥桥身上设置风速、风向检测器。

(2) 桥址处环境温度与桥梁结构温度监测

通过对环境温度和桥梁结构关键部位温度分布状况进行监测，并与设计时的理论取值进行比较，从而可以对桥梁在实际温度作用下与设计情况相比，是偏于安全还是偏于不安全做出评价。桥址处大气环境温度测点布置在北汉斜拉桥 1 个，南汉悬索桥 2 个，共计 3 个测点。

桥跨结构关键部位即控制断面，准确地掌握控制断面温度分布状况与规律可有助于正确地分析钢箱梁应力状况，所以温度分布状况测点与应力测点布设在一起。

(3) 运行车辆荷载监测

车辆速度和轴重的数据由称重子系统提供，为桥梁结构使用工作性能评估提供明确的已知系统输入，并确定其对今后可能增长的交通荷载适应能力，控制超限运输对桥梁结构造成的不利影响。相应的车辆荷载数据需进入桥梁安全监控系统，以便了解桥梁的承载情况，分析结构的受力状况，其数据可作为大桥安全监测的重要参考资料。

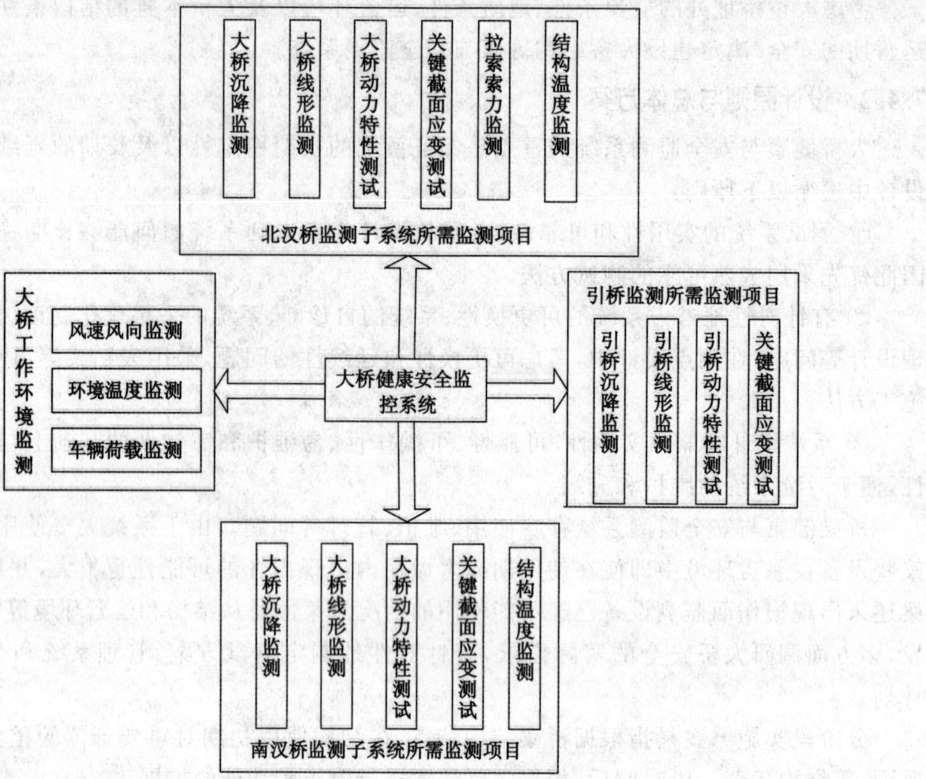

图 7.15　监测系统框架

2）桥梁结构整体性能监测

对桥梁结构整体性能的监测包括桥梁结构位移变形的监测和桥梁动力特性及振动水平的监测。

(1)桥梁结构位移变形监测

桥梁结构位移变形监测，重点考虑桥梁基础沉降变形监测和南、北汉桥箱梁挠度以及桥塔位移变形监测。

由于大桥桥址处的气象条件又较为恶劣，桥梁总长 7 016.5 m，采用经典的大地测量方法监测桥梁基础沉降和结构变形，较为困难。所以，用卫星高精度相对定位法、RTK 实时动态测量系统测定主桥塔基及部分高墩基础沉降和通道桥箱梁挠曲变形和水平位移变形。

① 监测方案。大桥使用 GPS/北斗形变监测网和连通管垂直位移监测系统测定桥梁基础沉降、箱梁挠曲变形和桥塔位移的方案。对航道桥的桥墩沉降、主跨跨中挠度和桥塔位移采用 GPS/北斗形变监测网监测。对南、北汉桥的箱梁挠度变形监测使用连通管垂直位移监测系统。

通过 GPS/北斗监测的方案，可以发挥两个系统各自的优势，利用两个系统间关系进行联调，甚至可以提高测试精度。另外，在特殊情况时，可以发挥北斗卫星定位系统作用，从而保证大桥在日常与特殊事情均能得到很好的监测。

南、北汉桥箱梁挠度监测断面主要布设在主跨 $L/4$ 点和边跨 $L/2$ 点上。考虑箱梁的扭转，在部分挠度测试断面上布置上、下游 2 个测点。箱梁挠度采用垂直位移监测系统即连通管液位计进行监测。了解桥梁的变形情况，根据关键点的情况，对桥梁的使用状况进行一个大致的了解，以判定桥梁的总体健康情况。布点位置为：GPS/北斗布置在桥塔顶部、北汊桥的跨中，南汊悬索桥的 $L/4$ 处，共 13 点；连通管布置在北汊斜拉桥主跨的 $L/4$ 处，边跨的 $L/2$处，南汊悬索桥的 $L/8$ 处，连通管测点 20 个。

② 监测内容。桥塔、航道桥主跨三向实时变形，航道桥主跨、边跨静态竖向变形与桥墩沉降。

(2) 桥梁动力特性及振动水平的监测

桥梁动力特性参数(如频率、振型和阻尼等)和振动水平(振动强度和幅值)是桥梁整体安全的标志，桥梁质量的退化会引起结构振动特性的改变。另外，桥梁的振动水平能够部分反映出桥梁的行车安全、桥梁路面状况的信息，在意外状况下(如地震、台风、船只撞击、车辆撞击等)可通过振动测试实时掌握桥梁的状况。

监测内容：桥塔的双向水平振动、主梁的竖向和横向振动。

了解桥梁的动力特性，分析数据作为桥梁的健康档案，为桥梁健康评估储备信息。另外，利用测振传感器进行振动水平的监测，以便作为桥梁振动控制的依据。此阶段的测点为：箱梁振动测试断面布设在斜拉桥的 $L/4$ 点、悬索桥的 $L/4$ 和边跨 $L/2$ 点上，在桥塔沿高度方向上布置 1 个测试断面，共计 28 个测振传感器。

采集制度：进行实时振动监控；可根据人工设置时间段进行采集。

当结构振动过大，超过采集警戒线时，自动启动系统进行采集，采样频率根据不同部位和情况采用 5～50 Hz。

3）大桥结构控制断面应力(应变)的监测

(1) 静应变(应力)监测

振弦式应变计精度可以达到 1 $\mu\varepsilon$，电阻式应变计精度也可达到此精度，光纤式应变计的精度也可达到微应变量级。考虑到与施工监控数据连续性、设备的稳定性、经济性等因素，在设计中选用振弦式应变计。

为了充分有效地利用施工过程中的应力监控数据，保持箱梁控制断面应力监测的连贯性，应尽量利用施工监控预埋的应力传感器作为监测点处的应力传感器。

监测内容：监测桥塔、箱梁主要截面静态应变及结构温度。

选取结构分析中的关键点为应变测试点，并且考虑结构应变值很大程度由恒载以及温度引起的，综合考虑此类应变大小的情况，并且考虑桥塔的应变值。

根据关键点的情况，对桥梁的使用状况进行一个大致的了解，以判定桥梁的总体健康情况，布点位置为：北汊斜拉桥在主跨 $L/4$ 和桥塔处箱梁断面，边跨和次边跨 $L/2$ 处箱梁断面；南汊悬索桥在主跨 $L/4$、每隔一跨的边跨 $L/2$ 处箱梁断面和桥塔处箱梁断面，桥塔断面(每个塔布置 2 个)。共计箱梁上布置 12 个断面，每座桥塔 2 个截面，共计 16 个断面、120 个测点。

(2) 动应变(应力)监测

大桥箱梁直接承担着车辆荷载，受荷载的影响最为直接，极易因异常荷载而引起损伤。而对车辆荷载影响反应最直接的就是结构的动态应变，通过对结构动应变的监测，可以较好地掌握桥梁的受动态荷载(如车辆、地震、台风等)下结构的响应，并可以通过动力放大系数、荷载统计得出结构安全状况。

动应变的监测采用电阻式应变传感器进行，用于钢结构监测的电阻式传感器封装较好，稳定性得到提高，寿命较长，能够符合桥梁长期健康监测的使用。根据桥梁结构情况，主要

选择在桥梁主跨的 $L/4$ 处、支座处对外界荷载较为重要的部位，共 13 个。

4）拉索状态的监测

斜拉索是斜拉桥的关键受力杆件，对其进行受力状态和拉索完好程度监控是大桥结构安全与健康状态监测的重要组成部分。其内容包括：索力监测和索振动监测，分别监测拉索索力的变化以及拉索振动水平的变化。

方案考虑采取振动法对重要拉索进行实时监测。主要考虑斜拉桥拉索较长，受刚度影响较小，利用振动法监测斜拉桥的索力精度较高，可达 1%～2%F. S，而且该方法可更换性好。另外，振动法还可以监测台风状况下拉索的振动情况，可为拉索疲劳等问题提供数据。

监测内容：根据斜拉索不同情况在全桥选择 16 根拉索上固定测振传感器，通过随机振动信号处理获得自振频率，根据索长、边界条件和单位长度质量计算出索力。斜拉桥拉索长度较长，受边界条件、拉索刚度影响较小，通过振动法能够准确地分析出拉索的索力，如图 7.16所示。

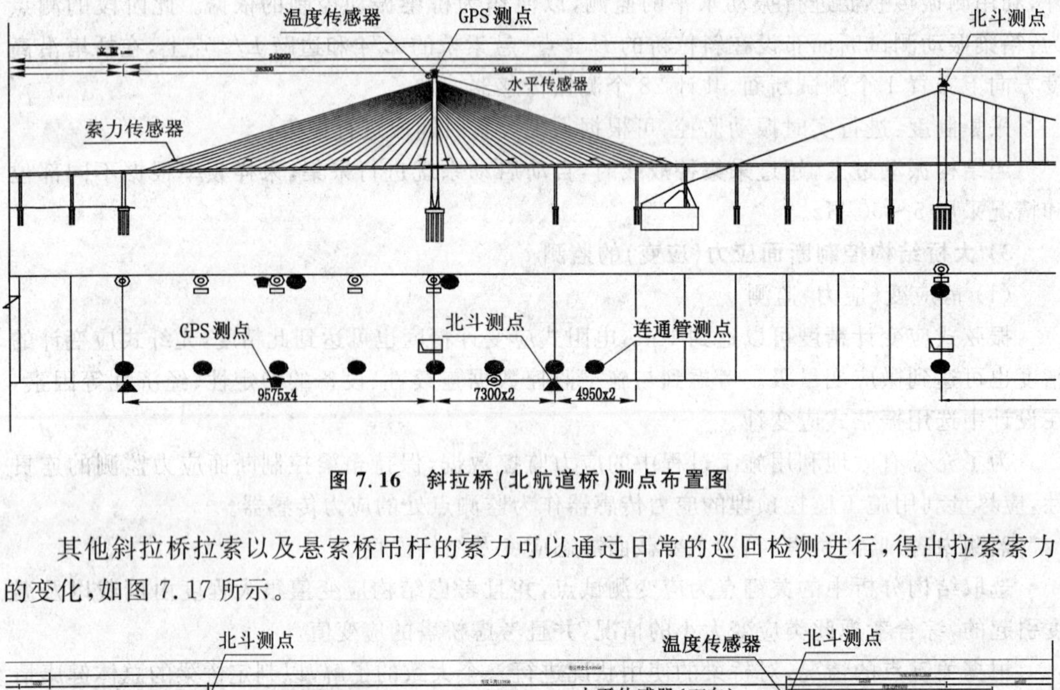

图 7.16　斜拉桥（北航道桥）测点布置图

其他斜拉桥拉索以及悬索桥吊杆的索力可以通过日常的巡回检测进行，得出拉索索力的变化，如图 7.17 所示。

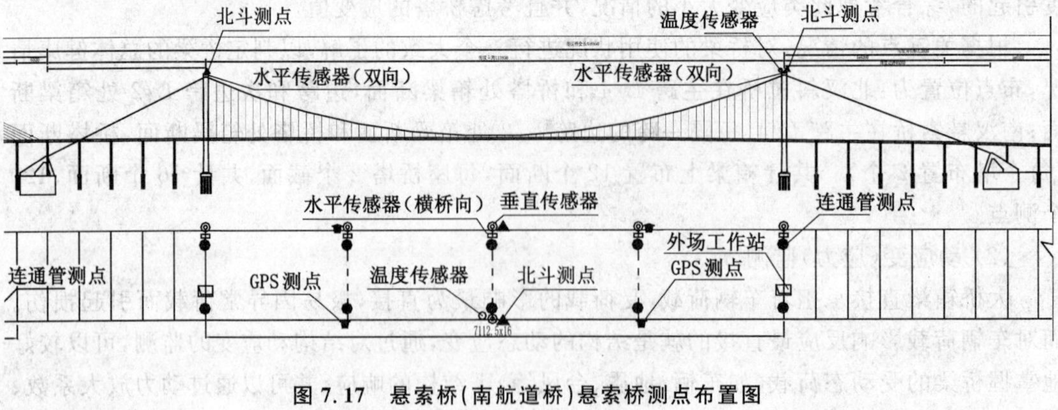

图 7.17　悬索桥（南航道桥）悬索桥测点布置图

5）引桥

由于引桥部分较长，采用实时监测方案造价过于昂贵，且数据量太大，难以处理，因此以定期检查与检测为主。监测/检测内容包括:桥梁沉降观测、桥梁动力特性检测、桥梁支座检测等几方面的内容,以桥梁变形监测为主。

7.5 重大危险源监控与监管系统

7.5.1 系统概述

在我国经济快速发展的同时,高能量、高危险性的生产、储存装置日益增多。由于缺乏科学、先进的重大事故预防理论和技术方法,使得全国重大危险源分布、分类不清,无法建立有效的安全监控和应急管理体系,重大事故频繁发生。近年来陆续发生了重庆天原化工厂"4·16"氯气泄漏爆炸事故、京沪高速"3·29"液氯泄漏事故、中石油吉化双苯厂"11·13"燃爆事故等重特大事故,造成了巨大的人员伤亡、财产损失,严重影响了社会和谐安定,造成了不良的国际影响。因此,通过安全科技创新提升重大危险源安全监控与监管的技术水平,真正走上预防为主的轨道,是预防控制此类事故的根本途径。

20 世纪 70 年代以来,预防重大工业事故,尤其是化工事故,已成为各国社会、经济和技术发展的重点研究对象之一。英国是最早系统地研究重大危险源控制技术的国家,其后荷兰、德国、法国、意大利、比利时等欧盟成员国及美国、澳大利亚等国家相继对重大危险源开展了相关的研究工作。1993 年,第 80 届国际劳工大会通过的《预防重大工业事故公约》要求各成员国对重大危险源进行监控和管理。目前,工业化国家大部分都颁布实施了重大危险源监控法规和标准,重大危险源安全监控技术、定量风险评价技术、土地使用安全规划方法及应急救援技术等得到了深入研究和广泛应用。

7.5.2 技术内容及特点

通过国家"八五"、"九五"和"十五"科技攻关课题研究和试点应用,国家重大危险源监控项目组提出了一套适合中国国情的重大工业事故预防控制体系技术思想(图 7.18),以及重大危险源辨识、评价、分级管理、监控、制定工厂选址和城市土地使用安全规划政策,建立应急救援体系的技术方法(图 7.19),掌握了以下重大危险源监控与监管方面系列核心技术。

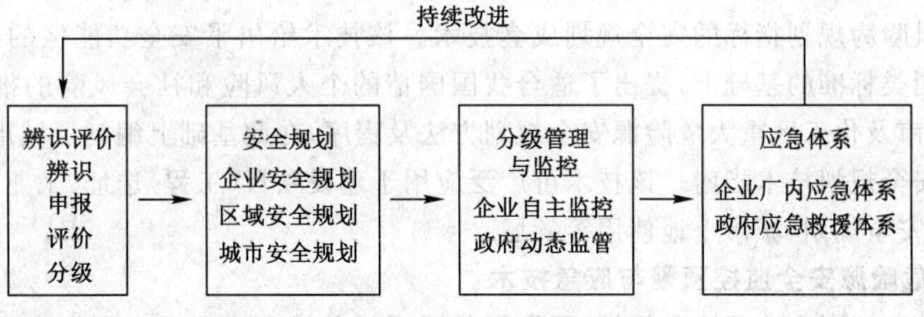

图 7.18 重大工业事故预防控制体系框图

1) 重大危险源辨识与评价分级技术

在对重大事故案例统计分析的基础上,结合相关试点城市有关数据,研究并起草了《重大危险源辨识》(GB 18218—2000)国家标准。修订和扩充了重大危险源的类型和范围,将重大危险源划分为储罐区(储罐)、库区(库)、生产场所、压力管道、锅炉、压力容器、煤矿(井工开采)、金属及非金属地下矿山和尾矿库 9 种类型。研究提出了重大危险源普查指标体

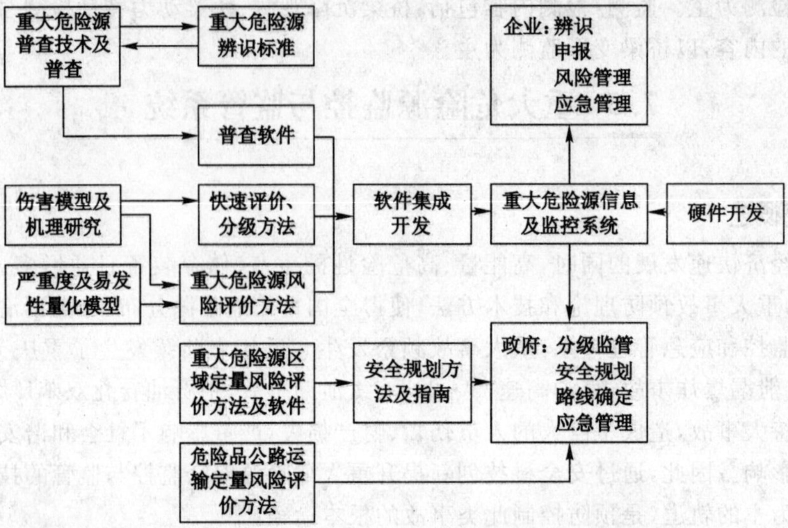

图 7.19　重大危险源监控与监管技术体系框图

系，共计 600 多项指标。系统提出和建立了 9 类重大危险源评价方法及分级标准，为重大危险源分级管理提供了科学依据。在上述成果的基础上，开发了《重大危险源安全管理信息系统》，通过该系统可以实现重大危险源申报登记、评价分级与管理。

2）区域性定量风险评价与安全规划技术

区域性定量风险评价技术（QARA）采用个人风险和社会风险作为风险指标参数，可实现多危险源、多事故后果类型的风险的叠加。该技术包括事故概率分析及修正模型、事故后果计算模型、个人风险计算模型、社会风险计算模型和风险等值线优化方法等 10 多项核心技术。在上述成果的基础上，开发了区域性定量风险评价软件，该软件基于 GIS 平台开发，具有良好的危险源、危险化学品、气象条件数据库管理、事件树的分析功能，以及各类事故后果的计算功能，并通过开发的等值线追踪算法，可实现个人风险等值线的自动生成、绘制。

城市及化工区重大危险源安全规划技术是以区域性定量风险评价技术为核心，以个人风险和社会风险为规划指标的安全规划成套技术。该技术给出了安全功能区的划分方法，在参考国外同类标准的基础上，提出了适合我国国情的个人风险和社会风险的推荐容许标准，给出了城市及化工区重大危险源安全规划方法及程序，在此基础上编制了城市及化工区重大危险源安全规划技术指南。该技术可广泛应用于建设项目（工程）选址、工业园区（尤其是化工园区）安全规划、城市土地使用等领域。

3）重大危险源安全监控预警与应急技术

该技术针对不同企业环境和规模，开发了基于现场总线和工业以太网技术的企业现场安全监控系统，实现对不同监控对象的温度、压力、液位、流量、阀位等工艺参数，可燃或有毒气体的浓度，气温、湿度、风速、风向等环境参数，音视频信号和人员出入情况等进行重点监控。通过现场传感器网络优化布局设计和对现场数据智能分析技术，研发了基于人工智能的故障诊断与事故预警专家系统。另外，该系统针对事故报警、事故级别确定、危险区域划分、疏散范围确定、救援力量调度与调配、救援和疏散路线的优化选择、救援方案实施等的整个应急救援过程，建立了重大事故应急决策所需的数据库，为实现报警处理和调度指挥的快速响应与科学决策提供技术支持。

7.5.3 重大危险源安全监管信息系统的体系架构

1）重大危险源安全监管的信息构成

根据重大危险源安全监控、管理与监督的要求，重大危险源安全监管信息应包括：重大危险源单元的设备、设施属性及其危险物质属性、周边环境等；重大危险源与生产经营单位的关系属性；与行政管理区域的关系属性。重大危险源安全监管信息构成如图 7.20 所示。

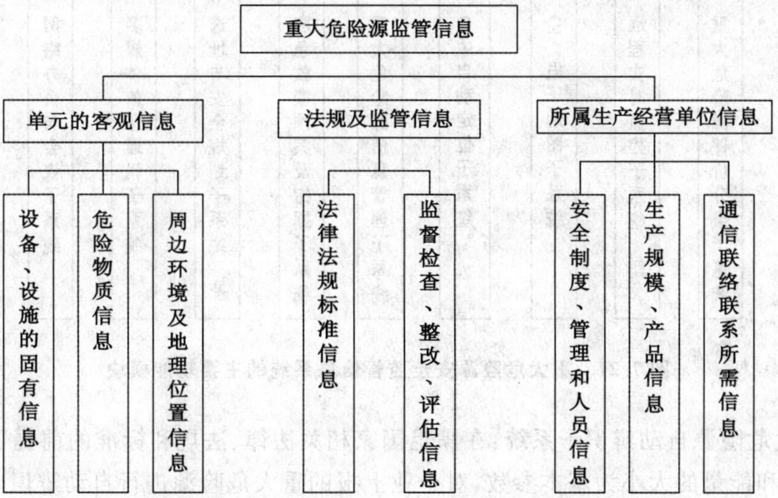

图 7.20 重大危险源安全监管信息构成框图

2）重大危险源安全监管体系架构

按分级监控与管理的原则，重大危险源安全监管信息系统在结构上按国家、省（自治区）、市、县（区）4 级架构进行设计。建设一个统一的、规范的重大危险源安全监管信息系统，对于实现国家、省（自治区）、市、县（区）、企业逐级进行重大危险源数据的申报登记、评价分级、分级监控管理以及应急救援等起着至关重要的作用。

7.5.4 重大危险源安全监管信息系统的开发

1）重大危险源安全监管信息系统的总体结构

（1）系统的逻辑结构

从重大危险源安全监管信息系统的架构设计可知，重大危险源安全监管信息系统是一个集数据采集与传输、数据统计分析、空间管理及远程通信等功能于一体的计算机综合管理网络系统。

该网络系统可按不同层次的功能分成 4 层网络，网络的逻辑结构、各层网络的功能、互联关系、信息传递的路径、传播方式、信息流的控制、信息表现形式的变换、各层网络的协议规约等都成为重大危险源安全监管信息系统设计中的核心问题。该系统问题解决得好，重大危险源安全监管信息系统就能够发挥出传统监控系统所实现不了的功能和效能，若结构设计不良，其影响整个重大危险源安全监管信息系统的功能和作用。

网络问题涉及全局和长远的发展，如无标准势必形成无序的开发生产，造成混乱局面，最终无法形成规范的统一系统。因此，必须深入研究、精心设计，形成一个基本的标准，以此为基础循序渐进，不断完善与扩充，并最终形成一个重大危险源安全监管信息系统的结构框架。

(2) 系统的主要功能模块

重大危险源安全监管信息系统主要的功能模块由图 7.21 所示的子系统组成。

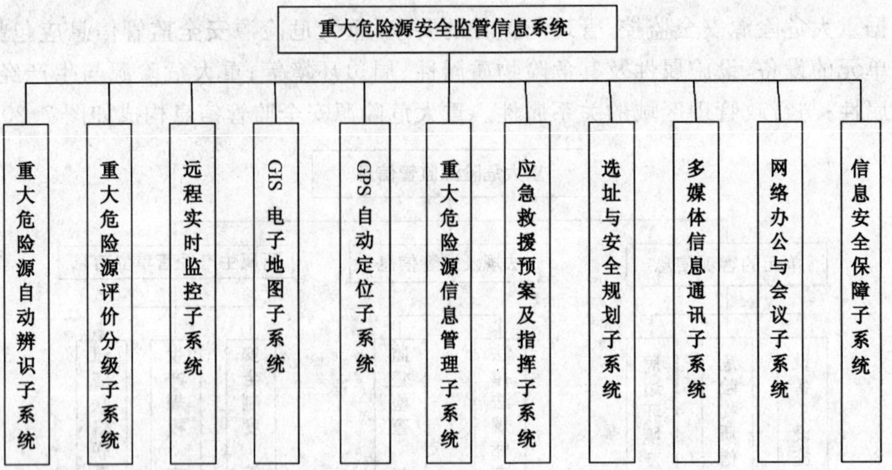

图 7.21　重大危险源安全监管信息系统的主要功能模块

① 重大危险源自动辨识子系统：在满足国家相关法律、法规和标准的前提下，以危险物质的临界量和能量的大小为基本参数，对企业上报的重大危险源进行自动辨识。

② 重大危险源评价分级子系统：采用重大危险源评价分级模型，对重大危险源进行快速(初步)安全评价及分级。

③ 远程实时监控子系统：采用先进的计算机综合监控技术、传感器技术及多媒体技术等，对重大危险源监控单元进行升级改造，使得该重大危险源安全监管信息系统能具有实时监控其现场情况及设备状态的功能。

④ 重大危险源信息管理子系统：它是重大危险源安全监管信息系统的核心平台，将所有的重大危险源信息动态采集并自动建库，制定相应的应急预案，结合网络化的地理信息系统(WEB GIS)技术，能在电子地图上方便、快捷、形象地展示重大危险源及其重大事故隐患的地理分布总体概况及发生事故时的抢险、应急救援预案等信息。

⑤ 应急救援及指挥子系统：随时获取各类灾害和突发事件的动态信息，并通过该应急救援及指挥子系统与专家进行决策会商和实施应急救援指挥辅助决策支持。一旦遇到重特大事故或突发事件，应急救援及指挥子系统将随时升格为“应急指挥决策支持中心”，辅助首长对辖区内的应急救援活动进行统一调度和指挥。

⑥ 选址与安全规划子系统：对新建项目(或工程)及现存生产设施的选址和城镇土地使用实施以定量风险评价为基础的土地使用安全规划。

⑦ 多媒体信息通信子系统：包括有线通信系统和无线通信系统，并建立呼叫中心，形成与公安、消防及急救统一的接警平台和群呼对讲机系统，通过该子系统能够进行音频、视频等信息传输通信。

⑧ 网络办公与会议子系统：使用该系统的各级用户可以利用该系统完成网上办公、网上会议、网上知识交流及电子邮件收发等监管政务功能。

⑨ 信息安全保障子系统：由于该重大危险源安全监管信息系统是基于 Web 发布的必然会遇到病毒、黑客程序、邮件炸弹、远程侦听等网络安全问题，故应设计和开发一套信息安

全保障子系统。

2）一般要求

① 重大危险源(储罐区、库区和生产场所)必须设有独立的安全监控预警系统,安全监控预警参数的现场探测仪器的数据必须直接接入到系统控制器中,系统应符合本标准的规定。

② 系统中的设备应符合有关国家或行业相关技术标准规范及各自企业产品标准的规定,经国家有关部门和检测检验机构认证、检验合格,按照经规定程序批准的图样及文件制造和成套。

③ 火灾和爆炸危险场所设置的系统,必须符合国家现行有关防爆、防雷、防静电等标准、规范的要求。系统所用设备必须适用于现场条件和环境,不会因为有害的使用条件和环境影响检测监控效果和使用寿命。

④ 控制器应设置在有人值班的房间或安全场所。

⑤ 系统报警等级的设置应同事故应急相协调,不同级别的事故分别启动相对应的应急预案。

⑥ 对于容易发生燃烧、爆炸和毒物泄漏等事故的高度危险、远距离传输、移动监测、无人值守或其他不宜于采用有线数据传输的应用环境,应选用无线传输技术与装备。

3）供电电源

除非有关标准另行规定,系统供电电源应符合以下要求:

(1) 交流供电电源

① 电压:380/220 V,误差应不大于±10%。

② 频率:50 Hz,其误差应不大于±5%。

③ 谐波失真系数:应不大于±5%。

(2) 直流供电电源

① 电压:误差应不大于±2%。

② 周期与随机偏移:$\Delta U/U_0$ 应不大于 0.1%。其中,ΔU 为周期与随机偏移的峰到峰值;U_0 为直流供电电压的额定值。

4）监控项目

对于储罐区(储罐)、库区(库)、生产场所三类重大危险源,因监控对象不同,所需要的安全监控预警参数略有不同。主要可分为:

① 储罐以及生产装置内的温度、压力、液位、流量、阀位等工艺参数。

② 当易燃易爆及有毒物质为气态或气液两相时,应监测现场的可燃/有毒气体浓度。

③ 气温、湿度、风速、风向等环境参数。

④ 音视频信号和人员出入情况。

⑤ 明火和烟气。

⑥ 避雷针、防静电装置的接地电阻以及供电状况。

5）系统设计要求

(1) 系统组成

系统一般由主机、传输接口、现场控制器、传感器、隔离变送机构、执行机构(包括报警器等)、电源、线缆、避雷器、防静电装置、其他必要设备以及软件组成。

监控中心硬件一般包括传输接口、主机、大屏幕投影系统或电视墙、服务器、网络设备、大容量储存设备、UPS电源、打印机、空调及其他配套设备等。现场设备包括传感器、隔离变送设备、现场控制器、执行机构等。

(2) 硬件

① 所用设备应采用当时主流技术和通用产品，保证系统满足先进性、安全性、可靠性、可扩展性、可维护性、开放性和实时性的要求，并具有实用性和灵活性。

② 可能导致重大事故或标定、检修和维护困难的宜采用高 SIL 等级的安全监控设备，并根据功能安全相关的国际及国家标准建立安全相关系统。

③ 传感器及仪表选型中的一般问题可遵循 HG/T 20507—2000 的规定，主要考虑测量精度、稳定性与可靠性、防爆和防腐、安装、维护及检修、环境要求和经济性等因素。设备的性能要求明确，传感器的稳定性不小于15日。

④ 传感器和仪表的安装一般采用 HG/T 21581—95。安装要合乎安全要求，选择合适的安装位置和安装方式。

⑤ 由外部本安电源供电的设备一般应能在 9～24 V 范围内正常工作。

⑥ 有关现场监控设备选择、安装和布置的具体规定可参照重大危险源现场安全监控设备设置规范。

(3) 软件

操作系统、组态软件、数据库、编程语言等系统软件和开发工具软件应选择通用、开放、可靠、成熟、界面友好、易维护和易操作的主流产品。监控程序、控制算法、逻辑控制和通信等应用软件应经过功能测试，强壮可靠并带有详细的汉字使用帮助和操作指南。

6）功能设计

(1) 数据采集

① 系统必须具有温度、压力、液位和可燃/有毒气体浓度等模拟量以及火焰、烟气、阀门开关状态等开关量的采集功能。

② 数据采集时间的间隔必须可调。

③ 系统应具有巡检功能。

(2) 显示

① 系统应具有模拟动画显示功能，在界面中依据系统实际情况显示各测点的参数及各设备的运行状态。

② 系统必须具有系统设备和监控对象平面布置图显示功能。图形包括生产储运装置总平面图、各分系统的系统图和任一分系统内某一部分或设备的局部图以及用户要求的其他图形。

③ 系统必须具有监控参数列表显示功能，同一参数各量值须统一采用标准计算单位：模拟量；模拟量累计值；开关量。

④ 系统必须具有监控参数图形显示功能：

a. 系统必须具有模拟量实时曲线和历史曲线显示功能。以曲线为点绘图，根据需要可以按照多线图的方式在同一坐标上使用不同颜色同时显示多个变量，或同一变量的最大、最小、平均值等曲线。

b. 系统必须具有开关量状态图及柱状图显示功能。

⑤ 系统应能在同一时间坐标上同时显示模拟量和开关量及其变化情况等。

⑥ 系统必须具有视频图像显示功能，视频监控画面可以动态配置，可选择全屏、4分屏

及 16 分屏等多种方式，支持图像窗口拖放，可远程进行云台及镜头控制。

⑦ 系统必须具有报警信息显示功能，除了报警汇总列表显示外，在界面上应有一个专门的报警区或弹出式界面，用来指示最新的、最高优先级的或其他设定条件的未经确认的系统报警。

⑧ 系统必须支持各类统计和查询结果的列表和图形化显示功能，具体显示项目根据实际设定。

(3) 存储

① 将数据加工处理后以数据文件形式存储在现场或监控中心的外存储器内并保留一定的时间，包括监控参数、报警及处置、视频图像、故障及排除以及相关系统信息等，所有数据必须附带时间信息。

② 系统必须具有事故追忆功能。

(4) 统计查询与数据分析

① 系统必须提供对实时和历史数据的多条件复合查询和分类统计功能，应支持模糊查询，查询信息包括：

a. 模拟量实时监测值及其最大、最小、平均和累计值；

b. 开关量状态及变化时刻；

c. 视频录像；

c. 报警及警报解除信息；

e. 系统操作日志；

f. 系统故障及恢复情况等。

② 系统必须具有数据分析的功能，包括生产储运装置运行情况、系统运行、报警种类和分布、故障和事故原因以及处置情况等。

(5) 报警

① 当出现模拟量超限、开关量状态改变以及其他异常情况时实时报送至相关的监控计算机，由系统实现多种方式的联动报警，包括页面图文报警、报警点声光报警以及必要时可选邮件和短信报警等。在事故现场设置有监控摄影头的情况时，页面图文报警时应同时显示现场监控视频图像与参数报警信息，并进行现场录像。

② 系统必须设有事故远程报警按钮，此按钮应设在适宜部位并带有防护罩和明显标志。

(6) 故障诊断与事故预警

系统必须具有故障诊断与事故预警功能。对所采集的现场数据进行综合处理，在线智能分析重大危险源的安全状况，包括运行状态和安全等级等，提供事故原因分析和处置的建议，指导有关人员正确迅速地排除设备故障及重大事故隐患，同时及时识别错误报警信号，确保系统可靠稳定运行。

(7) 控制

① 系统的控制对象指的是其所属的安全监控设备或装置以及带有安全功能的执行机构等。

② 系统必须具有对系统所属设备或装置进行控制的功能。操作人员或具备相应权限的人员可在系统中的控制点上启停或调节受监控系统控制的任一设备，包括手动、现场、远程和异地管理。系统也应可以根据设定的条件进行全局自动调度管理。

③ 不属于系统但与系统相关联的其他系统或设备以及不为系统独有的子系统或设备的控制权必须明确，不得干扰或影响重大危险源监控预警系统的运行。

④ 紧急停车、安全连锁和故障安全控制等安全连锁系统应作为独立的子系统纳入安全监控预警系统的整体设计，并保证其可靠地发挥各自的安全功能。

⑤ 所有自动控制的设备或装置必须同时设计手动控制机构，并通过切换确保系统控制权的唯一性和有效性。

(8) 输出

① 报表输出各种监控参数及设备运行状态在各个时刻的情况，包括模拟量、模拟量统计值历史数据、开关量、报警及处置情况、监控设备及故障和系统日志报表等。

② 应支持班报表、日报表、月报表以及任意时间段内任一参数或诸多参数的数值报表。

③ 报表应可按操作员请求生成，也应可以周期性定时触发或事件触发。

④ 允许用户编辑报表内容和格式。

⑤ 报表应可直接送于系统中的打印机，也应可以写入硬盘等存储器，并可按要求传送到其他计算机系统。

⑥ 打印应支持报表、曲线图、柱状图、状态图、模拟图(附带当前显示参数)和平面布置图等图表格式。

(9) 信息发布

系统必须具有信息发布的功能。建立 WEB 服务器，将允许外部访问形式进行信息发布，实现监控系统与企业管理系统及重大危险源各级政府监管网络的连接；遵循数据编码或接口规范，完成数据上报或部分界面和功能的授权共享，实现政府和企业通过 Internet 对现场工况及视频的实时监管与监控。

(10) 系统管理与设置

① 系统参数设置应支持个别或成批修改。

② 报警设置，应支持多种报警条件的组态。每个模拟量点应有 2 种以上报警级别，每一种有各自的优先级。任一开关量点的状态均可报警，每一状态应有一个单独的优先级。应支持不同报警级别的分级处置，包括报警地点和报警方式的设定以及数据上报等。

③ 应支持根据时间段设定不同参数值，在不同层次上优化系统设置。

(11) 设备管理

系统必须具有设备管理功能，建立系统所属监控设备的电子化档案，并可查询、添加、修改和统计相关信息，包括设备名称、型号、主要技术指标、产地、生产厂家、安装地址、开始运行时间、累计运行时间、开关次数(永久性记录)维护、维修、更换记录等。

(12) 日志

系统必须具有日志管理的功能。系统日志将运行系统的状态信息和通信信息统一管理起来，用户可以通过日志来了解系统的运行情况。

(13) 安全管理

系统应提供可组态的安全级，控制级和区域设定，限制用户对系统功能模块、设备和系统资源的访问，通过权限管理确保系统安全。

① 系统应实现对每个操作员和每台现场控制器的组态。

② 系统应有不少于 5 个的安全访问级别用来限制操作员对主机功能模块的访问。

③ 系统应有多个控制级，用来限制操作员对各台设备的控制。

④ 系统应有设备区域设定，用来将操作员对系统资源的访问限制在指派给他们的区域。

⑤ 如系统内存在安全相关系统，应遵循功能安全相关的国际和国内标准保证其安全。

(14) 可靠性保障

① 自诊断：系统必须具有自诊断功能。

a. 当系统中传感器、现场控制器、线缆、传输接口、电源和保护接地等设备或装置故障时，系统可以自动识别，报警并记录故障设备和时间等相关信息；

b. 传感器应具有现场模拟测试报警和断电功能；

c. 系统在通电开始工作时，应首先进行自检，自检正常后应以“绿闪”信号或显示屏显示方式指示工作正常，如有故障则应以“红闪”或显示屏显示方式指示故障信息。

② 双机热备份：系统主机必须设置双机互为备份。当工作主机发生故障时，通过手动或自动双机切换功能，备份主机投入工作。

③ 备用电源：系统必须配备备用电源及自动切换装置。当电网停电后，保持对重要设备和监控参数继续进行监控。

④ 数据备份：系统必须具有数据备份功能。

⑤ 防雷和防静电：系统必须具有防雷功能，必要时具有防静电功能。

⑥ 软件自监视和容错：系统应具有软件自监视功能和软件容错功能。

(15) 其他

① 系统应具有网络通信功能，支持不同网络和设备间的数据访问和交换。

② 系统应通过算法及控制方法模块支持专业应用。

③ 系统应具有实时多任务功能，能周期地循环运行而不中断。

④ 系统应有时间校准功能，系统的时钟误差应小于或等于 5 s/24 h。

⑤ 系统应具有灾难恢复功能。

7.6 隧道火灾监测系统

隧道火灾自动报警技术主要包括两大类，一类是感温技术，另一类是感光技术。感温技术主要是探测火灾位置周围温度场的异常来判断火灾情况，感光技术主要是通过判断火灾发生后探测火源的光谱来判断火灾情况。

感温技术和感光技术各有其特点，火灾初期，如果感温技术能及时准确探测火灾险情那无疑是最好的技术，传统的感温技术对初期的火灾状况反应不是太敏感，往往是心有余而力不足，只有当火灾燃烧的比较充分时才会有反应。而感光技术主要是在火灾充分燃烧，烟雾比较少的情况下可以判断火灾，在火灾初期也是不太会有反应的。

传统的感温技术主要有两大类：一类是感温电缆技术（主要是热敏合金线技术），另一类是感温光缆技术（分布式光纤温度探测技术）。而感光技术主要是目前市场上采用的双波长火焰探测技术。

感温电缆技术过去在隧道中应用比较多，但由于是电信号传输，实际使用中无法排除各类电磁干扰，无论是差温技术还是定温技术都很难达到实际效果，而且误报率高，现在已经基本不被采用。

7.6.1 隧道火灾探测方式

根据公路隧道的结构和火灾的特点，如果在火灾发生初期就能发现并采取相关措施，采用温度探测方式无疑是最好的方式，而双波长火焰探测技术在时间上来讲已经比较迟了。当然，尽管温度探测是比较好的方式，但是温度探测技术的优劣是影响温度探测效果特别是火灾初期探测效果好坏的关键。

隧道温度火灾探测技术并非完全是定温探测技术，最主要的是在火灾初期的温度变化探测技术，只要把火灾发生初期的温度变化趋势准确探测出来就是最好的火灾探测技术，只有这样我们才能达到最好的防灾减灾效果。尽管上述分布式光纤温度探测技术和感温电缆技术也在追求这一目标，但是由于技术方面先天性的缺陷，要实现这一目标的确有很大的难度。

随着温度测试技术的不断进步和发展，特别是随着光通信技术在传感领域里的不断发展，温度精确测试技术得到前所未有的进步，这种先进技术开始在消防领域开始得到应用。因此，在实现火灾发生初期准确探测温度变化趋势的技术有了真正的突破，这就是基于波分复用技术的光纤光栅传感技术。

光纤光栅传感器特别适合于建筑、桥梁、大坝、公路、隧道等大型建筑物应变、温度、振动等多参量的实时监测。一般桥梁、公路、隧道的测试点到仪表监控室都有几百米至几千米的距离，传统传感器的信号无法传输到如此远，其传感器测试点一般要增加现场仪表，而且每个传感器都需要两根导线引出，系统结构复杂，抗干扰能力差，可靠性不高，不适于长期实时监测。而光纤光栅传感器能克服这些缺点，每根单芯光纤可串联几个至几十个传感器，且可引出到几十公里外进行异地监测；多根光纤连接到同一台解调仪上的不同通道上，组成分布式传感网络，解调仪对传感器进行同步实时监测、分析；不同种类的光纤光栅传感器（如应变、温度、位移、加速度等）可连接到同一台解调仪上进行实时的综合监测与分析。

1）光纤光栅感温火灾探测器

光纤光栅感温火灾探测器（光纤光栅温度探测器，图 7.22）适用于长期安装在建筑物或其他混凝土建筑物里，如地基、桥梁、隧道、大坝、铁路、石油、公路等，进行结构物内部的温度测量。

2）光纤光栅信号处理器

光纤光栅信号处理器（图 7.23）是传感系统中的核心部件，也是光学探测的数据转换部件。光纤光栅信号处理器可以显示每点的温度情况，也可以将数据传送到监控中心的消防报警主机上进行数据分析、查询、保存等。

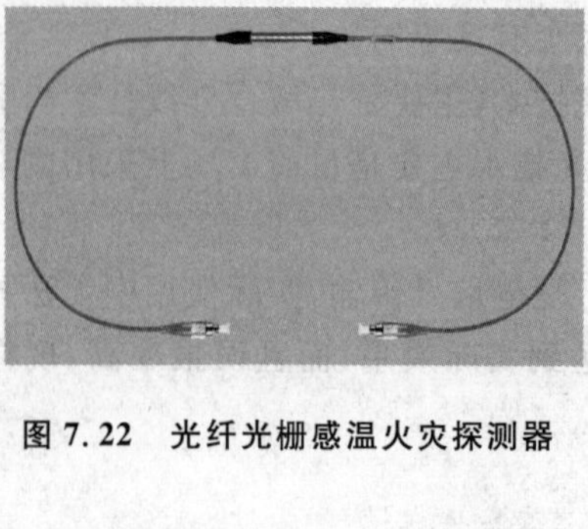

图 7.22 光纤光栅感温火灾探测器

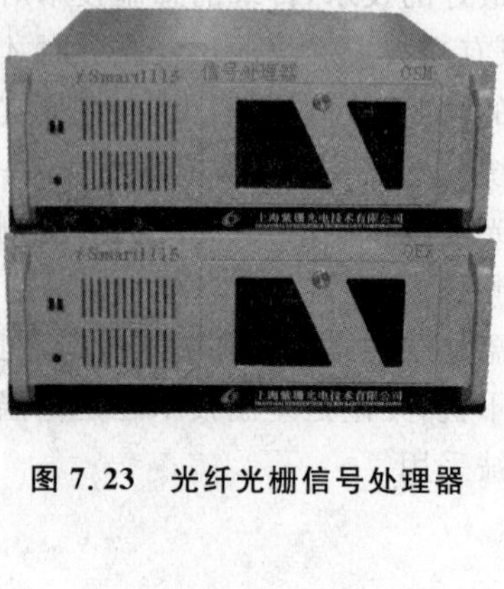

图 7.23 光纤光栅信号处理器

光纤光栅信号处理器实时自检，实时校准，保证系统的可靠性和正确性，最大程度杜绝误报警。基于升温梯度的差温报警技术，实现在火灾初期阶段及时报警。

光纤光栅信号处理器具有以下优点：

① 仪器软件可显示每个火灾探测器的当前温度，形象显示隧道的温度场分布曲线。

② 可输出每一个火灾探测器的温度。

③ 仪器实时校准，确保准确性，杜绝误报警。

④ 仪器实时自检，任何链路故障或仪器内部故障能及时响应，链路断纤定位指示。

⑤ 可精确定位报警，火灾预警告/报警/故障定位到每个火灾探测器。

⑥ 通过各点光纤光栅探测器温度的变化特性（如 3 ℃/min）或相邻温差（如 5 ℃）等技术，确保及时报警。

⑦ 丰富的输出信号接口功能，当前信号接口有：多路报警开关量信号输出端子、一路自检报警开关信号、RS232/RS485 通信接口（或者通过网口进行数据输出）、Modbus 或者 OPC 工业接口，确保数据和系统其他设备共享。

⑧ 各隧道信号处理器温度分布数据和报警状态信息实时传送到管理中心。

7.6.2 系统拓扑结构

隧道火灾监测系统包括以下几个互相关联的子系统。

1）光纤光栅感温火灾探测系统

光纤光栅感温火灾探测系统由光纤光栅温度探测器、光纤光栅信号处理器、传输光缆组成。系统实时监测隧道温度，光纤光栅信号处理器显示出当前隧道的温度分布曲线，相当直观。当隧道温度达到预先设定的阈值时，系统会自动发出声光报警，同时会向监测中心发出报警触点闭合信号。

2）数据通信、数据库管理系统

为了达到实时监测或远程监测的目的，还要将系统状态信号和报警信号通过合理的传输方式送到监控室，或在计算机终端显示或直接进入监测数据库。这些数据通过恰当的组织被有效地储存起来，同时根据需要监控中心人员启动应急措施。图 7.24 所示为系统拓扑结构图。

7.6.3 光缆走线方法

光纤光栅温度火灾探测器每 8 m 布置 1 支，22 支传感器串接成一串进入信号处理器一个通道中。光缆采用悬吊安装在隧道顶部，距离隧道顶部 100～300 mm，以保持良好的通风与快速响应时间。光纤光栅感温火灾报警系统的信号传输采用标准 G652 型铠装光缆，光缆从隧道侧面底部光纤接续盒至隧道设备洞，线缆槽盒采用镀锌管保护。

7.6.4 系统软件

系统软件直观地显示隧道温度分布情况以及手动报警按钮的当前状态，如图 7.25 所示。并将隧道内手动报警按钮、光纤光栅探测器的报警信息和工作状态上传到管理中心的火灾报警工作站计算机上实现集中监控。由于线路故障原因监控分中心对隧道火灾报警子系统不能进行通信或控制情况下，故在隧道变电站的机柜控制系统具有子系统的本地监视和操作控制的功能，并连续记录隧道状态。

系统软件还提供 Modbus、OPC、I/O 等标准的工业接口，以确保火灾监测系统和隧道其他控制系统实现数据交换。

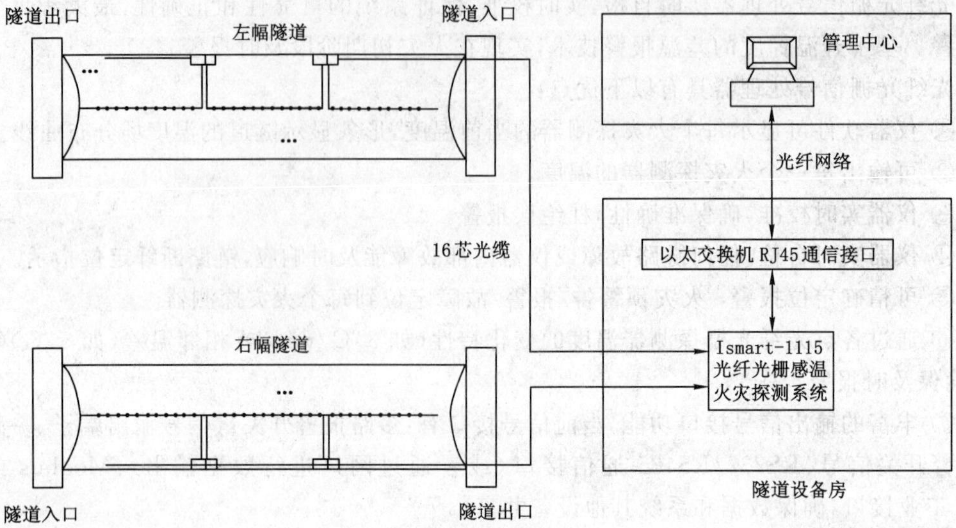

图 7.24　系统拓扑结构

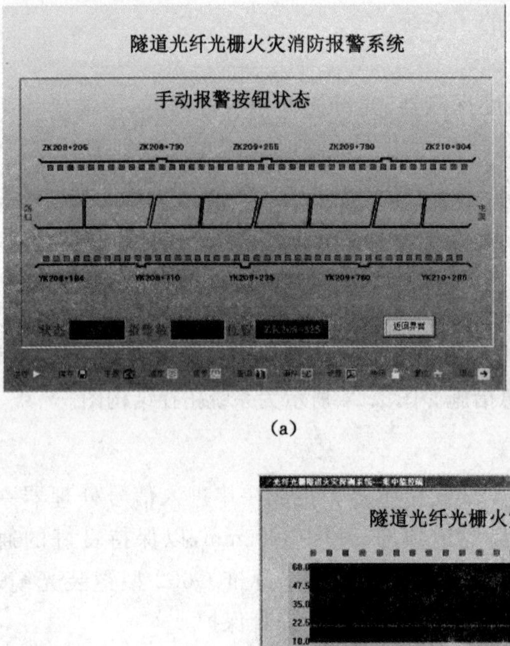

(a)

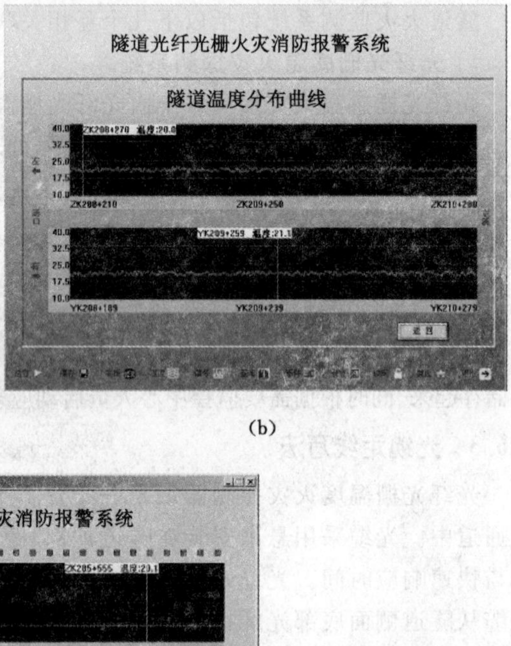

(b)

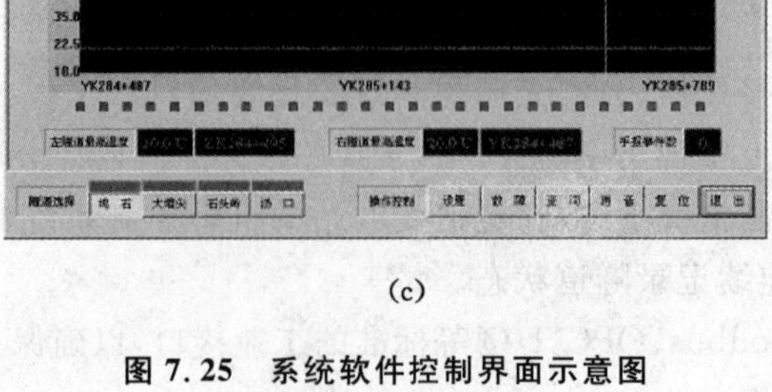

(c)

图 7.25　系统软件控制界面示意图

(a) 显示现场手动报警状态；(b) 显示现场温度分布；(c) 监控中心手动报警和温度状态

复习思考题

7.1 简述储油罐区安全监控系统的设计原则及功能。

7.2 危险品运输车辆监控预警系统主要由哪些结构组成？请分析系统的整体功能。

7.3 引发烟花爆竹安全生产事故的危险因素有哪些？烟花爆竹企业安全监控预警系统硬件设计应注意哪些问题？

7.4 试述桥梁结构健康与安全监测测试方法与测点布置。

7.5 简述重大危险源监控与监管技术体系。

8 安全监测系统设计总论

8.1 安全监测系统设计与开发的一般性问题

8.1.1 安全监测系统设计依据

(1) 设计依据

① 国家、地方政府的有关设计规范、标准,内容暂缺的方面可参照相应的国际标准及行业标准执行。

② 立项文件、用户需求调查报告、招标的标书、合同所附的验收标准及业主的建设要求。

③ 配套专业提供的设计资料。

(2) 安全监测系统部分设计规范

① 重大危险源辨识(GB 18218);

② 爆炸性气体环境用电气设备　第1部分:通用要求(GB 3836.1—2000);

③ 爆炸和火灾危险环境电力装置设计规范(GB 50058);

④ 电气装置安装工程爆炸和火灾危险环境电气装置施工及验收规范(GB 50257);

⑤ 电磁兼容试验和测量技术(GB 17626);

⑥ 自动化仪表工程施工及验收规范(GB 50093);

⑦ 建筑物防雷设计规范(GB 50057);

⑧ 防止静电、闪电和杂散电流引燃的措施(SY/T 6319);

⑨ 信息技术软件生存周期过程(GB/T 8566);

⑩ 计算机软件产品开发文件编制指南(GB/T 8567);

⑪ 易燃易爆罐区安全监控系统验收技术要求(GB 17681);

⑫ 石油化工企业设计防火规范(GB 50160);

⑬ 火灾自动报警系统设计规范(GB 50116);

⑭ 建筑设计防火规范(GBJ 16);

⑮ 易燃易爆性商品储藏养护技术条件 (GB 17914);

⑯ 工业企业设计卫生标准(GBZ 1);

⑰ 生产过程安全卫生要求总则 (GB 12801);

⑱ 生产设备安全卫生设计总则 (GB 5083);

⑲ 石油库设计规范 (GB 50074);

⑳ 石油化工企业职业安全卫生设计规范(SH 3047);

㉑ Functional safety of electrical/electronic/programmable electronic safety-related systems(IEC 61508);

㉒ Functional safety-Safety instrumented systems for the process industry sector(IEC 61511)。

8.1.2 安全监测系统的设计过程

任何一个安全监测系统的设计与开发基本上是由6个阶段组成的,即可行性研究、初步设计、详细设计、系统实施、系统测试(调试)和系统运行。当然,这6个阶段的发展并不是完全按照直线顺序进行的。在任何一个阶段出现了新问题后,都可能要返回到前面的阶段进行修改。

在可行性研究阶段,开发者要根据被控对象的具体情况,按照企业的经济能力,未来系统运行后可能产生的经济效益,企业的管理要求,人员的素质,系统运行的成本等多种要素进行分析。可行性分析的结果最终是要确定:使用计算机监控系统能否给企业带来一定经济效益和社会效益。

初步设计也可以称为总体设计。系统的总体设计是进入实质性设计阶段的第一步,也是最重要和最为关键的一步。总体方案的好坏会直接影响整个计算机监控系统的成本、性能、设计和开发周期等。在这个阶段,首先要进行比较深入的工艺调研,对被控对象的工艺流程有一个基本的了解,包括要监控的工艺参数的大致数目和监控要求、监控的地理范围的大小、操作的基本要求等;然后初步确定未来监控系统要完成的任务,写出设计任务说明书,提出系统的控制方案,画出系统组成的原理框图,以作为进一步设计的基本依据。

在详细设计阶段,首先要进行详尽的工艺调研;然后选择相应的传感器、变送器、执行器、I/O通道装置以及进行计算机系统的硬件和软件的设计。对于不同类型的设计任务,则要完成不同类型的工作。如果是小型的计算机监控系统,硬件和软件都是自己设计和开发的。此时,硬件的设计包括电气原理图的绘制、元器件的选择、印刷线路板的绘制与制作;软件的设计则包括工艺流程图的绘制、程序流程图的绘制等。

在系统实施阶段,要完成各个元器件的制作、购买、安装,进行软件的安装和组态以及各个子系统之间的连接等工作。

系统的调试(测试)主要是检查各个元部件安装是否正确,并对其特性进行检查或测试。调试包括硬件调试和软件调试。从时间上来说,系统的调试又分为离线调试、在线调试,以及开环调试、闭环调试。

系统运行阶段占据了系统生命周期的大部分时间,系统的价值也是在这一阶段中得到体现的。在这一阶段应该由高素质的使用人员严格按照章程进行操作,以尽可能地减少故障的发生。

8.1.3 设计原则

1) 使用方便原则

一个好的监控系统应该人机界面友好,方便操作、运行,易于维护。设计时,要真正做到以人为本,尽可能地为使用者考虑。

人机界面可以采用CRT、LCD或者是触摸屏,使操作人员可以对现场的各种情况一目了然。各种部件尽可能地按模块化设计,并能够带电插拔,使得其易于更换。在面板上,可以使用发光二极管作为故障显示，使得维修人员易于查找故障。在软件和硬件设计时，要考虑到操作人员会有各种误操作的可能，并尽量使这种误操作无法实现。

2）可靠性原则

为了确保计算机监控系统的高可靠性，可采取以下措施：

(1) 采用高质量的元部件。所采用的各种硬件和软件，尽量不要自行开发。采用高质量的电源。一般来说，PLC I/O 模块的可靠性比 PC 总线 I/O 板卡的可靠性高，如果成本和空间允许，应尽可能采用 PLC I/O 模块。

(2) 采取各种抗干扰措施。采取各种抗干扰措施，包括滤波、屏蔽、隔离和避免模拟信号的长线传输等。

(3) 采用冗余工作方式。可以采用多种冗余方式，如冷备份和热备份。其中，冷备份方式是指一台设备处于工作状态，而另一台设备处于待机状态。一旦发生故障，专用的切换装置就会将原来工作的设备切除，并将备份的设备投入运行。

(4) 对一些智能设备采用故障预测、故障报警等措施。出现故障时将执行机构的输出置于安全位置，或将自动运行状态转为手动状态。

3）开放性

(1) 尽可能地采用通用的软件和硬件。各种硬件尽可能地采用通用的模块，并支持流行的总线标准。

(2) 尽可能地要求产品的供货商提供其产品的接口协议以及其他的相关资料。

(3) 在系统的结构设计上，尽可能地采用总线形式或其他易于扩充的形式。

(4) 尽可能地为其他系统留出接口。

4）经济性

在满足计算机监控系统的性能指标（如可靠性、实时性、精度、开放性等）的前提下尽可能地降低成本，保证性价比最高，以保证为用户带来更大的经济效益。

8.1.4 总体方案设计

系统的总体设计是进入实质性设计阶段的第一步，也是最重要和最为关键的一步。这是因为总体方案的好坏会直接影响整个计算机监控系统的成本、性能、设计和开发周期。

1）工艺调研

总体设计的第一步是进行深入的工艺调研和现场环境调研。经过调研要完成以下几个任务：

(1) 弄清系统的规模。要明确控制的范围是一台设备、一个工段、一个车间，还是整个企业。

(2) 熟悉工艺流程，并用图形和文字的方式对其进行描述。

(3) 初步明确控制的任务。要了解生产工艺对控制的基本要求。要弄清楚控制的任务是要保持工艺过程的稳定，还是要实现工艺过程的优化。要弄清楚被控制的参量之间是否关联比较紧密，是否需要建立被控制对象的数学模型，是否存在诸如大滞后、严重非线性或比较大的随机干扰等复杂现象。

(4) 初步确定 I/O 的数目和类型。通过调研，弄清楚哪些参量需要检测，哪些参量需要控制，以及这些参量的类型。

(5) 弄清现场的电源情况（是否经常波动，是否经常停电，是否含有较多谐波）和其他情况（如振动、温度、湿度、粉尘、电磁干扰等）。

2）形成调研报告和初步方案

在完成了调研后，可以着手撰写调研报告，并在调研报告的基础上草拟出初步方案如果系统不是特别复杂，也可以将调研报告和初步方案合二为一。

3）方案讨论

在对初步方案进行讨论时，往往会发现一些新问题或是不清楚之处，此时需要再次调研，然后对原有方案进行修改。

4）形成总体方案

在经过多次的调研和讨论后，可以形成总体设计方案。总体方案以总体设计报告的方式给出，并包含以下内容：

(1) 工艺流程的描述

可以用文字和图形的方式来描述。如果是流程型的被控制对象，可以在确定了控制算法后画出带控制点的工艺流程图（又称为工艺控制流程图）。

(2) 功能描述

描述未来计算机监控系统应具有的功能，并在一定的程度上进行分解，然后设计相应的子系统。在此过程中，可能要对硬件和软件的功能进行分配与协调。对于一些特殊的功能，可能要采用专用的设备来实现。

(3) 结构描述

描述未来计算机监控系统的结构。是采用单机控制，还是采用分布式控制。如果采用分布式控制，则对于网络的层次结构的描述，可以详细到每一台主机、控制节点、通信节点和I/O设备。可以用结构图的方式对系统的结构进行描述，用箭头来表示信息的流向。

(4) 控制算法的确定

如果各个被控参量之间关联不是十分紧密，可以分别采用单回路控制；否则，就要考虑采用多变量控制算法。如果被控制对象的数学模型虽然不是很清楚，但也不是很复杂，可以不建立数学模型，而直接采用常规的PID控制算法。如果被控制对象十分复杂，存在大滞后、严重非线性或比较大的随机干扰，则要采用其他的控制算法。一般来说，尽可能多地了解被控制对象的情况，或建立尽可能准确反映被控制对象特性的数学模型，对提高控制质量是有益处的。

8.1.5 详细设计

1）传感器、变送器和执行机构的选择

传感器和变送器均属于检测仪表。传感器是将被测量的物理量转换为电量的装置；变送器是将被测量的物理量或传感器输出的微弱电量转换为可以远距离传送标准的电信号（一般为0～10 mA或4～20 mA）。选择时主要根据被测量参量的种类、量程、精度来确定传感器或变送器的型号。

如果在前面总体设计时，已经考虑了使用某种现场总线标准，则可以考虑采用支持该标准的智能仪表。当然，现在智能仪表的价格相对还比较高，设计者可以根据用户的经济能力和现场的实际情况来处理。一般来说，如果用户的经济能力允许，或是智能仪表的价格不超过常规仪表的20%，都可以考虑采用智能仪表。

执行机构的作用是接受计算机发出的控制信号，并将其转换为执行机构的输出，使生产过程按工艺所要求的运行。常用的执行机构有电动机、电机启动器、变频器、调节阀、电磁阀、可控硅整流器或者继电器线圈。与检测仪表一样，执行机构也有常规执行机构（接受

0～10 mA 或 4～20 mA 信号)与智能执行机构之分。

对于同一物理量的控制,往往可以有多种选择。例如,以前流量的连续控制主要是利用调节阀来实现的,现在也可以使用变频器驱动交流电动机,然后再由电动机驱动水泵来实现。采用变频器的方案,价格比较高,但调节范围宽、线性度好,而且节约能源。

2) 监控装置的详细设计

监控装置是指 I/O 子系统和计算机系统(包括网络)2 部分。对于不同类型的设计任务,在详细设计阶段所要做的工作是不一样的,这里只考虑系统的硬件和软件都采用现成产品的情况。在以下各种设计中,显示画面、报表格式的设计应反复与有关使用人员(操作人员、管理人员)交流。

对于小型系统,稳定性要求较低、预算费用较少的系统,一般采用上位机加 I/O 板卡,选择步骤如方案 1 所述。

对于中、大型系统,稳定性要求一般、费用预算一般的监测系统,一般采用上位机加 RS485 总线加 I/O 模块和工业仪表,选择步骤如下面方案 2 所述。

对于稳定性要求很高、预算费用较高的、并且具有控制要求的系统,一般采用上位机加 PLC,选择步骤如下面方案 3 所述。

但是现在流行的监控系统一般是将其中的监测部分采用模块方式采集,工业常见到的 PID 控制一般采用 PID 控制仪表进行控制,而顺序逻辑控制部分采用 PLC 进行控制。这种配置既可以降低系统成本,也可以提高系统的可靠性。

(1) 方案 1——上位机加 I/O 板卡

① 选择系统总线。由于 STD 总线已经比较陈旧,可以不考虑,PC 总线也建议不必考虑。然后,根据性能需要和费用,在 ISA 总线与 PCI 总线之间进行选择。

② 选择主机。如果控制现场环境比较好,对可靠性的要求又不是特别高,也可以选择普通的商用计算机;否则,还是选择工控机为宜。在主机的配置上,以留有余地、满足需要为原则,不一定要选择最高档的配置。

③ 根据系统的精度要求、I/O 的类型和数量选择相应的 I/O 板卡。现有的模拟量输入 I/O 板卡,一般都有单端输入与双端输入两种选择。如果费用允许,还是采用双端输入为好,以提高抗干扰能力。除此之外,还应采取多种隔离和滤波措施。例如,使用专门的信号调理板卡或与隔离端子同时使用。

④ 选择操作系统、数据库和组态软件。操作系统可以选择 Windows 2007/XP。数据库一般采用小型数据库(如 Visual FoxPro),选择小点数并满足需要的组态软件即可,必要时再购买一些特殊组件。

⑤ 确定控制算法参数、显示画面、报表格式。

(2) 方案 2——上位机加 RS485 总线加 I/O 模块和工业仪表

① 选择局域工业网络。如果传输距离不是特别远(1 km 以内),数据传输速率不是特别高,首先可以考虑 RS485 总线。如果 RS485 总线不合适,则可以选择一种现场总线,如 CAN,LON,ProfiBus,FF 或以太网。

② 选择主机。如果控制现场环境比较好,对可靠性的要求又不是特别高,也可以选择普通的商用计算机;否则,还是选择工控机为宜。在主机的配置上,以留有余地、满足需要为原则,不一定要选择最高档的配置。

③ 根据系统的精度要求、I/O 的类型和数量选择相应的 I/O 模块。I/O 模块的选择首

先是要支持所选的总线，然后根据系统的分散性来考虑。另外，还可选用各种工业显示控制仪表。

④ 选择操作系统、数据库和组态软件。操作系统可以选择 Windows 2007/XP。数据库一般采用小型数据库，选择小点数并满足需要的组态软件即可，必要时再购买一些特殊组件。

⑤ 确定控制算法参数、显示画面、报表格式。

(3) 方案3——上位机加PLC

① 选择特定厂家的PLC。可根据总线要求、传输距离、可靠性、售后服务、价格等综合因素选定某一厂家的PLC。可以选择该PLC支持的一种现场总线，如CAN，LON，Profi-Bus，FF或以太网等。

② 根据系统的精度要求、I/O的类型和数量，以及通信等要求选择相应的PLC I/O模块。

③ 选择主机。如果控制现场环境比较好，对可靠性的要求又不是特别高，也可以选择普通的商用计算机；否则，还是选择工控机为宜。在主机的配置上，以留有余地、满足需要为原则，不一定要选择最高档的配置。

④ 选择操作系统、数据库、组态软件和PLC编程软件。PLC编程软件各个厂家都不同，同一厂家如果PLC型号不同，那么PLC编程软件也可能不同。

⑤ 确定控制算法参数、显示画面、报表格式。

8.2 监测系统可靠性

8.2.1 安全监测系统可靠性理论

可靠性是产品在规定的条件下和规定的时间内完成规定功能的能力。

1) 可靠性要素

(1) 产品

作为单独研究和试验的任何元件、器件、机器、设备和系统。

(2) 规定条件

产品在其全寿命周期内所受的全部外部作用条件。

(3) 规定时间

规定产品完成规定功能的时间。

(4) 规定功能

产品的性能指标。

(5) 能力

它说明产品的可靠性程度，仅有定性的含义，还必须有定量的规定。

产品可靠性包括固有可靠性和使用可靠性两方面的内容。固有可靠性是产品在生产厂及生产过程中就已经确立了的一种可靠性。它和生产厂所选用的材料、零部件、设计方案、软件结构、硬件结构、制造工艺、装配工艺等有密切关系，是产品内在的可靠性。一旦产品在生产厂制造出来，固有可靠性便已确立。因此，可靠性的具体数据可由生产厂将产品放在模拟的工作条件和标准环境下进行测试求得，这是生产厂确立的一个产品可靠性指标。

使用可靠性是产品在由生产厂转给用户过程中的包装、运输、保管以及在实际使用过程中的环境、操作水平、维修技术等环节中的可靠性。对于安全监测监控系统而言，需要从上面提及的固有可靠性和使用可靠性两方面来进行评价分析。

2）可靠性度量指标

（1）可靠度

产品在规定的条件下和规定的时间内完成规定功能的概率称为可靠度，即

$$R(t)=P(T\geqslant t) \tag{8.1}$$

产品的无故障工作概率可以用频率来估计，$N(0)$个同型号的产品，从时刻 $t=0$ 开始到时刻 t，还有 $N_s(t)$个产品仍在继续工作，则产品在时刻 t 的可靠度分布函数估计值为

$$R(t)=\frac{N_s(t)}{N(0)} \tag{8.2}$$

当 $N(0)$趋于无穷大时，无故障工作频率的准确表达式为

$$R(t)=\lim_{N(0)\to\infty}\frac{N_s(t)}{N(0)} \tag{8.3}$$

（2）失效（故障）概率

产品在规定的条件下和规定的时间内丧失规定功能的概率称为不可靠度或失效概率，记为 $F(t)$。

（3）失效概率密度

产品工作到某一时刻后，单位时间内发生失效的概率称为失效概率密度，记为 $f(t)$。

（4）失效率（故障率）

在产品已工作到 t 时刻的条件下，其残存完好产品数在 t 时刻后的单位时间内所发生的失效概率为该产品在 t 时刻的失效率，记为 $K(t)$。

（5）可靠性寿命度量指标

可靠性寿命度量又分为平均寿命和可靠寿命。

（6）维修度与有效度

① 维修度是指可以维修的产品，在规定条件下和规定时间内完成维修的概率，记为 M(t)。

② 有效度是指可维修产品在某时刻 t 维持其功能的概率，记为 $A(t)$。

要使产品达到某种有效度，可以通过提高可靠度或提高修复率来实现。

3）可靠性数学模型

系统的可靠性与组成系统的零部件的可靠性以及零（部）件之间的相互功能有关。系统的可靠性计算可以采用下列方法：

（1）数学模型法

根据安全工程学原理，可以将一个安全监测监控系统分为串联系统、并联系统、后备（冗余）系统、表决系统和混联系统等。对于不同系统，根据各子系统和单元组分的拓扑构成，可以有不同的计算其可靠度的方法。

（2）布尔真值表法

有的系统不能简化为数学模型然后加以计算，通常采用布尔真值表法。例如，某系统有5个元件，每个元件都有“正常”和“故障”两种状态，故该系统有 $2^5=32$ 种状态，对这32种状态进行分析，将各种状态下系统正常的概率相加即得出系统的可靠度。

8.2.2 安全监测系统的可靠性分析

由于安全监测系统是由多个子系统组成的大系统，所以系统能否正常运行，可靠度取决

于组成系统的元器件和子系统的可靠度。下面首先分析它们失效的可能性。

1）传感器

由于现场条件恶劣，各种有毒有害气体的影响可造成元件灵敏度下降，元件寿命缩短，仪器故障增多。

（1）高浓度瓦斯激活失效

试验证明，用 0～10％的气样与元件反应，元件表面温升近似呈线性增加。瓦斯浓度为10％时在检测元件上反应的温升约 450 ℃，元件长期通过 10％的气样，表面温度在 1 000 ℃以上。高温下，元件催化剂迅速挥发和烧结，晶粒变大，表面积减少，灵敏度显著下降。瓦斯浓度为 30％的气样与催化元件反应 20 min 后，元件破裂永久损坏。在高突矿井中，元件经常受到高浓度瓦斯的冲击。井下试验证明，载体催化元件经常在瓦斯浓度为 3％以上的地点工作 2 个月就报废，而同类元件在瓦斯浓度为 1％的气体中可正常工作 6 个月以上。

（2）煤尘与水蒸气的影响

由于煤尘在检测元件表面吸附及与水蒸气凝结而形成的糊状混合物作用，使得检测精度显著降低。实践证明，在温度 30 ℃、相对湿度 96％的条件下 10 日后灵敏度下降 20％，40 日后可下降 50％。

（3）元件化学组分变化，中毒失效

载体催化元件长期工作在没有沼气的工作场所时，

催化剂化学组分会发生变化。矿井空气中含有微量 H_2S 和 SiO_2，即使其含量在 10×10^{-6}级，也可使元件灵敏度下降或中毒失效。

2）测控分站

由传感器输出的各种信号要通过转换器转换成易于处理和传输的标准电信号。标准信号可以是模拟量、关开量和累计量。这种转换过程有各种误差：装置误差与方法误差；基本误差与附加误差；系统误差与随机误差；绝对误差与相对误差。

虽然可以采取很多措施，如制定修正曲线、利用非线性元件补偿、计算机处理等对误差加以校正，但在 A/D 转换过程中的误差是必然存在的。

3）信号传输设备（信道）

过去由于传输模拟量的影响，信号在传输过程中易受杂波干扰，要求采用高标准屏蔽电缆。近年来，由于 Intranet 技术的普及，信号传输普遍采用执行 TCP/IP 协议的调制解调器，传输设备的可靠性大为提高。

4）中心站

计算机系统可能出现的问题也不少，特别要防范计算机病毒的侵害。

5）备用电源

备用电源的可靠性也是个大问题，在实际系统设计中应没有备用电源。

6）管理问题

不少特大事故都与使用不当有关。大量的事故原因都是使用中的问题。同样，监测系统可靠性如何？在安全生产中发挥作用的大小，不应单单取决系统本身可靠性大小，还取决于管理水平的高低，安全监测系统的管理是提高监测系统可靠性十分重要的一项内容。因此，要认真抓组织机构的落实、人员素质的提高以及各种制度的健全和质量标准化。

安全监测系统不是万能的，不能认为企业有了监测系统就万无一失了。企业安全生产是企业系统运行状态的表现。如果生产管理混乱，违章指挥、违章作业现象经常出现，再现代化的监测仪器也不能保证不出事故。因此,首先应追求系统的良性运行,在此基础上再配备必要的安全监测系统加以保证,安全生产是可以做到的。

8.3 功能安全

近年来,由于政府的不断重视,我国安全生产状况逐渐好转。但是,我国目前正处于工业化和城镇化快速发展期,由于粗放型经济增长方式没有根本改变,安全投入不足,安全生产基础薄弱,安全生产形势依然严峻。在各种的安全事故中,由于工业控制设备老化和产品质量低劣,工业通信网络安全性、可靠性等问题而引起的安全事故占有相当大的比重,不仅产生了较大的经济损失,而且造成了多起人身伤害事件。工业控制领域频发的事故已成为制约经济社会和谐发展的重要因素,严重损坏国家形象与对外贸易,引起政府与全社会的高度重视。

8.3.1 功能安全的研究对象

安全监控和安全保障系统在生产过程中承担着监测与安全有关的状态参数、发现故障或异常、及时采取措施以防止事故发生的重要功能。因此,这些设备及系统的安全性能直接关系到各种危险源、成套装置的安全控制与安全保护水平,直接关系到安全生产水平。比如:锅炉压力达到一定值时,阀门自动打开,矿井内危险气体达到一定程度时报警并自动打开通风设备,当有人进入电锯的危险区时电锯自动停止动作等,这是安全监控和安全保障系统在执行安全防护功能。国家经济和技术水平越高,这样的安全保障系统应用就越普遍。这些系统保证了设备或成套装置的运行安全,对于减少生产事故、大幅减少人员和财产的损失起到了不可估量的作用。一旦这些系统功能失效,就可能导致更大的人身财产损失,前苏联切尔诺贝利核电站事故就与控制系统功能失效有关,这就是功能安全保障问题。

多年来,工业通信网络的功能安全保障问题一直没有得到有效解决。工业界在设计、操作、维护安全系统方面积累了大量经验,但在监控、评估和保证整个系统功能的功能安全保障方面缺乏理论依据和量化指标,对于系统功能的安全性与人、器件(软、硬件)、网络和子系统的可靠性之间没有建立量化关系。常常是采用多重冗余,选择可靠性最高的器件,但系统的安全性并没有提高。系统功能安全保障问题已经成为制约现代工业通信网络在重要工业领域,尤其是安全相关领域规模化应用的瓶颈。

8.3.2 功能安全标准及体系结构

2000 年,IEC 发布了《电气、电子、可编程电子安全相关系统的功能安全》(IEC 61508),解决了困扰多年的对复杂系统功能进行功能安全保障的理论与实践问题,在工业界引起强烈反响。功能安全保障技术,涉及机械制造、流程工业、运输、医药、矿山等行业,是在安全控制或安全保护系统设计、维护、运行等活动中规范相关组织和人员的技术和行为,以达到防止各类装置、机械、器械,尤其是成套设备系统发生不可接受危险的目的的技术。该项安全保障技术实现了安全技术和管理理论的一大突破,其首次提出的安全完整性等级(SIL)已成为工业控制领域内合同的必备条款。随后,不同应用领域的功能安全标准陆续出台:《过程工业领域安全仪表系统的功能安全》(IEC 61511)、《核电厂以安全为主的系统用仪器仪表和控制系统的一般要求》(IEC 61513)、《机械安全与安全有关的电气、电子和可编程序电子控制系统的功能安全》(IEC 62061)等,同时安全系统的子系统、设备功能安全标准也开始出台，如《测量和控制数字数据通信 第3部分：工业网络中功能安全通信行规》(IEC 61784-3)等。

在我国，功能安全技术越来越受到相关行业的高度重视，对于功能安全产品及系统的呼声越来越高。在对国际功能安全标准研究的基础上，国内对口标委会全国工业过程测量和控制标准化技术委员会(SAC/TC124)等同采用国际标准，制定了《电气/电子/可编程电子安全相关系统的功能安全》(GB/T 20437.1～.7—2006)和《过程工业领域安全仪表系统的功能安全》(GB/T 21109.1～.3—2007)，并于2007年起开始正式实施，为相关领域的功能安全标准的制定提供了参考依据。通过功能安全基础标准的制定，为建立我国功能安全标准体系打下了良好基础。

8.3.3 功能安全标准对我国安全生产的特殊意义

功能安全标准的最大作用是可以预先防止事故，或者在出现危险时知道怎样去控制。因此，它对我国安全生产与安全保障具有十分重要的意义。

我国的安全生产问题，进入2000年后开始突出，原因是多方面的，但最根本的原因是管理体系方面出了问题。频发的事故已成为制约经济社会和谐发展的重要因素，严重损坏国家形象与对外贸易，使我国的经济安全遭受巨大损害。

功能安全标准，作为一个系统解决安全问题的标准系列，全方位地展示了欧美等国100多年工业实践中总结的，与安全控制有关的法律基础、标准体系、管理制度与方法措施，为我国以风险管理模式建立科学的安全生产组织与管理体系提供了极好的借鉴。

功能安全技术标准的颁布为我国采用与国际接轨的安全技术和管理理论，改变目前这种被动局面提供了条件。在此基础上建立我国功能安全保障体系，对于我国在市场经济条件下用标准和法规规范企业安全控制行为，用市场化运作方式推动功能安全技术产业化进程、推动从事功能安全技术服务的中介机构的发展，提高我国安全防护技术和管理水平、降低整套装置及重要危险源、事故隐患点的风险，大幅度减少经济损失和事故死亡人数，从而达到保障国家经济安全的目的。我国必须建立一套完整的体系，通过实施功能安全标准战略，才能使功能安全标准真正起作用。

8.3.4 如何理解安全完整性与SIL等级

1）安全完整性及相关定义

IEC 61508-4中，与安全完整性相关的定义有：

安全完整性(Safety Integrity) 在规定的条件下、规定的时间内，安全相关系统成功实现所要求的安全功能的概率。

安全相关系统(Safety-related System) 所指的系统包括：

——必须要能实现要求的安全功能以达到或保持EUC的安全状态；

——自身或与其他E/E/PE安全相关系统、其他技术安全相关系统或外部风险降低设施一道，能够达到要求的安全功能所需的安全完整性。

安全完整性等级(Safety Integrity Level，SIL) 一种离散的等级(4种可能等级之一)，用于规定分配给E/E/PE安全相关系统的安全功能的安全完整性要求。在这里，安全完整性等级4是最高的，安全完整性等级1是最低的。

安全功能(Safety Function) 针对特定的危险事件，为达到或保持EUC的安全状态，由E/E/PE安全相关系统、其他技术安全相关系统或外部风险降低设施实现的功能。

软件安全完整性(Software Safety Integrity)　在所有规定条件下和规定时间内,软件在可编程电子系统中执行其安全功能的可能性的量值。

系统安全完整性(Systematic Safety Integrity)　在危险失效模式中与系统失效有关的安全相关系统安全完整性的一部分。

硬件安全完整性(Hardware Safety Integrity)　在危险失效模式中与随机硬件失效有关的安全相关系统安全完整性的一部分。

2）安全完整性与安全要求的关系

对安全相关系统、子系统或设备的要求可以分为与安全无关的要求和与安全有关的要求两部分来考虑。与安全相关的要求一般称为安全要求,安全要求应包含在一个独立的安全要求规范中。安全要求又分为安全功能要求与安全完整性要求。安全功能要求是实际的系统、子系统或者设备需要执行的安全功能。而安全完整性要求则规定了每一个安全功能的 SIL 要求。安全完整性与安全要求的关系,如图 8.1 所示。

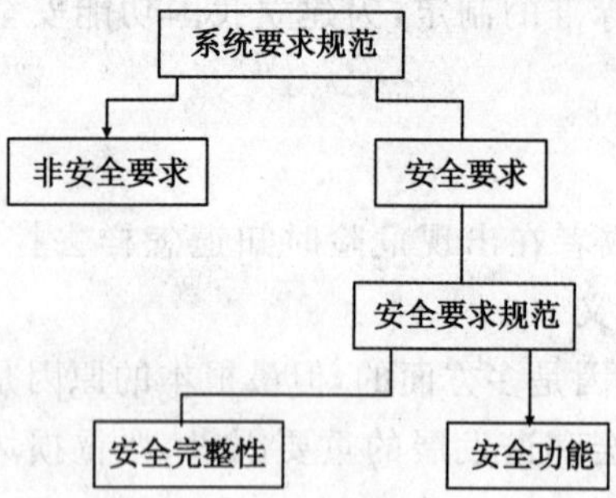

图 8.1　安全完整性与安全要求的关系

3）安全完整性与 SIL 等级的关系

安全完整性包括系统安全完整性与随机安全完整性两部分。系统完整性是安全完整性里不可定量部分,并且与系统故障导致的硬件、软件的危险失效有关。系统故障通常由系统、子系统和设备在安全功能的生命周期内各种人为错误导致,如规范错误、设计错误、制造错误、安装错误、操作错误、维护错误、修改错误等。随机安全完整性是安全完整性的随机危险失效部分,其中唯一可以量化的部分就是硬件失效相关的硬件安全完整性。硬件失效是硬件部分有限的可靠性导致的。系统安全完整性通过质量管理和安全管理条件获得。由于不可能通过定量的方法来评估系统安全完整性,功能安全标准中用 SIL 对技术措施与管理条件进行了分级。安全完整性与 SIL 等级的关系,如图 8.2 所示。

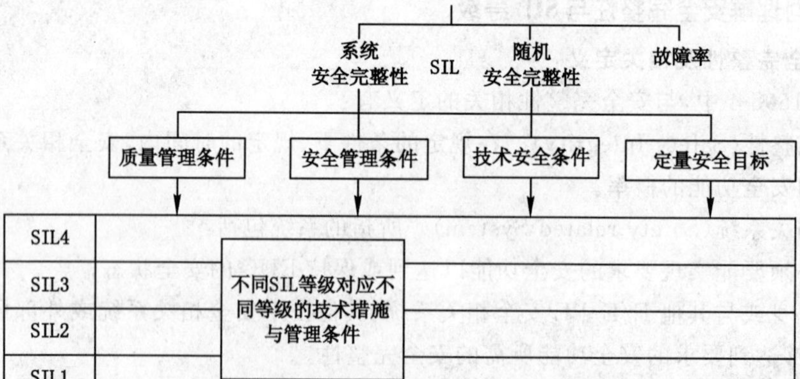

图 8.2　安全完整性与 SIL 等级的关系

4）安全完整性与可靠性的关系

可靠性是一个广义的概念，其针对对象是“产品”，可以是任何元件、设备或系统，可以是零件、部件，也可以是由它们装配而成的机器，或由许多机器组成的机组和成套设备，甚至还把人的作用也包括在内；可靠性衡量的是“产品”在规定条件下和规定时间内，完成规定“功能”的能力。其功能也是一个泛泛的概念，不同领域的产品有不同的要求功能。可靠性数学表达式为：可靠度 $R(t)$ 或平均故障间隔时间 MTBF 等，这是对于产品本身特性的一个度量，虽然，它也是考虑了特定的地点、特定的时间、特定的环境等因素，但是可以说仍然是一个相对独立性的参数。

而安全完整性是一个相对专业的概念，针对的对象是“安全相关系统”，衡量的是“安全相关系统”在规定的条件下和规定的时间内，完成规定的“安全功能”的概率。对要求的功能领域也有一个明确的界定。安全完整性是应用于安全领域的一个专有概念，比可靠性更有针对性。

显然，同可靠性的要求、分配相比，安全完整性所涵盖的因素更加的全面，因此用于安全领域也更加可靠。安全完整性等级是一种离散的等级（4 种可能等级之一），这是因为系统的安全完整性通常是无法量化的，一般跟硬件的安全完整性分开来考虑。可靠性所衡量的平均故障间隔时间、可靠度等，往往通过概率统计等数学方法可以给出量化值。因此，以数学形式表示的可靠性各特征量都是时间的函数。当然，这里的“时间”是个广义的概念。通过以上分析可知，用现有的可靠性概念是无法给整个系统或者软件做出准确全面的可靠性界定的。

总之，可靠性确立的对象范围比较广，但是其所衡量的范畴比较窄。安全完整性是专门针对安全领域的评价指标，它所确立的对象范围窄。但是，对于安全领域里的安全相关系统做评估所考虑的因素、涉及的范畴要广得多。

复习思考题

8.1 设计安全监测系统要注意的基本环节有哪些？
8.2 安全监测系统的设计过程有哪些？要遵循哪些原则？
8.3 安全监测系统的设计步骤有哪些？
8.4 简述安全完整性与可靠性的关系。
8.5 请描述你所参观过的安全监测系统。

9 新技术在安全监测系统中的应用

9.1 数据融合技术

9.1.1 数据融合定义

数据融合是人类或其他动物的信息综合系统中常见的基本功能。人非常自然地运用这一能力，把来自人体各个传感器(眼、耳、鼻、四肢)的信息(景物、声音、气味、触觉)综合起来，并使用先验知识去估计、理解周围环境和正在发生的事件。由于人类感觉具有不同的度量特征，因而可测出不同空间范围内的各种物理现象，把各种信息或数据(图像、声音、气味以及物理形状或上下文)转换成对环境的有价值的解释。

数据融合一词出现在20世纪70年代，并于80年代发展成一项专门技术，它是人类模仿自身信息处理能力的结果。数据融合最早用于军事，1973年美国研究机构就在国防部的资助下，开展了声呐信号解释系统的研究。特别是自从1991年海湾战争，1999年科索沃战争以来，致力于数据融合技术的人显著增加。美、英、德、法、日、俄等国已研制出上百种军用数据融合系统，推动了数据融合技术的发展。目前，在CCCI(Command，Control，Communication and Intelligence)系统中都在采用数据融合技术，在工业控制、农业、机器人、空中交通管制、海洋监视和管理、安全监测监控等领域也朝着数据融合方向发展。如自动化制造过程中的实时过程控制、传感器控制元件、工作站，以及机器人和操作装置控制等均离不开数据融合技术的应用。对于来自无源电子支援测量、红外、声学、运动探测器、火与水探测器等各种信息源的数据融合，可以广泛用于安全监测监控系统，以保证在不同机关和部门之间实现有效的信息共享。

随着系统的复杂性日益提高，依靠单个传感器对物理量进行监测显然限制颇多，因此在安全监测监控系统中使用多传感器技术进行多种特征量的监测(如振动、温度、压力、流量等)，并对这些传感器的数据进行融合，以提高故障定位的准确性和可靠性。数据融合技术的出现为解决这些问题提供了有力的工具，为故障诊断的发展和应用开辟了广阔的前景。

数据融合是针对一个系统中使用多个和(或)多类的传感器这一特定问题展开的一种新的数据处理方法，因此数据融合又称为多传感器信息融合或信息融合。随着数据融合和计算机应用技术的发展，根据国内外的研究成果，数据融合比较确切的定义可概括为：充分利用不同时间与空间的多传感器数据资源，采用计算机技术对按时间序列获得的多传感器观测数据，在一定准则下进行分析、综合、支配和使用，获得对被测对象的一致性解释与描述，进而实现相应的决策和估计，使系统获得比它的各组成部分更充分的信息。

多传感器系统是数据融合的硬件基础,多源信息是数据融合的加工对象,协调优化和综合处理是数据融合的核心。数据融合是一个多级,多层面的数据处理过程,主要完成对来自多个信息源的数据进行自动检测、关联、相关、估计及组合等的处理,目的是通过信息组合而不是出现在输入信息中的任何个别元素,推导出更多的信息,得到更加协同作用的结果,即利用多个传感器共同或联合操作的优势,提高传感器系统的有效性,消除单个传感器的局限性。多传感器数据融合与单源数据相比,具有许多优势,主要体现在以下几个方面:

1)可以提高信息的可信度

利用多种或者多个传感器能够更加准确地获得环境目标的某一特征或一组相关特征,使整个系统所获得的综合信息具有更高的精度和可靠性。

2)增加目标特征矢量的维数

各传感器性能相互补充,收集到的信息中增加了不相关特征,整个系统可获得任何单一传感器不能获得的特征信息,使多传感器系统不易受外界干扰。

3)减少获得信息的代价

和传统的单一传感器系统相比,相同时间内能获得更多的信息,特别是在测量高速运动目标时更是如此,从而减少了获得信息的代价。

4)信息获取时间短,处理速度快

多传感器信息采用并行处理,能够简化分别处理单个传感器的步骤。加之计算机技术在数据融合中的应用,许多需要压缩的原始数据互相关联,可最大限度地利用其信息,缩短系统信息处理的总时间。

5)提高系统容错能力

多传感器所采用的信息具有冗余性。当系统中一个或者几个传感器故障时,尽管某些信息少了,但仍可由其他传感器获得,故数据融合无疑会使系统在利用信息时具有好的容错性和鲁棒性。

数据融合结构的分类有很多种不同的方法,第一种分类方法是基于各传感器数据在输入到融合处理器进行融合之前被处理的程度,在这种分类标准下,数据融合结构被分为传感器级融合、中央级融合及混合式融合。第二种分类方法是按照融合的对象或者过程可分为3个层次:数据层融合,特征层融合和决策层融合。下面详细介绍第二种分类方法中的3个层次:

第一,数据层融合(又称为数据级融合,像素级融合)是直接将各传感器采集到的原始数据进行融合,进行数据的综合与分析。从融合的数据中提取特征向量,完成对被测对象的综合评价。这种融合在各种传感器的原始观测信息未经预处理,或者只做很小处理后就进行数据综合分析,在传感器水平上完成融合,是最低层次的融合。如成像传感器中通过对包含若干像素的模糊图像进行图像处理来确认目标属性的过程就属于数据层融合。数据层融合能够保持尽可能多的原始信号信息,提供其他融合层次所不能提供的细微信息。但是数据层融合处理的传感器信息量过大,速度慢,抗干扰能力较差。

第二,特征层融合(又称为特征级融合)属于中间层次的融合,是先对来自各传感器的原始数据进行特征提取,然后将这些特征进行综合分析和处理,融合成单一的特征向量,完成对被测对象的综合评价。特征层融合可划分为目标状态信息融合和目标特性融合两大类,目标状态信息融合主要应用于多传感器目标跟踪领域,目标特性融合就是特征层联合识别,具体的融合方法采用模式识别的相应技术。特征层融合对原始数据进行了一定的压缩,有利于实时处理，并且由于所提取的特征直接与决策分析有关，因而融合结果能最大限度地给出决策分析所需要的特征信息。但由于数据的丢失使得其准确性和系统的容错与可靠性还有待改善。

特征层融合的优点在于实现了可观的信息压缩，有利于实时处理，并且由于所提取的特征直接与决策分析有关，因而融合结果能最大限度地给出决策分析所需要的特征信息。特征层融合一般采用分布式或集中式的融合体系。

第三，决策层融合（又称为决策级融合）是指在分别对每一传感器的原始数据独立地完成特征提取和评价后，其中包括预处理、特征抽取、识别或判决，以建立对所观察目标的初步结论，然后通过关联处理进行决策层融合判决，最终获得联合推断结果。决策层融合是数据融合中的高级融合。这种融合方法的数据通信量小、实时性好，可以处理非同步信息，能融合不同类型的数据，而且在一个或几个传感器失效时，系统仍能继续工作，具有良好的容错性和可靠性。但是，该技术的不足之处在于原始信息的损失、被测对象的时变特征和先验知识的获取困难以及知识库的巨量特性等，难以得到实际应用。

9.1.2 数据融合原理

数据融合能充分利用不同时间与空间的多信息资源，采用计算机技术对按时序获得的多传感器信息，在一定准则下加以自动分析、综合和使用，获得对被测对象的一致性解释或描述，以完成所需的决策和估计任务，使系统获得更优越的性能。数据融合技术从多信息的视角进行处理及综合，揭示各种信息的内在联系和规律，剔除无用和错误的信息，保留正确和有用的成分，最终实现信息的优化。多传感器系统是数据融合的硬件基础，多源信息是数据融合的加工对象，协调优化和综合处理是数据融合的核心。数据融合研究如何加工、协同利用多源信息，并使不同形式的信息相互补充，以获得对同一事物或目标的更客观、更本质认识的信息综合处理技术。利用多传感器共同或联合操作的优势，能完善精确地反映被测对象的特征，消除信息的不确定性，提高整个系统的可靠性，消除单个或少量传感器的局限性。经过融合的多传感器数据信息具有冗余性、互补性、实时性以及低成本性的特点。

数据融合实际上是对人脑综合处理复杂问题的一种功能模拟，它的基本原理就是充分利用多传感器资源，通过这些传感器及观测信息的合理支配和使用，将各种传感器在空间或时间上的冗余或互补信息依据某种准则进行组合起来，产生被测对象的一致性解释或描述。其目的是基于各传感器分离的观测信息，通过对这些信息的优化组合导出更多的有用信息，最终目标是利用多传感器共同或联合的操作优势，来提高整个传感器系统的有效性，消除单个或少量传感器的局限性。这些信息抽象层次包括检测层、位置层、属性层、态势层和威胁层。多传感器信息融合根据组合而不是出现在输入信息中的任何个别元素，推导出更多的信息，这是最佳协同作用的结果。在多传感器数据融合系统中，各传感器的数据可以具有不同的特征，可能是实时的或非实时的、模糊的或确定的、互相支持的或互补的，也可能是相互矛盾或竞争的。

数据融合过程包括多传感器、数据预处理、信息融合中心和输出等过程，如图 9.1 所示。由于被测对象多为具有不同特征的非电量，如压力、气体含量、温度等，因此首先要通过传感器转换电路将这些非电量转换成为电信号，然后经过融合中心将它们转换成能由计算机处理的数字量。数字化后的电信号由于环境等随机因素的影响，不可避免地存在一些干扰和噪音信号，通过预处理，采用滤波等方法滤除数据采集过程中的干扰和噪音，得到有用信号。预处理后的有用信号就送入融合中心进行信息融合，经过特征提取，并对某一特征量进行融合计算，最后输出融合结果。

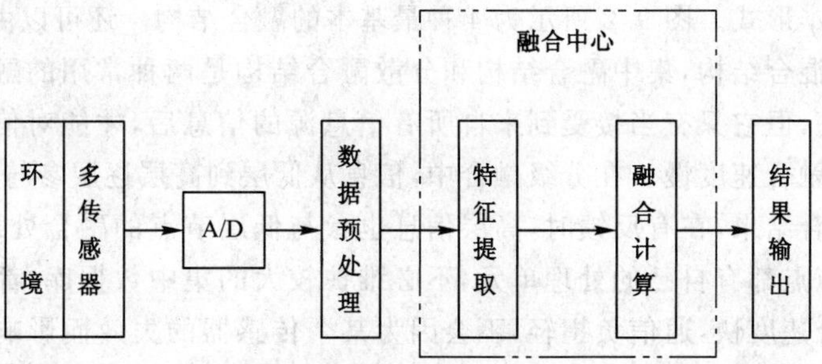

图 9.1 数据融合过程流程图

数据融合中心对来自多个传感器的信息进行融合，也可以将来自多个传感器的信息和人机界面的观测事实进行信息融合(这种融合通常是决策级融合)。提取特征信息，在推理机作用下，将特征与知识库中的知识匹配，做出故障诊断决策，提供给用户。在基于信息融合的故障诊断系统中可以加入自学习模块，故障决策经自学习模块反馈给知识库，并对相应的置信度因子进行修改，更新知识库；同时，自学习模块能根据知识库中的知识和用户对系统提问的动态应答进行推理。以获得新知识，总结新经验，不断扩充知识库，实现专家系统的自学习功能。

1）信号的获取

根据具体情况采取不同的传感器可获取被测对象的信号，工程信号的获取一般采用工程上的专用传感器，将非电量信号或电信号转换成 A/D 转换器或计算机 I/O 口能接收的电信号，在计算机内进行处理。

2）信号预处理

在信号获取过程中，由于各种客观因素的影响，检测到的信号常常混有噪声。此外，经过 A/D 转换后的离散时间信号除含有原来的噪声外，又增加了 A/D 转换器的量化噪音。因此，在对多传感器信号融合处理前，有必要对传感器输出信号进行预处理，尽可能地去除这些噪音，提高信号的信噪比。信号预处理的方法主要有取均值、滤波、消除趋势项等。

3）特征提取

对来自多传感器的原始数据进行特征提取，特征可以是被测对象的各种物理量。例如，在安全监测监控系统中通常需要检测的环境参数很多，包括风速、氧气浓度、瓦斯浓度、温度和粉尘等。

4）融合计算

这是数据融合的关键。实现融合的方法很多，对于不同的应用场合与应用要求，融合方法也不尽相同，主要有数据相关技术估计理论和识别技术等。融合计算主要就是对多传感器的相关观测结果进行验证、分析、补充、取舍和状态跟踪估计对新发现的不相关观测结果进行分析和综合生成综合态势，实时地根据多传感器观测结果，通过融合计算对综合态势进行修改等。

9.1.3 数据融合算法

1）数据融合的结构

关于数据融合系统的结构目前尚没有形成统一的分类形式，数据融合的结构模型应根据应用特性灵活确定，一般有集中式、分散式和分级式结构。分级式结构又有反馈结构和无反馈结构 4 种基本形式。图 9.2 所示为 4 种最基本的融合结构。还可以由这 4 种基本结构构成多种不同的混合结构，集中融合结构和分散融合结构是两种常用的融合结构。集中式结构简单，精度高，但它只有当接受到来自所有信息源的信息后，才能对信息进行融合。所以，通信负担重，融合速度慢。在分级融合中，信息从低层到高层逐层参与处理，高层节点接收低层节点的融合结果，在有反馈时，高层信息也参与低层节点的融合处理；分散式结构和分级结构，每个节点都有自己的处理单元，不必维护较大的集中数据库，都可以对系统做出自己的决策，融合速度快，通信负担轻，不会因为某个传感器的失效而影响整个系统正常工作。所以，它们具有较高的可靠性和容错性，但融合精度不如集中式好。至于结构的选择，应根据性能评估和设计权衡两方面由具体系统应达到的要求而定。

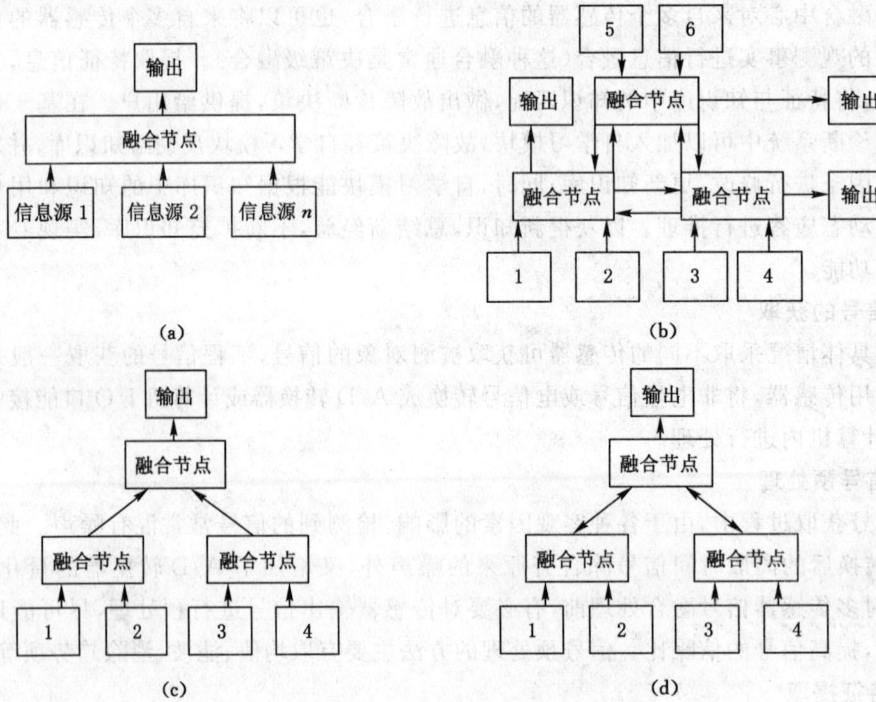

图 9.2　数据融合结构图

2）数据融合的方法

数据融合涉及多方面的理论和技术，如信号处理、估计理论、不确定性理论、模式识别、最优化技术、聚类分析、模糊推理、小波变换、神经网络和人工智能等。由不同的应用要求形成的各种方法都是融合问题的一个子集。常见有以下几种数据融合方法。

(1) 加权平均法

这是最简单、直观融合多传感器低层数据的方法。其基本思想是将一组传感器提供的冗余信息进行加权平均，并将结果作为信息融合值。当每个传感器的测量值为标量，且加权值反比于每个传感器标准差时，加权平均法等效于贝叶斯法。加权平均法的一个应用实例是 HILARE 移动机器人，该机器人由触觉、听觉、二维视觉、激光测距等传感器提供信息，经过集成得到环境物体的分布并确定机器人的位置，其中采用了加权平均法作为信息融合方法对物体轮廓的融合设计。

(2) 卡尔曼滤波

该方法多用于实时融合动态的低层次冗余传感器信息。它利用测量模型的统计特性，经过递推运算，估计出在统计意义下是最优的融合数据。当系统具有线性动力学模型，且噪声是高斯分布的白噪声时，该法为融合数据提供了唯一的统计意义下的最优估计。卡尔曼滤波的递推特性使数据处理不需大量的数据存储和计算。在实际应用中，如果数据处理不稳定或者假设系统模型为线性而对融合造成不良影响时，则可以采用扩展卡尔曼滤波。卡尔曼滤波的实际应用有：采用图像序列的目标识别、机器人导航、目标跟踪、惯性导航和遥感等领域。

(3) 经典推理法

该法即是对两种假设的检验。对一个给定的先验假设，计算观察值的概率，从而推理描述一个假设条件下观测到的事件的概率。这种方法的典型应用是，对给定的多个事件进行观测，求出一个假设态势的概率。经典推理法完全依据数学理论，严格地应用需要相应的先验概率分布知识，而这些知识在实际应用中又往往是不知道的，其应用范围较窄，因而对单一事件(主观概率)很大程度上不能用。

(4) 贝叶斯估计

贝叶斯估计是融合静态环境中多传感器低层数据的一种常用方法。其基本思想是，首先对传感器信息进行相容性分析，删除那些可信度很低的信息；然后对保留下来的信息进行贝叶斯估计，求得最优的信息融合。

贝叶斯估计法解决了经典推理方法的某些困难，能在给定一个预先似然估计和附加证据(观测)条件下，更新一个假设的似然函数，当获得测量值后，可以将给定假设的先验密度更新为后验密度。贝叶斯推理的一个重要特点是它适用于多假设情况。贝叶斯估计将信息描述为概率分布，它适用于具有可加高斯噪声的不确定性场合。当传感器组的观测坐标一致时，可以用直接法对传感器数据进行融合；当传感器是从不同的坐标体系对同一对象进行描述时，要以间接方式采用贝叶斯估计进行数据融合。间接法要解决的问题是求出与多个传感器读数相一致的旋转矩阵以及平移向量。

在此基础上，Durrant-Whyte 提出了多贝叶斯估计，即将每一个传感器看做一个贝叶斯估计器，将各单独物体的关联概率分布结合成一个联合的后验概率分布函数，然后通过对联合分布函数的似然函数取极值，以求得传感器信息的最终融合值。

(5) D-S 证据决策理论

1967 年 Dempster 提出 D-S 证据理论的概念，奠定了其数学基础。适用于传感器贡献的信息和它们的输出决策的确定性概率并不完全相关的情况。D-S 证据决策理论可认为是广义贝叶斯理论，它考虑了一般水平的不确定性。在贝叶斯方法中，所有特征被赋予相同的先验概率，当从传感器得到额外的附加信息，并且未知特征的数目大于已知特征的数目时，概率会变得不稳定。在 D-S 理论中，对未知特征不赋予先验概率，而赋予它们新的量度——未知度。只有在获得验证性信息时，才赋予这些未知特征以相应的概率值。这样，D-S 理论避免了贝叶斯方法的不足。D-S 理论采用了概率区间和不确定区间来确定多证据下假设的似然函数。引入了信任度函数，它满足比概率论更弱的公理，能够区分不确定和不知道的差异。当概率值已知时，证据理论就变成了概率论。把证据理论用于多传感器融合时，将传感器信息的不确定性表示为可信度，利用信息可信度合并规则处理各传感器信息。

(6) 品质因素法

品质因素法的基本思想是依据观察数据和先验加权系数，计算两个观测实体之间的相似度。该法经常用于相关和自相关系统中，以进行联系程度的定量说明。由于采用加权系数，故品质因素法相对较简单，并具有适应性。但该法不能及时反映出观测环境的影响。

(7) 模板法

模板法的出发点是采用一般的数据记录完成复杂关联所需的模式识别。它通过观测数据与先验模板匹配处理，来确定观测数据是否支持由模板所表征的假设。一个模板可以包含参数表、布尔条件、权系数、门限，以及用于描述一个事件、活动或假设条件的其他要素。可以认为，模板是知识库的框架概念的一种实现形式。

(8) 熵理论

熵理论是用于数据融合的一种新技术，它从信息论的观点解释数据融合的过程，认为数据融合实质上就是不确定性减少的过程。由熵理论出发，可构造数据融合过程的数学模型，诸如基于熵准则的推理模型或基于熵准则的特征层识别融合。数据融合就是融合输出的不确定性比单一传感器或部分传感器系统输出的不确定性得到更大程度的压缩(或减少)。这种融合所取得的在压缩系统不确定性方面的收益，即融合的有效性，是由信息的关联来保障的。熵理论的研究着眼于融合系统的宏观统计性质，主要关心反映系统整体性质的不确定性变化过程。而对于融合系统的另一重要性质——容错性，则仅仅依靠熵理论来刻画是不够的，神经网络则弥补了这方面的缺陷。

(9) 聚类分析

聚类分析法的基本思想是采用某些方法，根据预先指定的相似标准(相似度)将观测数据分成一些自然组。经典的聚类方法基本上不使用统计理论，它把数据分类成特定的数据表。当很难找到适当的理论方法对观测数据进行属性说明或分类处理时，这种方法对属性说明和分析观测数据是很有用的。聚类分析法在指纹照片识别和军事识别中得到了很好的应用。

(10) 模糊推理

多传感器系统中各信息源提供的信息都有一定程度的不确定性，对这些不确定信息的融合过程实质上是一个不确定性推理过程。模糊逻辑是典型的多值逻辑，能够方便地表示不确定性。

9.1.4 煤矿安全监测系统中数据融合技术

1) 煤矿安全监测系统中的数据融合结构

煤矿环境主要监测的是矿井大气中瓦斯浓度、一氧化碳、风速、粉尘和温度等环境参数。这些环境因素超限时都会给煤矿安全生产和矿工的生命造成威胁。将这些环境参数作为数据融合的信息源，从而对其进行有效检测。

煤矿环境的数据融合结构中，主要有4部分组成：第一部分是由若干传感器构成的多类传感器集合；第二部分是一级数据融合部分，在这部分中的主要工作是将传感器检测的同一环境参数的多传感器数据进行数据融合；第三部分是二级数据融合，这一环节是将一级同源融合数据的结果，应用多源数据融合方法进行二级融合；第四部分包含信息协调管理和煤矿环境数据库2个模块。

2) 自适应加权算法对煤矿环境参数的一级融合

系统采用两种数据融合方法：D-S证据理论和自适应加权数据融合方法，它们融合在不同层次上并对多传感器监测数据进行融合。

传感器测量的数据中总是存在噪声，所以根据监测数据得到的估计值存在着估计误差，而该估计误差也是一个随机量。因此，评价一个估计算法的好坏一般都以均方误差作为评价指标。对于多传感器的信息，由于各个传感器的测量精度和测量环境不同，测量的准确性必然存在差异，如果对多传感器一视同仁，不加区别地将监测数据加以处理利用，必然带来监测结果的不精确导致系统处理结果的误差，有时这个误差会很大。所以，需要针对各个传感器在系统中所处的地位和准确性，有选择地对传感器的重要性加以区别，这就是自适应加权数据融合算法的依据。自适应加权数据融合方法主要用于监测监控系统底层传感器检测数据的一级融合，为二级融合提供更加准确的现场检测信息和系统状态信息。

数据采集卡接收从传感器传来的现场检测信息为信号获取部分经过 A/D 转换后送入计算机进行初步的分析与处理，为信号预处理部分。将不同检测信息分别进行处理为特征提取部分，然后就进入数据融合部分，自适应加权数据融合方法直接融合多传感器数据对检测信号进行融合，得出融合的传感器检测信息，最后采用 D-S 证据理论算法对融合后的检测信息进行二次融合，得出对现场状态的估计并作出判断与决策。

多传感器对煤矿井下各种参数进行监测监控，并实时传送到分站中的数据采集卡上，由于现场监测监控信息多，数据量大，对正确率与信息处理的实时性要求非常高。传统的检测数据处理方法在检测准确度和处理速度之间产生矛盾，多传感器数据自适应加权融合不要求知道传感器测量数据的任何先验知识，只是依靠传感器提供的测量数据，就可以融合出均方误差最小的数据融合值，使用尽量少的测量数据就能进行均方差最小的估计，而且数据传输与处理时间比较少，是一种理想的传感器检测数据分析处理的方法。系统中数据采集卡采集到的检测数据包括瓦斯浓度、现场温度、风速、压力等各种信息，对每种信息的检测数据进行数据融合，得到该参数的准确测量。下面以瓦斯监测数据融合为例具体阐述自适应加权融合算法的实现过程。

瓦斯监测系统一般由监测传感器、井下分站、信息传输系统、地面中心站和监控应用软件等部分组成。图 9.3 所示为煤矿瓦斯安全监测系统结构框图。

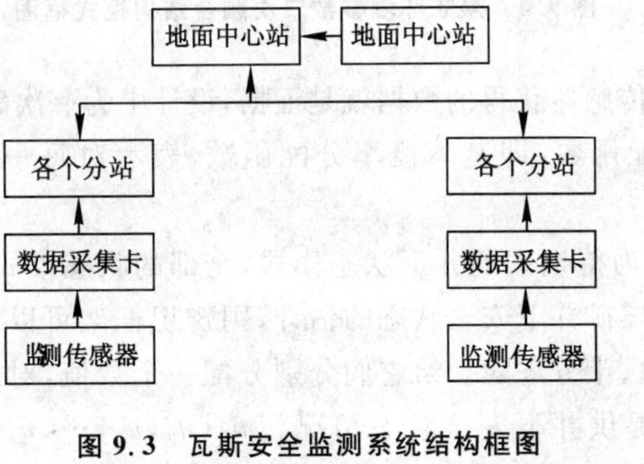

图 9.3　瓦斯安全监测系统结构框图

在采掘面顶部分散安装有 8 个瓦斯浓度传感器，其检测瓦斯浓度数据分别为 0.56，0.73，0.82，0.64，0.77，0.69，0.93，0.65，各个传感器的方差 σ_i^2（$i=1\sim8$）分别为 0.44，0.47，0.52，0.53，0.49，0.68，0.81，0.55，各个传感器对应的检测数据的自适应加权因子 W_p（$p=1\sim8$）分别为 0.184，0.161，0.131，0.126，0.148，0.077，0.056，0.117，则计算融合值为

$$\hat{X} = \sum_{p=1}^{n} W_p \overline{X}_p(k) = \sum_{p=1}^{8} W_p X_p(k)$$
$$= 0.184 \times 0.56 + 0.161 \times 0.73 + 0.131 \times 0.82 + 0.126 \times 0.64 +$$
$$0.148 \times 0.77 + 0.077 \times 0.69 + 0.056 \times 0.93 + 0.117 \times 0.65$$
$$= 0.704$$

即本次采样得到的本采掘面瓦斯浓度为0.704%。根据各个传感器的方差得出其各自的加权因子，测量准确度高的传感器具有较高的加权因子，而且随着检测次数的增加，每次测量中都根据各测量数据计算出其加权因子，其在检测数据处理中的重要程度由加权因子体现出来，这样就更能根据多传感器的优势，充分考虑环境等因素的干扰，减小偏差较大的数据对测量准确度的影响，提高测量系统的准确性。

3) D-S 证据理论对多传感器数据的二次融合

经过一次融合的各类监测数据在计算机内还需要综合起来分析，提供更多的关于现场的整体状态信息。采用了D-S证据理论对多传感器的一次融合结果进行二次融合。如图9.4所示，影响煤矿井下安全的主要因素包括瓦斯含量、温度、风速、压力等，这些因素综合起来对矿井的安全产生影响。要综合分析这些因素的状态和变化情况判断矿井的安全状况。在井下按照煤矿安全规程的规定，合理安放各种传感器，分别对上述参数进行监测，并且每种传感器也在一定区域内安装多个，形成对特定区域的全面监测。各种传感器监测数据经过自适应加权融合算法后，提供了对现场参数的综合反映，然后采用证据理论进行融合。

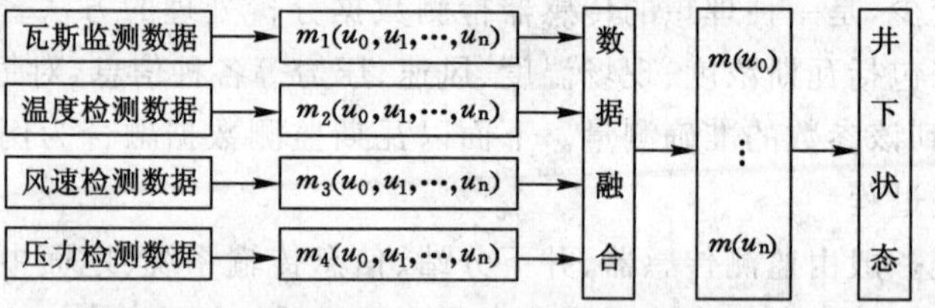

图9.4 煤矿环境参数二次融合结构模式框图

对于证据理论，从传感器获得的数据就是证据，设计中为一次融合结果。由此构成待识别目标模式的信度分配函数，即基本概率分配函数，表示对每一个目标模式假设的可信程度。

图中 $u_0, u_1, \cdots, u_n$ 为待识别的井下状态模式，全部的状态模式构成证据理论的辨识框架，辨识框架自然是对煤矿井下安全状态的估计，则辨识框架可以定义为绝对安全、一般安全、临界安全、比较危险、十分危险。给它们分别分配一个数值，对应不同的安全等级，系统就可以以直观的方式提供井下安全状态情况。$m_1(u_0, u_1, \cdots, u_n)$，$m_2(u_0, u_1, \cdots, u_n)$，$m_3(u_0, u_1, \cdots, u_n)$，$m_4(u_0, u_1, \cdots, u_n)$分别为瓦斯浓度、温度、风速、压力等传感器分配到各个煤矿井下状态模式的基本概率赋值函数，$m(u_0) \cdots m(u_n)$为经过证据理论二次融合后分配到各个井下状态模式的基本概率赋值函数。

传感器监测数据的基本概率赋值函数是对目标状态模式的可信程度的一种推测，是一种人的推断，这种判断受各种因素的影响。不同的想法可能会构成不同的基本概率赋值函数的分配，采用基于模糊理论的方法确定井下各种传感器监测数据的基本概率赋值函数。

在确定各传感器监测数据的基本概率赋值函数时，要考虑目标状态模式的数目、传感器总数、传感器可靠性系数等因素，其中传感器的环境加权系数由传感器特性及现场经验而定，有一定的主观性。传感器对目标状态模式的相关系数借助模糊理论中的隶属度函数来确定。当监测系统正常工作，井下状态处于安全稳定时，各参数的测量值应该是稳定的，如果井下发生异常，有可能导致瓦斯爆炸等事故时，传感器的测量值就会偏离正常范围，这种状态可以用模糊控制理论中的隶属度函数来表示，隶属度函数即证据理论中确定基本概率赋值函数时的各传感器对目标状态模式的相关系数。

确定各传感器检测数据的基本概率赋值函数后，应用证据理论的证据组合规则，进行融合决策，得出融合后目标状态模式的基本概率赋值函数，然后计算目标状态模式的总的信任度区间，根据此区间与目标状态模式的辨识框架的对应，得到对井下状态模式的估计，为操作人员了解井下状态信息作出正确的决策提供了保证。

LabVIEW 软件平台将数据采集和测试分析中常用的数学与信号分析算法程序集成在一起，提供了先进的数学与信号分析环境。LabVIEW 具有很强的数据运算及处理功能并且实现方便，而且 LabVIEW 具有很强的扩展功能，能够调用其他语言编写的程序，充分利用高级语言编程的优势。

对于自适应加权融合算法采用 LabVIEW 中数学分析模板中的公式节点可以轻松实现，公式计算节点主要提供了将外部公式或数学描述直接连接到 LabVIEW 中的功能，对于不太复杂的数学处理过程，可以直接将运算按照 C 语言的编程方法，将公式写入节点内提供的编程环境中。

对于证据理论融合算法，本融合算法中主要的运算就是矩阵运算，这可以通过 LabVIEW 中的二维数组的运算实现。在每个采样周期内，将监测数据存入一个二维数组中，每一行表示一种传感器的监测数据，对各行采集数据进行运算得出各种传感器对井下状态分配的基本概率赋值函数，然后根据基本概率赋值函数，计算各传感器对应的井下状态的信任度区间，然后综合个行参数，得到对井下状态的估计。由此可见，利用 LabVIEW 可以非常方便地实现数据融合算法。

9.2 人工神经网络

人工神经网络（Artificial Neural Network，ANN）是由大量处理单元（神经元）广泛互联而成的网络、其组织能够模拟生物神经系统对真实世界所做出的交互反应，基于人工神经网络建立计算模型，并用于解决科学和工程中的问题，通常也称为神经计算。

神经网络最早的研究来自神经科学的两项重要研究成果：一项是 19 世纪末 James 关于神经结构的研究（即神经系统由神经元组成，神经元之间是相互连接的），它奠定了目前大多数人工神经网络结构设计的基础；另一项是 20 世纪中叶 Mcculloch 和 Pitts 提出的 M—P 模型，揭示了神经元的工作方式（神经元有兴奋与抑制 2 种状态），它奠定了人工神经网络计算原理的基础。随后，在 Hebb 提出了 Hebb 学习规则、Resenblatt 研制出感知机（Perceptron）之后，神经计算受到了极大的重视，吸引了大批研究人员参与该领域的研究工作，并取得了一定的进展。但是，由于 1969 年 Minsky 和 Papert 指出感知机的缺陷并表示出对该方面研究的悲观态度，同时，在 20 世纪六七十年代，以产生式规则为内部表示的专家系统方法展示出灿烂的前景，使得很长时间内神经计算的研究几乎处于停滞状态。在此期间，为专家系统服务的知识工程成为了人工智能研究的主流。但是,随着知识工程的发展,Feigenbaum 等知识工程倡导者意识到了所谓"知识瓶颈"问题,即将人类专家的知识转化为机器可执行的规则存在着很大的困难,而如果机器能够自学习,则可望解决该瓶颈问题。于是,机器学习研究得到了迅猛的发展。研究者们发现,与机械学习、类比学习等学习方式相比,示例学习是解决"知识瓶颈"问题唯一可行的方法。在这段冷遇时期(1967—1982),仍有不少学者继续坚持神经网络的理论研究,如 Amari 致力于数学理论方面的研究,Anderson 提出了 BSB 模型,Fukushima 发表了神经认知机网络理论,Grossberg 提出了自适应共振理论,Kohonen 提出了自组织映射网络,这些人的努力为神经网络的进一步发展奠定了牢固的基础。1982 年,Hopfield 利用全互联型神经网络和计算能量函数成功求解了计算复杂度为 NP 完全型的 TSP 旅行商问题,充分展示了神经计算作为一种数值型示例学习方法所蕴藏的巨大潜力。从此,神经计算成为一个非常热门的研究领域。受到越来越多人的关注,新模型、新理论也层出不穷。

9.2.1 人工神经网络概述

1) 神经元模型

(1) 生物神经元模型

人脑是由大量的神经细胞组成的,它们之间相互连接,每个神经细胞(神经元)具有如图 9.5的结构。由图看出,脑神经元由细胞体、树突和轴突构成。细胞体是神经元的中心,它一般又由细胞核、细胞膜等组成;树突是神经元的主要接收器,它主要用来接收信息;轴突的作用主要是传导信息,它将信息从轴突起点传到轴突末梢,轴突末梢与另一个神经元的树突形成细胞体构成一种突触的机构,通过突触实现神经元之间的信息传递。

(2) 人工神经元模型

人工神经元是利用物理器件来模拟生物神经网络的某些结构和功能。图 9.6 是最典型的人工神经元模型。

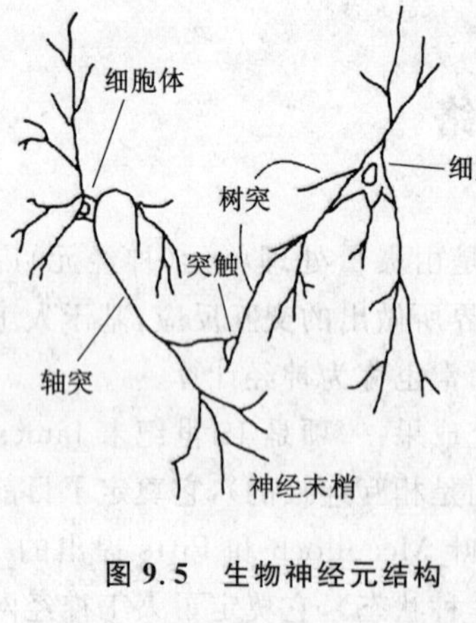

图 9.5 生物神经元结构

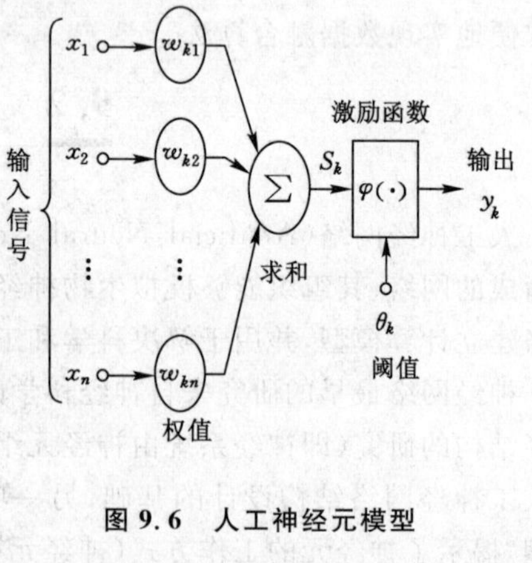

图 9.6 人工神经元模型

在生物学研究的基础上,提出了模拟大脑生物过程的基本特性以及人工神经网络的模型。它只是对生物网络的某种抽象、简化和模拟,是人脑神经系统功能的真实描述。神经元及突触是神经网络的基本器件,在人工神经元中,神经元常被称为"处理单元",在网络中有时称为"节点"。

人工神经元是对生物神经元的一种形式化描述,它对生物神经元的信息处理,用数学语言表达，对结构和功能进行模拟并用模型图予以表达。人工神经网络（ANN）有时也称神经网络或网络。

2）人工神经元的结构模式

人们所提出的神经元模型已有很多种，其中经常用的是 MP 模型，经过不断改进后，形成目前广泛应用的神经元模型，它是基于以下几点假定：

① 每一个神经元是一个多输入单输出的信息单元。

② 突触分兴奋性和抑制性两种类型。

③ 神经元输出有阈值特性，其有如下规则：当输入总和超过阈值时，神经元才被激活；未超过阈值时，神经元不会发生冲动。

④ 神经元的输入与输出间有固定的时滞，主要取决于突触时延。

⑤ 忽略时间的整合和不应期。

⑥ 神经元本身是非时变的，即其突触延时和突触强度均为常数。

由上面的假定可知，构成的人工神经单元模型如图 9.7 所示。

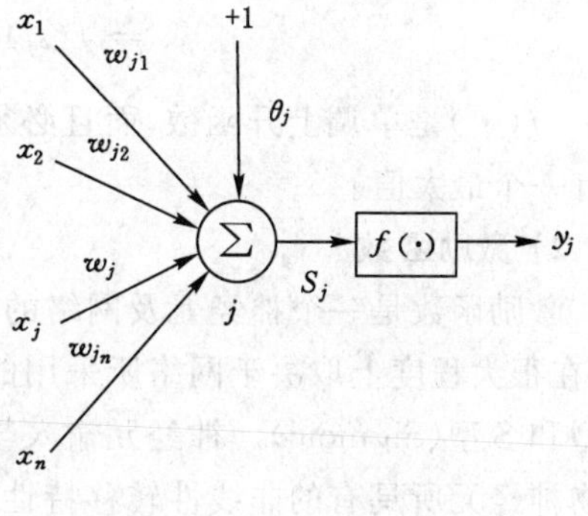

图 9.7 人工神经单元模型

图中，$x_0, x_1, \cdots, x_i, \cdots, x_n$ 分别代表来自其他神经元轴突的输入；$w_{j1}, w_{j2}, \cdots, w_{ji}, \cdots, w_{jn}$ 则分别表示神经元 $1, 2, \cdots, i, \cdots, n$ 与第 j 个神经元的突触连接强度，即权值。正值表示兴奋型突触，负值表示抑制型突触。

图 9.7 的人工神经元是生物神经元的一阶近似。因为它没有考虑生物原形的诸多因素，如没有考虑动态特性的延时，而是输入后立即输出，以及频率的调制功能。但是，它考虑了 3 个重要功能：加权——可对每个输入信号进行不同程度的加权；求和——确定全部输入信号的组合效果；转移——通过转移函数 $f(\cdot)$ 确定其输出。通过这 3 个功能的模拟，基本反映了生物神经元的基本特性。

若输入以 X 列矢量表示为

$$\boldsymbol{X} = \begin{bmatrix} x_0 \\ x_1 \\ \vdots \\ x_i \\ \vdots \\ x_n \end{bmatrix} = (x_0, x_1, \cdots, x_i, \cdots, x_n)^{\mathrm{T}} \tag{9.1}$$

式中，n 是矢量 $\boldsymbol{X}$ 的维数，或称为分量数。

用行矢量 $\boldsymbol{W}_j$ 表示单元的 j 连接权矢量

$$\boldsymbol{W}_j = (w_{j1}, w_{j2}, \cdots, w_{ji}, \cdots, w_{jn}) \tag{9.2}$$

图 9.7 中的 θ_j 叫做阈值，一般接至固定偏置 $+1$。神经元又称为节点，节点 j 的净输 s_j 定义为

$$s_j \sum_{i=1}^{n} w_{ji} x_i + \theta_j = W_j X + \theta_j \tag{9.3}$$

如果视 $x_0=1, w_{j0}=\theta_j$，即令 $\boldsymbol{X}$ 及 $\boldsymbol{W}_j$ 包括 x_0 及 w_{j0}，则

$$X=(x_0,x_1,\cdots,x_i,\cdots,x_n)^{\mathrm{T}} \tag{9.4}$$

$$\boldsymbol{W}_j=(w_{j1},w_{j2},\cdots,w_{ji},\cdots,w_{jn})\begin{bmatrix}x_0\\x_1\\\vdots\\x_i\\\vdots\\x_n\end{bmatrix}=\boldsymbol{W}_j\boldsymbol{X} \tag{9.5}$$

也就是说，神经元的净输入 x_j 可用该单元的权矢量 $\boldsymbol{W}$ 与输入矢量 $\boldsymbol{X}$ 的点积表示。

θ_j 值的确定有两种方法：$w_{j0}=\theta_j$ 为预先确定的恒值，不调整；w_{j0} 也像其他值一样，由学习算法调整。

净输入(阈值 θ_j)s_j 通过转移函数 $f(\cdot)$后，便是神经元的输出 y_j

$$y_j=f(s_j)=f\Big(\sum_{i=1}^{n}w_{ji}x_i\Big)=f(\boldsymbol{W}_j\boldsymbol{X}) \tag{9.6}$$

式中，$f(\cdot)$是单调上升函数，而且必须是有界函数，因为细胞传递的信号不可能无限增加，必有一个最大值。

2）激励函数

激励函数是一个神经元及网络的核心。网络解决问题的能力与效果除了与网络结构有关，在很大程度上取决于网络所采用的激励函数。常用的激励函数有阀值型(硬限制型)、线性型和 S 型(Sigmoid)。神经元输入与输出的对应关系是以转移函数来表示，其作用是模拟生物神经元所具有的非线性转移特性。神经元的各种不同数学模型的主要区别在于采用不同的激励函数，从而使神经元具有不同的信息处理特性。

(1) 线性函数

$$\varphi(\mathrm{net})=k\times\mathrm{net}+c$$

(2) 非线性斜面函数

$$\varphi(\mathrm{net})=\begin{cases}\gamma & \mathrm{net}\geqslant\theta\\ k\times\mathrm{net} & |\mathrm{net}|<\theta\\ \gamma & \mathrm{net}\leqslant\theta\end{cases}$$

式中，θ 为阈值；γ 为一正常数，被称为饱和值，为神经元的最大输出。

(3) 阈值函数

$$\varphi(\mathrm{net})=\begin{cases}\alpha & \mathrm{net}>\theta\\ \beta & \mathrm{net}\leqslant\theta\end{cases}$$

式中，α,β,θ 均为非负实数，其中 θ 为阈值。

(4) sigmoid 型函数

$$\varphi(\mathrm{net})=a+b/[1+\exp(-\alpha)\times\mathrm{net}]$$

式中，a,b,α 均为常数，它的饱和值为 a 和 $a+b$。

最简单的形式为：$\varphi(\mathrm{net})=1/[1+\exp(-\alpha)\times\mathrm{net}]$，此时函数的饱和值为“0”和“1”。这类激励函数具有平滑和渐近性，并保持单调性。

非线性传递函数，从本质上看可以认为具有两个显著的特征：一是它的突变性；二是它的饱和性。这正是为了模拟神经细胞兴奋过程所产生的神经冲动性以及疲劳等特征。

9.2.2 人工神经网络的类型

人脑具有记忆、联想、推理和判断等高智能的功能，其原因就在于众多的神经元按一定方式连接成网络集体工作，并按一定规则调整各单元间的突触连接强度。对于模拟生物神经网络的人工神经网络的主要功能决定于：一是网络的组成结构形式，也就是人工神经网络的连接方式；二是网络的学习和运行规则，即网络中连接权值的调整规则。虽然力图模拟生物神经网络的结构与功能，但两者不论在神经元的数量和网络结构的复杂程度，还是在网络智能性方面都相差甚远，人工神经网络的模仿在现阶段仍然处于低水平。

1）单层前馈网络

如图 9.8 所示，输入层(图中实心黑点)只起到分配输入信号及传递信息的作用，故不算一层。输出层(图中空心圆圈)用来处理信息，并向外界输出结果。圆圈表示神经元，又称为节点。

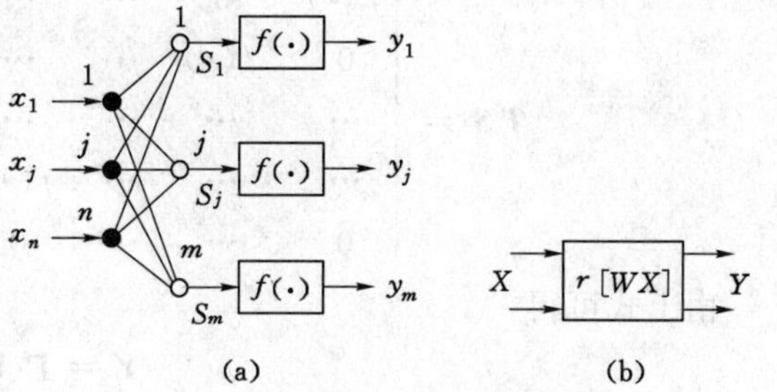

图 9.8　单层前馈网络

(a) 单层前馈网络图；(b) 网络符号图

网络中任何一层神经元的连接权，可用下面表示的权矩阵 $\boldsymbol{W}$ 表示

$$\boldsymbol{W}=\begin{pmatrix} w_{11} & w_{12} & \cdots & w_{1i} & \cdots & w_{1n} \\ w_{21} & w_{22} & \cdots & w_{2i} & \cdots & w_{2n} \\ \vdots & \vdots & & \vdots & & \vdots \\ w_{j1} & w_{j2} & \cdots & w_{ji} & \cdots & w_{jn} \\ \vdots & \vdots & & \vdots & & \vdots \\ w_{m1} & w_{m2} & \cdots & w_{mi} & \cdots & w_{mn} \end{pmatrix}_{m\times n} \tag{9.7}$$

式中，权矩阵 $\boldsymbol{W}$ 中的关系是：

① 权矩阵 $\boldsymbol{W}$ 的行数等于输出节点 m，第 j 行是输出节点 j 的权矢量 $\boldsymbol{W}_j$(行矢量)；

② 矩阵列数等于输入节点数 n，第 i 列是由与 x_i 相连的各权值所组成的列矢量。若网络输出层各点的净输入也用矢量表示

$$\boldsymbol{S}=\begin{pmatrix} s_1 \\ s_2 \\ \vdots \\ s_i \\ \vdots \\ s_n \end{pmatrix}$$

则有

$$\boldsymbol{S}=\boldsymbol{W}\boldsymbol{X}=\begin{pmatrix} w_{11} & w_{12} & \cdots & w_{1i} & \cdots & w_{1n} \\ w_{21} & w_{22} & \cdots & w_{2i} & \cdots & w_{2n} \\ \vdots & \vdots & & \vdots & & \vdots \\ w_{j1} & w_{j2} & \cdots & w_{ji} & \cdots & w_{jn} \\ \vdots & \vdots & & \vdots & & \vdots \\ w_{m1} & w_{m2} & \cdots & w_{mi} & \cdots & w_{mn} \end{pmatrix}\begin{pmatrix} x_0 \\ x_1 \\ \vdots \\ x_i \\ \vdots \\ x_n \end{pmatrix} \tag{9.8}$$

若引入输入与输出特性矩阵 $\boldsymbol{\Gamma}$

$$\boldsymbol{\Gamma}=\begin{bmatrix} f(\cdot) & 0 & \cdots & \cdots & 0 \\ 0 & f(\cdot) & \cdots & \cdots & 0 \\ \cdots & \cdots & \cdots & \cdots & \cdots \\ \cdots & \cdots & \cdots & f(\cdot) & 0 \\ 0 & \cdots & \cdots & 0 & f(\cdot) \end{bmatrix}_{m\times n} \tag{9.9}$$

$$\boldsymbol{TS}=\begin{bmatrix} f(\cdot) & 0 & \cdots & \cdots & 0 \\ 0 & f(\cdot) & \cdots & \cdots & 0 \\ \cdots & \cdots & \cdots & \cdots & \cdots \\ \cdots & \cdots & \cdots & f(\cdot) & 0 \\ 0 & \cdots & \cdots & 0 & f(\cdot) \end{bmatrix}\begin{bmatrix} s_1 \\ \vdots \\ s_i \\ \vdots \\ s_m \end{bmatrix}=\begin{bmatrix} y_1 \\ \vdots \\ y_i \\ \vdots \\ y_m \end{bmatrix}=\boldsymbol{Y} \tag{9.10}$$

由上式可得

$$\boldsymbol{Y}=\boldsymbol{\Gamma}(\boldsymbol{WX}) \tag{9.11}$$

式中 $\boldsymbol{W}$——网络权值矩阵；

$\boldsymbol{X}$——网络输入矢量(或模式)；

$\boldsymbol{Y}$——网络输出矢量(或模式)。

2）多层前馈网络

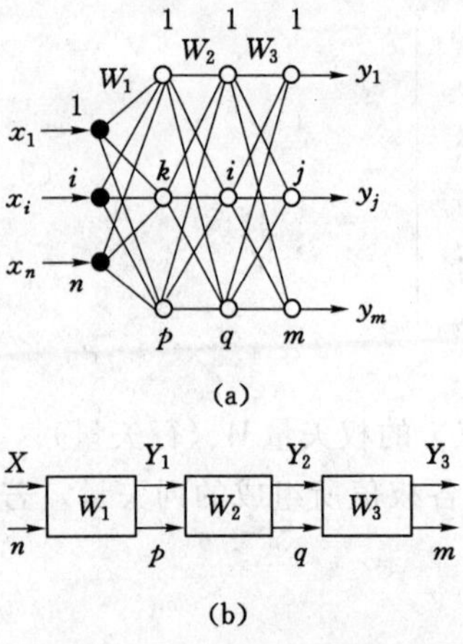

图 9.9 多层网络结构

(a) 多层前馈网络结构图；

(b) 网络符号图

生理学家研究发现，人的大脑皮层有 3～6 层神经细胞，也就是说具有层次结构。仿照生物神经网络，ANN 也按层排列。多层网络由单层网络级连而成，即网络中下一层各神经元接收前一层各神经元的输出(图 9.9a)。

为了使图形便于清楚表达，图 9.9 中仅画出 3 层网络。输入层各神经元负责接收来自外界的输入信息，并传递给中间各隐含层神经元；每一隐含层是神经网络的内部信息处理层，负责信息变换；最后一个隐含层将信息传递到输出层，输出层将信息进一步处理后即向外界输出信息处理结果，完成了一次从输入到输出的信息处理。由输出层构成多层网络时，各层间的转移函数应是非线性的，否则多层网络只相当于一个单层网络，其映射和储存能力丝毫不比单层强。

图 9.9a 中，$i=1,2,\cdots,n;k=1,2,\cdots,p;l=1,2,\cdots,q;j=1,2,\cdots,m;W,W_2,W_3$ 分别为第一、二、三层的权矩阵；$\Gamma_1,\Gamma_2,\Gamma_3$ 分别为第一、二、三层的输入与输出特性矩阵，则：

第一层输出：$Y_1=\Gamma_1W_1X$。

第二层输出：$Y_2=\Gamma_2W_2Y_1=\Gamma_2W_2(\Gamma_1W_1X)=\Gamma_1\Gamma_2W_1W_2X$。

第三层输出：$Y_3=\Gamma_3W_3Y_2=\Gamma_1\Gamma_2\Gamma_3W_1W_2W_3X=\Gamma WX$。

其中，$\Gamma=\Gamma_1\Gamma_2\Gamma_3;W=W_1W_2W_3$。

3）层内互联的前馈网络

通过层内神经元之间的相互连接，可以实现同一层神经元之间的横向抑制或兴奋的机制。这就可以限制每层内同时动作的神经数，或者将每层的神经元分为若干组，让每组作为一个整体来运作。例如，可以用横向抑制机理把某层内具有最大输出的神经元挑出来，而抑制其他神经元,让它处于无输出状态。

4) 有反馈的前向网络

具有反馈的前向网络是在前向网络的基础上,输出层的信息通过连接权反馈到输入层或前一层神经元。它的输出不仅与当前的输入有关,还与先前的输出相关,因而具有短期记忆能力。

5) 互联结合型网络

互联结合型网络分为全互联型与局部型两种。全互联型网络中每个神经元都与其他神经相连,如 Hopfield 网络和 Boltzmann 机就属于这种类型。相互连接网络中,信号在神经元之间反复传递,网络处于不断改变的动态之中,经过若干次的变化才会达到某平衡状态。根据网络或神经元转换函数特性的不同,网络运行可能进行周期振荡或其他如混沌状态。

9.2.3 人工神经网络与生物神经网络的比较

尽管人们对大脑做了大量的研究工作,但是对大脑的神经网络结构、运行机制,甚至于单个神经细胞工作原理的了解还很肤浅。当前提出的神经网络仅仅是对大脑进行抽象,且粗略而又简单地模拟,只能在生物神经系统的分布存储、并行处理、自适应学习、容错性和鲁棒性等现象方面,构造出有一定初级智能的人工神经网络,它与生物神经网络之间还存在着很大的差别,其无论在功能上,还是在规模上都比真正的神经网络差得甚远。由于人工神经网络中的神经元数量一般在个以下,而人大脑的神经元数量巨大,且其结构系统庞大而又复杂,因此网络规模是影响网络智能的因素之一。再者,人们对大脑智能信息处理的一些机理和机制还不太了解,相应的功能不可能在人工神经网络中得到实质性的反映。这些因素致使人工神经网络在智能上不及生物神经元。

生物神经元突触传递信息的强度影响因素很多、很复杂,如突触的微细胞(囊泡)的多少与大小,递质化学物质含量多少,递质化学物质释放的速度,突触间隙变化大小,树突的位置与大小等,均对突触的电位产生影响,从而影响神经元输出脉冲的响应,而人工神经元以模拟电压作为传递信息,忽略了前面这些影响,输入与输出关系十分简单。

随着人们对人脑研究的深入,进一步发展和验证大脑的工作原理,促进神经网络理论的不断发展,将使人工神经网络向高智能化迈进。

9.2.4 人工神经网络在大坝安全监测系统中的应用

我国已建水库 86 900 多座,其中大型水库近 400 座,中型水库约 2 640 座。大坝是以土石坝为主,大型水库的大坝 71%是土石坝,中型水库的大坝 92%是土石坝,而小型水库的大坝几乎都是土石坝。由于各种原因,许多水库存在着防洪标准低、工程质量差、病险隐患多等严重问题,历史上曾多次发生大坝溃坝灾害,我国的土石坝的安全状况令人担忧。当前,在西部大开发的拟建大坝中,土石坝也占大多数,研究和开发经济合理的土石坝安全监测系统非常重要。在该系统中引用一个有效的土石坝监控模型,不仅利于工程效益的充分发挥,而且直接关系到大坝的安全运行。

坝体的渗流压力监测是土石坝运行监控中的重要组成部分。任何土石坝的坝体、坝基在压力水头的作用下,都有不同程度的渗透。在坝体和坝基的适当部位,设置一定数量的测压管及传感器,并对压力数据进行采集和传输,在神经网络的输入层将压力数据等监测数据放置在各神经元的连接点上,运用人工神经网络 BP 模型,对坝体的稳定和渗流进行分析,并综合反映土石坝的运行性态,实现数据的监控和预警功能等。

大坝安全监测环境量与效应量之间的函数关系复杂，传统的数理统计模型、确定性模型和混合模型都是把效应量看成是相关环境量函数的线性组合，并不能完全反映效应量与环境量之间的复杂非线性函数关系。前馈型人工神经网络模型具有超强的函数逼近能力，可用来模拟大坝安全监测效应量与相关环境量的复杂函数关系。

1）人工神经网络 BP 模型的建立

在大坝安全监测位移模型中，影响坝体位移量 y 的相关环境量有：水位 H、坝体温度 T 和时效 e，则人工神经网络的输入变量为 3 个，输出变量为 1 个，前馈型人工神经网络最多只需要 11 个神经元即可实现 $(H,T,e) \rightarrow y$ 的函数映射关系。

由于影响土石坝监测量的因素很多，且相互间关系复杂，所以引用单一的统计理论模型和回归方程等数学模型，很难得到一个满意的结果，有必要引入新的建模思想。土石坝监控预报模型中引用人工神经网络技术来评估大坝的工作性态是一条有效的途径。BP 网络模型的产生归功于 δ 算法的获得。δ 算法由 4 部分组成，即信息的正向传播、误差逆传播、记忆训练和学习收敛。BP 网络结构一般由输入层、隐含层和输出层组成，相邻各层间的神经元实现全连接，而每层的各神经元间无连接。

建模时，所有节点依次被分配一个从 0～10 的序列号；网络中神经元之间没有明显的层次关系，除输入节点以外，神经元的连接不受限制，节点的序列号仅用来区分有向边的首尾；网络中的前 3 个神经元固定作为输入节点，最后一个神经元固定作为输出节点。对于输入结点，其输入值一般不需添加置偏量，故当 $0 \leqslant i \leqslant 2$ 时，有 $W_{ii}=0$，由于输入结点之间一般相互独立并无信息通道，因此当 $0 \leqslant i \leqslant 2$ 且 $0 \leqslant j \leqslant 2$ 时，有 $W_{ij}=0$。所建模型各神经元的连接权值和阈值数目共 57 个，其中连接权值 49 个，阈值 8 个，这 57 个数值决定了人工神经网络的结构和函数映射关系。

2）人工神经元计算输入输出值

大坝安全监测位移模型人工神经网络各神经元输入/输出值的计算方法与前馈型神经网络相同：

隐含层各神经元的输出值为

$$Y_k = \varphi\left(\sum_{j=0}^{k-1} W_{kj} Y_j - W_{kk}\right) \quad k = 3,\cdots,9 \tag{9.12}$$

输出层神经元的输出值为

$$Y_{10} = \varphi\left(\sum_{j=3}^{9} W_{10,j} Y_j - W_{10,10}\right) \tag{9.13}$$

激活函数采用 sigmoid 函数

$$\varphi(x) = l/[l + \exp(-x)] \tag{9.14}$$

式中，假定输入层 3 个神经元的输入值为 Y_0, Y_1, Y_2，神经元之间的连接矩阵为 W_{ij}，输出层的目标输出值为 Y，则人工神经网络的样本总误差为

$$E = \frac{1}{2} \sum_{t=1}^{s} (Y_t - Y_{t,10})^2 \tag{9.15}$$

式中，s 为样本总数。

大坝安全监测可以及时获取资料来了解坝体的工作性态，为评价大坝状况和发现异常迹象提供依据，从而可以制定适当的水库控制运行计划及坝的维护修理措施来保证大坝安全，在发生险情时还可以发布警报减免事故损失。因此，大坝安全监测是保证大坝安全的重

要措施,也是坝工建设和运行管理中非常必要、不可或缺的一项工作。

9.3 现场总线技术及其应用

现场总线(Fieldbus)是20世纪80年代末、90年代初国际上发展形成的,用于过程自动化、制造自动化、楼宇自动化等领域的现场智能设备等通信网络。随着控制、计算机、通信、网络等技术的发展,信息交换沟通的领域正在迅速覆盖从工厂的现场设备层到控制、管理的各个层次。逐步形成以网络集成自动化系统为基础的企业信息系统。信息技术的飞速发展,引起了自动化系统结构的变革。作为工厂数字通信网络的基础,现场总线沟通了生产过程现场与控制设备之间及其与更高控制管理层次之间的联系。它不仅是一个基层网络,而且还是一种开放式、新型全分布控制系统。现场总线是当今自动化领域技术发展的热点之一,被称为自动化领域的计算机局域网。它的出现,标志着工业控制技术领域又一个新时代的开始。

9.3.1 现场总线技术简介

1) 什么是现场总线技术

现场总线技术将专用微处理器置入传统的测量控制仪表,使它们各自都具有了数字计算和数字通信能力,采用可进行简单连接的双绞线等作为总线,把多个测量控制仪表连接成的网络系统,并按公开、规范的通信协议,在位于现场的多个微机化测量控制设备之间以及现场仪表与远程监控计算机之间,实现数据传输与信息交换,形成各种适应实际需要的自动控制系统。简单地说,它把单个分散的测量控制设备变成网络节点,以现场总线为纽带,把它们连接成可以相互沟通信息、共同完成自控任务的网络系统与控制系统。

现场总线是用于现场仪表与控制系统和控制室之间的一种全分散、全数字化的,智能、双向、多变量、多点、多站的分布式通信系统,按ISO(International Standard Organization,国际标准组织)的OSI(Open System Interconnection,开放系统互联)标准提供网络服务,其可靠性高,稳定性好,抗干扰能力强,通信速率快,造价低,维护成本低。该技术的出现解决了传统的现场控制技术自身存在的无法克服的缺陷,使得构成高性能、高可靠的分布式控制、监测系统成为现实。

现场总线控制系统既是一个开放通信网络,又是一种全分布控制系统。它作为智能设备的联系纽带,把挂接在总线上、作为网络节点的智能设备连接为网络系统,并进一步构成自动化系统,实现基本控制、补偿计算、参数值改、报警、显示、监控、优化及控管一体化的综合自动化功能。这是一项以智能传感器、控制、计算机、数字通信、网络为主要内容的综合技术。由于现场总线适应了工业控制系统向分散化、网络化、智能化发展的方向,它一经产生便成为全球工业自动化技术的热点,受到全世界的普遍关注。现场总线的出现,导致目前生产的自动化仪表、集散控制系统(DCS)、可编程控制器(PLC)在产品的体系结构、功能结构方面的较大变革。传统的模拟仪表格逐步让位于智能化数字仪表,并具备数字通信功能。

2) 现场总线构造了网络集成式全分布控制系统

现场总线导致了传统控制系统结构的变革,形成了新型的网络集成式全分布控制系统—现场总线控制系统(FCS)。这是继基地式气动仪表控制系统、电动单元组合式模拟仪表控制系统、集中式数字控制系统、集散控制系统后的新一代控制系统。

20世纪50年代以前,由于当时的生产规模较小,检测控制仪表尚处于发展的初级阶段，所采用的仪是安装在生产设备现场、只具备简单测控功能的基地式气动仪表，其信号仅在本仪表内起作用，一般不能传送给别的仪表或系统，即各测控点只能成为封闭状态，无法与外界沟通信息，操作人员只能通过生产现场的巡视，了解生产过程的状况。

随着生产规模的扩大，操作人员需要综合掌握多点的运行参数与信息，需要同时按多点的信息实行操作控制，于是出现了气动、电动系列的单元组合式仪表，出现了集中控制室。生产现场各处的参数通过统一的模拟信号，如0.02～0.1 MPa的气压信号，0～10 mA、4～20 mA的直流电流信号，1～5 V直流电压信号等，送往集中控制室。操作人员可以坐在控制室纵观生产流程各处的状况，可以把各单元仪表的信号按需要组合成复杂控制系统。由于模拟信号的传递需要一对一的物理连接，信号变化缓慢，提高计算速度与精度的开销、难度都较大，信号传输的抗干扰能力也较差，人们开始寻求用数字信号取代模拟信号，出现了直接数字控制。由于当时的数字计算机技术尚不发达，价格昂贵，人们企图用一台计算机取代控制室的几乎所有的仪表盘，出现了集中式数字控制系统。但是，由于当时数字计算机的可靠性还较差，一旦计算机出现某种故障，就会造成所有控制回路瘫痪、生产停产的严重局面，这种危险的集中系统结构很难为生产过程所接受。

随着计算机可靠性的提高，价格的大幅度下降，出现了数字调节器、可编程控制器计算，形成真正分散在现场的完整的控制系统，提高控制系统运行的可靠性。还可借助现场总线网段以及与之有通信连接的其他网段，实现异地远程自动控制，如操作远在数百公里之外的电气开关等。还可提供传统仪表所不能提供的，如阀门开关动作次数、故障诊断等信息，便于操作管理人员更好、更深入地了解生产现场和自控设备的运行状态。

3）现场总线是底层控制网络

现场总线是新型自动化系统，又是低带宽的底层控制网络。它可与因特网、企业内部网相连，它位于生产控制和网络结构的底层，因而有人称之为底层网(Intranet)。它作为网络系统最显著的特征是具有开放统一的通信协议，进行着生产运行一线测量控制的特殊任务。

现场控制层网段H_1，H_2，LonWorks等，即为底层控制网络。它们与工厂现场设备直接连接，一方面将现场测量控制设备互联为通信网络，实现不同网段、不同现场通信设备间的信息共享；同时又将现场运行的各种信息传送到远离现场的控制室，并进一步实现与操作终端、上层控制管理网络的连接和信息共享。在把一个现场设备的运行参数、状态以及故障信息等送往控制室的同时，又将各种控制、维护、组态命令，乃至现场设备的工作电源等送往各相关的现场设备，沟通了生产过程现场级控制设备之间及其与更高控制管理层次之间的联系。由于现场总线所肩负的是测量控制的特殊任务，因此它要求信息传输的实时性强，可靠性高，且多为短帧传送，传输速率一般在几bps至10 Mbps。

现场总线网络集成自动化系统应该是开放的，可以由不同设备制造商提供的遵从相同通信协议的各种测量控制设备共同组成。在几大现场总线协议尚未完全统一之前，有可能在一个企业内部，在现场级形成不同通信协议的多个网段，这些网段间可以通过网桥连接而互通信息。通过以太网或光纤通信网等与高速网段上的服务器、数据库、打印绘图外设等交换信息。值得指出的是，现场总线网段与其他网段间实现信息交换，必须有严格的保安措施与权限限制，以保证设备与系统的安全运行。

4）现场总线的结构特点

现场总线系统打破了传统控制系统的结构形式。传统模拟控制系统采用一对一的设备连线，按控制回路分别进行连接。位于现场的测量变送器与位于控制室的控制器之间，控制器与位于现场的执行器、开关、电机之间均为一对一的物理连接。

现场总线系统由于采用了智能现场设备，能够把原先DCS系统中处于控制室的控制模块、各输入输出模块置入现场设备，加上现场设备具有通信能力，现场的测量变送仪表可以与阀门等执行机构直接传送信号，因而控制系统功能够不依赖控制室的计算机或控制仪表。直接在现场完成，实现了彻底的分散控制。

现场总线系统采用数字信号替代模拟信号，可以实现一对电线上传输多个信号包括多个运行参数值，多个设备状态，多个故障信息等；同时，又可以为多个设备提供电源，现场设备以外不再需要专门的数字、模拟装换部件，这样简化了系统结构，节约了硬件设备，节约连接电缆与各种维护费用。

5）现场总线的技术特点

（1）系统的开放性

开放是指对相关标准的一致性、公开性，强调对标准的共识与遵从。一个开放系统，是指它可以与世界上任何地方遵守相同标准的其他设备或系统连接。通信协议一致公开，各不同厂家的设备之间可实现信息交换。现场总线开发者就是要致力于建立统一的工厂底层网络的开放系统。用户可按自己的需要和考虑，把来自不同供应商的产品组成大小随意的系统。通过现场总线构筑自动化领域的开放互联系统。

（2）互可操作性与互用性

互可操作性是指实现互联设备间、系统间的信息传送与沟通；而互用则意味着不同生产厂家的性能类似的设备可实现相互替换。

（3）现场设备的智能化与功能自治性

它将传感测量、补偿计算、工程量处理与控制等功能分散到现场设备中完成，仅靠现场设备即可完成自动控制的基本功能，并可随时诊断设备的运行状态。

（4）系统结构的高度分散性

现场总线已构成一种新的全分散性控制系统的体系结构。从根本上改变了现有DCS集中与分散相结合的集散控制系统体系，简化了系统结构，提高了可靠性。

（5）对现场环境的适应性

工作在生产现场前端，作为工厂网络底层的现场总线，是专为现场环境而设计的，可支持双绞线、同轴电缆、光缆、射频、红外线、电力线等，具有较强的抗干扰能力，能采用两线制实现供电与通信，并可满足本质安全防爆要求等。

9.3.2 几种典型的现场总线技术

自现场总线技术产生发展后，已逐渐在自动化等领域产生了深远的影响，显示出较强的生命力。目前，几种具有代表性的现场总线技术是：基金会现场总线、LonWorks、PROFIBUS、CAN以及HART现场总线。

1）基金会现场总线

基金会现场总线（Foundation Fieldbus，FF）是在过程自动化领域得到广泛支持和具有良好发展前景的技术。这项技术的前身是以美国Fisher-Rosemount公司为首，联合Foxboro、横河、ABB、西门子等80家公司制定的ISP协议和以Honeywell公司为首，联合欧洲等地的150家公司制订的WorldFIP协议。这两大集团于1994年9月合并，成立了现场总线基金会，致力于开发出国际上统一的现场总线协议。它以ISO/OSI开放系统互联模型为基础，取其物理层、数据铁路层、应用层为FF通信模型的相应层次，并在应用层上增加了用户层。用户层主要针对自动化测控应用的需要，定义了信息存取的统一规则，采用设备描述语言规定了通用的功能块集。

基金会现场总线分低速 H_1 和高速 H_2 两种通信速率。H_1 的传输速率为 31.25 kbps，通信距离可达 1 900 m(可加中继器延长)，可支持总线供电，支持本质安全防爆环境。H2 的传输速率可为 1 Mbps 和 2.5 Mbps，其通信距离分别为 750 m 和 500 m。物理传输介质可支持双绞线、光缆和无线发射，协议符合 IEC1158-2 标准。其物理媒介的传输信号采用曼彻斯特编码。

基金会现场总线的主要技术内容，包括 FF 通信协议、用于完成开放互联模型中第二至七层通信协议的通信栈(Communication Stack)、用于描述设备特征、参数、属性及操作接口的 DDL 设备描述语言、设备描述字典、用于实现测量、控制、工程量转换等应用功能的功能块、实现系统组态、调度、管理等功能的系统软件技术以及构筑集成自动化系统、网络系统的系统集成技术。1996 年在芝加哥举行的 ISA96 展览会上，由现场总线基金会组织实施，首次向世界展示来自 40 多家厂商的 70 多种符合 FF 协议的产品，并将这些分布在不同楼层展览大厅不同展台上的 FF 展品，用醒目的橙红色电线互联为七段现场总线的演示系统，各展台现场设备之间可实地进行现场互操作，展现了基金会现场总线的基本概貌。

2）Lonworks

Lonworks 是具有强劲实力的现场总线技术。它由美国 Echelon 公司推出，并由 Motorola、Toshiba 公司共同倡导，于 1990 年正式公布而形成的。它采用 ISO/OSI 模型的全部 7 层通信协议，采用面向对象的设计方法，通过网络变量把网络通信设计简化为参数设置。支持双绞线、同轴电缆、光缆和红外线等多种通信介质，通信速率从 300 bps 至 1.5 Mbps 不等，直接通信距离可达 2 700 m(78 kbps)，被誉为通用控制网络。Lonworks 技术采用的 LonTalk 协议被封装到 Neuron(神经元)的芯片中，并得以实现。集成芯片中有 3 个 8 位 CPU，一个用于完成开放互联模型中第一和第二层的功能，称为媒体访问控制处理器，实现介质访问的控制与处理。第二个用于完成第三至第六层的功能，称为网络处理器，进行网络变量的寻址、处理、背景诊断、路径选择、软件计时、网络管理，负责网络通信控制、收发数据包等。第三个是应用处理器，执行操作系统服务与用户代码。芯片中还具有存储信息缓冲区，以实现信息传递，并作为网络缓冲区和应用缓冲区。

Echelon 公司鼓励各 OEM 开发商运用 Lonworks 技术和神经元芯片，开发自己的应用产品，据称目前已有 2 600 多家公司在不同程度上卷入了 Lonworks 技术，1 000 多家公司已经推出了 Lonworks 产品，并进一步组织起 Lonmark 互操作协会，开发推广 Lonworks 技术与产品。在开发智能通信接口、智能传感器方面，Lonworks 神经元芯片也具有独特的优势。采用 Lonworks 技术和神经元芯片的产品，被广泛应用在楼宇自动化、家庭自动化、保安系统、办公设备、交通运输、工业过程控制等行业。

3）PROFIBUS

PROFIBUS 是德国国家标准 DIN19245 和欧洲标准 EN50170 的现场总线标准。ISO/OSI 模型也是它的参考模型。PROFIBUS 由 3 个兼容部分组成：PROFIBUS-DP，PROFIBUS-PA，PROFIBUS-FMS。PROFIBUS-DP 是一种高速低成本数据通信，用于设备级控制系统与分散式 I/O 的通信，应用于加工自动化领域；PROFIBUS-PA：用于过程自动化设计的总线类型，遵循 IEC1158-2 标准，可使传感器和执行机构连在一根总线上，并有本质安全规范；PROFIBUS-FMS：用于车间级监控网络，是一个令牌结构、实时多主网络，应用于现场信息规范。FMS 采用了 OSI 模型的物理层、数据链路层、应用层。传输速率为 9.6 kbps～12 Mbps，最大传输距离在 12 Mbps 时为 100 m，1.5 Mbps 时为 400 m，可用中继器延长 10 km，其传输介质可以是双绞线，也可以是光缆。最多可挂接 127 个站点，可实现总线供电与本质安全防爆。

PROFIBUS 采用 3 种传输技术：RS485 传输技术、IEC1158-2 传输技术、光纤传输技术。其中 PROFIBUS-DP/PROFIBUS-FMS 采用 RS485 传输技术，传输介质为 RS485 电缆；PROFIBUS-PA 采用 IEC1158-2 传输技术，传输介质为特性阻抗 100 Ω 的屏蔽双绞线电缆。PROFIBUS 存取协议：均使用一致的总线存取协议。该协议是通过 ISO/OSI 参考模型第二层（数据链路层）来实现的。它包括了保证数据可靠性技术及传输协议和报文处理。主站之间采用令牌传送方式，主站与从站之间采用主从方式。

4）CAN

CAN 是控制器局域网（Controller Area Network）的简称，最早由德国 BOSCH 公司推出，用于汽车内部测量与执行部件之间的数据通信。目前，它被广泛用于离散控制领域，其总线规范已被 ISO 国际标准组织制定为国际标准，得到了 Intel，Motorola，NEC，Philip 等公司的支持。CAN 协议分为 3 层：物理层、数据链路层顶层的应用层。CAN 信号传输介质为双绞线，通信速率最高可达 1 Mbps/40 m，直接传输距离最远可达 10 km/5 kbps。可挂接设备数最多可达 110 个。

CAN 的信号传输采用短帧结构，每一帧的有效字节数为 8 个，因而传输时间短，受干扰的概率低。当节点严重错误时，具有自动关闭的功能，以切断该节点与总线的联系，使总线上的其他节点及其通信受影响，具有较强的抗干扰能力。

5）HART

HART 是可寻址远程传感器高速通道的开放通信协议（Highway Addressable Remote Transducer）的简写，最早由 Rosemount 公司开发，于 1993 年成立了 HART 通信基金会。其特点是在现有模拟信号传输线上实现数字信号通信，属于模拟系统向数字系统转变的过渡产品。其通信模型采用物理层、数据链路层和应用层 3 层，支持点对点主从应答方式和多点广播方式。由于它采用模拟数字信号混合，难以开发通用的通信接口芯片。HART 能利用总线供电，可满足本质安全防爆的要求，并可用于由手持编程器与管理系统主机作为主设备的双主设备系统。

它规定了一系列命令，按命令方式工作。它有以下 3 类命令：第一类称为通用命令，这是所有设备都理解、执行的命令；第二类称为一般行为命令，所提供的功能可以在许多现场设备（尽管不是全部）中实现，这类命令包括最常用的现场设备的功能库；第三类称为特殊设备命令，以便在某些设备中实现特殊功能，这类命令既可以在基金会中开放使用，又可以为开发此命令的公司所独有。在一个现场设备中，通常可发现同时存在以上 3 类命令。

HART 采用统一的设备描述语言 DDL。现场设备开发商采用这种标准语言来描述设备特性，由 HART 基金会负责登记管理这些设备描述并把它们编为设备描述字典，主设备运用 DDL 技术来理解这些设备的特性参数而不必为这些设备开发专用接口。但是，由于这种技术采用模拟数字混合信号制，导致难以开发出一种能满足各公司要求的通信接口芯片。

HART 能利用总线供电，可满足本质安全防爆要求，并可组成由手持编程器与管理系统主机作为主设备的双主设备系统。

9.3.3 现场总线的应用

以现场总线控制系统在煤矿井下的应用为例。在我国一次性能源中 70%来自于煤炭，95%以上的煤炭产量来自于煤矿井下。煤矿井下的安全日益重要，需要一个稳定高效的供电监控系统来保障煤矿井下工人的安全生产。而随着计算机、通信和控制为代表的 3C 技术的迅速发展，使得网络集成信息自动化正在应用到现场设备。现场总线控制系统被应用到煤矿井下供电监控系统中，即能实现煤矿井下电网的安全监控又能节约资金，有效保障了煤矿行业的安全生产。

基于现场总线建立的煤矿井下供电监控系统新模式应具有现场总线的所有特点：总线结构、数字串行通信、多点（广播）方式、接受过滤功能、全分散等。在新模式中的“现场设备”的概念与现行井下使用的“设备”概念有很大的不同。新模式中“现场设备”应具有智能化、总线通信、分散功能块等功能。智能化就是其内部含有微控制单元（MCU），总线通信把各个现场设备之间的联系都是通过总线进行的。在系统中，它们以总线为核心，而分散功能块就是把原来电气控制设备上的多种功能分解到不同的现场设备上，各个现场设备都相对独立地执行其中的一个或一些功能。其主要内容包含：从总线上接受消息（与自己有关的消息），并根据消息内容对动力回路实施控制；把内部状态、数据（如控制的完成情况等）公布到总线上去，而显示、监视等任务可由其他现场设备来承担。

1）监控系统组成

监控系统由硬件部分和软件部分组成。为了满足硬件网络结构设计，系统采用 3 层网络结构，最下层为煤矿井下采区的智能采集设备：传输容量 64 台分站；分站容量 32 台综保；传输速率 2 400 bps。根据上述任务的分析，选择西门子的模块化中型 PLC 系统 S7-300 和 ET 200isp 分布式 I/O 组成 PROFIBUS-DP 分布式网络。SIMATIC S7-300 系统所具备的高电磁兼容性和强抗振动，结构紧凑，特别适合工业环境和及电气干扰环境。管理层采用西门子公司的 S7-400 系列 PLC 这一部分主要完成现场总线通信控制与管理。S7-400 有方便的用户的参数赋值人机界面。通过 CP443-5 通信处理器将 PLC 连接到 PROFIBUS-DP 上，符合 EN5017 标准，数据传输为 9.6 kbps～12 Mbps。此 PLC 与上层 PC 机相连，组成主控中心，可以完成各个从站的组态、运行监控等，此层是整个供电监控系统的核心。PROFIBUS-DP 主干网络层采用 PROFIBUS 总线，选用 4 芯光纤，所有从站通过 PROFIBUS 总线连接主站，实现数据的传输，信息的交流。这样，每个变电站的电压、电流、功率等信号就可以传输到主站。电气防爆是煤矿井下供电监控系统区别于其他类似系统根本区别之一。采用现场总线技术后，主要传输介质采用本质安全的矿用阻燃光缆，煤矿井下网络传输部分的网络端口采用光电隔离，以保证本质安全防爆性能。系统中所有的电器监测的安装或接入完全避开原供电回路，监测系统设备出现故障，均不影响井下高压回路的正常供电。现场总线设备供电采用隔爆兼本安型电源单元，供电单元由电气隔离器或安全栅构成，满足安全供电的要求。

煤矿井下智能采集器的主要功能是通过数个不同的传感器，采集高压开关的电流、电压、功率，高压开关的开合状态等电气参数，并分析有无电气故障发生，如有则立即分闸，隔离故障点。使用了 SPC3-ASIC 芯片和 AT89C52 作为智能从站的主要设备，SPC3 是西门子公司为优化的智能 PROFIBUS-DP 从站提供的一种专用通信协议芯片，支持 PROFIBUS-DP 协议，遵循 EN 50170 标准。它能够承担通信部分的微处理器的负载，可独立完成全部 PROFIBUS-DP 通信功能。使用这种方式时，现场仪表处理主要是数据的传送和处理，而有点烦琐的通信协议大部分已由协议芯片完成。

2）软件设计

本监控网络存在两类通信：一类是上位机与主控 PLC 之间的通信；另一类是主控 PLC 对各智能从站的访问。上位机也可以访问从站，这样在主控 PLC 出现故障时，整个监控系统仍然能够和现场设备交换信息，保证整个供电监控系统的可靠性。

(1) 一类主站通信软件设计

一类主站 PLC 通过 CP443-5 接连到 PROFIBUS-DP 上，在系统开始工作前要对各站点进行配置和参数工作。由于一级主站采用西门子公司的 S7-400PLC，所以主站硬件主态、从站的硬件组态、系统参数设置和程序的编制都选用西门子 STEP7 软件。在 STEP7 编程环境中，首先生成工程项目，调用本项目的 HW CONFIG 程序，进行系统硬件组态和网络配置。启动 SIMATIC 管理器进入 S7-400 站的 HW CONFIG 窗口，打开 PROFIBUS-DP 文件夹中的硬件目录，从软件提供的硬件库选取本项目所需的 S7-400 系列 CPU 模板、电源模板、输入输出模板、通信模板等组态现场控制器主站和从站，先组态主站，再组态从站。具体包括：系统组件的型号、名称、数量及硬件模块的预置参数，如地址、量程等。配置列表中模块的排列次序必须和实际安装次序一致，模块的订货号也必须和硬件模块相一致，否则下载到 CPU 会提示出错。完成 PROFIBUS-DP 网络的硬件后，要使系统通信正常，必须为每一工作站分配一个指定的地址。S7 的站地址是在 STEP 7 内用组态软件进行设定，服务器和工程师站的站地址用 SETPG/PC 接口对 CP443-5 进行设定。组态过程中，最主要的工作就是给网络接点，即各从站分配网络地址和确定它们之间的传输协议。

(2) 工控组态软件 WINCC 在上位机中的应用

在整个监控系统的上机位上，采用的是西门子的组态监控软件 SIMATIC WINCC，它是目前所有组态软件中比较强大的一种，其本身提供与 S7-300PLC 的驱动软件，因此 PLC 与上位机的连接变得非常容易。通过集成 SQL 的归档数据访问，以及通过 OLE2.0 和 ActiveX 控件对象和文档的链接，可以把 PLC 信息直接连接到用户应用图形上。创建的监控界面主要包括：人机交互界面、数据自动接收界面、故障查询界面等。能够实现对下位机参数的设定，数据查询、对报警、保护信号进行复归。能够为事故分析提供依据，对系统进行主态，可在主站对井下测控分站的整定值进行调整。

(3) 智能从站软件设计

煤矿井下的智能采集器中使用了西门子公司的专用协议转换芯片 SPC3。作为现场总线的从站，其程序主要包括 3 个部分。首先通信软件使用指令直接读写 SPC3 的 RAM，完成 SPC3 的初始化工作，主要包括 SPC3 的硬件扩展，定义报告事件的(ID)识别号，定义站地址和可用缓冲器等程序，以配置各个需要的寄存器。通过 SPC3 可能完成 DP 主站和从站的通信任务。通过中断处理程序，用于完成 SPC3 中发生的各种事件的处理，智能从站通过 SPC3 使用现场总线与智能采集器通信，获得数据。通过应用程序的循环，进行了现场数所在的输入/输出处理。微处理器需要对 SPC3 进行合理的配置、初始化处理。

当 SPC3 接收到由 PROFIBUS 主站传送的不同输入数据时，会产生输出标志位(位于中断请求子单元)，从站通过轮询标志位来接收主站数据，现场总线中的通信协议已由协议芯片来完成。通过智能从站中通信协议芯片的使用，把井下的电力参数，分合闸状态，以及电力系统出故障的原因、波形等发送到地面中心站，也能接收地面中心站发出的遥控和复归等命令。

由此可见,煤矿井下供电控制系统模式具有以下优点:

① 可对系统监视及诊断。由于系统采用 PROFIBUS-DP 总线技术,将 PLC 和工控机有机结合,总线汇集了所有的信息,通信稳定性好,组网简单,因此可以很容易地从总线上获得各种信息,实现整个系统的诊断和监视。

② 可靠性高。由于新模式中各"现场设备"中安装的都是功能模块,工作可靠,接线简单而且少,同时各个"现场设备"的内部状态对外公开,可以很方便地对各个现场设备进行监视,便于查找及处理故障。

9.4 物联网技术与应用

9.4.1 物联网概念、内涵及关键要素

物联网(Internet of Things,IOT)概念最早于 1999 年由美国麻省理工学院提出,早期的物联网是指依托射频识别(Radio Frequency Identification,RFID)技术和设备,按约定的通信协议与互联网相结合,使物品信息实现智能化识别和管理,实现物品信息互联而形成的网络。现代意义的物联网可以实现对物的感知识别控制、网络化互联和智能处理有机统一,从而形成高智能决策。

物联网是通信网和互联网的拓展应用和网络延伸,它利用感知技术与智能装置对物理世界进行感知识别,通过网络传输互联,进行计算、处理和知识挖掘,实现人与物、物与物信息交互和无缝链接,达到对物理世界实时控制、精确管理和科学决策目的。

物联网发展的关键要素,如图 9.10 所示。

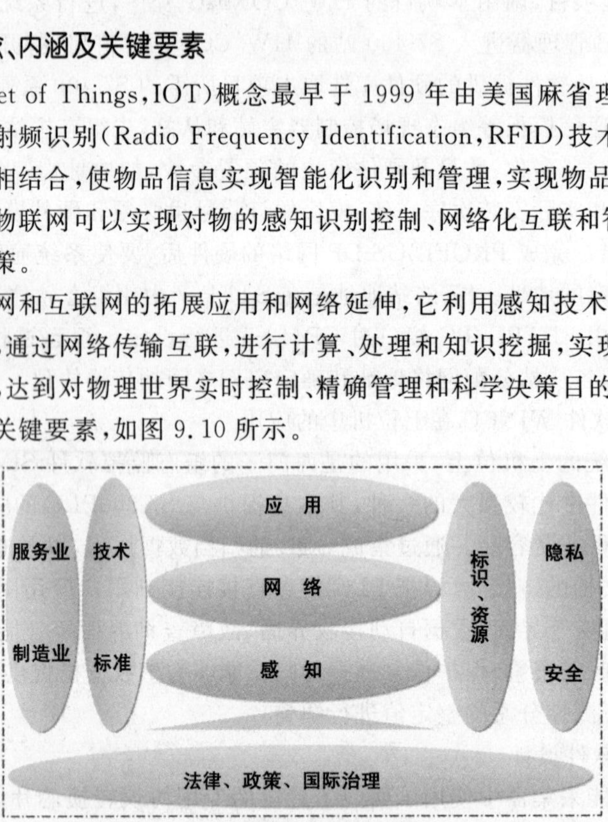

图 9.10 物联网发展关键要素

9.4.2 物联网技术体系和标准化

物联网网络架构由感知层、网络层和应用层组成,如图 9.11 所示。感知层实现对物理世界的智能感知识别、信息采集处理和自动控制,并通过通信模块将物理实体连接到网络层和应用层。网络层主要实现信息的传递、路由和控制,包括延伸网、接入网和核心网,网络层可依托公众电信网和互联网,也可以依托行业专用通信网络。应用层包括应用基础设施/中间件和各种物联网应用。应用基础设施/中间件为物联网应用提供信息处理、计算等通用基础服务设施、能力及资源调用接口,以此为基础实现物联网在众多领域的各种应用。

物联网涉及感知、控制、网络通信、微电子、计算机、软件、嵌入式系统、微机电等技术领域,因此物联网涵盖的关键技术也非常多。物联网技术体系划分为感知关键技术、网络通信

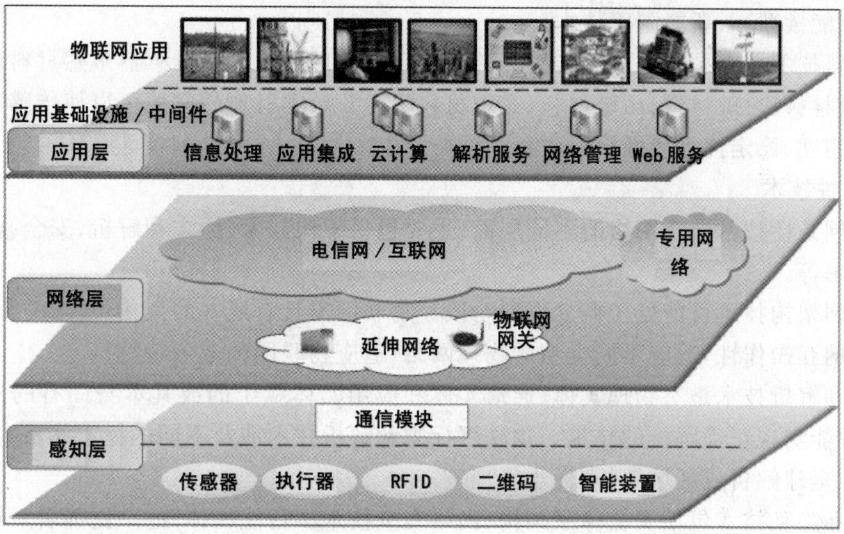

图 9.11　物联网网络架构

关键技术、应用关键技术、共性技术和支撑技术。

1）感知、网络通信和应用关键技术

传感和识别技术是物联网感知物理世界获取信息和实现物体控制的首要环节。传感器将物理世界中的物理量、化学量、生物量转化成可供处理的数字信号。识别技术实现对物联网中物体标志和位置信息的获取。

网络通信技术主要实现物联网数据信息和控制信息的双向传递、路由和控制，重点包括低速近距离无线通信技术、低功耗路由、自组织通信、无线接入 M2M 通信增强、IP 承载技术、网络传送技术、异构网络融合接入技术以及认知无线电技术。

海量信息智能处理综合运用高性能计算、人工智能、数据库和模糊计算等技术，对收集的感知数据进行通用处理，重点涉及数据存储、并行计算、数据挖掘、平台服务、信息呈现等。

面向服务的体系架构（Service-oriented Architecture，SOA）是一种松耦合的软件组件技术，它将应用程序的不同功能模块化，并通过标准化的接口和调用方式联系起来，实现快速可重用的系统开发和部署。SOA 可提高物联网架构的扩展性，提升应用开发效率，充分整合和复用信息资源。

2）支撑技术

物联网支撑技术包括嵌入式系统、微机电系统（Micro Electro Mechanical Systems，MEMS）、软件和算法、电源和储能、新材料技术等。

微机电系统可实现对传感器、执行器、处理器、通信模块、电源系统等的高度集成，是支撑传感器节点微型化、智能化的重要技术。

嵌入式系统是满足物联网对设备功能、可靠性、成本、体积、功耗等的综合要求，可以按照不同应用定制裁剪的嵌入式计算机技术，是实现物体智能的重要基础。

软件和算法是实现物联网功能、决定物联网行为的主要技术，重点包括各种物联网计算系统的感知信息处理、交互与优化软件与算法、物联网计算系统体系结构与软件平台研发等。

电源和储能是物联网关键支撑技术之一，包括电池技术、能量储存、能量捕获、恶劣情况下的发电、能量循环、新能源等技术。

新材料技术主要是指应用于传感器的敏感元件实现的技术。传感器敏感材料包括湿敏材料、气敏材料、热敏材料、压敏材料、光敏材料等。新敏感材料的应用可以使传感器的灵敏度、尺寸、精度、稳定性等特性获得改善。

3）共性技术

物联网共性技术涉及网络的不同层面，主要包括架构技术、标志和解析、安全和隐私、网络管理技术等。

物联网架构技术目前处于概念发展阶段。物联网需具有统一的架构，清晰的分层，支持不同系统的互操作性，适应不同类型的物理网络，适应物联网的业务特性。

标志和解析技术是对物理实体、通信实体和应用实体赋予的或其本身固有的一个或一组属性，并能实现正确解析的技术。物联网标志和解析技术涉及不同的标志体系、不同体系的互操作、全球解析或区域解析、标志管理等。

安全和隐私技术包括安全体系架构、网络安全技术、“智能物体”的广泛部署对社会生活带来的安全威胁、隐私保护技术、安全管理机制和保证措施等。

网络管理技术重点包括管理需求、管理模型、管理功能、管理协议等。为实现对物联网广泛部署的“智能物体”的管理，需要进行网络功能和适用性分析，开发适合的管理协议。

4）标准化

物联网标准是国际物联网技术竞争的制高点。由于物联网涉及不同专业技术领域、不同行业应用部门，物联网的标准既要涵盖面向不同应用的基础公共技术，也要涵盖满足行业特定需求的技术标准；既包括国家标准，也包括行业标准。

物联网总体性标准：包括物联网导则、物联网总体架构、物联网业务需求等。

感知层标准体系：主要涉及传感器等各类信息获取设备的电气和数据接口、感知数据模型、描述语言和数据结构的通用技术标准、RFID 标签和读写器接口和协议标准、特定行业和应用相关的感知层技术标准等。

网络层标准体系：主要涉及物联网网关、短距离无线通信、自组织网络、简化 IPv6 协议、低功耗路由、增强的机器对机器（Machine to Machine，M2M）无线接入和核心网标准、M2M 模组与平台、网络资源虚拟化标准、异构融合的网络标准等。

应用层标准体系：包括应用层架构、信息智能处理技术以及行业、公众应用类标准。应用层架构重点是面向对象的服务架构，包括 SOA 体系架构、面向上层业务应用的流程管理、业务流程之间的通信协议、元数据标准以及 SOA 安全架构标准。信息智能处理类技术标准包括云计算、数据存储、数据挖掘、海量智能信息处理和呈现等。云计算技术标准重点包括开放云计算接口、云计算开放式虚拟化架构（资源管理与控制）、云计算互操作、云计算安全架构等。

共性关键技术标准体系：包括标志和解析、服务质量（Quality of Service，Q_0S）、安全、网络管理技术标准。标志和解析标准体系包括编码、解析、认证、加密、隐私保护、管理以及多标志互通标准。安全标准重点包括安全体系架构、安全协议、支持多种网络融合的认证和加密技术、用户和应用隐私保护、虚拟化和匿名化、面向服务的自适应安全技术标准等。

9.4.3 物联网相关产业体系

物联网相关产业是指实现物联网功能所必需的相关产业集合，从产业结构上主要包括服务业和制造业两大范畴。

物联网制造业以感知端设备制造业为主，又可细分为传感器产业、RFID产业以及智能仪器仪表产业。感知端设备的高智能化与嵌入式系统息息相关，设备的高精密化离不开集成电路、嵌入式系统、微纳器件、新材料、微能源等基础产业支撑。部分计算机设备、网络通信设备也是物联网制造业的组成部分。物联网服务业主要包括物联网网络服务业、物联网应用基础设施服务业、物联网软件开发与应用集成服务业以及物联网应用服务业4大类，其中物联网网络服务又可细分为机器对机器通信服务、行业专网通信服务以及其他网络通信服务，物联网应用基础设施服务主要包括云计算服务、存储服务等，物联网软件开发与集成服务又可细分为基础软件服务、中间件服务、应用软件服务、智能信息处理服务以及系统集成服务，物联网应用服务又可分为行业服务、公共服务和支撑性服务。

对物联网产业发展的认识需要进一步澄清。物联网产业绝大部分属于信息产业，但也涉及其他产业，如智能电表等。物联网产业的发展不是对已有信息产业的重新统计划分，而是通过应用带动形成新市场、新业态，整体上可分3种情形。一是因物联网应用对已有产业的提升，主要体现在产品的升级换代。如传感器、RFID、仪器仪表发展已数十年，由于物联网应用使之向智能化网络化升级，从而实现产品功能、应用范围和市场规模的巨大扩展，传感器产业与RFID产业成为物联网感知终端制造业的核心。二是因物联网应用对已有产业的横向市场拓展，主要体现在领域延伸和量的扩张。如服务器、软件、嵌入式系统、云计算等由于物联网应用扩展了新的市场需求，形成了新的增长点。仪器仪表产业、嵌入式系统产业、云计算产业、软件与集成服务业，不独与物联网相关，也是其他产业的重要组成部分，物联网成为这些产业发展新的风向标。三是由于物联网应用创造和衍生出的独特市场和服务，如传感器网络设备、M2M通信设备及服务、物联网应用服务等均是物联网发展后才形成的新兴业态，为物联网所独有。物联网产业当前浮现的只是其初级形态，市场尚未大规模启动。

9.4.4 物联网应用现状

1）全球物联网应用处于起步阶段

物联网应用仍以闭环应用居多：目前全球的物联网应用大多是在特定行业或企业的闭环应用，信息的管理和互联局限在较为有限的行业或企业内，不同地域间的互通也存在问题，没有形成真正的物物互联。这些闭环应用有着自己的协议、标准和平台，自成体系，很难兼容，信息也难以共享。单纯的闭环应用无法形成完整的应用体系，物联网的优势也无法充分体现出来，但闭环应用是开环应用的基础，只有闭环应用形成规模并进行互联互通，才能最终实现不同领域、行业或企业之间的开环应用。闭环应用走向开环应用，各行业内必须对标准、盈利模式达成共识，并打破地域、行业及企业间的界限。

基于RFID的物联网应用相对成熟，无线传感器应用仍处于试验阶段：从技术应用规模而言，RFID作为物联网的主要驱动技术其应用相对成熟，RFID在金融（手机支付）、交通（不停车付费等）、物流（物品跟踪管理）等行业已经形成了一定的规模性应用，但自动化、智能化、协同化程度仍然较低。其他领域的应用仍处于试验和示范阶段。而全球范围内基于无线传感器的物联网应用部署规模并不大，很多系统都在试验阶段。

发达国家物联网应用整体上领先。美、欧及日、韩等信息技术能力和信息化程度较高的国家在应用深度、广度以及智能化水平等方面处于领先地位。美国成为物联网应用最广泛的国家，物联网已在其军事、电力、工业、农业、环境监测、建筑、医疗、空间和海洋探索等领域投入应用，其RFID应用案例占全球59%。欧盟物联网应用大多围绕RFID和M2M展开，在电力、交通以及物流领域已形成了一定规模的应用，RFID 广泛应用于物流、零售和制药领域，欧盟在 RFID 和物联网领域制定的长期规划和研究布局发挥了重要作用。日本是较早启动物联网应用的国家之一，在灾难应对、安全管理、公众服务、智能电网等领域开展了应用，并实现了移动支付领域的大规模商用，日本对近期可实现、有较大市场需求的应用给予政策上便利，对于远期规划应用，则以国家示范项目的形式通过资金和政策支持吸引企业参与技术研发和应用推广。韩国物联网应用主要集中在其本土产业能力较强的汽车、家电及建筑领域。

2）我国物联网应用初创待发

我国物联网应用总体上处于发展初期，许多领域积极开展了物联网的应用探索与试点，但在应用水平上与发达国家仍有一定差距。目前已开展了一系列试点和示范项目，在电网、交通、物流、智能家居、节能环保、工业自动控制、医疗卫生、精细农牧业、金融服务业、公共安全等领域取得了初步进展。

工业领域，物联网可以应用于供应链管理、生产过程工艺优化、设备监控管理以及能耗控制等各个环节，目前在钢铁、石化、汽车制造业有一定应用，此外在矿井安全领域的应用也在试点当中。农业领域，物联网尚未形成规模应用，但在农作物灌溉、生产环境监测（收集温度、湿度、风力、大气、降雨量，有关土地的湿度、氮浓缩量和土壤 pH 值等信息）以及农产品流通和追溯方面物联网技术已有试点应用。金融服务领域，在“金卡工程”、二代身份证等政府项目推动下，我国已成为继美国、英国之后的全球第三大 RFID 应用市场，但应用水平相对较低。正在起步的电子不停车收费（ETC）、电子 ID 以及移动支付等新型应用将带动金融服务领域的物联网应用朝着纵深方向发展。电网领域，2009 年国家电网公布了智能电网发展计划，智能变电站、配网自动化、智能用电、智能调度、风光储等示范工程先后启动。交通领域，物联网在铁路系统应用较早并取得一定成效，在城市交通、公路交通、水运领域的示范应用刚刚起步，其中视频监控应用最为广泛，智能车路控制、信息采集和融合等应用尚在发展中。物流领域，RFID、全球定位、无线传感等物联网关键技术在物流各个环节都有所应用，但受制于物流企业信息化和管理水平，与国外差距较大。医疗卫生领域，我国已经启动了血液管理、医疗废物电子监控、远程医疗等应用的试点工作，但尚处于起步阶段。节能环保领域，在生态环境监测方面进行了小规模试验示范，距离规模应用仍有待时日；公共安全领域，在平安城市、安全生产和重要设施防入侵方面进行了探索。民生领域，智能家居已经在一线重点城市有小范围应用，主要集中在家电控制、节能等方面。

9.4.5 运用物联网技术构建数字化油田概述

数字化油田是实际油田的虚拟表示，能够汇集油田的自然和人文信息，人们可以对该虚拟体进行探查和互动。油田生产信息和地理信息息息相关，通过信息、基础建设，提高企业对外部各种关键信息及时获取、快速反应的能力，同时，通过企业信息化和数字化油田的建设，改善区域内部信息沟通、数据整合能力。数字化油田的核心是为石油企业建立数据和信息资产的共享机制和管理体系，在信息共享的基础上，面向石油勘探、开发、地面建设、储运销售以及企业管理等各生产环节，建立多专业的综合数据体系，并与各专业的应用系统进行高度融合。在建立油田生产和管理流程优化应用模型的基础上，利用虚拟现实技术对数据实现可视化和多维表达，并且通过智能化分析模型，为企业的经营管理提供良好的信息支撑环境。基于物联网技术的数字化油田是针对油田勘探开发信息化管理而专门开发的，以满足油田日常生产运行、生产管理、生产监控、设备管理、成果展示的需求，是一套集石油勘探开发生产信息的采集、传输、存储、处理、分析、发布、管理和应用于一体，规范、统一、安全、高效的全新现代化生产经营综合数据于一体的管理应用平台。图 9.12 所示为数字油田的示意图。

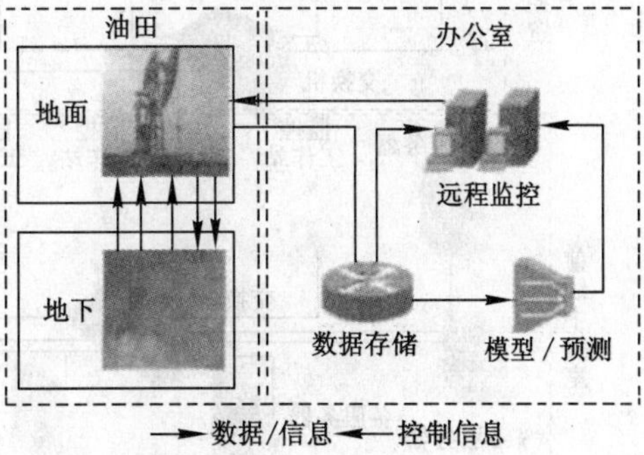

图 9.12 数字油田示意图

在物联网技术支持下的“数字化油田”是把地震区、井场、站库等油田生产制造现场为数据采集源点；采用自动化数据采集设备（比如传感器），通过局域光纤网、GPRS/CDMA、微波通讯网等传输手段，将地震数据、井下测量的地层和井筒数据、井口测量的设备运行和流体属性数据等海量数据实时采集进入信息管理中心的数据仓库；按照科学的过程如数据模型进行数据的组织与管理，在此基础上通过大量的业务模型进行知识集成，通过应用智能识别、数据融合、移动计算、云计算等技术，进而支持石油地质综合研究、油藏分析等科学研究和在线模拟，完成生产实时诊断，科学研究的成果支持油田生产的综合决策，决策信息反馈到生产制造现场进而完成环境监测、单元整合、过程模拟、参数优化和控制。运用物联网技术构建数字化油田，不仅可以实现跨地域协同工作，紧密连接生产经营的各个环节，还可以实现油田业务与技术的整合、油田数据集成、油田状态自动监测以及地面建设全面信息化，同时，还可以建立虚拟的数字地质模型，实现油藏描述的可视化和互动性。

9.4.6 油井生产远程监控系统

油井生产远程监控系统包括 3 个子系统：油井生产数据远程采集传输系统和油井生产远程分析管理系统、油井生产远程控制系统。

1）油井生产远程监控系统

油井生产远程监控系统实现了以生产基地中控室为中心的油田生产运行模式。中控室通过实时监测发现问题并发出远程控制指令。只有在远程系统无法解决的情况下，才需要技术人员到现场解决问题。这种模式不仅使职工的工作条件有了根本改善，也使现场工作效率大幅度提高。油田生产远程监控系统是数字油田的重要基础。随着信息技术和自动化工艺的不断发展，生产远程监控系统在油田生产中的应用越来越广，为油田高效开发、降低消耗、安全生产、减轻员工劳动强度、提高工作效率和管理水平提供了可靠的保障。系统通过传感器、视频摄像头等对油气井生产情况进行定期数据采集，通过 CDMA 终端把数据发送至前线中控室对数据进行分析管理，以掌握油井生产状况，并进行必要的远程控制；同时将数据传输至油田生产基地中控室，试点生产基地可以同步了解到油井生产情况，如图 9.13所示。

2）油井生产数据自动采集传输系统

油井生产远程监控系统的前端系统是油井生产数据自动采集传输系统。油井生产状况采集传输系统分为 3 种类型：第一种是一体化示功仪系统；第二种是全无线系统；第三种是丛式井系统。

(1) 一体化示功仪系统

系统主要设备是 CDMA 一体化示功仪，是以16 位微处理器为核心，集采集、存储、2.4 Gbit/s ZigBee 微功率无线模块和 CDMA 模块于一体的高精度功图采集终端，如图 9.14 所

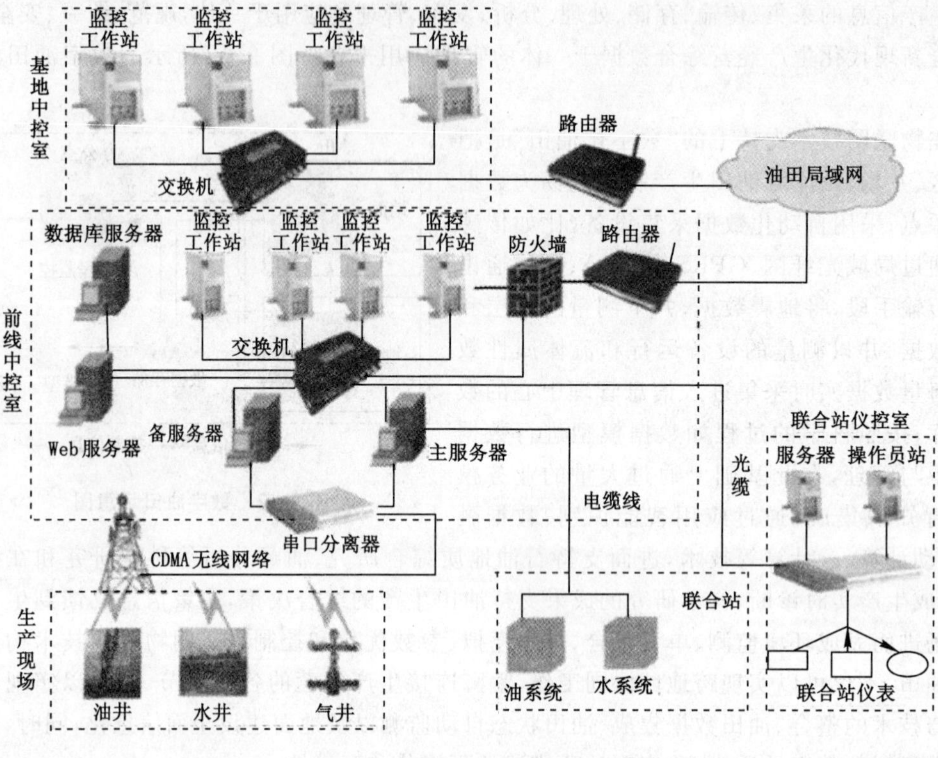

图 9.13　油井远程监控系统架构

示。示功仪安装在抽油机的抽油杆上，内置加速度传感器、载荷传感器、CDMA 模块和电池，可实现油井核心数据采油机功图的自动采集、传输。一体化示功仪内的 RTU 模块将载荷传感器和加速度传感器采集来的数据进行滤波、计算处理，形成示功图，通过 CDMA 模块远程传输到生产基地服务器。系统也可以扩展采集油温、油压、电量等生产数据，传感器数据通过 ZigBee 模块无线发送至一体化示功仪上，而示功仪通过加装 ZigBee 接收模块，可获取传感器数据。整个系统具有安装简单、维护方便、可靠性高、性价比高等特点。

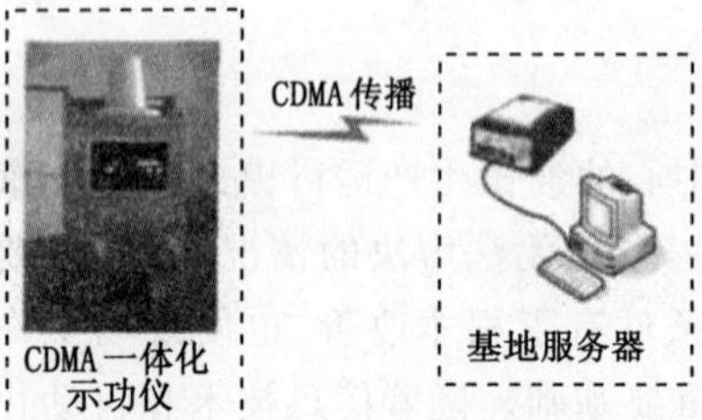

图 9.14　一体化示功仪结构

(2) 全无线采集传输系统

所有的传感器都通过短距离无线传输(ZigBee)方式传输至数据采集传输终端(RTU)，由 RTU 传输至生产基地服务器。全无线系统适用于油田的所有井型，可以有效解决油田、油气和水井现场生产以及相关数据的实时采集、传输、处理等工作中的问题。通过远程实时监控，不仅可以大大降低成本，节能增效，减轻工人劳动强度，提高生产、工作效率，还可以有效防止破坏、盗窃采油设施的不法行为，保障油田生产安全。该系统的优点在于能够自动实时采集油水井工况的许多参数，这些参数包括载荷、位移、压力、温度、电参量、流量等，而且全部实现无线数据传输，避免了施工埋线、线缆老化等问题。全无线系统如图 9.15 所示。

系统功能和特点如下：每个 RTU 管理一口井上的压力、温度等参数；具有自动登录网络、断线自动重连的功能，用户免于维护数据连接；实现油井工况数据的自动实时采集、解

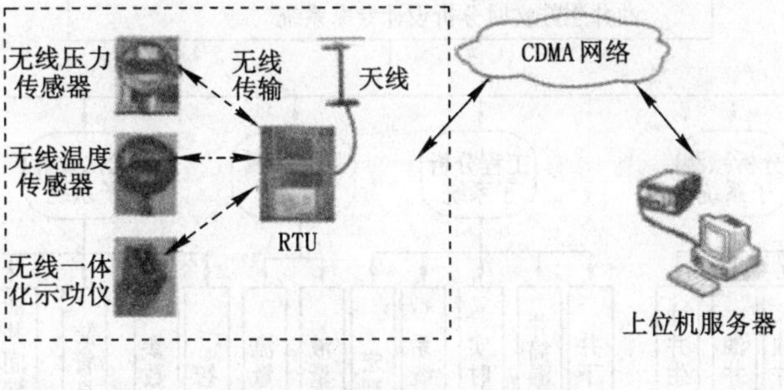

图 9.15 全无线系统结构

析、入库，无需人工干预；系统采用超低功耗 MSP430 系列微控制器，最大限度地降低系统耗电；采用数字温度、压力表直观准确地显示油井温度压力。

(3) 丛式井系统

丛式井系统适用于丛式井或距离不大于 500 m 的井群。该系统中所有传感器统一编号，都通过无线模块与井群 RTU 交互数据。井群 RTU 协调 DTU 模块管理传感器网络，本地存储和显示所有井采集的数据和管理参数，负责将所有井数据通过 DTU 模块传送到服务器。该系统突破了远程控制终端单元只能管理一口井的瓶颈，减少了远程控制终端的使用数量，节省成本和通信费用，更大程度上优化了井群工况数据采集系统。对于丛式井或距离不大于 500 m 的井群，该系统提供了完整的解决方案。丛式井系统如图 9.16 所示。无线传感器包括无线一体化示功仪、无线压力传感器、无线温度传感器、无线流量计等。

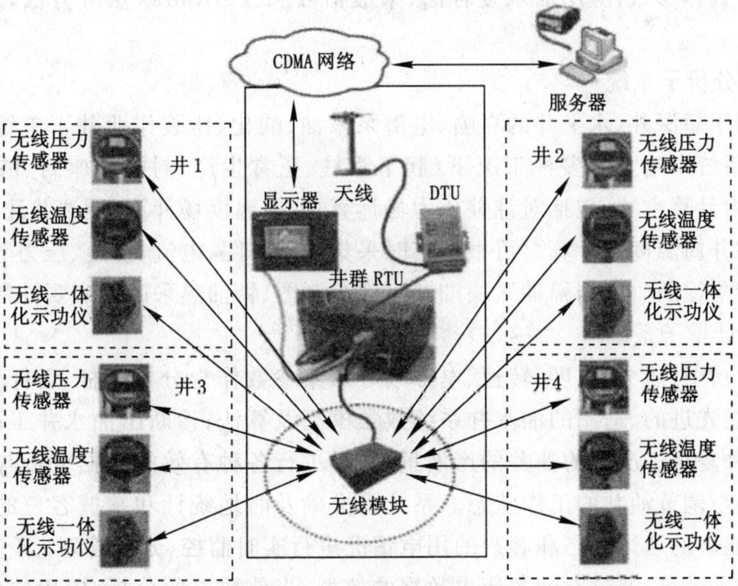

图 9.16 丛式井系统结构

3) 油井生产远程分析管理系统

油井生产数据远程采集传输系统只是将数据采集至生产管理单位，而油井生产远程分析管理系统是对采集的数据进行有效利用的部分。系统通过对功图、电参量、压力、温度等多元数据的分析，对油井生产状况进行综合诊断分析及优化，如图 9.17 所示。

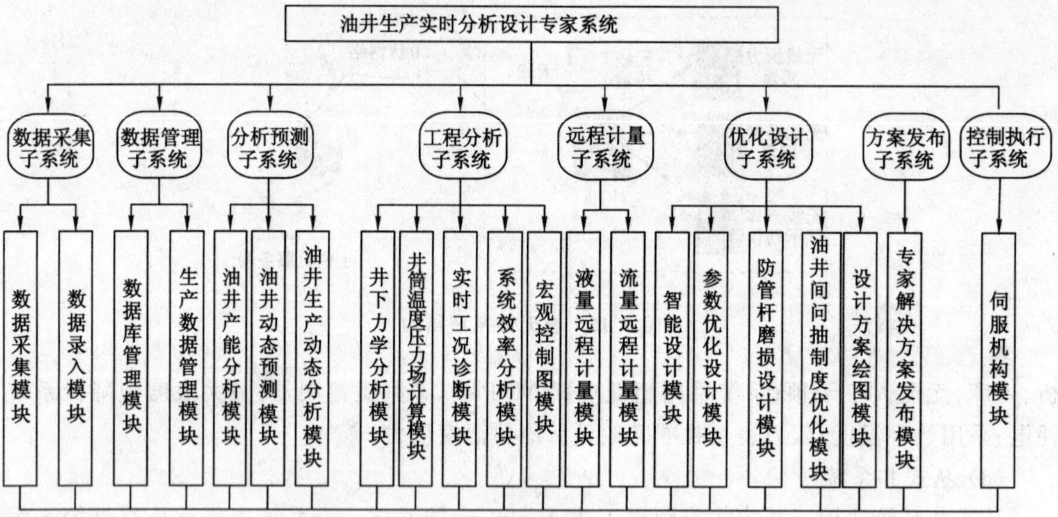

图 9.17　油井生产远程分析管理系统架构

(1) 数据管理子系统

生成油井静态数据库、实时动态数据库、采油设备数据库、油井生产日报数据库，依据数据库开发数据查询、动态图件生成、图件查询。

(2) 分析预测子系统

根据油井具体参数，应用油水复合法、采液指数法、Petrobras 法等方法，对油井生产进行预测。

(3) 工程分析子系统

主要应用于超深井、水平井的自喷、电潜泵采油、酸化、压裂作业井下单级、组合油管柱设计、校核。系统中建立了多种工况下(起下管柱、正常生产、封隔器座封、酸化、压裂作业等)的管柱受力计算方法，包括对油井压力场计算、油井温度场计算、稠油井注蒸汽、电加热、回采等工艺的井筒温度场计算。可根据实时采集的功率图、电流、扭矩、压力等数据，实现油井的实时分析与诊断。绘制稀油区块油井宏观控制图、稠油热采区块宏观控制图。

(4) 远程计量子系统

以实测示功图、压力、温度、转速、电参数等采集参数作为分析有杆/无杆泵工作状况的主要依据，建立先进的、适用的油水井系统数学模型及算法；诊断出油水井工况和存在的问题；计算出各种复杂工况下的油井的产液量；同时进行各种有效的数据分析与统计，并可以远程智能控制与调节油井的工作状态。系统可准确及时地统计和掌握客户的用电信息；对用电设备、电能表的运行状态和客户的用电情况进行实时监控、分析管理。

优化设计子系统：通过对油井历史数据的挖掘、当前数据的分析，应用软件强大的数值仿真功能，智能化地实现当前工况诊断、油井生产预测、区块状况预测等功能，为油井设计、油井生产、作业维护等提供合理方案。通过泵抽时间、沉没度、泵抽产量等数据，绘制沉没度与时间关系图，确定合理间抽制度，提高间抽井效率。

4) 油井生产远程控制系统

该系统属于远程智能调控系统，具有对抽油机井、电泵井、螺杆泵井等的工况进行实时采集、实时分析、实时控制的功能，同时还具有间抽设置、远程开关井、远程变频等远程控制功能。通过下达采集、调控等指令，自动完成实时监测油井的压力、温度、功率图、动液面、电参数等，远程智能调控电机启停、阀门开度、电机频率等，保证了采集调控的迅捷、精准，并降低了油井工人的劳动强度，提高了油水井的自动化管理水平。油井智能调控系统实现远程油井采油动态资料数据的自动化采集和传输，由远程变频控制单元利用功图、压力、温度和电参量数据对油井工况进行综合诊断，依据油井综合诊断结果选择最佳变频和启停方案，实现对采油设备的最高效变频控制，达到提高泵效的最佳应用效果。油井生产远程控制系统结构如图 9.18 所示。

油井生产远程监控系统使油田实现了油井自动监测和控制、实时数据采集、油井液量计量、油井工况诊断优化设计等功能，在实现简化地面流程的作用同时，还提高了油井系统效率，简化油田地面流程，节省产能建设，获得了用户的高度认可。

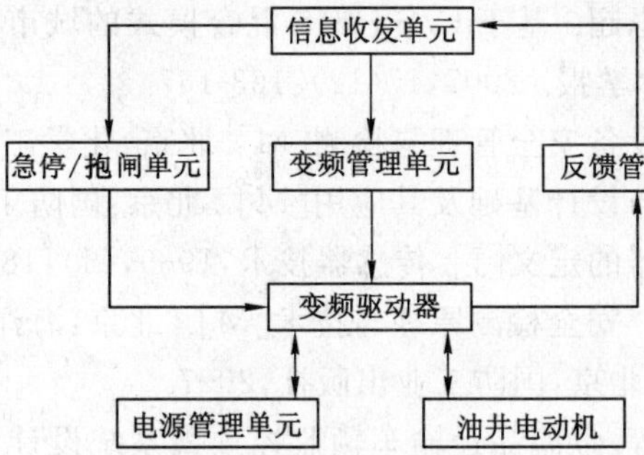

图 9.18　油井生产远程控制系统结构框图

复习思考题

9.1　什么是人工神经网络？它有哪些用途？

9.2　试分析人工神经网络的优越性及存在的问题。

9.3　试分析神经网络的两大学习算法的原理及其应用。

9.4　什么是现场总线技术？它有哪些具体应用？

9.5　试分析监控组态软件的核心组成。

9.6　什么是基金会现场总线？它有哪些主要的参数？

9.7　现场总线管理系统有哪些主要的功能？

9.8　对组态软件的性能有哪些要求？

参考文献

[1] 〔俄〕阿伊克生诺冯托娃.矿井巷道的通风阻力[M].北京:煤炭工业出版社,1963.
[2] 陈显治.现代通信技术[M].北京:电子工业出版社,2001.
[3] 崔嵛,董华,张启波,刘思超. 基于C/S+B/S混合模式的城市重大危险源管理系统的研究[J]. 中国安全科学学报. 2007,17(12):163-167.
[4] 戴光,李伟,张颖.过程设备安全管理与检测[M].北京:化学工业出版社,2005.
[5] 单成祥.传感器的理论与设计基础及其应用[M] .北京:国防工业出版社,1999.
[6] 单成祥.探讨关于传感器的定义[J].传感器技术,1989,(4):18-19.
[7] 董文庚,刘庆洲,高增明.安全检测原理与技术[M]. 北京:海洋出版社,2004.
[8] 樊昌信.通信原理[M].北京:国防工业出版社,2007.
[9] 方来华,刘骥,魏利军,等.危险品运输车辆监控预警系统设计与开发[J].中国安全科学学报. 2008,28(5):109-115.
[10] 郭虹,等.数据采集与处理[M].北京:航空工业出版社,1999.
[11] 郭秀兰.工业噪声治理技术[M].北京:中国环境科学出版社,1993.
[12] 何源.环境毒物[M].北京:化学工业出版社,2002.
[13] 黄元平.矿井通风[M].徐州:中国矿业大学出版社,1996.
[14] 贾颖,张启波,董华,等. 基于GIS的多模式重大危险源监控系统的研究[J]. 中国安全科学学报. 2006,16(9):139-144.
[15] 金连生.瓦斯检查工[M].北京:煤炭工业出版社,2003.
[16] 康荣学,刘骥,吴宗之,等.重大危险源监控系统发展历程[J].中国安全生产科学技术. 2006,2(6):78-82.
[17] 李三稳,罗自浩,彭强.关于油罐区液位温度监测系统的探讨[D]. 上海:上海交通大学,2007.
[18] 李树刚.安全监测监控技术[M]. 徐州:中国矿业大学出版社,2008:161-177.
[19] 刘国才.安全科学概论[M].北京:中国劳动出版社,1997.
[20] 刘洪.安全仪器监测工[M].北京:煤炭工业出版社,1995.
[21] 刘金环.工程测试技术[M].北京:兵器工业出版社,1997.
[22] 刘欣荣.基于现场总线的煤矿供电监控系统[J],科技信息.2008,25:359-360.
[23] 刘振安.微型机应用系统抗干扰技术[M].北京:人民邮电出版社,1991.
[24] 陆庆武.事故预防预测技术[M].北京:机械工业出版社,1990.
[25] 吕瑞典.化工设备密封技术[M].北京:石油工业出版社,2006.
[26] 马国华.监控组态软件及其应用[M].北京:清华大学出版社,2001.
[27] 马建明.数据采集与处理技术[M].西安:西安交通大学出版社,1998.

[28] 沈兰荪.数据采集技术[M].合肥:中国科技大学出版社,1990.
[29] 沈庆根,郑水英.设备故障诊断[M].北京:化学工业出版社,2006.
[30] 盛兆顺,尹琦岭.设备状态监测与故障诊断技术及应用[M].北京:化学工业出版社,2004.
[31] 史学玲,孟邹清,邓意.如何理解安全完整性与SIL等级[J].仪器仪表标准化与计量.2006,(6):10-12,19.
[32] 史学玲.我国功能安全标准实施预案研究[J]. 自动化仪表. 2006,(S1):50-51.
[33] 屠乃威. 多传感器信息融合技术在矿井环境监测系统中的应用研究[D],辽宁工程技术大学.2004,12:17-27
[34] 王凯全.安全监控系统评价方法的选择[J]. 工业安全与环保. 2003,29(1):23-25.
[35] 王汝琳.矿井环境传感技术[M].徐州:中国矿业大学出版社,1997.
[36] 王师.矿井安全监控系统中现场总线技术的应用[J],科学之友.2008,11(32):1-2.
[37] 吴邦灿.现代环境监测技术[M].北京:中国环境科学出版社,1999.
[38] 吴九辅,汤楠.现代工程检测及仪表[M].北京:石油工业出版社,2004.
[39] 吴兴惠,王彩君.传感器与信号处理[M].北京:电子工业出版社,1997.
[40] 薛文达,谢文和,张呈祥. 传感器应用技术[M].南京:东南大学出版社,1997.
[41] 闫跃进.呼吸性粉尘监测技术与防治方法[M].武汉:中国地质大学出版社,1999.
[42] 阎秀兰,等.数据采集系统中的放大器[M].北京:机械工业出版社,1982.
[43] 阳宪惠.现场总线技术及其应用[M].北京:清华大学出版社,1999.
[44] 袁昌明.工业防毒技术[M].北京:冶金工业出版社,2006.
[45] 张碧波.设备状态监测与故障诊断[M].北京:化学工业出版社,2005.
[46] 张国枢.通风安全学[M].徐州:中国矿业大学出版社,2000,7.
[47] 张乃禄,徐竟天,薛朝妹. 安全检测技术[M]. 西安:西安电子科技大学出版社,2007.
[48] 张启伟.大型桥梁健康监测概念与监测系统设计[J].同济大学学报. 2001,29(1):65-69.
[49] 张少锦,刘刘峰,刘刚.珠江黄埔大桥结构健康与安全监测系统测点与测试设计[J].桥梁建设. 2008,(1):73-76.
[50] 张也影.水力学实验[M].北京:高等教育出版社,1957.
[51] 赵继文,何玉彬.传感器与应用电路设计[M].北京:科学出版社,2002.
[52] 赵建华.现代安全监测技术[M].合肥:中国科学技术大学出版社,2006.
[53] 赵汝林.安全检测技术[M].天津:天津大学出版社,1999.
[54] 周奎,成立.基于监控组态软件的矿用监控系统体系结构研究[J],矿山机械.2006,7(34):106-107.
[55] 朱清慧,王志奎.PLC对温度数据的采集与控制[J],现代电子技术.2008,17(280):177-179.